Industrielle Mikrobiologie

Hermann Sahm · Garabed Antranikian
Klaus-Peter Stahmann · Ralf Takors (Hrsg.)

Industrielle Mikrobiologie

 Springer Spektrum

Herausgeber:
Prof. Dr. Hermann Sahm, Forschungszentrum Jülich
Prof. Dr. Garabed Antranikian, Technische Universität Hamburg-Harburg
Prof. Dr. Klaus-Peter Stahmann, Hochschule Lausitz (FH)
Prof. Dr. Ralf Takors, Universität Stuttgart

ISBN 978-3-8274-3039-7   ISBN 978-3-8274-3040-3 (eBook)
DOI 10.1007/978-3-8274-3040-3

Die Deutsche Nationalbibliothek verzeichnet diese Publikation in der Deutschen Nationalbibliografie; detaillierte bibliografische Daten sind im Internet über http://dnb.d-nb.de abrufbar.

Springer Spektrum
© Springer-Verlag Berlin Heidelberg 2013

Planung und Lektorat: Dr. Ulrich G. Moltmann, Sabine Bartels
Redaktion: Annette Heß
Index: Dr. Bärbel Häcker
Zeichnungen: Dr. Martin Lay, Breisach
Einbandabbildung: © Evonik Industries AG
Einbandentwurf: SpieszDesign, Neu-Ulm

Gedruckt auf säurefreiem und chlorfrei gebleichtem Papier

Springer Spektrum ist eine Marke von Springer DE. Springer DE ist Teil der Fachverlagsgruppe Springer Science+Business Media.
www.springer-spektrum.de

Vorwort

» Der Einsatz von nachwachsenden Rohstoffen in der chemischen Industrie wird eines der wichtigsten Forschungsthemen in den nächsten Jahren. «

Dr. Alfred Oberholz, ehemaliger Vorstand der Dechema

Bei dem Bestreben der chemischen Industrie, die Abhängigkeit von fossilen Rohstoffen zu mindern, liefern die Mikroorganismen einen entscheidenden Beitrag, da Bakterien, Archaeen und Pilze in der Lage sind, effizient und umweltschonend nachwachsende Rohstoffe zu erschließen und in nachhaltige Produkte umzuwandeln. Als innovative Querschnittsdisziplin wird die Industrielle Mikrobiologie somit nicht nur in den Bereichen der Lebensmittel- und Pharmaindustrie, sondern auch in der chemischen Industrie zunehmend an Bedeutung gewinnen. Das große Potenzial dieser Schlüsseltechnologie liegt darin begründet, dass es sich hierbei um ein interdisziplinäres Fachgebiet handelt, welches das Know-how von Biologen, Chemikern, Ingenieuren und Bioinformatikern bündelt. Ferner hat sich in den letzten Jahrzehnten die Mikrobiologie stürmisch weiterentwickelt; methodische Fortschritte, von denen man bislang nur träumen konnte, wurden Wirklichkeit. So basierte bis vor 30 Jahren die Entwicklung von mikrobiellen Produktionsstämmen auf ungerichteten Mutationen und anschließenden Selektionen. Mithilfe gentechnischer Methoden können heute gefahrlos zelluläre Aktivitäten selektiv verändert werden, sodass z. B. die Überproduktion eines bestimmten Metaboliten erfolgt (Metabolic Engineering) oder Pharmaproteine mikrobiell hergestellt werden können, die bislang nicht verfügbar waren. Der Weltmarkt für mikrobielle Produkte liegt heute schon ohne den Lebensmittelbereich bei über 200 Mrd. € pro Jahr.

In diesem Lehrbuch informieren erfahrene Wissenschaftlerinnen und Wissenschaftler aus Hochschulen und Industrie über verschiedene Verfahren der Industriellen Mikrobiologie. Diese Beispiele zeigen sehr anschaulich, wie das Potenzial der Kleinstlebewesen heute im industriellen Maßstab genutzt wird. In den ersten beiden Kapiteln wird zunächst ein Überblick über die geschichtliche Entwicklung der Industriellen Mikrobiologie und eine Einführung in die Bioverfahrenstechnik gegeben, die für die industrielle Herstellung der mikrobiellen Produkte von zentraler Bedeutung ist. Da Lebensmittel für uns unmittelbar am wichtigsten sind und hoffentlich viele Leser sie in diesem Buch aus neuem Blickwinkel wiederentdecken werden, stellen sie die erste Produktgruppe dar (Kap. 3). In den Kapiteln „Technische Alkohole und Ketone" (Kap. 4) sowie „Organische Säuren" (Kap. 5) wird deutlich, dass Mikroorganismen niedermolekulare Metaboliten mit Ausbeuten von nahezu 100 % bezogen auf den eingesetzten Zucker produzieren können. Bei der Herstellung von L-Aminosäuren (Kap. 6) ist die hohe Enantioselektivität der Enzyme im Stoffwechsel der Mikroorganismen entscheidend. Die Bedeutung der Vitamine (Kap. 7) und der Antibiotika (Kap. 8) ist heute bestens bekannt. So werden zurzeit über 100 000 t Vitamin C und Penicilline mit einem Marktwert von ca. 15 Mrd. € jährlich produziert.

Die Verwirklichung von Träumen wird in Kap. 9 deutlich. Mithilfe der Gentechnik können Pharmaproteine, wie z. B. Insulin und Analoga, mit Mikroorganismen im großtechnischen Maßstab hergestellt werden, sodass der Bedarf für die weltweit über 200 Mill. Diabetiker problemlos gedeckt werden kann (Kap. 9). Die Enzyme (Kap. 10) haben in der Anwendung ein sehr breites Spektrum, so spielen sie z. B. vom Zusatz bei Waschmitteln bis zum Einsatz in der Stärkeverzuckerung eine große Rolle. Auch bei der Herstellung von Polysacchariden oder Polyhydroxyfettsäuren (Kap. 11) sind Kleinstlebewesen sehr wichtig; das mikrobielle Xanthan wird z. B. bei vielen Nahrungsmitteln als Dickungsmittel verwendet. Schließlich werden Mikroorganismen auch bei der Stoffumwandlung (Kap. 12) z. B. zur Herstellung des Entzündungshemmers Cortison oder der Antibabypille sowie zur Produktion von Aromastoffen mit sehr großem Erfolg eingesetzt.

Im Kap. 13 wird am Beispiel der biologischen Abwasserreinigung aufgezeigt, dass Mikroorganismen nicht nur ein enormes Synthese-, sondern auch ein sehr großes Abbaupotenzial besitzen, mit dem sie einen wichtigen Beitrag zu den Stoffkreisläufen auf unserer Erde leisten. Bei der Auswahl der verschiedenen mikrobiellen Verfahren waren nicht nur die gegenwärtige wirtschaftliche Bedeutung, sondern auch methodische Aspekte beim Zusammenwirken von Molekularbiologie, Stoffwechselphysiologie und Prozesstechnik ausschlaggebend.

Wir sind allen Kolleginnen und Kollegen, die uns bei diesem Lehrbuch mit ihren Artikeln unterstützt haben, zu großem Dank verpflichtet. Es war für uns eine große Freude, mit einer Reihe international anerkannter Wissenschaftlerinnen und Wissenschaftler erfolgreich zusammenzuarbeiten. Unser Dank gilt auch dem Spektrum Akademischer Verlag, insbesondere Frau Sabine Bartels und Herrn Dr. Ulrich G. Moltmann; beide haben wesentlich dazu beigetragen, dass das Buch in dieser Form erschienen ist.

Bilder und Grafiken aus diesem Buch stehen Dozenten und Dozentinnen zur Vorbereitung ihrer Vorlesungen, Übungen und Seminare im Bereich **DozentenPLUS** auf der Verlagshomepage www. springer-spektrum.de/978-3-8274-3039-7 zum kostenlosen Download zur Verfügung. Über eine Erstregistrierung können sie sich anmelden und bekommen persönliche Zugangsdaten nach Verifizierung per E-Mail zugeschickt. Weitere Zusatzmaterialien (Prüfungsfragen, Videos, Tabellen etc.) können von jedermann frei zugänglich aus dem Bereich **OnlinePLUS** der Produkthomepage dieses Buches heruntergeladen werden.

Wir wünschen uns nun, dass dieses Lehrbuch das Interesse vieler Studierender der Natur- und Ingenieurwissenschaften an diesem zukunftsträchtigen Gebiet weckt und sie daraus Nutzen ziehen können, um dann selbst zur weiteren Entwicklung der Industriellen Mikrobiologie beizutragen.

Sommer 2012
Die Herausgeber

Inhaltsverzeichnis

Herausgeber- und Autorenverzeichnis

Herausgeber

Professor Dr. Hermann Sahm
Institut für Bio- und Geowissenschaften,
Biotechnologie 1
Forschungszentrum Jülich GmbH
52425 Jülich
E-Mail: h.sahm@fz-juelich.de

Professor Dr. Garabed Antranikian
Technische Universität Hamburg-Harburg
Institut für Technische Mikrobiologie
Kasernenstraße 12
21073 Hamburg
E-Mail: antranikian@tuhh.de

Professor Dr. Klaus-Peter Stahmann
Hochschule Lausitz (FH)
Technische Mikrobiologie/Fakultät 2
Großenhainer Straße 57
01968 Senftenberg
E-Mail: stahmann@hs-lausitz.de

Professor Dr. Ralf Takors
Universität Stuttgart
Institut für Bioverfahrenstechnik
Allmandring 31
70569 Stuttgart
E-Mail: takors@ibvt.uni-stuttgart.de

Beitragsautoren

Dr. Heinrich Decker
Sanofi-Aventis Deutschland GmbH
C&BD Frankfurt Biotechnology
Industriepark Hoechst
65926 Frankfurt am Main

Dr. Susanne Dilsen
Wacker Biotech GmbH
Hans-Knöll-Straße 3
07745 Jena

Professor Dr. Peter Dürre
Universität Ulm
Institut für Mikrobiologie und Biotechnologie
Albert-Einstein-Allee 11
89081 Ulm

Professor Dr. Bernhard Eikmanns
Universität Ulm
Institut für Mikrobiologie & Biotechnologie
Albert-Einstein-Allee 11
89081 Ulm

Dr. Marcella Eikmanns
Ochsengasse 34
89077 Ulm

Dr. Lothar Eggeling
Institut für Bio- und Geowissenschaften,
Biotechnologie 1
Forschungszentrum Jülich GmbH
52425 Jülich

Dr. Skander Elleuche
Technische Universität Hamburg-Harburg
Institut für Technische Mikrobiologie
Kasernenstraße 12
21073 Hamburg

Professor Dr. Claudia Gallert
Hochschule Emden/Leer
Fachbereich Technik:
Mikrobiologie-Biotechnologie
Constantiaplatz 4
26723 Emden

Dr. Silke Hagen
Technische Universität Berlin
FG Mikrobiologie und Genetik – TIB 4/4-1
Gustav-Meyer Allee 25
13355 Berlin

Priv.Doz. Dr. Rudolf Hausmann
Universität Hohenheim
Fachgebiet Bioverfahrenstechnik (150k)
Institut für Lebensmittelwissenschaft
und Biotechnologie
Garbenstraße 25
70599 Stuttgart

Dr. Jens-Michael Hilmer
Symrise AG
Mühlenfeldstraße 1
37603 Holzminden

Dr. Hans-Peter Hohmann
DSM Nutritional Products
Box 2676
CH-4002 Basel

Dr. Andreas Klein
Bayer Pharma Aktiengesellschaft
Friedrich-Ebert-Straße 217–333
42096 Wuppertal

Professor Dr. Jan I. Lelley
GAMU GmbH, Institut für Pilzforschung
Hüttenallee 241
47800 Krefeld

Professor Dr. Karl-Heinz Maurer
AB Enzymes GmbH
Feldbergstraße 78
64293 Darmstadt

Professor Dr. Rolf Müller
Helmholtz Institut für Pharmazeutische
Forschung Saarland (HIPS)
Helmholtz Zentrum für
Infektionsforschung (HZI) und
Institut für Pharmazeutische Biotechnologie
Universität des Saarlandes, Campus, Geb. C2.3
66123 Saarbrücken

Dr. Matthias Raberg
Westfälische Wilhelms-Universität Münster
Institut für Molekulare Mikrobiologie
und Biotechnologie
Corrensstraße 3
48149 Münster

Professor Dr. Ulf Stahl
Technische Universität Berlin
FG Mikrobiologie und Genetik – TIB 4/4-1
Gustav-Meyer Allee 25
13355 Berlin

Professor Dr. Alexander Steinbüchel
Westfälische Wilhelms-Universität Münster
Institut für Molekulare Mikrobiologie
und Biotechnologie
Corrensstraße 3
48149 Münster

Professor Dr. Christoph Syldatk
Karlsruher Institut für Technologie (KIT)
Institut für Bio- und Lebensmitteltechnik
Bereich II: Technische Biologie
Kaiserstraße 12
76131 Karlsruhe

Dr. Jan Weber
Sanofi-Aventis Deutschland GmbH
Frankfurt Biotechnology
Industriepark Hoechst
65926 Frankfurt am Main

Dr. Silke Wenzel
Universität des Saarlandes
Institut für Pharmazeutische Biotechnologie
Postfach 151150
66041 Saarbrücken

Professor Dr. Josef Winter
Karlsruher Institut für Technologie (KIT)
Institut für Ingenieurbiologie
und Biotechnologie des Abwassers
Am Fasanengarten
76131 Karlsruhe

1 Geschichtlicher Überblick

Bernhard Eikmanns und Marcella Eikmanns

1.1 Die Nutzung von Fermentationsprozessen ohne Kenntnis der Mikroorganismen (Jungsteinzeit bis 1850)

Die Ursprünge der Industriellen Mikrobiologie liegen in vorgeschichtlicher Zeit, als die Menschen begannen, erste Erfahrungen mit dem Verderben von Lebensmitteln einerseits, deren Aufbewahrung und Konservierung andererseits zu sammeln. Darauf aufbauend entwickelten sie vielfältige Methoden, um Lebensmittel haltbar zu machen und zu veredeln. Viele dieser Prozesse beruhen, wie wir heute wissen, auf der Stoffumwandlung durch Mikroorganismen. Die Prozesse wurden im Laufe der Zeit zunehmend verfeinert und in größere Maßstäbe übertragen. Das empirische Wissen darüber wurde zunächst mündlich, später dann schriftlich weitergegeben. Zunehmend spezialisierte Handwerker nutzten hier die vielfältigen Gärungseigenschaften von Mikroorganismen, ohne dass sie Kenntnis über die beteiligten Organismen oder die (mikro-) biologischen und biochemischen Hintergründe gehabt hätten. Die Identifizierung der Mikroorganismen und die Aufklärung der Mechanismen der von ihnen verursachten Stoffumwandlungen gelangen erst in der Zeit ab 1850. ◨ Tabelle 1.1 gibt einen geschichtlichen Abriss über Produkte und Verfahren der Lebensmittelherstellung sowie über mikrobiologische Entdeckungen bis 1850.

Der Übergang von einer nomadischen, auf das Sammeln von Wildpflanzen und das Jagen von Wildtieren gestützten Lebensweise zu einer bäuerlichen Lebensweise auf Grundlage von Nahrungsmittelproduktion (Ackerbau, Viehzucht) und Vorratshaltung markiert den Beginn der Jungsteinzeit (Neolithikum, Neolithische Revolution). Im sogenannten **fruchtbaren Halbmond** (sichelförmige Region in Vorderasien, die Teile der heutigen Staaten Israel, Libanon, Syrien, Türkei, Irak und Iran umfasst) erfolgte dieser Umbruch der Wirtschaftsweise etwa um

9000 v. Chr. Hier wurden Ziege, Schaf und Rind domestiziert und aus Wildgräsern Gerste und die Weizenarten Emmer und Einkorn gezüchtet. Auch die Weinrebe wurde hier kultiviert. In anderen Teilen der Welt fand die Etablierung von Ackerbau und Viehzucht zu einem späteren Zeitpunkt statt und beruhte dort vielfach auf anderen Nutztieren und Kulturpflanzen.

Es ist anzunehmen, dass die Menschen im fruchtbaren Halbmond zeitgleich mit der Übernahme der sesshaften Lebensweise begannen, mit der Herstellung von alkoholischen Getränken zu experimentieren. Hier muss zwischen der Zubereitung von Wein einerseits und Bier andererseits unterschieden werden. Wein wird aus zuckerhaltigen Säften hergestellt (Obstsäften, aber auch verdünnter Honig). Da die Schalen süßer Früchte natürlicherweise von zuckerverwertenden Hefen besiedelt sind, beginnt zerdrücktes Obst oder stehen gelassener Obstsaft nach kurzer Zeit zu gären. Das Ausgangsmaterial für die Bierherstellung ist dagegen Getreide. Hier muss vergärbarer Zucker erst aus Stärke freigesetzt werden.

Getreide wurde ursprünglich als Brei, hergestellt aus mit Wasser versetzten, zerkleinerten Getreidekörnern, verzehrt. Später wurde der Brei zu Fladen geformt und diese anschließend gebacken, sodass man Brote erhielt, die haltbarer waren und besser transportiert werden konnten. Bereits im Alten Ägypten (3000 v. Chr. bis 395 n. Chr.) war auch mithilfe von Mikroorganismen (Hefen und Milchsäurebakterien) gelockertes Brot bekannt. Die Alten Ägypter, in der Antike auch als Brotesser bezeichnet, hatten also die Beobachtung gemacht, dass Brot locker und besser verdaulich wurde, wenn man den Brotteig vor dem Backen einige Zeit ruhen ließ. Das Vergären von flüssigem Brotteig oder von bereits gebackenem, dann wieder eingeweichtem Brot zur Herstellung des alkoholischen Getränks **Bier** wurde wohl bereits seit ca. 5000 v. Chr. praktiziert. Die ersten Aufzeichnungen über die Bierherstellung sind ca. 5500 Jahre alt und stammen von den Sumerern, die von 5000 bis etwa 1800 v. Chr. Mesopotamien, den heutigen Irak, bewohnten. Es wurden bemalte und

□ Tabelle 1.1 Mikrobiologische Verfahren und wichtige Entdeckungen von der Jungsteinzeit (Neolithikum) bis 1850

Zeit/Jahr	Verfahren/Produkte/Entdeckungen
vor 4000 v. Chr.	Funde aus Mesopotamien und aus Regionen südlich der Alpen belegen, dass Fladenbrot aus Getreidebrei gebacken wurde. Es ist wahrscheinlich, dass unwissentlich auch schon „Hefeteig" verwendet wird, da dieser das Brot lockerer und geschmackvoller macht.
ab 4000 v. Chr.	Erste Quellen zeigen, dass die Sumerer in Mesopotamien und kurze Zeit später die Ägypter Getreidebrei für die Bierherstellung und zuckerhaltige Obstsäfte für die Weinherstellung einsetzen.
ab 3000 v. Chr.	In Mesopotamien und in Ägypten werden Sauerteigbrote und Sauermilchprodukte hergestellt, Essig aus Wein wird für die Konservierung genutzt.
ab 2000 v. Chr.	In Asien (China, Japan) werden Sojabohnen durch Pilze und Bakterien vergärt (Sojasoße) und Reiswein hergestellt. In Ägypten wird das Bierbrauen „verfeinert". Babylons König Hammurabi (1728–1686 v. Chr.) erlässt strenge Biergesetze im „Codex Hammurabi".
ab 1300	In ganz Europa wird Salpeter gewonnen.
um 1680	Von Leeuwenhoek entdeckt und beschreibt Bakterien und Hefen.
1789	Lavoisier identifiziert die Produkte der alkoholischen Gärung.
1837/1838	Cagniard-Latour, Schwann und Kützing machen lebende und sich durch Sprossung teilende Hefen für die alkoholische Gärung verantwortlich.

beschriftete Tontäfelchen gefunden, die zeigen, wie Getreide (Gerste und Emmer) enthülst und zermahlen wurde, aus dem erhaltenen Mehl Fladen gebacken und daraus dann Bier („Kasch" oder „Brotbier" genannt) hergestellt wurde. Die Vergärung der gebackenen und dann feucht gehaltenen Mehlfladen erfolgte in Aufbewahrungsgefäßen aus Ton. Der Erfolg der **Gärung** (heute auch Fermentation genannt) hing von den zufällig eingebrachten Mikroorganismen und den jeweils vorliegenden Bedingungen ab. Die Biere wurden mit Honig, Zimt und anderen Gewürzen versehen, waren daher süßlich und besaßen sicherlich keine lange Haltbarkeit.

In Ägypten wurde Bier spätestens seit 2500 v. Chr. ebenfalls aus Brotteig hergestellt („Henket"; □ Abb. 1.1). Es ist jedoch unklar, ob die Ägypter das Brauhandwerk von den Sumerern übernommen oder selbst entwickelt haben. 1990 wurde die über 3300 Jahre alte Brauerei des Königs Echnaton (Regierungszeit: 1351–1334 v. Chr.)

Bier („Henket")

Brauer beim Brauen

□ Abb. 1.1 Ägyptische Hieroglyphen, Zeugnisse der unwissentlichen Nutzung von Mikroorganismen für die Bierherstellung vor mehr als 3000 Jahren

ausgegraben. Dabei kamen auch unversehrte Tongefäße, Gerätschaften und durch die trockene Hitze konservierte Zutaten (Malz, Getreide, Datteln) zum Vorschein. Aus diesen Funden konnte abgeleitet werden, dass die Ägypter die Malzbereitung (Keimung und Initiation der Enzymbildung) und das Maischen (enzymatische Umwandlung von Stärke in Zucker unter opti-

Die Gesetze des Hammurabi

1902 fand man in Susa im heutigen Irak eine über zwei Meter hohe Säule aus grünem Diorit, die auf den babylonischen König Hammurabi (Regierungszeit 1728–1686 v. Chr.) zurückgeht und heute im Louvre in Paris steht. Die Steinstehle zeigt den König vor Schamasch, dem babylonischen Gott der Gerechtigkeit und Rechtssprechung. Der auf der Säule eingemeißelte Text, der sogenannte „Codex Hammurabi", repräsentiert die älteste Gesetzessammlung der Welt und umfasst Regelungen zu einer Vielzahl von Bereichen des öffentlichen und privaten Lebens. Darunter findet sich auch eine Reihe von überaus strengen Gesetzen, die Bierherstellung und den Bierhandel betreffend. So werden hier Qualitätsanforderungen und zulässige Höchstpreise für die etwa 20 verschiedenen Biersorten genannt. Außerdem ist im Codex festgelegt, wie Personen zu bestrafen sind, die gegen die Regeln der Bierherstellung verstoßen haben. Wer Bier gepanscht hatte, sollte etwa in seinen eigenen Bierfässern ertränkt werden, genauso wie Wirte/-innen, die sich ihr Bier nicht in Getreide, sondern in Silber hatten auszahlen lassen. Die Gesetze des Hammurabi befassten sich auch mit dem Wein. So wird der Wein als eine der kostbarsten Gaben der Erde bezeichnet, der Liebe, Respekt und Achtung zu erweisen ist. Wie beim Bier auch werden Festpreise genannt und Strafen für Übertretung der Gesetze festgelegt.

Die Säule mit dem Codex Hammurabi (**a**) und Ausschnitt des in Keilschrift eingemeißelten Textes (**b**)

mierten Bedingungen) beherrschten und bei der Bierherstellung nutzten.

Die Kultivierung von Weinreben und die Produktion von **Wein** durch Vergärung von Traubensaft geht wie auch die Bierherstellung auf die frühen Kulturen im fruchtbaren Halbmond zurück. Durch den aufwendigeren Herstellungsprozess war Wein im Vergleich zum Bier allerdings erheblich teurer und deshalb bis etwa 1000 v. Chr. der jeweiligen Oberschicht der Bevölkerung vorbehalten. Ebenfalls schon bekannt war im Alten Ägypten und in Mesopotamien die Weiterverarbeitung von Wein zu Essig, der als Würzmittel und in verdünnter Form als Getränk diente. Auch die ersten Vergärungen von Sojabohnen gehen ungefähr auf diese Zeit zurück. Mit dem Getreide Reis als Ausgangsmaterial ist auch Sake, sogenannter Reiswein, den bierartigen Getränken zuzuordnen. In Asien wird Sake seit mindestens 2000 v. Chr. erzeugt, wie entsprechende Aufzeichnungen aus dem heutigen China und später auch aus Japan belegen.

Es folgte eine lange Periode, in der die mit Beginn der Sesshaftigkeit entwickelten Gärverfahren (Fermentationen) zur Lebensmittelbereitung verfeinert, ausgebaut und überregional verbreitet werden. Bis weit ins Mittelalter hinein gibt es dann jedoch keine Berichte oder Nachweise über grundsätzlich neue Prozesse zur Nutzung von Mikroorganismen für das tägliche Leben.

Im späten Mittelalter (ab etwa 1300) etablierte sich in Europa die **Salpetermanufaktur**, die Kaliumnitrat (KNO_3, Salpeter) für die Schießpulverherstellung lieferte. Nitrat wird im Boden durch nitrifizierende Bakterien aus organisch gebundenem Stickstoff gebildet. Zunächst dienten mit tierischen und menschlichen Exkrementen getränkte Böden und Dung als Ausgangsmaterial der Salpetersieder, später wurden in Salpeterhütten Urin und Blut direkt als Stickstoffquelle verwendet und die Nitrifikation in gut belüfteten Beeten in Gang gehalten (Abb. 1.2). Die mikrobielle Herstellung wurde erst im 19. Jahrhundert aufgegeben, nachdem in Chile große natürliche Vorkommen von Salpeter gefunden worden waren.

 Abb. 1.2   Salpeteranlage im späten Mittelalter. Die mit tierischem und menschlichem Urin und Blut getränkten Erdhaufen wurden mithilfe von Hacken und Rechen gut belüftet. Das aus den stickstoffhaltigen, organischen Verbindungen freigesetzte Ammonium (NH_4^+) bzw. der Ammoniak (NH_3) wurde durch nitrifizierende Bakterien zu Nitrat (NO_3^-) umgesetzt und dann als Kaliumnitrat (Kalisalpeter) oder Natriumnitrat aus der Erde gelaugt. Die ausgelaugte Erde wurde erneut ausgebracht und wiederverwendet (aus Probirbuch von Lazarus Erker)

Eine bedeutende Weiterentwicklung des prinzipiell bekannten mikrobiellen Herstellungsprozesses stellt das im 14. Jahrhundert etablierte **Orléans-Verfahren** der Essig-Produktion in großen, offenen Kesseln in warmen Räumen dar. Durch die große Kontaktfläche mit der Luft wurde für eine gute Sauerstoffversorgung der sich an der Oberfläche ansammelnden Essigsäurebakterien gesorgt. Man hatte also auch hier erkannt, dass eine gute Belüftung die Effektivität des Prozesses erhöht. Seit dem 19. Jahrhundert wird Essigsäure entweder über das sogenannte Rundpumpverfahren (eine Variante der sogenannten Schnellessigfabrikation; Abb. 1.3) oder im **Submersverfahren**, d. h. in Flüssigkultur mit intensiver Belüftung aus Wein, Branntwein und vergorenem Obst hergestellt.

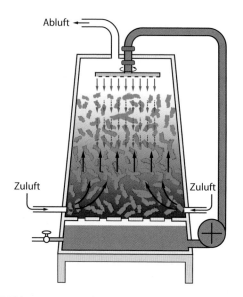

◘ Abb. 1.3 Essig-Produktion. Der Behälter ist mit Buchenholzspänen gefüllt, auf deren Oberfläche die Essigsäurebakterien wachsen. Die Späne werden mit 6–10 %igem Alkohol berieselt, die ablaufende Flüssigkeit erneut oben zugeführt, bis eine Essigkonzentration von 6–10 % erreicht ist. Die Belüftung der Mikroorganismen mit Sauerstoff erfolgt im Gegenstrom von unten

Mit dem Beginn der Neuzeit (ca. 1500) und dem Durchbruch der Naturwissenschaften im 17. Jahrhundert begann man, Naturphänomene systematisch, gestützt auf Beobachtung, Experiment und Messung zu untersuchen. Die Ergebnisse der Naturforschung wurden an zu diesem Zweck gegründeten Akademien vorgestellt und diskutiert und in wissenschaftlichen Zeitschriften veröffentlicht. Die in Entstehung begriffenen, modernen Wissenschaften der Physik und Chemie lieferten zusammen mit zahlreichen technischen Erfindungen und Neuerungen (z. B. Technik des Linsenschleifens) das Handwerkszeug, mit dessen Hilfe man dann im 18. und 19. Jahrhundert daranging, auch die Vorgänge bei der Produktion von Brot, Wein, Bier oder Essig wissenschaftlich zu analysieren. Am Anfang der Mikrobiologie stehen aus heutiger Sicht die Arbeiten von **Antonie van Leeuwenhoek** (1632–1723). Er beobachtete, unter Verwendung eines mit nur einer Linse ausgerüsteten Mikroskops, als Erster verschiedene Mikroorga-

nismen, darunter auch Bakterien, und beschrieb diese ausführlich. Die Bedeutung der von van Leeuwenhoek als *animalcules* bezeichneten Organismen für die schon so lange praktizierten Fermentationen wurde jedoch zum damaligen Zeitpunkt nicht erkannt.

Aufgrund ihrer großen praktischen Bedeutung war die **alkoholische Gärung** Thema zahlreicher Untersuchungen. Zu Beginn des 19. Jahrhunderts war sie phänomenologisch und auch quantitativ beschrieben: Antoine de Lavoisier (1742–1794) hatte Alkohol und Kohlendioxid als Produkte der Vergärung von Zucker identifiziert, Joseph Gay-Lussac (1778–1850) die Mengenkorrelation bestimmt (je zwei Mole Alkohol und CO_2 pro Mol Zucker). Charles Cagniard-Latour (1777–1859), Theodor Schwann (1810–1882) und Friedrich Kützing (1807–1892) sammelten als Anhänger des sogenannten „Vitalismus" in den 1830er-Jahren Belege dafür, dass die Gärungen durch von einer Lebenskraft beseelte Organismen unterhalten werden. Unabhängig voneinander kamen sie zu der Überzeugung, dass Hefen für die alkoholische Gärung verantwortlich sind. Strittig war, ob diese Lebewesen durch Urzeugung im Kulturansatz spontan entstünden oder ob es eines Inokulums unbekannter Natur zur Initiation des Prozesses bedürfe. In Opposition zu den Vorstellungen der Vitalisten vertraten Chemiker um Jöns Berzelius (1779–1848), Friedrich Wöhler (1800–1882) und Justus von Liebig (1803–1873) die Meinung, dass es sich bei Gärungen um rein chemische Zersetzungsprozesse handele. In dieser Streitfrage führten erst die Arbeiten von Pasteur ab 1850 zu einer Klärung.

1.2   Die Erforschung von Mikroorganismen und die Anfänge der Industriellen Mikrobiologie (1850 bis 1940)

Louis Pasteur (1822–1895; ◘ Abb. 1.4) erbrachte den experimentellen Nachweis, dass die da-

◘ Abb. 1.4 Portrait von Louis Pasteur um 1885 (Maler: Albert Edelfeldt 1854–1905)

mals bekannten Gärungsprozesse stets an die Anwesenheit von jeweils spezifischen Mikroorganismen gebunden sind und die beobachteten Stoffumwandlungen auf den physiologischen Fähigkeiten dieser Organismen beruhen. Zwischen 1856 und 1875 beschäftigte sich Pasteur mit dem Lebenszyklus der Hefen und deren Zuckerverwertung in An- oder Abwesenheit von Sauerstoff, aber auch mit bakteriellen Gärungen (Milchsäure- und Buttersäuregärung) und den dafür verantwortlichen Mikroorganismen. Außerdem zeigte er, dass „verunglückte Fermentationen", also solche, bei denen nicht das gewünschte Produkt gebildet wurde, auf Kontaminationen mit anderen Mikroorganismen zurückzuführen sind (◘ Abb. 1.5). Durch die Einführung von Steriltechniken und Sterilisationsverfahren (Pasteurisierung) schuf Pasteur die Voraussetzungen für die Anzucht von mikrobiellen Reinkulturen.

Gemeinsam mit **Robert Koch** (1843–1910), der zeigte, dass Infektionskrankheiten wie Milzbrand, Typhus und Cholera durch bakterielle Krankheitserreger verursacht werden, gilt Pas-

teur heute als Begründer der modernen Mikrobiologie. Auch die Industrielle Mikrobiologie, also das Teilgebiet der Mikrobiologie, das sich mit den vom Menschen zur Umwandlung und Produktion von Stoffen eingesetzten Mikroorganismen und den dazu entwickelten industriellen Verfahren beschäftigt, nimmt ihren Anfang mit den Arbeiten von Pasteur in den Jahren ab 1850. ◘ Tabelle 1.2 gibt einen Überblick über mikrobiologische Verfahren sowie über relevante wissenschaftliche Entdeckungen aus Mikrobiologie und Biochemie im Zeitraum zwischen 1850 und 1940.

Gegen Ende des 19. Jahrhunderts entstanden in ganz Europa zahlreiche staatliche, aber auch private Forschungsinstitute, die sich mit der fermentativen Herstellung von Lebensmitteln, der Lebensmittelverarbeitung und der Qualitätskontrolle einerseits, mit Hygiene und Seuchenbekämpfung andererseits befassten. In der Lebensmittelindustrie löste das wachsende Verständnis der mikrobiologischen Ursachen einen technischen Innovationsschub aus, die Produktion verlagerte sich verstärkt aus kleinen Handwerksbetrieben in Industrieanlagen und die produzierten Mengen nahmen drastisch zu. Wirtschaftlich kam der Bierbrauerei und der Wein- und Alkoholherstellung die größte Bedeutung zu. So wurde 1873 in Deutschland $3{,}6 \times 10^9$ l Bier produziert, 1890 war es schon fast doppelt so viel. Die Weinherstellung in Europa (hauptsächlich in Frankreich, Italien und Spanien) belief sich gegen Ende des 19. Jahrhunderts auf etwa 11×10^9 l, die Produktion von reinem Alkohol für Genuss- und Industriezwecke auf mehr als $5{,}9 \times 10^8$ l. Dieser Alkohol wurde hauptsächlich aus Melasse (ein Nebenprodukt der Zuckerindustrie), aus Früchten, Getreide und Kartoffeln produziert, etwa zwei Drittel der produzierten Menge wurde zu höherprozentigen alkoholischen Getränken verarbeitet.

Zur Gewinnung von Backhefe im großen Maßstab setzte sich im Laufe der zweiten Hälfte des 19. Jahrhunderts das sogenannte **Wiener Verfahren** durch. Der Erfolg dieses Verfahrens beruhte auf dem Einsatz bakteriologisch reinen Impfmaterials (Inokulums) und einer

a   b

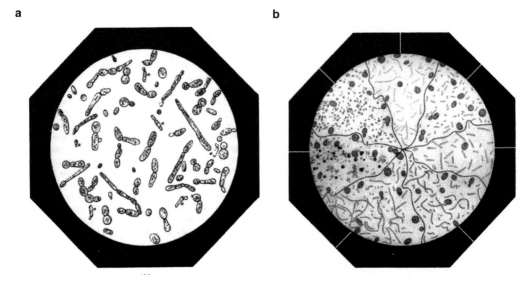

◼ **Abb. 1.5** Hefen zu Beginn einer Fermentation (**a**) und Gärschädlinge aus „verunglückten Fermentationen" (**b**). Zeichnungen von L. Pasteur, erstellt um 1876 (aus Buchholz K, Collins J (2010) © Wiley–VCH Verlag GmbH & Co. KGaA mit freundlicher Genehmigung)

kontaminationsfreien Prozessführung. Die Hefen wurden in Flüssigkultur (Submerskultur) gezüchtet. Die durch die aufsteigenden CO_2-Gasbläschen an die Oberfläche transportierten Hefezellen wurden abgeschöpft und mit kaltem Wasser gewaschen. Durch Filter- oder Gewindepressen wurde die Hefemasse dann weitgehend entwässert.

Milchsäure wurde 1881 fermentativ mit Milchsäurebakterien hergestellt. Die Produktion im Industriemaßstab erfolgte ab 1895 durch die Firma Boehringer Ingelheim. Zwölf Jahre später gab es schon über 20 Firmen, die ebenfalls Milchsäure aus Zucker bzw. zuckerhaltigen Substraten produzierten, hauptsächlich für die Lebensmittelherstellung, aber auch für die aufstrebende Pharmaindustrie. Bei all diesen Verfahren wurde zunehmend darauf geachtet, dass Kultursubstrate und Anzuchtgefäße vor der Inokulation steril waren und dass zur Inokulation Reinkulturen der jeweiligen Mikroorganismen verwendet wurden. Zusätzlich begann man, die Qualität der erhaltenen Produkte zu kontrollieren. Zur Steigerung der Produktausbeuten wurden die Kulturbedingungen, wie z. B. der Sauerstoffeintrag im Verlauf des Prozesses, gesteuert, die Kulturgefäße wurden den Ansprüchen des jeweiligen Prozesses entsprechend gestaltet.

Zu Beginn des 20. Jahrhunderts wurden Anstrengungen unternommen, die Bildung von Butanol und Aceton aus kohlenhydrathaltigen Materialien durch bis dahin unbekannte Mikroorganismen wissenschaftlich aufzuklären und zur großtechnischen Produktion dieser Stoffe zu nutzen. Aus **Butanol** lässt sich auf chemischem Weg Butadien synthetisieren, eine Ausgangsverbindung für die Herstellung synthetischen Kautschuks. Durch den steigenden Bedarf an Gummi, verstärkt nach Ausbruch des Ersten Weltkrieges, und die daraus resultierende Verknappung und Verteuerung von Naturkautschuk auf dem Weltmarkt war das wirtschaftliche Interesse an einer alternativen Methode zur Gummiherstellung groß. **Aceton** wird als Lösungsmittel bei der Produktion von Cordit benötigt, einer explosiven Verbindung, aus der Munitionszünder gefertigt werden. Chaim Weizmann (1874–1952), Chemiker an der Manchester University, von 1916 bis 1919 Direktor des Munitionslabors der Königlich Britischen Admiralität und später erster Staatspräsident von Israel, identifizierte und isolierte

◻ Tabelle 1.2 Industriell eingesetzte mikrobiologische Verfahren und wissenschaftliche Entdeckungen in der Zeit von 1850 bis 1940

Zeit/Jahr	Verfahren/Produkte/Entdeckungen
1857–1877	Pasteur beschreibt die Alkoholgärung, die Milchsäuregärung und die Buttersäuregärung. Er erklärt die Prozesse bei der Wein- und Bierherstellung und führt die Entkeimung durch „Pasteurisieren" und die Steriltechnik im Umgang mit Mikroorganismen ein.
1867	Bäckerhefe wird im „Wiener Verfahren" großtechnisch hergestellt.
1870	Koch entwickelt Verfahren zur Kultivierung von Mikroorganismen und begründet die Medizinische Mikrobiologie.
1877	Kühne formuliert den Begriff „Enzyme" für temperaturempfindliche, aktive Fermente aus lebenden Zellen.
ab 1881	Milchsäure wird mit Milchsäurebakterien hergestellt.
1894	Fischer weist die Spezifität und die Stereoselektivität von Enzymen nach.
1896	Buchner weist Gärungsenzyme in Hefe-Zellextrakt nach.
ab etwa 1900	Kommunale Klärwerke werden in größeren Städten etabliert.
1915	Aceton und Butanol werden im großen Maßstab mit Clostridien hergestellt. Glycerin wird mit Hefen aus Melassen erzeugt.
ab 1923	Citronensäure wird großtechnisch mit *Aspergillus niger* produziert.
1928	Fleming entdeckt das Penicillin und seine Wirkung auf Bakterien.
1939–1941	Penicillin wird isoliert und gereinigt.

das Bakterium *Clostridium acetobutylicum*. Für die von diesem Bakterium katalysierte sogenannte Lösungsmittelgärung hielt er wichtige Patente. In der Folge wurde durch die Zusammenarbeit von Wissenschaftlern verschiedener Fachbereiche (Biologen, Chemiker, Verfahrenstechniker) innerhalb kurzer Zeit ein großvolumiger, fermentativer Produktionsprozess für Butanol und Aceton entwickelt, der anstelle undefinierter, bakterieller Mischkulturen nun Reinkulturen von *C. acetobutylicum* nutzte. Als Ausgangsmaterial wurde in erster Linie Maisstärke verwendet. Die Produktionsanlagen standen primär in Großbritannien, später dann auch in den USA und Kanada. Die Details zur Geschichte der Entwicklung bzw. Erforschung und Nutzung der Lösungsmittelgärung sind im Kap. 4 dargelegt.

In Deutschland verursachte der Ausbruch des Ersten Weltkrieges einen Engpass in der Versorgung mit Industriefett, aus dem **Glycerin** für die Herstellung von Sprengstoff (Nitroglycerin) gewonnen wurde. Man entwickelte daher einen Prozess zur fermentativen Herstellung von Glycerin mit Hefen und nahm entsprechende Produktionsanlagen in Betrieb. Als Substrat wurde Melasse verwendet. Eine beträchtliche Erhöhung der Ausbeute konnte durch die Zugabe von Sulfit erreicht werden. Sulfit fängt das Acetaldehyd, welches auf dem Weg zum Alkohol (Ethanol) gebildet wird, ab und reduziert damit die Ethanolbildung. 1916 wurden mehr als 1000 t Glycerin pro Monat auf diesem Wege produziert. Als Ersatz für fehlende Futtermittelimporte wurden in Deutschland während des

Ersten Weltkrieges außerdem Futterhefen (*Candida utilis*) im Maßstab von 10 000 t pro Monat produziert. Auch hier diente Melasse als Substrat.

Citronensäure wurde in Europa erstmalig 1920 hergestellt, ab 1923 im großtechnischen Maßstab. Genutzt wurde dafür der Pilz *Aspergillus niger*, der im Oberflächenverfahren, d. h. in flachen Wannen mit großer Kontaktfläche zwischen Kultur und Luftraum, kultiviert wurde. Vorausgegangen war eine Reihe von Versuchen, die nicht den gewünschten Erfolg brachten, da die flachen Kulturgefäße nur schwer steril gehalten werden konnten. Erst nachdem schnell wachsende Stämme selektioniert, das Kulturmedium den Nährstoffansprüchen des Pilzes entsprechend optimiert und das Verfahren von Beginn an unter sauren Bedingungen (pH 3,5) geführt wurde, stellte sich der Erfolg ein. *A. niger* und auch *Penicillium*-Stämme wurden kurze Zeit später (ab 1928) dann auch für die Produktion von Gluconsäure eingesetzt. Etwa seit 1940 wird sowohl Citronensäure als auch Gluconsäure überwiegend im Submersverfahren, d. h. in Flüssigkultur, im großen Maßstab und unter Lufteintrag durch Rühren produziert.

Seit dem Ende des 19. Jahrhunderts gibt es **Kläranlagen**, in denen kommunale und industrielle Abwässer gereinigt werden, wobei der Abbau organischer Verbindungen durch Mikroorganismen bewerkstelligt wird (Kap. 13). Diese mikrobielle Abwasseraufbereitung reduzierte das Infektionsrisiko in den immer dichter besiedelten Gebieten und verhinderte die unangenehmen Gerüche, die beim natürlichen Abbau in den Bächen, Flüssen und vor allem in stehenden Gewässern entstanden. Die ersten Kläranlagen entstanden in Europa und umfassten zunächst nur eine aerobe Abbaustufe, in der das Abwasser über ein mit den Mikroorganismen bewachsenes Trägermaterial geleitet wurde (Tropfkörper oder auch **aerobes Festbettverfahren**). Ab 1914 wurde diese oxidative Abbaustufe als sogenanntes **Belebtschlammverfahren** gestaltet, bei dem das Abwasser mit flockig-aggregierten Mikroorganismen (Belebtschlamm) versetzt und durch Rühranlagen belüftet wurde. Zusätzlich wurde die anaerobe Umsetzung des erhaltenen Schlamms (Sekundärschlamm) im Faulturm eingeführt. Schon in den 1920er-Jahren wurde das im Faulturm entstehende Gas für Heiz- und Beleuchtungszwecke genutzt. Im Gegensatz zu den allermeisten mikrobiellen Verfahren, bei denen man darauf bedacht war, Reinkulturen einzusetzen, nutzt man bei der Abwasseraufbereitung im Klärwerk bis heute bewusst komplexe, sich natürlich etablierende, mikrobielle Lebensgemeinschaften, die nur durch ihre Vielfältigkeit als stabiles System ihre Funktion erfüllen.

Obwohl seit den Arbeiten von Pasteur klar war, dass die Stoffumwandlungen bei Fermentationen von Mikroorganismen verursacht werden, blieb noch bis in die 1890er-Jahre unklar, was in den Zellen der Mikroorganismen passiert und welche biologischen Strukturen beteiligt sind. Man kannte „ungeformte, unorganisierte Fermente" aus Pflanzen, Früchten und der Bauchspeicheldrüse, und der Heidelberger Physiologe Wilhelm Kühne (1837–1900) bezeichnete diese löslichen, hitzeempfindlichen Strukturen bereits 1877 als **„Enzyme"**. Jedoch wurde erst 1894 von Emil Fischer (1852–1919) das Schlüssel-Schloss-Prinzip zur Erklärung von Spezifität und Stereoselektivität von Enzymen formuliert und 1896 von Eduard Buchner (1860–1917) die Umsetzung von Zucker zu Alkohol durch zellfreie Extrakte aus Hefen (zellfreie Gärung) nachgewiesen. Buchner führte die Aktivität auf eine (proteinhaltige) lösliche Substanz zurück, die er Zymase nannte. Wie sich erst später herausstellte, handelte es sich dabei um das gesamte Enzymsystem der Glykolyse und der Ethanolbildung aus Pyruvat. Letztendlich trugen diese Arbeiten maßgeblich zu der anschließend rasanten Entwicklung der biochemischen bzw. der physiologisch-chemischen Forschung bei, die in der ersten Hälfte des 20. Jahrhunderts dann zur Identifizierung von Zellbausteinen (z. B. Proteine, Nukleinsäuren) und Stoffwechselintermediaten (z. B. ATP, **Coenzyme**) sowie zur Aufklärung zentraler Stoffwechselwege wie der Glykolyse (Embden-Meyerhof-Parnas-Weg) und des Citratzyklus (Krebs-Zyklus) führte. Obwohl diese Studien nur zum Teil an Mikroorganismen durchgeführt wurden, legten ihre Ergebnisse aufgrund ihrer Universalität die Basis für das Verständnis des Stoffwechsels in allen Lebewesen, so auch in Mikroorganismen, die für industrielle Produktionsprozesse eingesetzt werden. In der Folge eröffneten sich vielfältige Möglichkeiten, direkt oder indirekt in den mikrobiellen Stoffwechsel einzugreifen, um Produktionsprozesse und Ausbeuten zu optimieren. Dank der biochemischen Forschung und des daraus resultierenden Verständnisses von Struktur und Funktion von Proteinen sowie von Enzymkatalyse und -kinetik entstand das neue Gebiet der **mikrobiellen Enzymtechnologie**, das sich mit der Herstellung von Enzymen und deren vielfältiger Nutzung in Alltag und Wissenschaft beschäftigt.

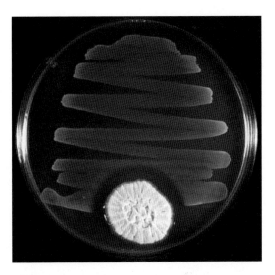

◻ **Abb. 1.6** Reproduktion einer Kontamination mit *Penicillium chrysogenum*, die Alexander Fleming zufällig auf einer Agarplatte beobachtete. Der Ausstrich von *Staphylococcus aureus* wächst in der Nähe der Pilzkolonie nicht, weil dort das vom Pilz abgegebene Penicillin über der minimalen Hemmkonzentration vorliegt (Foto: © C. L. Case)

1.3   Die Entwicklung von neuen Produkten und Verfahren: Antibiotika und andere Biomoleküle (ab 1940)

In den frühen 1940er-Jahren beginnt ein expansiver Abschnitt der Industriellen Mikrobiologie, der durch eine sprunghafte Ausweitung des Spektrums an Substanzen gekennzeichnet ist, die mithilfe von Mikroorganismen hergestellt werden. Einen Überblick über neue Produkte und mikrobielle Verfahren gibt ◻ Tab. 1.3. Prominente neue Substanzklasse war in den 1940er-Jahren die Gruppe der **Antibiotika**, Verbindungen also, die von Mikroorganismen gebildet werden und das Wachstum von Bakterien hemmen. Ab 1950 kam eine Vielzahl von Verbindungen hinzu, die dem Stoffwechsel von Mikroorganismen entstammen, wie z. B. L-Aminosäuren, organische Säuren und Vitamine. Mikrobielle Enzyme in großem Maßstab wurden ab 1960 produziert.

Wie zuvor der Erste Weltkrieg hatte auch der Zweite Weltkrieg entscheidenden Einfluss auf die Entwicklung neuer Produkte, wie sich am Beispiel der Etablierung der Penicillin-Herstellung in Großbritannien eindrücklich aufzeigen lässt.

Ausgangspunkt war die Suche nach einer antibakteriellen Behandlungsmöglichkeit für die im Krieg verwundeten Soldaten. Dass Bakterieninfektionen prinzipiell behandelbar sind, wusste man, seit in Deutschland in den 1930er-Jahren die antibakterielle Wirkung einiger Verbindungen aus der Substanzklasse der Sulfonamide gezeigt worden war. Außerhalb Deutschlands waren diese chemisch synthetisierten Verbindungen jedoch nur begrenzt zugänglich. Penicillin, das erste bekannte Antibiotikum, war 1928 von dem Briten **Alexander Fleming** (1881–1955) entdeckt worden. Er hatte bereits 1921 das ebenfalls antibakteriell wirkende Enzym Lysozym in Hühnereiweiß nachgewiesen. Fleming beobachtete, dass der Schimmelpilz *Penicillium chrysogenum* eine Substanz ausscheidet, die das Wachstum von Staphylokokken inhibiert (◻ Abb. 1.6). Er konnte zeigen, dass die von ihm als **Penicillin** bezeichnete Verbindung auch gegen eine Reihe weiterer humaner Krankheitserreger wirksam ist. Obwohl Fleming selbst das Potenzial seiner Entdeckung erkannte, blieben seine Erkenntnisse bis 1939 ungenutzt, da das

◻ **Tabelle 1.3**   Industriell eingesetzte mikrobielle Verfahren in der Zeit ab etwa 1940

Zeit/Jahr	Verfahren/Produkte
ab 1942	Penicillin wird großtechnisch mit *Penicillium chrysogenum* hergestellt.
1946	Streptomycin wird industriell hergestellt.
ab 1950	Weitere Antibiotika, L-Aminosäuren, Vitamine, organische Säuren und anderen Verbindungen werden großtechnisch fermentativ mit Bakterien und Pilzen hergestellt. Die mikrobielle Transformation von Steroiden wird im großen Maßstab etabliert.
ab 1960	Mikrobielle Enzyme (Hydrolasen) werden hergestellt und in Waschmitteln eingesetzt.
ab 1965	Lab wird mikrobiell hergestellt und für die Käseherstellung genutzt.
ab 1966	Kupfer und Uran werden in den USA und vor allem in Südamerika (Chile) mithilfe von Mikroorganismen gewonnen (Erzlaugung).
1977/1978	Rekombinante *Escherichia coli*-Stämme zur Herstellung von Somatropin (menschliches Wachstumshormon) und Insulin werden entwickelt.
1982	Insulin kommt als erstes rekombinantes Arzneimittel auf den Markt.
ab 1985	Eine Vielzahl von rekombinanten Proteinen für die Pharmaindustrie, die Waschmittel-, Papier- und Textilindustrie wie auch für wissenschaftliche und diagnostische Anwendungen wird produziert.
ab 1995	Rekombinante Mikroorganismen werden bei der Produktion von L-Aminosäuren, Vitaminen und Industriechemikalien (z. B. Polymervorstufen) eingesetzt.

Penicillin aufgrund nur sehr geringer Konzentrationen im Kulturüberstand nicht isoliert und gereinigt werden konnte.

Während des Krieges nahmen Howard W. Florey, Ernst B. Chain, Norman Heatley und ihre Mitarbeiter 1939 an der Oxford University die Versuche zur Reinigung des Penicillins wieder auf. 1941 waren sie dann in der Lage, eine größere Menge Penicillin zu isolieren und einen Aktivitätstest zu etablieren. Der therapeutische Nutzen des Penicillins gegen bakterielle Infektionen wurde in einer kleinen klinischen Studie gezeigt. Um die Penicillin-Herstellung dann in den industriellen Maßstab zu überführen, suchten die Biochemiker aus Oxford ab 1941 die Unterstützung von anderen wissenschaftlichen Instituten, von Behörden und der Industrie in den USA. Es begann eine Zusammenarbeit, die Mikrobiologen, Biochemiker, Chemiker, Mediziner, Pharmakologen und Verfahrenstechniker

aus England und den USA zusammenführte und die durch akademische und industrielle Führungskräfte sowie durch Regierungsbehörden koordiniert wurde. Die Penicillin-Ausbeuten und -konzentrationen konnten durch Isolierung neuer und durch Weiterentwicklung schon bekannter Stämme sowie durch Optimierung der Zusammensetzung des Kulturmediums (z. B. Verwendung von Maisquellwasser und Zusatz von Lactose) und der Kulturbedingungen um mehrere Größenordnungen erhöht werden (von drei auf 1500 Einheiten pro ml; ◻ Abb. 1.7). Pilot- und Industrieanlagen für die Oberflächen- und die kontinuierliche Submerskultivierung von *P. chrysogenum* wurden gebaut und eine jeweils geeignete technische Prozessführung entwickelt. Die größten praktischen Probleme bereitete es, die Fermentationsanlagen frei von Kontaminationen zu halten. Denn der große Maßstab, lange Inkubationszeiten, intensive Belüftung und zahl-

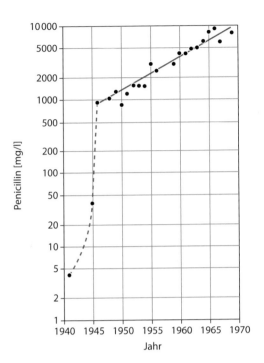

Abb. 1.7 Steigerung der Penicillinkonzentrationen von 1941 bis 1960 (modifiziert nach Demain AL (1971))

reiche Verschraubungen, Ventile, Leitungen und Instrumente in und an der Anlage erhöhten das Kontaminationsrisiko. Auch die Aufarbeitung des relativ empfindlichen Penicillins (*downstream processing*: Isolierung und Reinigung) sowie die **Produktanalyse** (Bestimmung von Ausbeute, Reinheit und Aktivität) und die **Produktformulierung** (Überführung in ein lager- und transportfähiges Produkt) mussten optimiert und in den Industriemaßstab überführt werden. All diese Anstrengungen führten dazu, dass 1943 Penicillin von mehreren Firmen (z. B. Merck, Squibb, Pfizer) in großem Maßstab produziert wurde und zunächst den alliierten Soldaten und dann auch der Zivilbevölkerung als Medikament gegen bakterielle Infektionskrankheiten zur Verfügung stand.

Der erfolgreiche Aufbau der industriellen Penicillin-Produktion markiert den Anfang der „Antibiotika-Ära". Eine große Anzahl von Forschern beschäftigte sich mit der Suche nach neuen und der Weiterentwicklung bereits be-

kannter Antibiotika sowie mit deren Vermarktung. So wurden z. B. Penicillin-Derivate mit breiterem Wirkungsspektrum und verbesserten pharmakokinetischen Eigenschaften entdeckt bzw. entwickelt. Der Amerikaner **Selman A. Waksman** (1888–1973), auf den auch der Begriff „Antibiotikum" zurückgeht, entdeckte 1940 das Actinomycin A und 1943 zusammen mit seinem Mitarbeiter Albert Schatz das Aminoglykosid Streptomycin, das erste Antibiotikum, das erfolgreich gegen die Tuberkulose (*Mycobacterium tuberculosis*) eingesetzt wurde. Guiseppe Brotzu (1895–1976) isolierte 1945 in Italien den Schimmelpilz *Acremonium chrysogenum* (damals *Cephalosporium acremonium*), aus dem im Labor von Florey in Oxford das Cephalosporin C (wie auch Penicillin ein β-Lactam-Antibiotikum) isoliert und auf seine antibiotische Wirkung getestet wurde.

Dank der bei Anlagenbau und Prozessentwicklung gewonnenen Erfahrungen und dank eines immer genaueren Verständnisses des Primär- und Sekundärstoffwechsels vieler Mikroorganismen konnte ab 1950 eine Vielzahl weiterer, dem Stoffwechsel von Mikroorganismen entstammende Verbindungen mit mikrobiellen Verfahren synthetisiert und zur Produktreife gebracht werden. Dazu gehörten Aminosäuren (z. B. L-Glutaminsäure und L-Lysin), spezielle organische Säuren (z. B. Itaconsäure), Steroide und Vitamine (z. B. Vitamin C). Es wurden neben in großen Mengen hergestellten Basischemikalien, wie z. B Alkohole und Lösungsmittel, nun auch zunehmend sogenannte Feinchemikalien mit vergleichsweise geringen Produktionsmengen und hoher chemischer Reinheit produziert. Dazu kam die großtechnische Herstellung von mikrobiellen Enzymen, die in vielen Bereichen des täglichen Lebens Anwendung fanden, etwa bei der Lebensmittelverarbeitung (z. B. Glucose-Isomerisierung, Stärkeverflüssigung), der Futtermittelherstellung (z. B. Phytase) und der Waschmittelherstellung (z. B. Proteasen, Lipasen), des Weiteren in der pharmazeutischen Industrie (z. B. bei der Hydrolyse von Penicillin G für die Synthese von halbsynthetischen Derivaten) und in der Textil- und Papierindustrie (Hydrolasen,

Oxidasen). In den nachfolgenden Kapiteln werden die für die Herstellung der verschiedenen Produkte eingesetzten Mikroorganismen, ihre in diesem Zusammenhang relevanten Stoffwechselwege und deren Regulation, die Entwicklung von entsprechenden Produktionsstämmen und traditionelle und moderne, auch heute noch verwendete Produktionsverfahren vorgestellt.

Die Herstellung und Umwandlung von Stoffen unter Nutzung von Organismen, Zellen oder Zellkomponenten wird seit etwa 1980 als „Biotechnologie" bezeichnet, wobei verschiedene Teilbereiche unterschieden werden. Die **Weiße Biotechnologie**, auch Industrielle Biotechnologie genannt, beschäftigt sich mit allen Aspekten einer industriellen Produktionsweise. Das Produktspektrum umfasst je nach Definition neben Basis- und Feinchemikalien auch Lebensmittel und Lebensmittelzusatzstoffe, Vorprodukte für die Agrar- und Pharmaindustrie und Hilfsstoffe für die verarbeitende Industrie. Durch die Begriffe Rote, Grüne, Braune, Graue bzw. Blaue Biotechnologie wird auf den Bezug biotechnischer Verfahren zu Medizin/Pharmazie, Landwirtschaft, Umwelt und Abfallwirtschaft hingewiesen bzw. auf den Einsatz von Meeresorganismen.

1.4   Der Einzug der Gentechnik in die Industrielle Mikrobiologie (ab etwa 1980)

Eine neue Ausrichtung erfuhr die Industrielle Mikrobiologie mit der Einführung gentechnischer Arbeitsmethoden. Das Instrumentarium der Gentechnik wurde seit Mitte der 1960er-Jahre erarbeitet und bis heute kontinuierlich weiterentwickelt. Es erlaubt, gezielt eindeutig definierte Veränderungen (Mutationen) am Erbgut von Organismen vorzunehmen. Damit kann in den Zellen die Synthese einzelner Enzyme/Proteine ausgeschaltet bzw. verstärkt oder aber die Synthese von in ihren Eigenschaften veränderten

Enzymen/Proteinen bewirkt werden. Gentechnisch konstruierte Stämme sind solchen, die durch klassische Mutagenese (Bestrahlung, mutagenisierende Chemikalien) erhalten wurden, dahingehend überlegen, dass sie keine weiteren unspezifischen, mit unerwünschten Effekten verbundenen Mutationen tragen. Mittels gentechnischer Methoden kann in industriell genutzten Mikroorganismen die Regulation von Stoffwechselwegen und damit die Menge gebildeter Produkte und Nebenprodukte beeinflusst werden. Techniken zur Neuanordnung genetischen Materials (Rekombination) und zur Einführung rekombinanten Erbmaterials in mikrobielle Zellen gestatten es, alle Arten von Proteinen, auch solche aus höheren Eukaryoten, mithilfe von Mikroorganismen zu produzieren. Lediglich bei der posttranslationalen Modifikation (z. B. Glykosylierung) gibt es Einschränkungen.

Grundlage für die Methoden der Gentechnik ist die wissenschaftliche Disziplin der **Molekularbiologie** oder **Molekularen Genetik**, die sich mit der Struktur und Funktion der Nukleinsäuren (DNA, RNA) beschäftigt und deren Anfänge in den 1940er-Jahren liegen. Die wichtigsten Entdeckungen sind in ◼ Tab. 1.4 aufgelistet. 1944 konnte Oswald Avery am Rockefeller Institute in New York experimentell zeigen, dass Nukleinsäuren und nicht, wie zuvor lange diskutiert, Proteine die Träger der Erbinformation sein müssen. Die Doppelhelix-Struktur der DNA wurde dann 1953 von dem US-Amerikaner James Watson und dem Briten Francis Crick am Cavendish Institute der Universität Cambridge aufgeklärt. Den ersten Schritt zur Entschlüsselung des genetischen Codes, der der Übersetzung der DNA-Basensequenz in die Aminosäuresequenz im Protein zugrunde liegt, machte der Deutsche Heinrich Matthaei im Labor von Marshall W. Nirenberg am National Institute of Health (NIH) in Bethesda, als er 1961 für ein erstes Codon (UUU) die zugehörige Aminosäure (L-Phenylalanin) identifizierte. Fünf Jahre später waren alle 64 Basentripletts entschlüsselt. Die Franzosen François Jacob und Jacques Monod vom Institut Pasteur beschäftigten sich mit der Organisation von Genen im Chromosom

◘ Tabelle 1.4 Erkenntnisse der Molekularbiologie und gentechnische Methoden

Zeit/Jahr	Entdeckungen/Methoden
1944	Avery identifiziert die Nukleinsäuren als Träger der Erbinformation.
1953	Watson und Crick klären die Struktur der DNA auf.
1959	Jacob und Monod etablieren das Operonmodell und beschreiben die Regulation allosterischer Enzyme.
1961–1966	Der genetische Code wird entschlüsselt.
1962	Stanier und van Niel unterscheiden und definieren Pro- und Eukaryoten.
1962–1968	Verschiedene bakterielle Restriktions- und Modifikationssysteme werden entdeckt.
1965	Die in vitro-Oligonukleotidsynthese wird durch Khorana und Kornberg etabliert.
1973	Cohen und Boyer erzeugen rekombinante DNA (Klonierung eines Restriktionsfragmentes).
1976	Die chemische Synthese eines Gens gelingt.
1977	Maxam und Gilbert sowie Sanger etablieren DNA-Sequenziermethoden.
1979	Smith etabliert Methoden zur ortsspezifischen Mutagenese.
1983	Mullis beschreibt die Polymerasekettenreaktion (PCR) für die Amplifikation von DNA.
ab 1990	Die sogenannten „Omik"-Techniken (Genomik, Transkriptomik, Proteomik, Metabolomik, Fluxomik) und das gezielte Metabolic Engineering werden entwickelt.
ab 1995	Die Genome von Bakterien und von Pilzen werden sequenziert.
ab 2000	Metagenomik-Projekte erfassen die Gesamtheit der genetischen Information eines Habitats.
2010	Venter und Mitarbeiter tauschen ein bakterielles Genom gegen eine in vitro hergestellte DNA aus und konstruieren so ein Bakterium mit synthetischem Genom.

von Bakterien und entwickelten bereits 1959 das Operonmodell für die koordinierte Expression bakterieller Gene. Zwischen 1962 und 1968 wurden verschiedene Restriktions- und Modifikationssysteme in Bakterien entdeckt. Ihre Funktion besteht darin, in die Zelle eingedrungene Fremd-DNA abzubauen bzw. die eigene DNA vor diesem Abbau zu schützen. Den Restriktionsenzymen kommt eine wichtige Rolle bei einer Vielzahl gentechnischer Methoden zu, da mithilfe dieser Enzyme das Ausschneiden und mittels weiterer Enzyme (Ligasen) das Zusammenfügen von DNA-Abschnitten in jeweils gewünschter Abfolge möglich ist.

Aus der molekularbiologischen Forschung ist eine Vielzahl von wichtigen gentechnischen Methoden (◘ Tab. 1.4) hervorgegangen, ohne die die Entwicklung neuer Produkte und Produktionsstämme für industrielle Produktionsverfahren nicht möglich gewesen wäre. Dazu gehören die in vitro-Oligonukleotidsynthese (Har Gobind Khorana und Arthur Kornberg, 1965), die erste Klonierung von Restriktionsfragmenten (Herb Boyer und Stanley Cohen, 1973), die Konstruktion von Klonier- und Expressionsplasmiden, die klassischen Methoden der DNA-Sequenzierung (Allan Maxam, Walter Gilbert, Fred Sanger, 1977), die ortsspezifische Mutagenese (Michael Smith, 1979), die Polymerase-kettenreaktion (= PCR, Kary Mullis, 1983) und die Klonierung von synthetischen Genen. Mithilfe der automatisierten DNA-Sequenzierung wurden 1995 das erste Bakteriengenom und 1997 das Genom der Bäckerhefe entschlüsselt. Zum Ende des letzten Jahrhunderts kamen dann außerdem die DNA-Chip-Technologie (bzw. DNA-Mikroarray-Technologie) für die genomweite Expressionsanalyse (**Transkriptomik**) sowie Technologien zur Bestimmung der Gesamtheit der zugänglichen Proteine einer Zelle oder eines Organismus (**Proteomik**) hinzu. Zur Verarbeitung der bei diesen Methoden anfallenden enormen Datenmengen etablierte sich das neue Arbeitsfeld der Bioinformatik. Seit 2001 erlaubte die Pyrosequenzierung und seit 2005 die „Illumina/Solexa"-Technologie die Hochdurchsatz-Sequenzierung von Genomen, sodass inzwischen die Genome von über 1700 Prokaryoten und mehr als 35 Eukaryoten, darunter alle für die heutige Industrielle Mikrobiologie interessanten Bakterien und Pilze, sequenziert und annotiert sind.

Parallel zur Weiterentwicklung molekularbiologischer Methoden entstanden in den 1990er-Jahren die Technologien zur Bestimmung der Gesamtheit erfassbarer Metaboliten in einer Zelle (**Metabolomik**) und zur quantitativen Bestimmung zellulärer Stoffflüsse mithilfe von Markierungsexperimenten. Aufbauend auf den experimentellen Ergebnissen ist es heute möglich, durch computergestützte stöchiometrische (metabolische) Stofffluss- und Netzwerkanalyse Modelle für den Gesamtstoffwechsel eines Organismus aufzustellen. Diese können dann dazu dienen, den Stoffwechsel oder Teile davon zu modellieren, d. h. am Modell zu analysieren, welche Auswirkungen die Veränderung einzelner Parameter auf die Bildung verschiedener Stoffwechselintermediate oder -endprodukte hat. Etwa seit dem Jahr 2000 spricht man im Zusammenhang mit der Modellierung des Gesamtstoffwechsels eines Organismus von der sogenannten Systembiologie. Diese verdankt ihre Existenz wie oben geschildert dem messtechnischen Zugang zu einer immer umfangreicheren Anzahl von zellulären Größen und der vonseiten der Informationstechnologie und der Bioinformatik bereitgestellten Möglichkeiten, immer größere Datenmengen zu verarbeiten. An die Systembiologie knüpft sich die Hoffnung, dass sie in Zukunft noch weitere und detaillierte Informationen dazu liefern wird, wie industriell verwendete Mikroorganismen noch effizienter zur Synthese gewünschter Verbindungen manipuliert werden können.

Der Einsatz gentechnischer Methoden zur Modifizierung von Stoffwechselwegen in industriellen Produktionsstämmen und damit zur Optimierung und Ausweitung der Produktionseigenschaften der Stämme wird als **Metabolic Engineering** bezeichnet. Durch Ausschalten, Abschwächen oder die Überexpression eines oder mehrerer Gene für Enzyme oder Regulatorproteine kann der Kohlenstofffluss vom Substrat zu einem gewünschten Produkt umgelenkt, das Substratspektrum erweitert oder Synthesewege zu unerwünschten Nebenprodukten ausgeschaltet werden. Völlig neue Stoffwechselwege können durch die Expression von heterologen (d. h. aus anderen Organismen stammenden) Genen etabliert werden.

Wenn beim Metabolic Engineering Mikroorganismen (oder andere biologische Systeme) mit in der Natur nicht vorkommenden Eigenschaften und Fähigkeiten geschaffen werden, spricht man von „**Synthetischer Biologie**". Dazu gehört letztlich auch die Konstruktion von Organismen mit Minimalgenomen, die nur noch über die zur Produktion von gewünschten Substanzen benötigten Stoffwechselwege verfügen. Solche Arbeiten wurden 2010 von Craig Venter und Mitarbeitern mit dem Austausch des natürlichen Genoms von *Mycoplasma capricolum* gegen ein synthetisch hergestelltes erfolgreich initiiert.

Das erste industriell mit gentechnisch veränderten Mikroorganismen hergestellte Produkt war das **Humaninsulin**. Verwendet wurde dazu ein rekombinanter *Escherichia coli*-Stamm, der genauso wie das Produktionsverfahren 1978 entwickelt worden war. Gerade im Pharmasektor konnten in der Folge für weitere Proteine und zahlreiche andere Wirkstoffe Verfahren entwickelt werden, bei denen gentechnisch veränderte Mikroorganismen zum Einsatz kommen. Seit etwa 1986 werden aber zunehmend auch solche Produkte mit gentechnisch konstruierten Stämmen produziert, für deren Herstellung zuvor durch klassische Mutagenese und Screening gewonnene Bakterien- oder Pilzstämme verwendet wurden. Zu diesen Produkten gehören z. B. Alkohole und Lösungsmittel, organische Säuren, einige L-Aminosäuren, Vitamine und Antibiotika. Für die Produktion von Enzymen, die in der Textil-, Papier- und Waschmittelindustrie Anwendung finden (technische Enzyme, z. B. Proteasen, Lipasen, Amylasen) werden seit Ende der 1980er-Jahre ebenfalls gentechnisch veränderte Mikroorganismen genutzt, im Wesentlichen *Bacillus* und *Streptomyces* sowie *Aspergillus* und *Trichoderma*. Auch die in Forschung und Diagnostik verwendeten Enzyme werden heute größtenteils mit rekombinanten Mikroorganismen gewonnen. Konkrete Beispiele für Produkte und Verfahren, bei denen gentechnisch veränderte Mikroorganismen in der Industriellen Mikrobiologie zum Einsatz kommen, werden in den nachfolgenden Kapiteln dieses Buches detailliert beschrieben.

⊞ Literaturverzeichnis

Adrio JL, Demain AL (2010) Recombinant organisms for production of industrial products. Bioeng Bugs 1: 116–131

Buchholz K, Collins J (2010) Concepts in Biotechnology (History, Science and Business), Wiley-VCH-Verlag, S. 32, 33

Demain AL (1971) Overproduction of microbial metabolites and enzymes due to alteration of regulation. Advances in Biochemical Engineering/Biotechnology 1: 113–142

Erickson B, Nelson EJ, Winters P (2012) Perspective on opportunities in industrial biotechnology in renewable chemicals. Biotechnol J 7: 176–185

Flaschel E, Sell D (2005) Charme und Chancen der Weißen Biotechnologie. Chemie Ingenieur Technik 77: 1298–1312

Pelzer S (2012) Maßgeschneiderte Mikroorganismen. Biologie in unserer Zeit 42: 98–106

Ulber R, Soyez K (2004) 5000 Jahre Biotechnologie. Chemie in unserer Zeit 38: 172–180

Bildnachweis

Abb. 1.1: http://www.buntesweb.de/wissen/bier-lexikon/aegypten.htm

Abb. in Box *Die Gesetze des Hammurabi*: a) Foto: Mbzt, 2011/Wikimedia Commons/GFDL & CC BY 3.0; b) Deror avi; bearbeitet von Zunkir/Wikimedia Commons/GFDL & CC BY-SA 3.0

Abb. 1.2: Probirbuch von Lazarus Erker, Erstausgabe 1574, Universitätsbibliothek Leipzig

Abb. 1.4: Wikimedia Commons/public domain

Abb. 1.6: © Christine L. Case, Ed. D, Biology Professor, Skyline College, California

2 Bioverfahrenstechnik

Ralf Takors

2.1 Einleitung

Unter Bioverfahrenstechnik wird allgemein die Anwendung von ingenieurwissenschaftlichen Prinzipien für die Entwicklung, Optimierung und den Betrieb von Produktionsprozessen auf der Basis biologischer Komponenten (Enzyme oder auch ganze pro- bzw. eukaryotische Zellen) verstanden.

Werden lebende Zellen für Produktionszwecke eingesetzt, so unterscheiden sich die Anforderungen an die Bioverfahrenstechnik in einem Punkt fundamental von denen an die chemische Verfahrenstechnik, d. h. in ihren Wurzeln: Der Biokatalysator – als solcher werden die produzierenden Zellen oftmals bezeichnet – vermehrt sich bei Einhaltung seiner optimalen Lebensbedingungen exponentiell, was die möglichen Prozessszenarien unmittelbar beeinflusst.

Will man den Beginn der Bioverfahrenstechnik zeitlich datieren, so kann dies mit der Entwicklung des industriellen, aeroben Backhefeverfahrens (1880) mit *Saccharomyces cerevisiae* oder auch mit der fermentativen Milchsäure-Herstellung (1881) mithilfe von *Lactobacillus spec.* geschehen. Weitere prozesstechnische Meilensteine sind die anaerobe Aceton-Butanol-Ethanol-Herstellung beginnend im Ersten Weltkrieg mit Clostridien und die technische Penicillin-Produktion im Submersverfahren mit *Penicillium chrysogenum* ab 1942. Allen Prozessbeispielen ist gemein, dass deren Entwicklung geprägt war durch chemisch-verfahrenstechnische Denkweisen, nämlich der Optimierung der Produktionsbedingungen außerhalb der Zellen.

Dieser Fokus änderte sich in den folgenden Jahrzehnten zusammen mit dem immer detaillierter werdenden molekularbiologischen und biochemischen Verständnis intrazellulärer Abläufe. Als Folge wurde um 1990 das **Metabolic Engineering** als neuer Wissenschaftszweig gegründet. Die zielgerichtete Verbesserung von Produktionssystemen mithilfe rekombinanter Technologien steht im Mittelpunkt entsprechender Aktivitäten. Dabei fällt den Ingenieurwissenschaften die Aufgabe zu, das quantitative

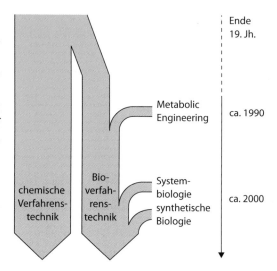

Abb. 2.1 Historische Entwicklung der Bioverfahrenstechnik von den Ursprüngen bis zur heutigen Ausprägung

Verständnis der zellulären Vorgänge für die Identifizierung von Zielgenen zur Stammverbesserung bereitzustellen. Inhalte der Bioverfahrenstechnik beschränken sich demnach nicht mehr ausschließlich auf die Etablierung optimaler extrazellulärer Produktionsbedingungen, sondern berücksichtigen in verstärktem Maße auch die intrazellulären Abläufe.

Mit dem immensen Anstieg quantitativer Messinformation über intrazelluläre Systemzustände (*omics*-Technologien) wurde diese Entwicklung noch weiter verstärkt, was zuletzt in der Etablierung der **Systembiologie** (seit 2000) mündete. Ziel ist die möglichst ganzheitliche (hollistische), quantitative Beschreibung der biologischen Systeme, also eine typische „Ingenieuraufgabe". In der sich parallel entwickelnden **Synthetischen Biologie** wird diese Denkweise noch weiter verstärkt: „Synthetische" Zellen werden als Systeme aus modular aufgebauten, transferierbaren Einheiten verstanden, deren Module einzeln modellierbar und „frei" assemblierbar sind.

Die inhaltlichen Strömungen, die zur heutigen Ausprägung der Bioverfahrenstechnik beitragen, sind in ◻ Abb. 2.1 zusammengefasst.

Im Rahmen dieses Buchbeitrags wird die „klassische" Bioverfahrenstechnik im Mittelpunkt stehen. Sie ist nach wie vor Grundlage der industriellen Prozessentwicklung. In diesem Kapitel soll das notwendige Grundwissen für die Erarbeitung von Fermentationsverfahren vermittelt werden. Anzumerken ist, dass neben diesen *upstream*-Fragestellungen das *downstream*, d. h. die Aufarbeitung der Zielprodukte aus der Zellsuspension oder aus den Zellen, im Produktionsalltag eine entscheidende Rolle spielt. Für die in diesem Buch dargestellten Produktbeispiele sind Aufarbeitungsanteile von 30 bis 50 % an den gesamten Herstellkosten keine Seltenheit. Da Aufarbeitungsverfahren in der Regel speziell auf den Produktionsprozess und das Zielprodukt zugeschnitten sind, werden diesbezügliche Hinweise auch in den jeweiligen Kapiteln aufgeführt.

2.2 Nicht-strukturierte Wachstumsmodelle

2.2.1 Definition kinetischer Größen

Um das Verhalten mikrobieller Systeme quantitativ beschreiben zu können, werden **kinetische Kenngrößen** benötigt, die in ◼ Tab. 2.1 aufgelistet sind. Deren Definition basiert auf den Konzentrationsangaben für Biomasse, Substrat und Produkt jeweils in Gramm pro Liter (g/l) mit c_X, c_S und c_P (siehe Box „Einheiten zur Definition kinetischer Kenngrößen").

2.2.2 Ein-Substrat-Kinetik

Escherichia coli besitzt ca. 4800 Gene, von denen mehr als 500 in den verschiedensten Wachstumssituationen exprimiert sind und dadurch mehrere Hundert enzymkatalysierte Reaktionen in der Zelle ermöglichen. Diese werden vielfach auf transkriptionaler, translationaler und metabolischer Ebene reguliert, was angepasst an extrazelluläre Wachstumsbedingungen geschieht. Zellen in einem Bioreaktor vermehren sich in der Regel nicht synchron, sodass darüber hinaus auch davon ausgegangen werden muss,

dass keine homogene, sondern eine inhomogene Zellverteilung (Segregation) vorliegt. Möglichst realitätsgetreue Modelle sollten daher segregiert und strukturiert aufgebaut sein, Letzteres um die systembiologische Komplexität intrazellulärer Regulationsmechanismen abzubilden.

Diese komplexen Modelle verlangen jedoch ein enormes Detailwissen für die genaue Bestimmung von deren Parametern und Struktur. Daher wird in der Praxis oftmals die vereinfachende Idee verfolgt, dass nur einige wenige oder sogar nur eine dominierende Enzymreaktion beispielsweise das mikrobielle Wachstum charakterisiert. In Anlehnung an die aus der Enzymkinetik bekannte Gleichung zur Beschreibung einer irreversiblen Produktbildung aus einem Enzym-Substrat-Komplex (Michaelis und Menten, 1913) formulierte **Monod** (1942):

$$\mu = \mu_{max} \frac{c_S}{c_S + K_S} \qquad (2.1)$$

Darin gibt μ_{max} [1/h] die maximal erreichbare Wachstumsrate und K_S [g/l] die Substratkonzentration an, bei der gerade die halb-maximale Wachstumsrate erreicht wird. Ist K_S gering (hohe Affinität zum Substrat), wird demnach schon bei niedrigen Konzentrationen eine hohe Wachstumsrate erzielt. Typische K_S-Werte liegen daher im unteren mmol- bzw. mg/l-Bereich. Zu beachten ist, dass Mikroorganismen über Sensoren die Konzentration ihres Substrates in der Umgebung genau bestimmen können. Oft wird über Regulationsvorgänge ein z. B. energetisch aufwendigeres Substrataufnahmesystem aktiviert, wenn extrazelluläre Substratkonzentrationen sehr gering sind. Für die Anwendung der Modellgleichung 2.1 bedeutet das, dass K_S-Werte streng genommen nicht für alle Konzentrationsbereiche konstant sind. In Abhängigkeit der extrazellulären Substratkonzentration müssten K_S-Werte für die jeweils aktiven Aufnahmesysteme berücksichtigt werden. Doch wird dies in der Praxis meist vereinfachend vernachlässigt.

In Analogie zu Gl. 2.1 ist eine Vielzahl anderer, nicht-strukturierter Wachstumsmodelle bekannt. Eine Übersicht bieten Schügerl und Bellgardt (2000).

◘ Tabelle 2.1   Definition kinetischer Größen

Beschreibung	Definition	Einheit
(spezifische) Wachstumsrate	$\mu = 1/c_X \cdot dc_X/dt$	1/h
spezifische Substratverbrauchsrate	$q_S = 1/c_X \cdot dc_S/dt$	1/h
spezifische Produktbildungsrate	$q_P = 1/c_X \cdot dc_P/dt$	1/h
Biomasse/Substrat-Ausbeute	$Y_{XS} = dc_X/dc_S = \mu/q_S$	–
Produkt/Substrat-Ausbeute	$Y_{PS} = dc_P/dc_S = q_P/q_S$	–

Einheiten zur Definition kinetischer Kenngrößen

Die Einheiten sind zur Definition der kinetischen Kenngrößen von großer Bedeutung. So bezieht sich die hier verwendete Konzentrationsangabe der Biomasse auf die Biotrockenmasse in Gramm pro Liter (g/l). Im Laboralltag wird dagegen häufig die optische Dichte (OD) bestimmt, welche im linearen Messbereich mit der Biotrockenmassekonzentration mittels eines experimentell zu ermittelnden Faktors korreliert. Zu beachten ist, dass OD-Messungen gerätespezifisch sind und von der verwendeten Wellenlänge abhängen (z. B. 600 nm). Eine Übertragung dieser Werte ist daher nur bedingt möglich. Die Verwendung einer einzelnen Biotrockenmassekonzentration zur Beschreibung der gesamten Kultur mittelt Populationsunterschiede. Folglich repräsentieren abgeleitete kinetische Größen auch entsprechende Mittelwerte der Population. Neben g/l-Angaben ist es ebenfalls – insbesondere für Substrat- und Produktkonzentrationen – möglich, Angaben in Millimol pro Liter (mmol/l) vorzugeben. Diese können über die jeweiligen Molmassen in g/l überführt werden. Für Enzyme als Produkte, wird auch die Einheit Unit pro Milliliter (U/ml) verwendet. Dabei bezeichnet ein Unit die Enzymmenge, die benötigt wird, um ein Mikromol (μmol) Substrat pro Minute umzusetzen. Im akademischen Umfeld werden Konzentrationen meist auf das Volumen (Liter, l) bezogen. Für industrielle Anwendungen ist dies oft nicht praktikabel, da eher Massenangaben zugänglich sind. Dies führt zu Angaben wie z. B. g/kg. Ausdrücklich wird darauf hingewiesen, dass der in ◘ Tab. 2.1 eingeführte Begriff einer ,Rate' mit einem Umsatz pro Zeiteinheit korreliert, d. h. diese kinetischen Größen besitzen immer einen Zeitbezug (hier: Stunde, h) im Nenner.

2.2.3 Mehr-Substrat-Kinetik

Oftmals soll das mikrobielle Wachstum nicht nur in Abhängigkeit von einem, sondern von mehreren Substraten beschrieben werden. Weisen Stämme beispielsweise Auxotrophien für Substrate auf, die zusätzlich zum Wachstum benötigt werden, so sollten diese in die Wachstumsmodellierung integriert werden. Ähnliches gilt, wenn z. B. neben der Kohlenstoffquelle auch die Abhängigkeit von Sauerstoff in aeroben Kultivierungen zur Beschreibung des Wachstums verwendet werden soll.

Einen möglichen Modellierungsansatz formulierten Tsao und Hanson 1975, in dem sie zwischen den Einflüssen von j essenziellen Substraten (c_S) und den Konzentrationen von i verstärkenden Faktoren (c_{Se}, *enhancing substrates*) unterschieden. Zur Gruppe der essenziellen Substrate würden beispielsweise Hauptkohlenstoffquellen, auxotrophe Substanzen oder auch Sauerstoff zählen, während Wachstumsverstärkung durch Vitamine, Co-Substrate etc. erzielt werden kann.

$$\mu = \left(1 + \sum_i \frac{c_{Se,i}}{c_{Se,i} + K_{Se,i}}\right) \prod_j \frac{\mu_{max} c_{S,j}}{c_{S,j} + K_{S,j}} \quad (2.2)$$

Die Grundstruktur der Gl. 2.2 ähnelt einer Monod-Kinetik. Fehlen die essenziellen Substrate ($c_{S,j} = 0$), ist das **Wachstum μ = 0**. Sind verstärkende Faktoren vorhanden, so kann (theoretisch) die Wachstumsgeschwindigkeit beschleunigt werden.

Zu beachten ist, dass Wachstumslimitierungen essenzieller Substrate bei diesem Ansatz kumulativ eingehen; d. h., sind essenzielle Substrate $c_{S,1}$ und $c_{S,2}$ jeweils limitierend vorhanden, so reduziert sich die resultierende Wachstumsgeschwindigkeit durch die Multiplikation beider Einflüsse besonders stark.

Diese Verstärkung multipler Limitierungen auf das Wachstum versucht der Ansatz von Roels (1983) zu umgehen. Anstelle von beiden wird nur die stärkste Limitierung eines Substrates zur Formulierung der resultierenden Wachstumsrate herangezogen. Damit spiegelt der Ansatz 2.3 ein anderes mechanistisches Verständnis der Wachstumslimitierung wider als 2.2:

$$\mu = \mu_{max} \min\left(\frac{c_{S1}}{c_{S1} + K_{S1}}; \frac{c_{S2}}{c_{S2} + K_{S2}}\right) \quad (2.3)$$

Werden Substrate (zumindest teilweise) sequenziell aufgenommen (Diauxie), so können die zuvor gezeigten nicht-strukturierten Wachstumsmodelle keine ausreichenden Aussagen liefern. Strukturierte Wachstumsmodelle werden stattdessen eingesetzt. Dies trifft ebenfalls auf das Mycelwachstum von Pilzen zu, was eine strukturierte Betrachtung der wachsenden Apikalzellen und der unterstützenden Subapikal- und Hyphenzellen verlangt.

2.2.4 Maintenance

Bereits Monod hatte 1942 beobachtet, dass Mikroorganismen Substrat einerseits für Wachstum und andererseits für zellerhaltende Funktionen (*ration d'entretien*) aufnehmen. Während Herbert (1959) darunter ausschließlich den Substratverbrauch für endogene Stoffwechselfunktionen verstand, erweiterte Pirt (1965) diesen Begriff durch die folgende Formulierung:

$$q_s = \frac{\mu}{Y_{XS}^{true}} + m_S \quad (2.4)$$

Darin wird eine wahre Biomasse/Substrat-Ausbeute $Y_{XS}^{true} [-]$ zusammen mit dem **Maintenance**-Term $m_S [g_{Substrat}/g_{BTM} h]$ eingeführt. Erstere ist eine spezifische Eigenschaft der Zellen, Letztere beschreibt die biomassespezifische Substrataufnahmerate, die wachstumsentkoppelt von den Zellen benötigt wird. Ist μ = 0, so nehmen die Zellen dennoch mit m_S Substrat auf. Phänomenologisch verbergen sich darunter die Aufwendungen der Zelle für (1) die Aufrechterhaltung von Ionengradienten (pH-Werte, Ladungsausgleich), (2) Reparaturmaßnahmen für DNA und mRNA, (3) Ersatz degradierter Proteine und (4) die energetische Kompensation von *futile cycles*[1]. Experimentelle Untersuchungen lassen vermuten, dass die zellulären Aufwendungen für die Aufrechterhaltung von Ionengradienten den größten Anteil ausmachen. Auch ist erkennbar, dass eine strikte Limitierung des Maintenance-Begriffs auf den wachstumsentkoppelten Bedarf die zellulären Bedürfnisse nicht vollständig widerspiegelt. Dennoch wird Gl. 2.4 zur Berücksichtigung von Maintenance häufig herangezogen.

Wird die Definition der Biomasse/Substrat-Ausbeute (◻ Tab. 2.1) mit Gl. 2.4 gekoppelt, so erhält man die Beschreibung für die scheinbare

---

1   *Futile cycles* = Reaktionszyklen, deren Nettoenergieverbrauch (ATP) größer null ist bei gleichzeitiger Unveränderlichkeit der Nettoreaktionsgleichung; d. h. netto wird nur ATP, aber kein Substrat verbraucht.

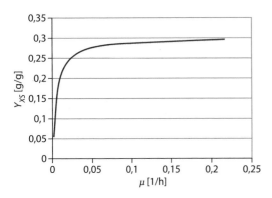

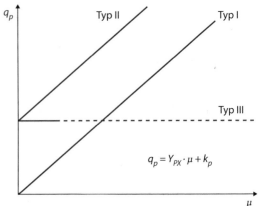

◻ **Abb. 2.2** Biomasse/Substrat-Ausbeute $Y_{XS}(\mu)$ unter Berücksichtigung von Maintenance gemäß Gl. 2.5 mit den angenommenen Werten: $m_S = 0,015 \, [g_{Substrat}/g_{BTM} \, h]$ $Y_{XS}^{true} = 0,3 \, [g_{BTM}/g_{Substrat}]$. Wird der Maintenance-Anteil vernachlässigt, ergibt sich eine konstante Ausbeute $Y_{XS} = Y_{XS}^{true} = 0,3 \, [g_{BTM}/g_{Substrat}]$

◻ **Abb. 2.3** Biomassespezifische Produktbildungsrate q_p als Funktion der Wachstumsgeschwindigkeit μ. Nach Gaden (1959) kann die Produktbildung in streng wachstumsgekoppelte (Typ I), teilweise wachstumsgekoppelte (Typ II) und wachstumsentkoppelte (Typ III) Szenarien unterteilt werden. Formal kinetisch entspricht dies einer linearen Produktbildungskinetik mit Y_{PX} als Proportionalitätsfaktor und k_P als wachstumsentkoppeltem Produktionsanteil

(apparente) Biomasse/Substrat-Ausbeute:

$$Y_{XS} = \frac{\mu}{\frac{\mu}{Y_{XS}^{true}} + m_S} \qquad (2.5)$$

Sie entspricht der Ausbeute, die unmittelbar aus experimentellen Biomassebildungs- und Substratverbrauchsraten ermittelt werden kann. Üblicherweise zeigt $Y_{XS}(\mu)$ den in ◻ Abb. 2.2 dargestellten Verlauf. Offensichtlich ist, dass gerade bei niedrigen Substrataufnahmeraten der für den Maintenance benötige Substratanteil die Biomassebildung signifikant verringert.

2.2.5 Produktbildung

Formulierungen für die biomassespezifische Produktbildungsrate q_p hängen sehr stark von dem betrachteten biologischen System und den Zielprodukten ab. Gaden führte bereits 1959 eine grobe Unterteilung der Produktbildung in (1) wachstumsgekoppelt, (2) teilweise wachstumsgekoppelt und (3) wachstumsentkoppelt ein (◻ Abb. 2.3). Niedermolekulare Produkte des Zentralstoffwechsels wie z. B. Citronensäure oder Milchsäure werden meist wachstumsgekoppelt produziert (Kategorie 1). Aminosäuren, als Bausteine der Proteinbiosynthese, fallen typischerweise in die Kategorie 2. Antibiotika, die oft unter Stickstoff-limitierten Bedingungen von Pilzen hergestellt werden, repräsentieren Beispiele der Gruppe 3.

Für prozesstechnische Optimierungen ist häufig die Produkt/Substrat-Ausbeute Y_{PS} von besonderer Bedeutung. Sie ergibt sich aus der hergestellten Produktmenge bezogen auf das dafür verbrauchte Substrat. Sie kann entweder zur Bewertung vollständiger Fermentationsprozesse oder für einzelne Prozessphasen aus den entsprechenden Werten ermittelt werden.

2.3 Sauerstofftransport

2.3.1 Aerob oder anaerob?

Sofern die biologischen und biochemischen Eigenschaften der verwendeten Mikroorganismen es zulassen, was z. B. bei obligat aeroben bzw. strikt anaeroben Zellen nicht der Fall ist, kann durchaus zu Beginn einer Bioprozessentwicklung die Frage diskutiert werden, ob eher ein aerober oder ein anaerober Fermentationsprozess entwickelt werden soll.

In der industriellen Praxis werden mikrobielle Produktionsprozesse häufig aerob durchgeführt. Dies verlangt nach der technisch aufwendigen Bereitstellung ausreichender Sauerstoffmengen und der damit verbundenen Abführung der mikrobiell gebildeten Wärme aus dem Bioreaktor. Anaerobe Prozesse können technisch dagegen einfacher realisiert werden. In die Diskussion, welche Prozessführung geeignet ist, sollte auch der zelluläre Energiebedarf für die Produktbildung mit einbezogen werden. Erfordert die Produktsynthese beispielsweise einen hohen ATP-Bedarf, so sollten die Energieäquivalente metabolisch auch ausreichend bereitgestellt werden können. Aerobe und anaerobe Stoffwechselleistungen unterscheiden sich in diesem Punkt jedoch signifikant.

Bei der Verwendung von Glucose als Kohlenstoffquelle werden in der Glykolyse (EMP-Weg) zwei ATP und zwei NADH pro C_6-Körper generiert. Der sich anschließende Citronensäure-Zyklus (Tricarbonsäure-Zyklus, TCA) stellt pro C_3-Körper (Pyruvat) vier NADH und ein FADH zur Verfügung. In der Summe ergeben sich somit pro umgesetztem Mol Glucose zwei Mol ATP und zwölf Mol NADH (Anmerkung: Vereinfachend wurde FADH zu NADH hinzuaddiert).

Die zwölf Mol NADH können über die Atmungskette in ATP umgewandelt werden. Eukaryotische Systeme verfügen häufig über drei Protonenexport-Komplexe, die jeweils pro Elektronenpaar vier Protonen (H^+) in das Periplasma transportieren können. Diesen $3 \times 4 = 12$ exportierten Protonen stehen vier H^+ gegenüber, die über die membranständige F_OF_1-ATPase ATP aus ADP phosphorylieren können. Sind alle Komplexe maximal aktiv, ergibt sich daher eine optimale ATP-Bildung aus NADH-Oxidation von $12/4 = 3$ (P/O ratio).

Prokaryoten verfügen oft nur über zwei Protonenexport-Komplexe, die nur zwei H^+ exportieren. Allerdings benötigt die F_OF_1-ATPase auch nur zwei Protonen, sodass deren optima-

les ATP/O_2-Verhältnis $4/2 = 2$ ist (Nielsen et al. 2003; Stephanopoulos et al. 1998).

Typischerweise können Prokaryoten daher $2 + 12 \times 2 = 26$ Mol ATP pro Mol umgesetzter Glucose generieren; Eukaryoten kommen dagegen auf $2 + 12 \times 3 = 38$ Mol ATP pro metabolisierter Glucose.

Im anaeroben Fall ist die zur Verfügung gestellte Energie drastisch reduziert. Da kein Sauerstoff zur Oxidation bereitsteht, reduziert sich der Anteil faktisch auf zwei ATP pro Glucose.

Aerobe Prozesse können daher einem hohen ATP-Bedarf zur Produktbildung eher gerecht werden als anaerobe Fermentationen. Allerdings ist damit ein erhöhter technischer Realisierungsaufwand verbunden, was im nächsten Abschnitt gezeigt wird.

2.3.2 k_La-Werte

In aeroben Prozessen wird üblicherweise Sauerstoff der Umgebungsluft, teilweise angereichert mit reinem Sauerstoff, über Begasungsorgane in den Bioreaktor gepresst. Herkömmliche Begasungseinheiten bringen die Luftblasen am Reaktorboden so in das Medium ein, dass sie unmittelbar danach über die Rührorgane erfasst, in kleine Blasen zerschlagen, dispergiert und möglichst homogen verteilt werden. Rührorganen kommt damit die Aufgabe zu, möglichst kleine Blasen zu erzeugen, um somit eine große Stoffaustauschoberfläche zu erzielen.

Gleichzeitig übernehmen die Rührreinbauten auch die Aufgabe der Homogenisierung des flüssigen Mediums. Durch Auswahl verschiedener Bauformen kann entweder die eine oder die andere Funktion betont werden. So bringen Rushton-Turbinen in unmittelbarer Rührernähe hohe Energiemengen ein, was zur feinen Dispergierung der Blasen führt. Demgegenüber ist der lokale Energieeintrag von axial fördernden Propellern geringer, weshalb deren Aufgabe eher in der axialen Förderung des Mediums liegt (siehe ◘ Abb. 2.9)

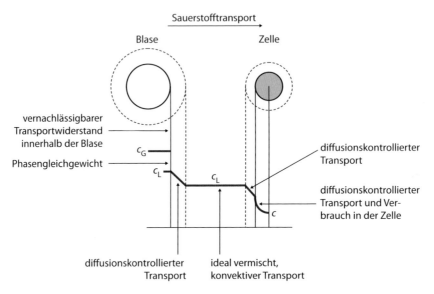

◻ Abb. 2.4 Der Weg des Sauerstoffs aus der Blase durch die umgebende Grenzschicht, durch die „ideal" vermischte Flüssigkeit, hin zur Grenzschicht um die Zelle bzw. das Zellagglomerat. Die Konzentrationsänderungen des gelösten Sauerstoffs (c_L) sowie die Konzentration in der Gasphase c_G sind angegeben

Wie ◻ Abb. 2.4 zeigt, wird der Sauerstoff aus der Blase durch eine umgebende Grenzschicht in die (idealerweise homogen) vermischte Flüssigkeit gebracht, aus der er wiederum durch eine Grenzschicht in das Innere der Zellen oder eines Zellverbandes gelangt. Der Stofftransport findet in den Grenzschichten diffusiv, entlang eines fallenden Konzentrationsgradienten statt. Letzterer ist die treibende Kraft für den Transport. In der ideal vermischten Flüssigphase erfolgt er konvektiv aufgrund der Strömung der Flüssigkeit. Zu beachten ist, dass an den Grenzflächen die gasförmige Sauerstoffkonzentration der Blase mit der Gelöstkonzentration in der Flüssigphase im Gleichgewicht steht. Dieses kann mithilfe des Henry-Dalton-Gesetzes für die Gas/Flüssig-Phase wie folgt beschrieben werden:

$$H_{O_2} = \frac{c_{O_2L}}{p_{O_2g}} \qquad (2.6)$$

Darin kennzeichnet c_{O_2L} die Gelöstkonzentration des Sauerstoffs in der Flüssigkeit (z. B. mmol/l) und p_{O_2g} den Partialdruck des Sauerstoffs in der Gasphase (bar). Bei Verwendung dieser Nomenklatur wird die **Henry-Konstante** H_{O_2} in mmol/(l bar) angegeben. Für reines

Wasser hat sie bei Umgebungsdruck und $30\,°C$ ungefähr den Wert $1,15\ \mathrm{mmol_{O_2}/l}$.

Der auf die Blasenoberfläche A bezogene Sauerstofftransport $\dot{n}''_{O_2}$ [mmol/(m² s)] wird nun (in Analogie zum 1. Fick'schen Gesetz) beschrieben als:

$$\dot{n}''_{O_2} = k_L \cdot \left(c^*_{O_2} - c_{O_2} \right) \qquad (2.7)$$

$\left(c^*_{O_2} - c_{O_2} \right)$ repräsentiert darin den treibenden Konzentrationsgradienten und einen Stoffdurchgangskoeffizienten k_L. Um eine pragmatische Formulierung für den Sauerstofftransfer pro Reaktionsvolumen (*oxygen transfer rate*, OTR [mmol/l h]) zu erhalten, wird Gl. 2.7 erweitert zu:

$$\dot{n}''_{O_2} = \frac{\dot{n}_{O_2}}{A} \Rightarrow \frac{\dot{n}_{O_2}}{V_L}$$

$$= k_L \cdot \frac{A}{V_L} \cdot \left(c^*_{O_2} - c_{O_2} \right)$$

$$= k_L \cdot a \cdot \left(c^*_{O_2} - c_{O_2} \right)$$

$$\equiv k_L a \cdot \left(c^*_{O_2} - c_{O_2} \right) = \mathrm{OTR} \qquad (2.8)$$

Der darin verwendete physikalische $k_L a$-Wert [1/h] berücksichtigt im k_L-Anteil z. B. Veränderungen der Diffusion durch Viskositätsänderungen im Medium und bildet im a-Anteil

Veränderungen der volumenspezifischen Stoffaustauschoberfläche durch z. B. veränderte Begasungsraten und Blasengrößen ab. Zu beachten ist, dass $k_L a$-Werte im Fermentationsverlauf typischerweise nicht konstant sind, da Medienviskositäten, Begasungsraten, Blasenanteile etc. variieren. Auch sollte berücksichtigt werden, dass selbst bei identischen $k_L a$-Werten unterschiedliche OTR erreicht werden können, indem z. B. über Druckerhöhung die Sättigungskonzentration $c_{O_2}^*$ erhöht oder die real eingestellte Gelöstkonzentration c_{O_2} verändert wird.

$k_L a$-Werte müssen für den jeweiligen Anwendungsfall experimentell bestimmt werden. In der Literatur bekannt sind abschätzende Bestimmungsgleichungen nach van't Riet mit der Grundstruktur:

$$k_L a = C \cdot \left(\frac{P}{V_L} \right)^{\alpha} \cdot v_{LR}^{\beta} \qquad (2.9)$$

Darin wird der $k_L a$-Wert in Abhängigkeit des volumenspezifischen Leistungseintrags P/V_L (z. B. des Rührorgans) und der Gasleerrohrgeschwindigkeit v_{LR} (d. h. der mittleren Geschwindigkeit der Zuluft durch den Bioreaktor) beschrieben. C, α und β repräsentieren spezifische Parameter des jeweiligen Anwendungsfalls. Für koaleszierende, nicht-viskose Medien, d. h. solche Medien, in denen die Blasen zur Vereinigung neigen, wurden Werte für C, α und β zu 0,026; 0,4 bzw. 0,5 1/h bestimmt (Arsenjo und Merchuk 1995). Nicht-koaleszierende, salzhaltige Medien weisen entsprechende Werte von 0,002; 0,7 und 0,2 1/h auf. In Laborbioreaktoren werden in Abhängigkeit vom Leistungseintrag typischerweise $k_L a$-Werte von 800 bis 1200 1/h erreicht, wogegen großvolumige Produktionsreaktoren eher Werte von 500 bis 800 1/h erzielen.

2.4 Wärmebildung aerober Prozesse

Aerobe Fermentationsprozesse setzen Wärme frei, die zur Aufrechterhaltung einer konstanten Kultivierungstemperatur aus dem Bioreaktor abgeführt werden muss. Unter typischen aeroben Produktionsbedingungen kann die Wärmeentwicklung 2 bis 8 W/l betragen; d. h. aus einem 100 000-l-Produktionsreaktor müssen typischerweise 200 bis 800 kW Wärme abgeführt werden.

Um zu ermitteln, wie groß die produzierte Wärmemenge (Reaktionsenthalpie) während einer Kultivierung ist, muss eine Enthalpiebilanz für das betrachtete Reaktionssystem aufgestellt werden. Mit dem Bezugspunkt des vollständigen Verbrennungszustands werden üblicherweise die Differenzen aller Verbrennungsenthalpien der Substrate und Produkte stöchiometrisch gewichtet bilanziert und der sich ergebende Differenzbetrag als frei werdende Wärme der Reaktion (Kultivierung der Zellen) bestimmt.

Nielsen et al. (2003) stellen eine vereinfachende Methode zur abschätzenden Ermittlung der frei werdenden Wärme vor. Diese verwendet das **Prinzip des Reduktionsgrads**, um eine typische, gemittelte Verbrennungsenthalpie einer organischen Substanz pro C-mol angeben zu können. Das Prinzip des Reduktionsgrads basiert auf der Bewertung chemischer Substanzen bezüglich ihres Redox-Status. Werden die typischen Endprodukte der Verbrennung H_2O und CO_2 als neutrale Komponenten betrachtet und die Redox-Einheit für H = 1 definiert, so ergeben sich zwangsläufig für O = -2 und C = 4. Berücksichtigt man darüber hinaus NH_3 als typische Stickstoffquelle bakterieller Systeme, erhält N den Wert -3. In analoger Weise können die Werte für Schwefel und Phosphor für die jeweils verwendeten Ausgangssubstanzen ermittelt werden. Zu beachten ist, dass gerade Letztere sehr von der als Referenz betrachteten Ausgangssubstanz abhängig sind.

Sind die Einheiten für C, H, N, O, S und P ermittelt, können als Nächstes die Reduktionsgrade κ der in der Fermentation metabolisierten Edukte und Produkte bestimmt werden. Für Glucose ergibt sich z. B. der Wert 24, was C-spezifisch dem Wert 4 aufgrund der darin enthaltenen sechs Kohlenstoffatome entspricht.

Zieht man nun die experimentell ermittelten Verbrennungsenthalpien für typische metabolische Edukte und Produkte heran, bestimmt deren C-molaren Wert und bezieht diesen zusätzlich auf den Reduktionsgrad, so lässt sich ein mittlerer Wert von

$$\Delta H^{\kappa}_{\text{Verbrennung,C}} = 115 \, \frac{\text{kJ}}{\text{C-mol}, \kappa} \qquad (2.10)$$

ermitteln. Wird dieser Durchschnittswert in die vollständige Enthalpiebilanz der Umsetzungen eingeführt, lässt sich die frei werdende Wärme wie folgt abschätzen:

$$Q_{\text{Wärme}} = -\kappa_{O_2} \cdot \Delta H^{\kappa}_{\text{Verbrennung,C}} \cdot Y_{OS}$$
$$= 460 \cdot Y_{OS} \left[\frac{\text{kJ}}{\text{C-mol}} \right] \qquad (2.11)$$

Darin bezeichnet Y_{OS} den molaren Sauerstoffverbrauch pro umgesetzter C-Mole Substrat. Ist für eine mikrobielle Umsetzung die Reaktionsstöchiometrie bekannt, so kann über die derart ermittelten Sauerstoff/Substrat-Ausbeuten unmittelbar die frei werdende Wärme ermittelt werden.

2.5   Stoffbilanzen

2.5.1   Grundlagen

Für die Realisierung von Bioprozessen stehen grundsätzlich drei verschiedene Prozessmodi zur Verfügung: Batch, Fed-Batch und kontinuierlicher Betrieb. Letzterer kann durch Implementierung einer technischen Einheit zur Biomasserückhaltung zusätzlich ergänzt werden.

Der **Batch-Modus** zeichnet sich dadurch aus, dass Substrate zu Beginn im Startmedium vorgelegt werden. Der sterile Bioreaktor und das ebenfalls (meist separat) sterilisierte Medium werden nach Einstellung der Startbedingungen (pH, Temperatur, Druck, Begasungsrate usw.) mit dem Inokulum beimpft. Während der sich anschließenden Prozessphase wird kein Substrat mehr zugeführt, wohl aber der pH titriert und die Begasungsraten (bei aeroben Prozessen) angepasst.

Der **Fed-Batch-Modus** unterscheidet sich vom Batch-Betrieb dadurch, dass Substrate während der Kultivierung steril dem Reaktor hinzugegeben werden. Einfache Fed-Batch-Prozesse berücksichtigen nur die Versorgung durch die C-Quelle, während aufwendigere Verfahren verschiedene Substrate und Kosubstrate auch in mehreren separaten Feedströmen benötigen können. Aufgrund der Feedströme erhöht sich das Reaktionsvolumen im Bioreaktor, weshalb solche Prozesse unter anderem durch die maximale Füllhöhe zeitlich begrenzt sind.

Der **kontinuierliche Betrieb** berücksichtigt sowohl ein- als auch austretende Ströme. Letztere sorgen dafür, dass der Füllstand im Bioreaktor konstant bleibt.

Die Entscheidung zur Realisierung eines Bioprozesses in der einen oder anderen Verfahrensvariante ist sehr stark von den biologischen, aber auch von den wirtschaftlichen Rahmenbedingungen abhängig. Die ❏ Tab. 2.2 listet einige der Einflussgrößen in ihrer relativen Gewichtung zueinander auf.

Höchste Produktivitäten sind für kontinuierliche Prozesse zu erreichen, da hier die notwendigen Präparationszeiten zur Vorbereitung eines Reaktors in Bezug auf dessen gesamte Betriebszeit den geringsten Anteil ausmachen. Üblicherweise können im Fed-Batch-Ansatz die höchsten Produktreinheiten erzielt werden, da die Optimierung der Feedprofile und der Laufzeiten eine Minimierung unerwünschter Nebenprodukte erlaubt. Da für die Durchführung von Fermentationen ein vergleichsweise geringer technischer Aufwand im Batch-Verfahren notwendig ist, sind entsprechende Bioreaktoren sehr flexibel einsetzbar. Der Investitionsbedarf ist folglich eher gering, wohingegen Fed-Batch-Ansätze z. B. aufwendigere Mess- und Regeltechniken vorsehen müssen. Auch sind in solchen Ansätzen die erreichten Biomassekonzentrationen in der Regel höher, sodass dadurch ein erhöhter technischer (und finanzieller) Aufwand zur Einbringung der Rührerleistung und des Sauerstoffs bei gleichzeitiger Abführung der Wärme notwendig ist. Kontinuierliche Prozesse verlangen oftmals größere Investitionen in den *downstream*-Bereich,

◘ Tabelle 2.2 Ausgewählte Einflussgrößen zur Bewertung unterschiedlicher Prozessführungsvarianten (relative Einflüsse: H = hoch, M = mittel, G = gering)

Kriterium	Batch	Fed-Batch	Kontinuierlich
Produktivität[a]	G	M/H	H
Produktreinheit[b]	G/M	H	M
Flexibilität der Reaktornutzung	H	M/H	G
Investitionsvolumen	G	M	M/H
Prozessstabilität	H	M/H	G/M

[a] in Kilogramm Produkt pro Liter Reaktionsvolumen und Zeiteinheit
[b] in Produktkonzentration pro Summe der Konzentrationen aller Nebenprodukte

um die kontinuierlich anfallende Biosuspension prozessieren zu können. Auch ist nicht jeder Produktionsstamm für kontinuierliche Prozessführungen geeignet, da dies hohe Anforderungen an die stabile Produktbildung über mehrere Wochen verlangt. In der Produktionspraxis ist daher das Fed-Batch-Verfahren dominierend.

2.5.2 Bilanz um die flüssige Phase: Batch/Fed-Batch/ kontinuierlicher Prozess

Für die Auslegung von Bioreaktoren und Prozessen müssen die zeitlichen Verläufe maßgeblicher Zustandsgrößen wie z. B. die Konzentrationen für Substrat c_S, Biomasse c_X oder Produkt c_P berechenbar sein. Dies geschieht durch die Formulierung von Stoffbilanzen. In einem ersten Schritt muss dafür deren Bilanzgrenze festgelegt werden. Das heißt, der Bereich wird definiert, in dem die zeitliche Veränderung der interessierenden Größe beschrieben werden soll.

Merke: Wegen der Gültigkeit des Massenerhaltungssatzes werden immer die Massen der interessierenden Spezies (also Substrat, Biomasse und Produkt) bilanziert, nicht deren Konzentra-

tionen. Es gilt der generelle Ansatz:

zeitliche Veränderung der Masse von Spezies i

= Zufluss der Spezies i über die Bilanzgrenze

– Abzug der Spezies i über die Bilanzgrenze

± Reaktion der Spezies i im Bilanzraum

$$(2.12)$$

Fed-Batch: Wird beispielsweise der Fed-Batch-Prozess in ◘ Abb. 2.5 mit dem substrathaltigen (c_{S0}) Feed F_{in} [g/l h] betrachtet, so kann für die Massen an Substrat bilanziert werden:

$$\frac{dm_S}{dt} = F_{in} \cdot c_{S0} + r_S \cdot V_L \qquad (2.13)$$

Auf der rechten Seite der Gleichung wird mit $F_{in} \cdot c_{S0}$ nur der Zufluss an Substrat berücksichtigt, da kein Abzug auftritt. Die Reaktion im Bilanzraum wird mit $r_S \cdot V_L$ abgebildet, d. h. mit dem Produkt aus volumenspezifischer Reaktionsrate r_S und Reaktionsvolumen V_L. Unter Verwendung der Definitionen in ◘ Tab. 2.1 kann r_S mit dem Produkt aus $q_S \cdot c_X$ ersetzt werden.

Die linke Seite der Gl. 2.13 kann ebenfalls noch umformuliert werden:

$$\frac{dm_S}{dt} = \frac{d(c_S \cdot V_L)}{dt} \overset{\text{Produktregel}}{=} c_S \cdot \frac{dV_L}{dt} + V_L \cdot \frac{dc_S}{dt}$$

$$\overset{\text{Fed-Batch}}{=} c_S \cdot F_{in} + V_L \cdot \frac{dc_S}{dt} \qquad (2.14)$$

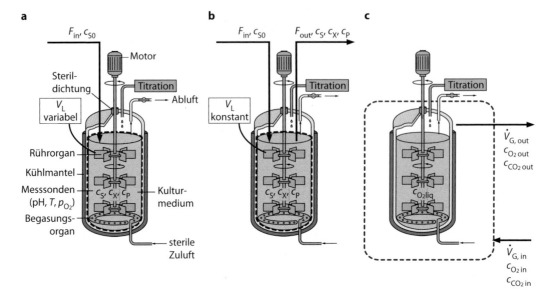

a **b** **c**

■ **Abb. 2.5 a** Fed-Batch-Prozess mit variablem Reaktionsvolumen V_L. **b** Kontinuierlicher Prozess mit konstantem Reaktionsvolumen. **c** Bilanz um die Gasphase eines Bioreaktors. Folgende Größen wurden verwendet: F_{in}, F_{out} = flüssiger Zu- und Abfluss; V_L = Reaktionsvolumen; c_{S0} = Eintrittskonzentration des Substrates; c_S, c_X, c_P = Konzentrationen in der Suspension von Substrat, Biomasse und Produkt; $c_{O_2 in/out}$ und $c_{CO_2 in/out}$ = Konzentrationen an Sauerstoff und CO_2 in Zu- und Abluft; $\dot{V}_{G,in/out}$ = Zu- und Abluftstrom

Zunächst wird die Masse des Substrates als Produkt aus Konzentration mit Volumen formuliert und anschließend die Produktregel der Ableitung angewendet. Die resultierende zeitliche Veränderung des Reaktionsvolumens dV_L/dt entspricht dem Feedstrom F_{in}, was zusammen mit Gl. 2.13 zur Formulierung führt:

$$c_S \cdot F_{in} + V_L \cdot \frac{dc_S}{dt} = c_{S0} \cdot F_{in} - q_S \cdot c_X \cdot V_L \quad (2.15)$$

Nach Freistellung für die interessierende Zustandsgröße folgt daraus:

$$\frac{dc_S}{dt} = \frac{F_{in}}{V_L} \cdot (c_{S0} - c_S) - q_S \cdot c_X \quad (2.16)$$

Die zeitliche Veränderung der Substratkonzentration ist somit abhängig vom Zufluss $F_{in}/V_L \cdot c_{S0}$, der Verdünnung $F_{in}/V_L \cdot c_S$ sowie dem mikrobiellen Verbrauch $q_S \cdot c_X$. Letzterer repräsentiert die mikrobielle Kinetik und kann über die Definition der Biomasse/Substrat-Ausbeute

(■ Tab. 2.1) wachstumsabhängig formuliert werden. (Anmerkung: Zusätzlich kann auch der Anteil des Substratverbrauchs zur Produktbildung Y_{PS} entsprechend berücksichtigt werden.)

Wird anstelle des Substrates die Biomasse bilanziert, so verläuft die Herleitung der Bestimmungsgleichung vollkommen analog. Zu beachten ist allerdings, dass kein biomassehaltiger Zufluss existiert, was schließlich zu der Gleichung führt:

$$\frac{dc_X}{dt} = -\frac{F_{in}}{V_L} \cdot c_X + \mu \cdot c_X \quad (2.17)$$

Analoges gilt für die Bilanzierung des Produktes:

$$\frac{dc_P}{dt} = -\frac{F_{in}}{V_L} \cdot c_P + q_P \cdot c_X \quad (2.18)$$

Batch: Die Bestimmungsgleichungen für einen Batch-Prozess werden nach dem gleichen Schema hergeleitet. Vereinfachend gilt, dass $F_{in} = 0$ ist, sodass sich die Gl. 2.16, 2.17 und 2.18 ergeben zu:

$$\frac{dc_S}{dt} = -q_S \cdot c_X \qquad (2.19)$$

$$\frac{dc_X}{dt} = \mu \cdot c_X \qquad (2.20)$$

$$\frac{dc_P}{dt} = q_P \cdot c_X \qquad (2.21)$$

Kontinuierlicher Betrieb: Der kontinuierliche Betrieb ist durch einen Zu- und Abfluss bei konstantem Reaktionsvolumen V_L gekennzeichnet (◘ Abb. 2.5). Da Suspension dem Reaktor entnommen wird, ist die Zusammensetzung des Abflusses gleich derjenigen im Bioreaktor. Für die linke Seite der Massenbilanz (2.12) des Substrates gilt unter Berücksichtigung des konstanten Reaktionsvolumens:

$$\frac{dm_S}{dt} = c_S \cdot \frac{dV_L}{dt} + V_L \cdot \frac{dc_S}{dt}$$

$$= c_S \cdot 0 + V_L \cdot \frac{dc_S}{dt} = V_L \cdot \frac{dc_S}{dt} \qquad (2.22)$$

Zusammen mit der rechten Seite (aus Gl. 2.12) kann für $F_{in} = F_{out} = F$ geschrieben werden:

$$V_L \cdot \frac{dc_S}{dt} = F \cdot (c_{S0} - c_S) - q_S \cdot c_X \cdot V_L \qquad (2.23)$$

Durch Einführung einer Verdünnungsrate D [1/h] als F/V_L ergibt sich somit:

$$\frac{dc_S}{dt} = D \cdot (c_{S0} - c_S) - q_S \cdot c_X \qquad (2.24)$$

In analoger Form lassen sich die Bilanzgleichungen für Biomasse und Produkt bestimmen als:

$$\frac{dc_X}{dt} = \mu \cdot c_X - D \cdot c_X \qquad (2.25)$$

$$\frac{dc_P}{dt} = q_P \cdot c_X - D \cdot c_X \qquad (2.26)$$

2.5.3 Sauerstoffaufnahmerate (OUR)

Wie in Abschn. 2.3.2 dargestellt, kommt der Realisierung einer ausreichenden Sauerstoff-transferrate (OTR, *oxygen transfer rate*) in aeroben Prozessen eine hohe Bedeutung zu. Unter Verwendung des k_La-Wertes und der gemessenen Konzentration des Gelöstsauerstoffs in der Suspension kann diese berechnet werden. Unter äquilibrierten Prozessbedingungen gilt, dass OTR = OUR, d. h. die Sauerstofftransferrate entspricht dem biologischen Bedarf und damit der Sauerstoffaufnahmerate der Zellen (OUR, *oxygen uptake rate* [mmol/l h]).

Die OUR kann aus einer Sauerstoffbilanz der Gasphase abgeleitet werden. Die gesuchte Differenz der ein- zu den austretenden O_2-Molenströmen wird dabei meist über deren Volumenanteile Y in den Zu- ($\dot{V}_{g,in}$) und Abluftströmen ($\dot{V}_{g,out}$) gemessen (V_M entspricht dem Molvolumen von Sauerstoff):

$$OUR = \frac{\dot{n}_{O_2,in} - \dot{n}_{O_2,out}}{V_L} \qquad (2.27)$$

$$\underset{ideales\ Gas}{=} \frac{\dot{V}_{g,in} \cdot Y_{O_2,in} - \dot{V}_{g,out} \cdot Y_{O_2,out}}{V_M \cdot V_L}$$

Als Endprodukt metabolischer Umsetzungen wird CO_2 freigesetzt. Zudem ist der Feuchtegehalt der Abluft nach Begasung der Flüssigkeit deutlich erhöht. Beides führt dazu, dass der Abluft- im Vergleich zum Zuluftstrom um ca. 5 % erhöht ist. Eine genaue Berechnung kann auf Basis der gemessenen Abluftkonzentrationen und unter Annahme eines inerten N_2-Gehalts erfolgen. Mit Bezug auf den Zuluftstrom ($\dot{V}_{g,in}$) ergibt sich für OUR:

$$OUR = \frac{\dot{V}_{g,in}}{V_M \cdot V_L}$$

$$\left[Y_{O_2\ in} - \frac{1 - Y_{O_2\ in} - Y_{CO_2\ in}}{1 - Y_{O_2\ out} - Y_{CO_2\ out}} \cdot Y_{O_2\ out} \right]$$

$$(2.28)$$

Die Sauerstoffaufnahmerate der Zellen kann somit durch Bestimmung des eintretenden Zuluftstroms $\dot{V}_{g,in}$ sowie der Volumenanteile [%] von O_2 und CO_2 in den ein- und austretenden Gasströmen ermittelt werden. Dies ist auch im industriellen Produktionsprozess möglich.

2.5.4 Respirationsquotient (RQ)

In Analogie zu der Bestimmung der OUR kann die Berechnung der CER (*carbon emission rate*, [mmol/l h]) erfolgen. Beide, OUR und CER, sind charakteristisch für verschiedene Stoffwechselzustände der Zellen. Gleichzeitig sind diese Werte vergleichsweise einfach über Abluftmessung zu ermitteln. Daher wird häufig der Respirationsquotient (RQ)

$$RQ = \frac{CER}{OUR} \qquad (2.29)$$

als eine charakteristische Kontrollgröße zur *online*-Bewertung von mikrobiellen Produktionsprozessen herangezogen. So ist es beispielsweise möglich, theoretische CER und OUR für optimale Produktionsszenarien der Zellen vorab zu berechnen und reale Prozesszustände vergleichend zu bewerten.

2.6 Prozessführung

Im industriellen Produktionsbetrieb wird der Fed-Batch-Prozess am häufigsten eingesetzt. Im Vergleich aller Bewertungskriterien der ◘ Tab. 2.2 erhält er überdurchschnittliche Werte. Hervorzuheben sind insbesondere die erzielbaren Produktreinheiten, da nicht selten Produktaufarbeitungskosten in der gleichen Größenordnung auftreten wie die Aufwendungen für die Fermentation. Daher verursachen erhöhte Nebenproduktbildungsraten nicht nur verringerte Produkt/Substrat-Ausbeuten und reduzierte Produktivitäten, sondern verlangen auch nach zusätzlichen technischen Anstrengungen in der Aufarbeitung, diese unerwünschten Nebenprodukte abzutrennen (und zu entsorgen). Darüber hinaus bietet der Fed-Batch-Ansatz zahlreiche Optimierungspotenziale auch im Produktionsbetrieb, was bei Batch- oder kontinuierlichen Verfahren in diesem Umfang nicht möglich ist.

2.6.1 Fed-Batch mit konstanten Feedraten

Für die beispielhafte Simulation in ◘ Abb. 2.6 wurden die Gl. 2.16 und 2.17 herangezogen. Es ist deutlich zu erkennen, dass – aufgrund der relativ hohen Substratkonzentration in der anfänglichen Batch-Phase – die Zellen exponentiell wachsen. Anzumerken ist, dass in der Realität oftmals erst ein zeitlich verzögertes Wachstum nach Beimpfen eines Produktionsreaktors zu beobachten ist. Diese lag-Phase ist unter anderem durch Adaption der Zellen an neue Medienbedingungen oder den notwendigen zellulären Aufbau von Ribosomen – als Voraussetzung zur Neusynthese von Proteinen (und nachfolgend hohen Wachstumsraten) – zu erklären. Zur lag-Phasen-Simulation müssten die vorgestellten, nicht-strukturierten Wachstumsmodelle inhaltlich erweitert werden, was jedoch in diesem einfachen Beispiel nicht erfolgt ist.

Nach ca. 7,5 h wird die Batch-Phase durch Einstellen einer Feedrate von 20 kg/h gestartet. Als Folge steigt die Substratkonzentration anfänglich wieder an, da offensichtlich mehr Substrat hinzugegeben als von allen Zellen im Reaktor verbraucht wird. Nach ca. 9 h ist ein kurzfristiges Gleichgewicht zwischen Feed und Verbrauch erreicht, was anschließend durch die Zunahme an Zellen in einen Netto-Verbrauch übergeht. Die Folge ist eine erneute Feederhöhung nach 11 h.

Nach 18 h Prozesszeit ist offenbar die eingestellte Feedrate unzureichend für den Verbrauch gewesen. Das Zellwachstum nimmt wegen geringer Substratkonzentration ab, und es tritt sogar eine kurzfristige Verdünnung auf.

Durch die eingestellten Substratkonzentrationen erleben die Zellen – abgesehen von der 18. Prozessstunde – immer Substrat-gesättigte Bedingungen ($c_S \gg K_S$), was zu exponentiellem Wachstum führt und eine analoge Feedanpassung notwendig macht. Reale Produktionsprozesse erreichen bei dieser Prozessführung sehr schnell die obere Grenze des maximalen Sauerstoffeintrags. Diese liegt typischerweise bei

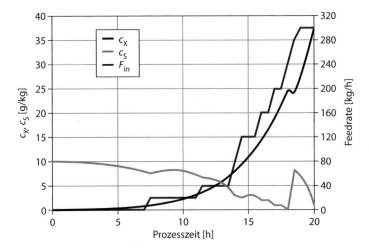

◻ Abb. 2.6 Simuliertes Beispiel eines industriellen Fed-Batch-Prozesses mit einer Prozesszeit von 20 h. Die zeitlichen Verläufe der Biomasse- (X) und Substratkonzentrationen (S) [g/kg] sind neben der Feedrate [kg/h] für einen Prozess mit 8000 kg Startmasse vorgestellt. Zur Simulation wurde angenommen: Startkonzentration des Substrates $S_0 = 10$ g/kg; Feedkonzentration des Substrates $SF = 600$ g/kg, Startkonzentration der Biomasse $X_0 = 0,1$ g/kg und eine Monod-Wachstumskinetik mit $\mu_{max} = 0,35$ 1/h; $K_S = 0,2$ g/kg; $Y_{XS} = 0,4$ g/g

150 bis 180 mmol/l h. Zur Einhaltung dieser technischen Bedingungen wird daher die respiratorische Zellaktivität über die Limitierung des Zellwachstums „künstlich" verringert, d. h. die Wachstumsrate wird durch die limitierte Zuführung des Substrates auf einen geringen Wert reduziert (siehe auch Monod-Gleichung 2.1). Auf diese Weise können sehr hohe Zelldichten (über $50\,g_{BTM}/l$) im Bioreaktor erzeugt werden, bei gleichzeitiger Berücksichtigung der maximalen Sauerstofftransferrate (Prinzip der Hochzelldichteverfahren).

Die Vorgabe konstanter Feedraten ermöglicht auf den ersten Blick eine einfache Übertragung von Laborprozessen in die industrielle Realität, da „lediglich" ein entsprechendes Feedprofil transferiert werden muss. Anzumerken ist jedoch, dass nur dann die Leistungsdaten des Laborprozesses erreicht werden, wenn die Zellen im großvolumigen Produktionsreaktor auch im zeitlichen Verlauf die gleiche Aktivität aufweisen. Verändert sich z. B. die Dauer der lag-Phase, so kann ein nicht adaptiertes Feedprofil etwa zu unerwünschten Substratlimitierungen und dadurch induzierten, intrazellulären Regulati-

onsmechanismen mit unbekannten Folgen für die mikrobielle Kinetik führen. Sollen dennoch Feedprofile vorgegeben werden, ist es ratsam, phänomenologisch relevante und einfach messbare Kriterien für den Feedstart zu wählen. Dies kann beispielsweise der RQ in Kombination mit der *off-line* gemessenen Biomassekonzentration sein.

2.6.2 Kontinuierlicher Betrieb

Die kontinuierlich betriebene Fermentation zeichnet sich dadurch aus, dass sich die Zustandsgrößen c_X, c_S und c_P in einem Fließgleichgewicht (*steady state*) befinden, d. h. deren zeitliche Änderung $d/dt = 0$; sie sind konstant. Wird dies z. B. in die Biomassebilanz (Gl. 2.25) eingesetzt, folgt unmittelbar:

$$\mu = D \qquad (2.30)$$

Zellwachstum und Durchflussrate entsprechen sich. In einem stabilen Arbeitspunkt werden gerade so viele Zellen neu gebildet wie gleichzeitig

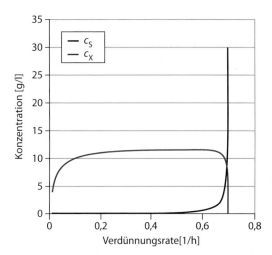

Abb. 2.7 Biomasse- (c_X) und Substratkonzentration (c_S) als Funktion der Verdünnungsrate im kontinuierlichen Betrieb. Angenommene Parameter: Monod-Kinetik mit $\mu_{max} = 0{,}7\,1/h$; $K_S = 0{,}1\,g/l$, Maintenance-Verbrauch $m_S = 0{,}05\,g/g\,h$, Substrateintrittskonzentration $c_{S0} = 30\,g/l$, $Y_{XS,true} = 0{,}4\,g/g$

ausgewaschen werden. Eine häufig eingesetzte Betriebsweise ist der Chemostat (Abschn. 2.6.3).

Unter Verwendung der *steady state*-Bedingung können die Gl. 2.24 bis 2.26 herangezogen werden, um die Abhängigkeit der jeweiligen Zustandsgrößen von der Durchflussrate zu ermitteln. Wird z. B. eine Monod-Kinetik zur Beschreibung des Wachstums angenommen (Gl. 2.1) und die Formulierung von q_S unter Berücksichtigung von Maintenance einbezogen (Gl. 2.4), so ergibt sich beispielhaft das Szenario in ◘ Abb. 2.7.

Hier ist die relativ geringe Biomassekonzentration bei niedrigen Verdünnungsraten (d. h. Wachstumsgeschwindigkeiten, siehe Gl. 2.30) deutlich zu erkennen, was in dem vergleichsweise hohen Substratbedarf zur Aufrechterhaltung des Grundstoffwechsels begründet ist. Bei Annäherung der Durchflussrate an die maximale Wachstumsgeschwindigkeit der Zellen kommt es zur Auswaschung (*wash out*). Es werden mehr Zellen ausgewaschen als neu gebildet, der Substratverbrauch im Bioreaktor nimmt ab, sodass sich im Extremfall die Eintrittskonzentration ohne Substratabnahme einstellt.

2.6.3 Chemostat, Nutristat und Turbidostat

Im kontinuierlichen Betrieb wird überwiegend die chemostatische Fahrweise angewendet. Durch Vorgabe der Verdünnungsrate stellt sich im zulässigen Bereich ($D < \mu_{max}$) ein stabiler Arbeitspunkt mit zeitlich konstanten Zustandsgrößen c_S, c_X und c_P ein. Dieser Zustand ist autostabil, was mathematisch durch eine Stabilitätsanalyse auf Basis der Eigenwerte der entsprechenden charakteristischen Gleichungen gezeigt werden kann. Anschaulich kann man sich Folgendes vorstellen: Wird der substrathaltige Feed an einem Arbeitspunkt kurzfristig erhöht, steigt die Konzentration des Substrates im Bioreaktor. Wie Gl. 2.1 der Monod-Kinetik zeigt, steigt damit auch die Wachstumsgeschwindigkeit, was zur Vermehrung der Biomassekonzentration im Reaktor führt. Mehr Zellen benötigen jedoch mehr Substrat, sodass sich die Substratkonzentration (und in der Folge das Wachstum) wieder verringern. Der „alte" Arbeitspunkt wird wieder erreicht.

Eine mathematische Stabilitätsanalyse zeigt, dass der chemostatische Prozess autostabil ist, weil er für eine mikrobielle Kinetik mit der Eigenschaft $\partial\mu/\partial c_S > 0$ analysiert wurde (Monod-Kinetik). Wird die Substratkonzentration erhöht, erhöht sich ebenfalls die Wachstumsgeschwindigkeit. Würde jedoch eine Kinetik in Form einer Substratüberschussinhibierung vorliegen, verringerte sich das Zellwachstum im kritischen Substratbereich, d. h. $\partial\mu/\partial c_S < 0$. Als Folge wäre das System nicht mehr autostabil.

Um dennoch einen Arbeitspunkt im Bereich inhibierender Substratkonzentrationen einstellen zu können, muss daher auf alternative Prozessregelungen zurückgegriffen werden, wie z. B. den **Nutristat**. Dabei wird die aktuelle Substratkonzentration im Bioreaktor *on-line* gemessen (z. B. über Messsonden zur Zuckerbestimmung), das Messsignal mit dem Sollwert verglichen und, unter Abschätzung der erwarteten Verbrauchsrate für das nächste Intervall, eine geeignete Feedrate eingestellt. Dieses Regelkonzept verlangt offensichtlich nach verlässlichen, quasi-*on-line* realisierbaren Substratmessungen, neben PC-gestützten Algorithmen zur Verbrauchsratenabschätzung und nachfolgender Parameter-adaptiver Regelung des Arbeitspunktes.

Eine weitere Alternative stellt der **Turbidostat** dar. Hier wird z. B. über *on-line*-Messung der Trübung die aktuelle Biomassekonzentration „geschätzt", mit dem Sollwert verglichen und über Feedratenvariation die Substratversorgung und damit indirekt das zelluläre Wachstum beeinflusst. Der Turbidostat ermöglicht somit die Einstellung von Arbeitspunkten, an denen eine signifikante Veränderung der Trübung bei Variation der Durchflussrate auftritt.

2.7 Scale-up

Im Labor werden mikrobielle Prozesse meist im Liter-Maßstab entwickelt. Für parallele Untersuchungen, etwa zur Optimierung von Betriebs- und Medienbedingungen, können auch kleinere Reaktionssysteme im Milliliter- oder sogar Mikroliter-Maßstab verwendet werden. Technisch realisiert werden jedoch Produktionsprozesse für feinchemische Produkte im 10 000-l- und für „Massenprodukte" (*commodities*) im mehrere 100 000-l-Maßstab. Das macht die schrittweise Zellvermehrung durch mehrfaches Überimpfen von kleineren in größere Bioreaktoren im Rahmen der Anzuchtschiene (*seed train*) erforderlich. Häufig werden dabei Animpfverhältnisse von 1:10 (Verhältnis von Animpfmenge zu Batch-Medium) eingestellt.

Scale-up-Richtlinien versuchen, die Maßstabsvergrößerung des Produktionsprozesses über fünf bis sieben Größenordnungen so zu beschreiben, dass Leistungsdaten des Laborprozesses möglichst identisch auch im großvolumigen Produktionsansatz realisiert werden können. Eine Übersicht über verschiedene Ansätze bieten Asenjo und Merchuk 1995, Junker 2004 und Schmidt 2005. Wesentliche Einflüsse sind in ◗ Abb. 2.8 zusammengefasst.

2.7.1 Einflussgrößen

Bei der Maßstabsvergrößerung spielen biologische, chemische und physikalische Einflussgrößen eine entscheidende Rolle.

Biologische Faktoren: Im Rahmen der molekularbiologischen Arbeiten zur Stammentwicklung wird in der Regel eine *Master Cell Bank* (MCB) erstellt. Diese ist Ausgangspunkt für die davon abgeleitete *Working Cell Bank* (WCB), die für die Bereitstellung des Animpfmaterials der fermentativen Produktion genutzt wird. Ausgehend von der WCB haben Zellen im industriellen Produktionsbetrieb schon eine Vielzahl von Zellteilungen und unterschiedliche Kulturbedingungen erlebt, bevor sie „endlich" in den Produktionsreaktor gelangen. Da im Labormaßstab nicht die gleichen Produktionsvolumina eingesetzt werden, sind die dort untersuchten Generationenzahlen meist geringer als in der Produktion.

Zum Vergleich: Angenommen eine 5-ml-WCB (V_0) mit einer Biomassekonzentration von OD_{600} = 5 (c_{X0}) wird genutzt, um über eine Schüttelkolbenzwischenstufe 1,5 l (V_1) mit OD_{600} = 50 (c_{X1}) im Labor zu erreichen, so haben die Zellen ca. 11,6 Zellteilungen (n) hinter sich. Wird die gleiche WCB verwendet, um schließlich OD_{600} = 100 im 150 000-l-Reaktor zu erzielen, so sind dafür nach Gl. 2.31 29,2 Zellteilungen, also mehr als das Doppelte, nötig.

$$n = \frac{\log c_{X1} - \log c_{X0} - \log\left(\frac{V_0}{V_1}\right)}{\log 2} \quad (2.31)$$

Zellen eines Produktionsbetriebs müssen demnach über viele Generationen genetisch stabil sein. Darüber hinaus darf nicht vergessen werden, dass die Kultivierungsbedingungen der Zellen in der Anzuchtschiene (*seed train*) des Produktionsprozesses sehr variabel sind. Dadurch können zelluläre Regulationsmechanismen ausgelöst werden, die in Labortests nicht induziert werden.

Chemische Faktoren: Produktionsprozesse sollen wirtschaftlich erfolgreich betrieben werden,

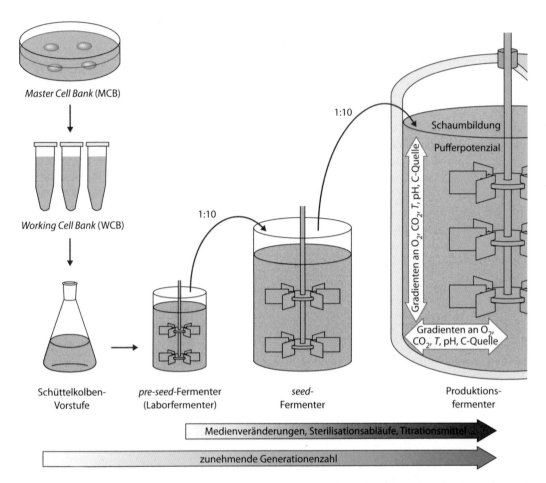

Master Cell Bank (MCB)

Working Cell Bank (WCB)

1:10

1:10

Schaumbildung

Pufferpotenzial

Gradienten an O_2, CO_2, T, pH, C-Quelle

Gradienten an O_2, CO_2, T, pH, C-Quelle

Schüttelkolben-
Vorstufe

pre-seed-Fermenter
(Laborfermenter)

seed-
Fermenter

Produktions-
fermenter

Medienveränderungen, Sterilisationsabläufe, Titrationsmittel ...

zunehmende Generationenzahl

◘ **Abb. 2.8** Scale-up-Einflüsse (schematisch): Ausgehend von der *Master Cell Bank* werden Zellen über die *Working Cell Bank* (WCB), Schüttelkolbenvorstufen, Laborfermenter und den Anzuchtfermenter schließlich in den Produktionsreaktor überführt. Entlang dieser Anzuchtschiene erfahren die Zellen biologische und chemische Einflüsse, die durch physikalische Faktoren im Hauptfermenter noch ergänzt werden

was unter Umständen dazu führt, dass die dort verwendeten Medienbestandteile nicht die gleichen Reinheiten aufweisen, wie dies üblicherweise im Laborbetrieb der Fall ist. Dadurch können Verunreinigungen in den Bioprozess kommen, die Zellaktivitäten beeinflussen. Daher ist es ratsam, zumindest exemplarisch, typische Medienbestandteile der Produktion auch im Laborbetrieb im Rahmen der Prozessentwicklung zu testen. Dies schließt z. B. auch die Qualitätsanalyse des Prozesswassers mit ein.

Im Labor verwendete Titrationsmittel (wie z. B. NaOH) können im Produktionsbetrieb wegen der dadurch eingebrachten Salzfracht Probleme in der Aufarbeitung verursachen. Häufig favorisieren Produktionsleiter daher salzfreie Titrationsmittel (z. B. Ammoniakwasser) oder die pH-Einstellung über Gase (z. B. Ammoniak). Um dadurch resultierende Wechselwirkungen mit dem Bioprozess zu untersuchen, empfiehlt sich ebenfalls eine Nachstellung der Produktionsrealitäten im Laborbetrieb.

Großvolumige Produktionsprozesse weisen häufig erhöhte Gaslöslichkeiten auf (siehe Physikalische Faktoren). Dies betrifft neben O_2 auch CO_2 und – über das Dissoziationsgleichgewicht daran gekoppelt – HCO_3^- (Hydrogencarbonat). Letzteres dominiert bei pH 7 ungefähr im Verhältnis 6:1 gegenüber dem gelösten CO_2. Die Interaktion beider Spezies stellt einen pH-Puffer dar. Aufgrund der erhöhten Löslichkeiten im Produktionsansatz unterscheidet sich folglich die Pufferfähigkeit des Produktionsmediums von dem Laboransatz. Dies kann von Bedeutung sein, wenn z. B. über die pH-Titration auch die Zugabe von Substraten geregelt werden soll.

Schaumbildung, die beispielsweise durch die Interaktion eines hydrophoben Produktmoleküls mit der Blasenoberfläche ausgelöst wird, ist ein typisches Scale-up-Problem. Während die Bekämpfung durch Zugabe von Antischaummitteln im Laborbetrieb oftmals leicht möglich ist, kann dies im großvolumigen Produktionsbetrieb durchaus problematisch sein. Tritt verstärkt Schaumbildung auf, können ursprünglich konzipierte Reaktionsvolumina nicht mehr aufrechterhalten werden. Produkttiter können sinken, sodass erhöhte Herstellkosten, oft besonders verstärkt durch angestiegene Aufarbeitungskosten, zu berücksichtigen sind. Der Wahl geeigneter Antischaummittel inklusive anderer prozesstechnischer Maßnahmen (z. B. Druckerhöhung, Verringerung der Rührergeschwindigkeit etc.) kommt daher eine große Bedeutung zu.

Physikalische Faktoren: Großvolumige Produktionsprozesse mit mehreren 100 000 l Reaktionsvolumina, erreichen leicht hydrostatische Säulenhöhen von 10 m und mehr, was einem Wasserdruck über 1 bar entspricht. Zuzüglich wird typischerweise ein Kopfdruck in den Bioreaktoren von 0,2 bis 1,5 bar eingestellt. Durch Anwendung der Henry-Beziehung (Gl. 2.6) wird deutlich, dass die Erhöhung der realen Betriebsdrücke unmittelbar zu einer proportionalen Erhöhung der Gaslöslichkeiten führt. In Abhängigkeit von der Höhe der Wassersäule bilden sich somit vertikale Gradienten der O_2- und CO_2-Löslichkeiten und der entsprechenden Transportraten aus. Zusätzlich kommt es zur Ausprägung horizontaler Gradienten, da z. B. Sauerstoff, der in Rührorgannähe eingebracht

wird, auf seinem radialen Weg nach außen von der Biomasse aufgenommen wird.

Ein Spiegelbild dieser Gradienten in großvolumigen Prozessen ist die Mischzeit. Beispielsweise gibt θ_{90} die Zeit an, die bei konstanten Betriebsbedingungen im Reaktor benötigt wird, um 90 % eines erwarteten stationären Endsignals nach vorheriger Signalaufgabe zu erreichen. Technisch können solche Messungen z. B. durch Leitfähigkeitsuntersuchungen nach Salzaufgabe in einem Reaktor erfolgen. Zu beachten ist, dass Laborreaktoren typischerweise Mischzeiten im niedrigen Sekundenbereich aufweisen, während Produktionsreaktoren mehrere (zwei bis fünf) Minuten benötigen.

Neben stofflichen Gradienten können auch pH- und Temperaturgradienten auftreten. Letztere sind Spiegelbild der Tatsache, dass aufgrund der Reaktorgeometrie die effektive Wärmeaustauschoberfläche im Verhältnis zum Reaktionsvolumen in großen Reaktoren verglichen mit Laborreaktoren abnimmt. Es muss daher relativ mehr Wärme pro Fläche abgeführt werden, was zu baulichen Veränderungen im Produktionsmaßstab führt.

Baulich verändert – im Vergleich zum Laborreaktor – sind im Produktionsansatz ebenfalls Rühr- und Begasungsorgane. In dem Spannungsfeld zwischen wirtschaftlichen Zwängen und technischer Machbarkeit werden häufig Einbauten (oder auch Reaktorbauformen) realisiert, die deutlich andere Stofftransport-Charakteristika aufweisen als Laborreaktoren.

2.7.2 Richtlinien

Um den Scale-up möglichst erfolgreich durchführen zu können, wurden in der Vergangenheit mehrere Kriterien entwickelt (siehe auch Junker 2004; Schmidt 2005). Allen ist gemein, dass sie vornehmlich physikalisch motiviert sind und jeweils die konstante Beibehaltung eines Auslegungskriteriums (◼ Tab. 2.3) vom Transfer eines kleineren in den größeren Maßstab in den Vordergrund stellen. In einigen Fällen ist

◘ **Tabelle 2.3** Auswahl von Auslegungskriterien, die beim Transfer vom Labor- in den Produktionsmaßstab entweder einzeln oder in Kombination konstant gehalten werden

Mechanismus	Konstantes Kriterium	Bemerkung
geometrische Ähnlichkeit	H/D	Das Höhe-zu-Durchmesser-Verhältnis von Bioreaktoren ist oftmals 2, kann jedoch im Produktionsmaßstab auch zu schlankeren (> 2) oder eher gedrungenen (< 2) Bauformen führen.
Leistungseintrag	P/V	Kleine Laborreaktoren weisen einen volumetrischen Leistungseintrag $P/V \sim 3\text{–}6\,W/l$ auf. Großvolumige Prozesse stoßen oftmals an wirtschaftliche und technische Grenzen, wollten sie dieses Verhältnis auch im Produktionsbetrieb realisieren. Daher können dort auch geringere Werte auftreten.
Sauerstofftransfer	k_La, c_{O_2} min	k_La-Werte sind im Prozessverlauf nicht konstant, daher ist deren Verwendung zur Übertragung schwierig. Bei der Verwendung der Gelöstsauerstoffkonzentration als Leitgröße sollten die Reaktorgradienten mit berücksichtigt werden.
Belüftung	vvm	Die Beibehaltung der Begasungsrate vvm kann bei unterschiedlichen Geometrien zu unterschiedlichen Gasleerrohrgeschwindigkeiten und damit zu veränderten k_La-Werten führen.
Rührergeschwindigkeit	v_{Spitze}	Die Beibehaltung der Rührerspitzengeschwindigkeit ist motiviert durch entsprechend positive Erfahrungen bei Scherkraft-sensitiven Pilzkulturen (Mycelbildnern).
Mischzeit	Θ_{90}	Die Aufrechterhaltung der niedrigen Mischzeiten im Laborreaktor auch im Produktionsbetrieb ist wünschenswert, doch aus technischen und wirtschaftlichen Überlegungen meistens nicht realisierbar.

die Kombination einzelner Angaben möglich, doch gibt es auch widersprüchliche Aussagen, die nicht gleichzeitig verfolgt werden können.

Ein universelles Kriterium existiert bislang noch nicht. Daher sind jeweils individuelle Forschungsarbeiten nötig, um passende Leitlinien für den erfolgreichen Transfer vom Labor- in den Produktionsmaßstab zu entwickeln.

2.7.3 Reaktorbauformen

Häufig werden sowohl im Labor- wie auch im Produktionsbetrieb Rührreaktoren eingesetzt. Die notwendige Leistung zur Vermischung des Reaktionsmediums wird für diesen Bautyp einerseits durch die Rührorgane und andererseits –

bei aeroben Prozessen – über die komprimierte Zuluft eingebracht. Letztere wird in der Nähe des Begasungsorgans eingeblasen und mithilfe des Rührers in möglichst kleine Blasen zerschlagen (große Stoffaustauschoberfläche). ◘ Abbildung 2.9 zeigt das Strömungsbild bei Verwendung von Rushton-Turbinen als Rührorgane (rechts). Alternativ können auch beispielsweise axial fördernde Propeller-Rührer eingesetzt werden.

Durch meist seitlich angeordnete Stutzen werden Messsonden zur pH-, pO_2- und Temperatur-Kontrolle in das Medium eingebracht. Im Abluftstrom befinden sich Sensoren zur O_2- und CO_2-Messung. Die mikrobielle Wärme wird meist über zusätzliche Wärmetauscher im Reaktorinneren abgeführt. Feedströme und Titrationsmedien werden häufig, da technisch einfach

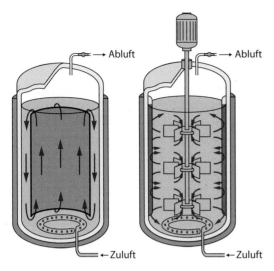

◘ Abb. 2.9 Zwei Grundtypen von Bioreaktoren. *Links*: Airlift-Reaktor (Mammutschlaufen-Reaktor mit zentrischem Leitrohr). Die einströmende Zuluft bewirkt eine aufsteigende hydrodynamische Strömung, die wegen der Masseerhaltung eine nach unten gerichtete Strömung außerhalb des Leitrohrs erzeugt. *Rechts*: Rührkesselreaktor mit drei Rushton-Turbinen. In die Flüssigkeit wird einerseits Energie über die Rührorgane wie auch über die komprimierte Zuluft eingebracht. Schematisch dargestellt sind die Strömungsprofile für oft eingesetzte, radial fördernde Rushton-Turbinen. Alternativ sind z. B. Propeller im Gebrauch, die axial fördern

zu realisieren, vom Reaktordeckel auf das Reaktionsmedium dosiert.

Alternativ zum Rührreaktor kommen Mammutschlaufen-Reaktoren zum Einsatz, z. B. der Airlift-Reaktor, bei dem einzig die komprimierte Zuluft für die Umlaufströmung im Bioreaktor sorgt (◘ Abb. 2.9, links). Aufgrund dieser Betriebsweise bilden sich stoffliche Gradienten entlang des Strömungsweges aus. Diesem potenziellen Nachteil steht allerdings der Vorteil gegenüber, dass durch hohe Bauformen entsprechend hohe Gaslöslichkeiten erzielt werden können. Auch kann diese Reaktorbauform gerade dann eine wirtschaftlich attraktive Alternative zum Rührreaktor sein, wenn dessen notwendigen Investitionen zum Leistungseintrag im großvolumigen System zu hoch werden.

2.8 Wirtschaftliche Betrachtungen

Die wirtschaftliche Bewertung von Produktionsprozessen ist ein sehr komplexer Vorgang, der meist in Controlling-Einheiten der Firmen durchgeführt wird. Hier laufen Wirtschaftsdaten zusammen, die zu Kenngrößen wie z. B. dem EBIT (*earnings before income and tax* = Gewinn vor Steuern), ROI (*return on investment* = Gesamtkapitalrendite) oder ROCE (*return on capital employed* = Kapitalrendite) verrechnet werden. Meist gibt es interne Zielvorgaben (z. B. für den zu erreichenden ROCE), die sich auch an entsprechenden Leistungsdaten konkurrierender Unternehmen orientieren. Als Leitgröße börsennotierter Unternehmen dient häufig der EVA (*economic value added* = Geschäftswertbeitrag). Dieser Wert resultiert aus vergleichenden Analysen wirtschaftlicher Daten von Konkurrenzunternehmen. Um einem potenziellen Investor eine hohe Attraktivität zur Investition ins eigene Unternehmen zu bieten, sollte der eigene EVA-Wert über dem des kompetitiven Vergleichs liegen.

Von den Faktoren, die über wirtschaftlichen Erfolg oder Misserfolg entscheiden, sind einige im operativen Umfeld des Prozessentwicklers beeinflussbar, andere jedoch kaum oder gar nicht. Zu Letzteren zählen beispielsweise Einflüsse von Wechselkursen, die auf Medien, Produkt- und Transportkosten wirken. Auch ist die Marktverfügbarkeit (und damit der Preis) von Substraten, der Produktionsstandort und die aktuelle Konkurrenzsituation im Zielmarkt oft nicht unmittelbar beeinflussbar. Erfolgreiche Produktionsprozesse sollten daher so gestaltet sein, dass sie bezüglich Substrat, Produktivität und Ausbeute variabel betrieben werden können, um auf häufig auftretende Veränderungen der Marktbedingungen erfolgreich reagieren zu können.

Neben den gar nicht oder kaum beeinflussbaren Faktoren, gibt es jedoch eine Reihe von Einflussmöglichkeiten, die sowohl in der Prozessentwicklung als ach im Produktionsbetrieb erfolgreich verändert werden können. Im Visier stehen dabei die Herstellkosten, d. h. die

Summe der Material- und Fertigungskosten, die zur Herstellung des Produktes anfallen. Gemäß Kostenarten können diese in variable, fixe oder Mischkosten eingeteilt werden.

Produkt/Substrat-Ausbeute: Gerade bei Niedrig-Preis-Produkten (1 bis 10 € pro kg) ist oftmals der Anteil der Substratkosten an den Herstellkosten relativ hoch. Anteile von 10 bis 30 % sind keine Seltenheit. Verbesserungen in der erzielbaren Produkt/Substrat-Ausbeute verringern daher die produktspezifischen Herstellkosten unmittelbar; d. h. die Erhöhung der Produkt/Substrat-Ausbeute reduziert die variablen Kosten.

Produktreinheit: Unter Produktreinheit eines Fermentationsprozesses wird üblicherweise das Verhältnis des Zielproduktes zur Menge aller Haupt- und Nebenprodukte verstanden. Einerseits geht eine hohe Produktreinheit auch mit hohen Produkt/Substrat-Ausbeuten einher. Andererseits vereinfachen hohe Produktreinheiten die weitere Aufarbeitung hin zur geforderten Endqualität als marktreifes, zugelassenes Produkt. Letzteres ist oftmals der entscheidende Faktor, da der Kostenanteil der Produktaufarbeitung für *commodities* (Produkte mit großen Marktvolumina von über 10 000 Jahrestonnen) nicht selten bei 30 bis 50 %, für Feinchemikalien über 50 % und für Pharmaprodukte über 80 % der Herstellkosten liegen kann. Reduzierungen im Nebenproduktspektrum führen daher zur vereinfachten Produktaufarbeitung und damit zur Senkung von variablen und auch Mischkosten. Letztere werden z. B. dann reduziert, wenn Investitionen für einzelne Aufarbeitungsschritte gegebenenfalls ganz entfallen und Kostenbeiträge für die buchhalterische Abschreibung der Anlagen dann vernachlässigt werden können.

Produktivität: Wird über Produktivität im industriellen Umfeld gesprochen, so ist es meist sinnvoll zu klären, welche Definition der Produktivität gerade diskutiert wird. Forscher(-innen) assoziieren häufig die q_p-Definition (◘ Tab. 2.1), um die zelluläre Fähigkeit zur Produktbildung zu beschreiben. Prozesstechnisch ist eher die volumetrische Produktivität von Bedeutung: Q_p [g/lh], d. h. die Angabe wie viel Produkt pro Liter Reaktionsvolumen während der Fermentation hergestellt wurde. Für das wirtschaftliche Controlling ist diese Größe meist nicht relevant. Vielmehr interessieren dort die Produktmengen pro Reaktor und dessen Einsatzzeit. Die Controlling-Sichtweise evaluiert, ob die Produktion eines alternativen Produktes im gleichen Reaktor eine bessere Rendite erbracht hätte. Tritt z. B. in einem Prozess eine so starke Schaumbildung auf, dass nur ein Teil des geplanten Reaktionsvolumens genutzt werden kann, so kann die Q_p dennoch unverändert sein, während das Controlling eine schlechtere Reaktorproduktivität errechnet, was gegebenenfalls zur Bevorzugung eines alternativen Produktes führt. Zu beachten ist auch, dass Rüstzeiten des Bioreaktors ebenfalls in die Produktivitätsberechnung des Controllings einfließen.

Energie- und Hilfsmittel: Die Kühlung aerober Prozesse und der Sauerstoffeintrag verursachen variable Kosten, die mit stärkerer Prozessintensivierung ebenfalls ansteigen. Das wirtschaftliche Optimum muss nicht mit der technischen Machbarkeit übereinstimmen. Prozessführungsstrategien, die beispielsweise eine geringere Biomassebildung und damit reduzierte Kühlenergien und Leistungseinträge verlangen, können daher durchaus wirtschaftlich attraktiver als ein intensivierter Höchstleistungsansatz sein.

Investition und Abschreibung: Denkt eine Firma über die Realisierung eines neuen Bioprozesses nach, so wird dieser zunächst hinsichtlich seiner wirtschaftlichen Attraktivität bewertet. Häufig geschieht dies auf der Grundlage der *net present value*-Kalkulation (NPV – Kapitalwert). Erwartete Einnahmen über den Verkauf des Produktes (z. B. in den nächsten zehn Jahren) werden als *discounted cash flow* (DCF – Barwert) den notwendigen Investitionen gegenübergestellt. Der Barwert repräsentiert dabei die Geldmenge, die zum Zeitpunkt der Analyse mit einem Leitzinssatz angelegt werden müsste, um die zu erwartenden Einnahmen aus dem Erlös der Produkte in den nächsten zehn Jahren zu erhalten. Mit anderen Worten: Es wird die Frage beantwortet, ob die Investition in den neuen Prozess finanziell attraktiver ist als die Anlage der gleichen Geldmenge zu dem Leitzinssatz. Ist der NPV positiv, wird die Investition aus wirtschaftlichen Gründen unterstützt, andernfalls nicht. Ist eine Investition getätigt, so schreibt ein Unternehmen diese über z. B. zehn Jahre ab. Im Fall einer linearen Abschreibung fallen somit jährlich ein Zehntel der Investitionsausgaben als zusätzliche Kosten an, die die Herstellkosten erhöhen. Wird ein Verfahren technisch einfach konzipiert, reduziert sich daher der dadurch aufgeprägte Kostenanteil.

📖 Literaturverzeichnis

Asenjo JA, Merchuk JC (1995) Bioreactor system design. Marcel Dekker, Inc., New York

Chmiel H (2011) Bioprozesstechnik. Spektrum Akademischer Verlag, Heidelberg

Junker BH (2004) Scale-up methodologies for *Escherichia coli* and yeast fermentation process. J Biosci Bioeng 97(6): 347–364

Nielsen J, Villadsen J, Lidén G (2003) Bioreaction Engineering Principles. Plenum Press, New York

Schmidt FR (2005) Optimization and scale up of industrial fermentation processes. Appl Microbiol Biotechnol 68: 425–435

Schügerl K, Bellgardt K-H (2000) Bioreaction Engineering. Springer-Verlag, Berlin

Stephanopoulos G, Aristidou AA, Nielsen J (1998) Metabolic Engineering. Academic Press, London

3 Lebensmittel

Silke Hagen und Ulf Stahl (Fermentationsprozesse)
Jan Lelley und Klaus-Peter Stahmann (Pilze als Nahrungsmittel)

3.1 Fermentationsprozesse

3.1.1 Anwendungsbereiche und wirtschaftliche Bedeutung

Mikroorganismen spielen eine ganz wichtige Rolle bei der Herstellung von **Lebensmitteln**: Durch entsprechende Fermentationsprozesse wird auf biologischem Wege eine Konservierung erreicht; zum anderen werden Lebensmittelrohstoffe beispielsweise mit Vitaminen, Enzymen, Geschmacks- und/oder Aromastoffen angereichert (z. B. Rohwurst, Brot, Bier, Wein), sodass am Ende höherwertige Produkte entstehen. So wird z. B. bei der Fermentation von Kohl zu Sauerkraut dieses durch eine Vielzahl von Mikroorganismen mit Enzymen angereichert, welche das Produkt bekömmlicher und verdaulicher machen. Der im leicht verderblichen Kohl vorhandene Gehalt an Vitamin C bleibt erhalten. Auch wird bei der zugrunde liegenden Milchsäuregärung eine Vielzahl von Geschmacksstoffen gebildet.

Bis vor etwa 100 Jahren waren die Produktionsverfahren nur wenig standardisiert und erfolgten meist im überschaubaren Maßstab. So wurden beispielsweise bis zur Mitte des 19. Jahrhunderts Abfallhefen der Brauereien oder Brennereien für die Herstellung von Brot oder anderen Backwaren verwendet, die meist verunreinigt und nur von minderer Qualität waren. Erst mit Einführung einer Reinzuchthefe (*Saccharomyces cerevisiae*) war es möglich, einen stabilen Backprozess zu etablieren und Produkte in gleichbleibender und guter Qualität zu erhalten. Die Entwicklung diverser Konservierungsverfahren und der Einsatz von Produktionsmaschinen ermöglichten den sukzessiven Einzug von industriellen Herstellungsverfahren. Ein wichtiges Kriterium bei der Verwendung von Mikroorganismen im Lebensmittelbereich ist, dass diese für die Gesundheit des Konsumenten kein Risiko darstellen und idealerweise den sogenannten GRAS-Status (*Generally Recognized As Safe*) haben. Falls Mikroorganismen im Lebensmittel-

bereich dieses Charakteristikum nicht besitzen, so muss deren Unbedenklichkeit zumindest empirisch zu belegen sein.

Einhergehend mit der stark wachsenden Weltbevölkerung – laut Weltbevölkerungsbericht des United Nations Population Fund wurde am 31. Oktober 2011 die Sieben-Milliarden-Menschen-Marke überschritten – steigt die Nachfrage nicht nur nach gesunden, sondern auch nach allgemein kostengünstigen Lebensmitteln. Die Nahrungsmittelindustrie reagiert auf diese Nachfrage, indem sie neue Produkte auf den Markt bringt, bei deren Herstellung die Nutzung von Mikroorganismen eine wichtige Rolle spielt. Im Lebensmittelbereich haben daher Starterkulturen eine zunehmende Bedeutung. Der Bedarf an qualitativ hochwertigen und neuen Lebensmitteln stieg in den letzten Jahren deutlich an. Die alleine in Deutschland jährlich konsumierten Mengen – z. B. Wein (über 2 Mrd. l pro Jahr), Bier (über 10 Mrd. l pro Jahr), Käse (ca. 2 Mrd. kg pro Jahr) und Brot (ca. 6,7 Mrd. kg pro Jahr) – belegen eindrucksvoll, dass Lebensmittelmikrobiologie heute in großem Maßstab erfolgreich genutzt wird und von großer wirtschaftlicher Bedeutung ist.

3.1.2 Starterkulturen

Starterkulturen sind vermehrungsfähige Mikroorganismen, die aufgrund ihrer spezifischen Stoffwechselleistungen in der Lage sind, den Herstellungsprozess von Lebensmitteln zu initiieren oder zu beschleunigen und Geschmack, Aussehen, Konsistenz oder Haltbarkeit zu verbessern. Die Bezeichnung „Starterkultur" beruht darauf, dass diese Mikroorganismen den Veränderungsprozess des Lebensmittels in Gang setzen. Genutzt werden vor allem Milchsäurebakterien (Lactobacillen), wie beispielsweise die Gattungen *Lactobacillus*, *Lactococcus* oder *Bifidobacterium*. Auch andere Bakteriengattungen sowie Hefen oder auch Schimmelpilze finden als Starterkulturen Verwendung, wie in ◘ Tab. 3.1 exemplarisch dargestellt.

◻ **Tabelle 3.1** Mikroorganismen und deren Einsatz als Starterkulturen bei der Lebensmittelherstellung	
Gattungen	**Produkte**
Lactobacillus *Pediococcus* *Lactococcus* *Leuconostoc* *Bifidobacterium* *Streptomyces* *Micrococcus* *Staphylococcus* *Propionibacterium* *Acetobacter*	Backwaren, Sauerkraut, Rohwurst, Joghurt, Käse, Bier, Wein, Essig
Saccharomyces *Kluyveromyces* *Candida* *Schizosaccharomyces*	alkoholische Getränke, Backwaren, Rohwurst
Penicillium *Aspergillus* *Mucor*	Käse, Sojasauce, Rohschinken, Rohwurst

Beispielhaft sei *Saccharomyces cerevisiae* (Bäckerhefe, Backhefe oder auch Bierhefe) genannt, welche in vielen Lebensmittelprozessen kaum wegzudenken ist. Nicht nur bei der Bier-, Wein- oder Backwarenherstellung, sondern z. B. auch als Vitamin-B_1-Lieferant oder bei der Produktion von Geschmacksverstärkern spielt die Backhefe eine maßgebliche Rolle. Aufgrund der stetig wachsenden Weltbevölkerung sowie der Erschließung neuer Märkte seien als Beispiele vor allem Indien und China genannt, wo der Bedarf an Backhefe stark anwächst. Derzeit werden jährlich weltweit etwa 1,8 Mill. t Backhefe hergestellt, rund 110 000 t werden hiervon alleine pro Jahr in Deutschland konsumiert.

Starterkulturen werden den Lebensmittelrohstoffen in der Regel in hohen Zellzahlen zugesetzt, um damit unerwünschte Mikroorganismen, wie beispielsweise pathogene Keime oder Verderbniserreger, möglichst frühzeitig in ihrem Wachstum zu behindern bzw. zu verdrängen. Insbesondere bei der Verwendung von Lactobacillen spielt eine Rolle, dass aufgrund der Bildung von Milchsäure der pH gesenkt wird, sodass typische Verderbniserreger (z. B. Entero-

bacteriaceae, Pseudomonaden und Bacillaceae) unter diesen für sie ungünstigen Wachstumsbedingungen nicht vermehrungsfähig sind.

Eine sehr gute Reproduzierbarkeit kann erreicht werden, wenn als Starter eine **Reinkultur** verwendet wird. Hierbei handelt es sich z. B. um Milchsäurebakterien oder Hefen, die aufgrund langjähriger natürlicher Selektionsverfahren zu Hochleistungsstämmen gezüchtet wurden. Nachteil bei der Verwendung von Reinkulturen ist jedoch, dass hier die Aromabildung weniger ausgeprägt ist. Moderne Verfahren bedienen sich der kontrollierten Mischgärung, da mit ihr der Fermentationsprozess gut reproduzierbar gestaltet wird – und gleichzeitig, durch Synergien unterschiedlicher Gattungen, ein zufriedenstellendes Aromaspektrum erzielt werden kann. Bei charakteristischen Aromastoffen handelt es sich vor allem um Ester, Terpene, Aldehyde, Ketone u. v. m.

Die **Produktion von Starterkulturen** lässt sich in zwei wesentliche Abschnitte untergliedern:

Der erste Schritt beinhaltet die Anzucht der Mikroorganismen. Dabei wird, ausgehend von

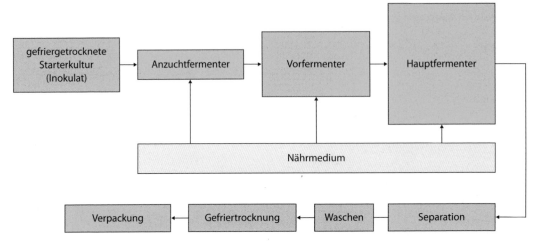

▣ Abb. 3.1 Schematische Darstellung des Herstellungsverfahrens von Starterkulturen

einer meist gefriergetrockneten Starterkultur, zunächst der sogenannte Anzuchtfermenter beimpft (▣ Abb. 3.1). Dieser dient dazu, in möglichst kurzer Zeit eine möglichst große Zellzahl (Biomasse) zu produzieren. Mittels eines Vorfermenters wird dann das Inokulat für den Produktionsfermenter generiert.

Der zweite Abschnitt des Herstellungsverfahrens konzentriert sich auf die Separierung und Aufarbeitung der Zellen. Die Abtrennung der Milchsäurebakterien erfolgt unter anderem über Düsen- und selbstentleerende Teller-Separatoren. Die aufkonzentrierten Mikroorganismen werden anschließend lyophilisiert, unter Ausschluss von Sauerstoff verpackt und bei 4 °C gelagert. Um die bei der Gefriertrocknung beobachteten Aktivitätsverluste möglichst einzuschränken, werden lebensmittelechte „Frostschutzmittel" (z. B. Glycerin, Mannit, Sorbit) zugesetzt, welche die Größe der sich beim Einfrierprozess bildenden Wasserkristalle klein halten sollen.

Backhefe

Die umgangssprachlich als Backhefe bezeichnete Hefe gehört zu der Gattung *Saccharomyces* (altgriech.: „Zuckerpilz") und wird seit Jahrtausenden für die Herstellung von Brot, Bier und Wein genutzt. *Saccharomyces cerevisiae* ist ein eukaryotischer Mikroorganismus, charakterisiert

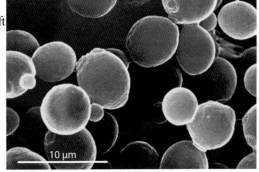

▣ Abb. 3.2 Elektronenmikroskopische Aufnahme der Backhefe *Saccharomyces cerevisiae*. Gut zu erkennen sind die Sprossen bzw. Auswüchse der Tochterzellen sowie Sprossnarben

durch einen echten Zellkern und Mitochondrien. Das Genom der Backhefe besteht aus 12 Mill. Basenpaaren und umfasst 6275 Gene. Die Zellen der Backhefe sind rund bis oval, sie haben einen Durchmesser von 5 bis 10 µm und können sich auch vegetativ durch Knospung oder Sprossung vermehren. Dabei bildet die Mutterzelle einen Auswuchs, der sich nach Einwandern des Tochterzellkerns abschnürt. Zurück bleibt die sogenannte Sprossnarbe, eine kleine verdickte Ringstruktur (▣ Abb. 3.2).

Die Backhefe ist in der Lage ihren Energiestoffwechsel sowohl aerob (Atmung) als auch anaerob (Gärung) durchzuführen. Sie wird daher auch als fakultativ anaerob bezeichnet. Im Rahmen der Atmung werden die Kohlenhydrate (z. B. Glucose) in Anwesenheit von Sauerstoff zu Kohlendioxid und Wasser metabolisiert. Während unter anaeroben Bedingungen die Kohlenhydrate primär zu Ethanol und Kohlendioxid vergoren werden.

Für viele industrielle Anwendungen ist die **Separierung der Zellen** vom **Fermentationsmedium** ein wichtiger Aspekt. Recht aufwendig und kostenintensiv ist die Trennung mittels Zentrifugations- und/oder Filtrationsschritten. Aus diesem Grund machen sich viele Prozesse die Eigenschaft der Hefen zur Flockenbildung zunutze. Bei der Ausbildung dieser Flocken spielen spezielle Zellwand-assoziierte Glykoproteine (Adhäsine) eine Rolle. Die Bildung dieser Adhäsine, die von fünf *FLO*-Genen codiert werden, unterliegt einer transkriptionellen Kontrolle. Die Transkription wird bei Stress, insbesondere unter Nährstofflimitation, initiiert. Wichtig für die Zell-Zell-Interaktion zwischen den Adhäsinen auf der einen und den Zellwand-Mannanen auf der anderen Seite sind zweiwertige Kationen, z. B. Ca^{2+} (◘ Abb. 3.3). Die Adhäsin-vermittelten Flocken bestehen aus Tausenden Zellen, sodass der Partikeldurchmesser von z. B. durchschnittlich 10 µm auf 500 µm zunehmen kann. Da Partikeldurchmesser und Sedimentationsgeschwindigkeit quadratisch voneinander abhängen (Gl. 3.1), nimmt diese in unserem Beispiel um den Faktor 2500 zu.

Die Abhängigkeit der **Sedimentationsgeschwindigkeit** V_S vom Partikeldurchmesser d, der Dichte der Flüssigkeit ρ_{Fl}, der Dichte des Partikels ρ_P, der Viskosität η und der Beschleunigung g (= Erdbeschleunigung) nach dem Stokes'schen Gesetz zeigt sich in folgender Gleichung:

$$V_S = \frac{d^2(\rho_P - \rho_{Fl})g}{18\eta} \qquad (3.1)$$

Somit kann eine einfache, schnelle und vor allem kostengünstige Sedimentation der Biomasse im Fermentationsmedium erreicht werden.

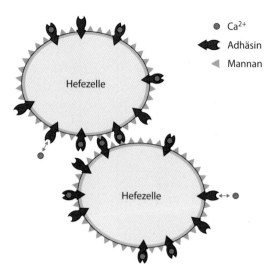

◘ **Abb. 3.3** *Saccharomyces cerevisiae* bildet an der Zelloberfläche Adhäsine, die, durch Ca^{2+} aktiviert, Mannane binden können, was zur Zell-Zell-Interaktion führt.

Es gibt *Saccharomyces cerevisiae*-Stämme, die sich durch die Bildung niedermolekularer Proteine mit antimykotischem Potenzial auszeichnen, sogenannte Killerhefen (K-Hefen). Die Fähigkeit der Toxinbildung beruht auf einer cytoplasmatischen Infektion mit Doppelstrang-RNA-Viren. Diese Viren codieren für den Toxinvorläufer, welcher von den Hefen zum aktiven Protein prozessiert und ausgeschleust wird. Das Killerprotein ist aktiv gegen Hefen derselben und äußerst selten gegen Vertreter anderer Spezies; der K-Stamm selbst ist aber immun. K-Hefestämme besitzen gegenüber Nicht-K-Stämmen einen Wachstumsvorteil, indem Nahrungskonkurrenten abgetötet werden. Für den Menschen sind K-Hefen nicht toxisch. K-Hefen werden hauptsächlich zur Herstellung von Wein verwendet, da so Kontaminationen durch sensitive Wildstämme in der Regel ausgeschlossen werden können.

Produktionsverfahren von Backhefe

Charakteristisch für die Backhefe ist der sogenannte **Crabtree-Effekt**, auch bekannt als „Glucose-Effekt": Wenn die Glucosekonzentration einen bestimmten Wert im Medium über-

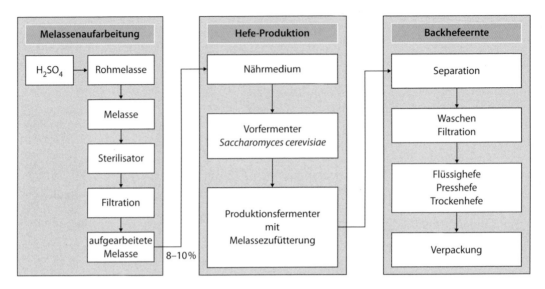

□ Abb. 3.4   Darstellung der wesentlichen Schritte zur Herstellung von Backhefe

schreitet (etwa 100 mg/l), wird auch in Gegenwart von Sauerstoff der vorliegende Zucker teilweise vergoren. Dieser Effekt wird üblicherweise durch die Hemmung einiger mitochondrialer Atmungsketten-Enzyme erklärt. Er könnte aber auch auf einer Regulation des Glucose-Aufnahmesystems oder des Pyruvatmetabolismus beruhen. Der Crabtree-Effekt kann vermieden werden, indem der Backhefe in Gegenwart von ausreichend Sauerstoff eine begrenzte Glucosekonzentration zur Verfügung gestellt wird.

Über einen Zeitraum von nunmehr knapp 150 Jahren wurden mittels natürlicher Selektionsverfahren Hochleistungsstämme von *Saccharomyces cerevisiae* entwickelt, mit welchen eine gleichbleibend hohe Produktqualität und Ausbeute ermöglicht wird. Die Herstellung von Backhefe basiert im Wesentlichen auf der Verwendung eines Wachstumsmediums, welches als Hauptkomponente Melasse enthält. Melasse fällt als Nebenprodukt bei der Zuckerherstellung an. Sie enthält etwa 500 g/l Saccharose, diverse organische Säuren – auch Aminosäuren –, eine Reihe von Vitaminen, Mineralstoffen und Spurenelementen. Wie aus □ Abb. 3.4 zu ersehen ist, besteht ein modernes **Verfahren zur Backhefe-Herstellung** im Wesentlichen aus drei Schritten:

1. Zur Herstellung des Nährmediums wird die Rohmelasse zunächst mit Schwefelsäure versetzt, um den pH-Wert auf etwa 5 einzustellen. Anschließend wird die Melasse sterilisiert und die Feststoffe werden mittels Filtration abgetrennt. Für ein optimales Hefewachstum wird die Melasse dem Nährmedium, das die weiteren Nährstoffe enthält, in einer Endkonzentration von 8 bis 10 % zugegeben.

2. Bei der großtechnischen Hefe-Produktion ist es das Ziel, möglichst viel Biomasse zu produzieren; dies gelingt jedoch nur dann, wenn der Crabtree-Effekt vermieden wird. Hierzu bedient man sich des sogenannten Zulaufverfahrens bei dem nur das Substrat permanent während des Wachstums der Hefe zudosiert wird, sodass die Konzentration von 100 mg Zucker pro l nicht überschritten wird. Die Fermentation läuft im 200-m^3-Maßstab unter nicht-sterilen Bedingungen ab. Da das Kulturmedium mit einer hohen Zelldichte beimpft und die Fermentationsdauer relativ kurz gehalten wird (ca. 10 bis 24 h), haben eventuell vorliegende Fremdkeime kaum eine Vermehrungschance.

3. Zur Gewinnung der Hefebiomasse werden die Hefezellen mithilfe eines Separators auf-

Homofermentative Milchsäuregärung:

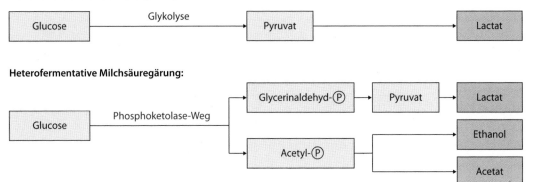

Abb. 3.5 Der homo- und heterofermentative Metabolismus bei Milchsäurebakterien

konzentriert, gewaschen, filtriert und entsprechend der gewünschten Handelsform weiterverarbeitet.

Produktionsverfahren von Milchsäurebakterien

Für die Produktion von Milchsäurebakterien-Starterkulturen wird ähnlich dem Verfahren zur Hefe-Produktion vorgegangen. Allerdings werden hierbei Monosaccharide (Glucose, Fructose) als Kohlenstoffquelle und Caseinhydrolysat als Stickstoffquelle eingesetzt sowie Vitamine der B-Gruppe. Ferner erfolgt die Produktion anaerob, und es wird eine grenzflächenaktive Substanz wie beispielsweise Polysorbat 80 zugesetzt, um eine höhere Biomasse-Produktion zu erreichen. Diese so hergestellte Bakterienbiomasse wird abzentrifugiert, aufkonzentriert und anschließend gefriergetrocknet oder sprühgetrocknet, um deren Vitalität als Starterkultur zu erhalten. Die Sprühtrocknung erfolgt zwar bei Temperaturen von z. B. 160 °C, da die Wärmekapazität der Luft aber gering und die Oberflächen durch hohe Drücke sehr groß sind, kommt es jedoch zu einer schnellen Abkühlung.

Wie stoffwechselphysiologische Untersuchungen ergeben haben, gibt es bei den Milchsäurebakterien zwei unterschiedliche Gruppen: die homofermentativen und die heterofermentativen Milchsäurebakterien.

Die **homofermentativen** Milchsäurebakterien (z. B. *Lactococcus lactis, Lactobacillus acidophilus, Streptococcus thermophilus, Pediococcus spec.*) werden bei der Herstellung von Lebensmitteln dann verwendet, wenn die Produktion von Milchsäure im Vordergrund steht, wie z. B. bei Joghurt und Sauergemüse. Diese Bakterien gewinnen ihre Energie durch die Vergärung der Zuckers zu Milchsäure. Dabei wird die aus der Lactose freigesetzte Glucose über die Glykolyse (Embden-Meyerhof-Parnas-Weg) zu Pyruvat metabolisiert, welches dann zu Milchsäure bzw. Lactat bei Ausbeuten von über 90 % reduziert wird (Abb. 3.5).

Heterofermentative Milchsäurebakterien (z. B. *Leuconostoc mesenteroides, Lactobacillus brevis, Weisella spec.*) werden dann verwendet, wenn die Produktion von CO_2 und Aromakomponenten im Vordergrund steht, so z. B. bei Sauerteig. Diese Gruppe von Milchsäurebakterien vergärt den Zucker über den Phosphoketolaseweg, sodass als Endprodukte aus der Glucose neben Lactat auch noch CO_2, Ethanol und Acetat gebildet werden (Abb. 3.5).

3.1.3 Bier und Wein

Bier

Bier ist ein kohlensäurehaltiges Getränk, das unter anderem durch einen durchschnittlichen

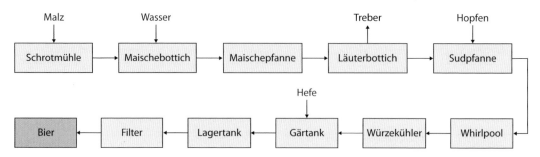

Abb. 3.6 Wesentliche Schritte bei der Bierherstellung

Alkoholgehalt von 5 % charakterisiert ist. Es wird aus Wasser, Hopfen und Malz (gekeimte und anschließend getrocknete Getreidekörner, meist Gerste oder auch Weizen) hergestellt. Im Verlauf der Keimung werden in den Körnern verschiedene Enzyme gebildet bzw. aktiviert, die Stärke in vergärbare Zucker spalten können. Außerdem werden proteolytische Enzyme gebildet, die die vorhandenen Speicherproteine in Peptide und Aminosäuren abbauen. Beim Trocknen (Darren) werden die Keimungsvorgänge unterbrochen, wobei die Enzyme weitgehend intakt bleiben. Bei den für den Fermentationsprozess eingesetzten Hefen handelt es sich um verschiedene Spezies von *Saccharomyces*. Für obergärige Biere wird *Saccharomyces cerevisiae*, für untergärige Biere *Saccharomyces carlsbergensis* eingesetzt.

Bei **obergärigen** Bieren steigen die Zellen von *Saccharomyces cerevisiae* während der Gärung an die Oberfläche, daher die Bezeichnung obergärig. Die Hefe bildet zusammenhängende Sprossverbände aus, in denen CO_2-Bläschen gefangen werden, die den Auftrieb zur Oberfläche verursachen. Obergärige Hefen benötigen eine Gärungstemperatur von 15 bis 20 °C. Solche Biere besitzen häufig ein fruchtiges Aroma, das sich aus der vermehrten Bildung von Fruchtestern und höheren Alkoholen ableiten lässt. Zu den obergärigen Bieren zählen unter anderem Altbier, Kölsch, Berliner Weiße, Porter, Weizenbier und Ale.

Bei **untergärigen** Bieren bleibt *Saccharomyces carlsbergensis* während der Gärung zunächst dispers in der Würze. Erst mit Einsetzen einer Nährstofflimitation (z. B. Kohlenstoffquelle) zum Ende des Fermentationsprozesses kommt es zur Flockenbildung und zum Absinken der Zellen. Dieses ist im Rahmen des Brauprozesses durchaus erwünscht, da somit eine einfache und damit auch kostengünstige Trennung von Zellen und Fermentationsmedium erreicht werden kann. Die Gärungstemperatur beträgt bei diesen Bieren 4 bis 9 °C, allerdings werden hierbei weniger Fruchtester gebildet, was zu einem klareren Aromaprofil führt. Untergärige Biere benötigen dann noch eine gewisse Reifezeit, bevor sie konsumiert werden. Zu den bekanntesten untergärigen Bieren zählen hier Lagerbier, Helles, Export, Pils und Schwarzbier.

Herstellungsverfahren für Bier

Der Brauprozess ist recht komplex, setzt sich beim klassischen Verfahren aus acht wesentlichen Arbeitsschritten zusammen (Abb. 3.6). Vorbereitend wird in der Schrotmühle zunächst das für den Brauprozess vorgesehene Malz (gekeimtes und getrocknetes Getreide) zerkleinert, um das Auflösen der für den Brauprozess wichtigen Bestandteile zu erleichtern. Das zerkleinerte Malz wird daraufhin im sogenannten Maischebottich mit Wasser versetzt.

Von dort gelangt die Maische in die Maischepfanne, wo sie auf verschiedene Temperaturstufen erhitzt wird, damit die ursprünglich schwer löslichen Bestandteile des Malzschrotes – Kohlenhydrate (Stärke), Proteine und Zellwandsubstanzen – von den Enzymen im Malz verflüssigt werden. Dabei wird die Getreidestärke zu Glucose, Maltose und Dextrinen abgebaut, es entsteht die sogenannte Würze. Im Läuterbottich wird nun die Würze von den ungelösten Bestandteilen, den Malztrebern getrennt. In der Sudpfanne wird die Würze nach Zugabe von Hopfen für etwa 1 bis 2 h gekocht. Ziel der Würzekochung ist die Inaktivierung der Enzyme, die Extraktion der im Hopfen vorhandenen Bitterstoffe, das Abtöten von Fremdkeimen in der Würze und die Bildung von Hydroxymethylfurfural, einem zusätzlichen Farbstoff.

Die Separation von nicht-gelösten Bestandteilen (denaturierte Proteine) aus der Bierwürze erfolgt dann im sogenannten Whirlpool. Die blanke (klare) Würze wird anschließend abgekühlt (Würzekühler) und gelangt dann in den Gärkeller, wo sie in Gärtanks mit einer Bierhefe (*Saccharomyces* spec.) beimpft wird.

In den gekühlten zylindrisch-konischen Gärtanks werden nun die aus der Stärke stammende Glucose und Maltose zu Ethanol vergoren. Das dabei entstehende Kohlendioxid wird in der Regel abgesaugt und aufbereitet, um es dem Bier am Ende des Brauprozesses, oder bei der Abfüllung, wieder zuzusetzen. Je nach Stamm dauert die Gärung bis zu zehn Tage (untergärige Hefe) oder vier bis sechs Tage (obergärige Hefe).

Das junge Bier gelangt jetzt in Lagertanks, in welchen die Nachgärung bei ca. 0 °C erfolgt. Während dieser Lagerung wird Diacetyl (Butteraroma), das beim Brauprozess von den Bierhefen aus dem Stoffwechsel-Zwischenprodukt Acetolactat gebildet wird, zu Acetoin und 2,3-Butandiol reduziert, Substanzen, die beim Menschen geschmacksneutral sind. Ferner wird der noch vorhandene Restzucker in Alkohol umgesetzt. Die Lagertanks stehen in der Regel unter Druck, das entstehende Kohlendioxid kann nicht mehr entweichen, sondern wird als Kohlensäure im Bier gelöst. Das Bier hat deshalb in der Regel einen pH-Wert von 4,5. Diese Nachgärung kann – je nach Biersorte – zwei Wochen bis drei Monate dauern. Hierbei setzen sich die Trübbestandteile ab, was die darauffolgende Filtration beim Abfüllen des fertigen Bieres erleichtert.

Wenngleich Bier in Europa in den vergangenen Jahren etwas an Bedeutung verloren hat, so besteht insbesondere in den asiatischen Ländern eine starke Nachfrage nach diesem Getränk. Das spiegelt sich vor allem an den Produktionszahlen von China wider, die mit 448 Mill. hl Platz eins in der Weltrangliste der Bierbrauer besetzten. Gefolgt wird China von den USA (227 Mill. hl), Brasilien (114 Mill. hl), Russland (103 Mill. hl) und auf Platz fünf Deutschland (98 Mill. hl).

Wein

Wein erfreut sich seit Jahrtausenden im In- und Ausland recht großer Beliebtheit. Der durchschnittliche Weinkonsum eines jeden Deutschen beträgt jährlich etwa 20 l. Insgesamt wurden im Jahr 2010 20,2 Mill. hl Wein getrunken, womit Deutschland Rang vier der Statistik einnimmt. Auf den Plätzen eins bis drei sind Frankreich (29,4 Mill. hl), die USA (27,1 Mill. hl) und Italien (24,5 Mill. hl) angesiedelt. Platz fünf nimmt China mit einem Verbrauch von 14,3 Mill. hl ein. Erwartet wird, dass insbesondere für China die Zahlen steigen werden, während sie in Deutschland und Europa eher stagnieren bzw. zurückgehen.

Wein wird aus dem Saft von weißen oder roten Weinbeeren hergestellt, der von *Saccharomyces cerevisiae* vergoren wird. Neben Alkohol und Kohlendioxid entstehen dabei auch Nebenprodukte, die zum Teil für die Geschmacks- und Aromabildung erwünscht sind. Es kann sich dabei z. B. um organische Säuren, Ester, Acetoin, Diacetyl, Amine, Ketone und Aldehyde handeln. Gleichfalls können sich höherwertige Alkohole (Fuselöle), wie z. B. Propyl- oder Butylalkohol, bilden.

Die auf den Weinbeeren angesiedelten Fremdhefen (*Kloeckera apiculata*, *Hanseniaspora*) stören die Fermentation nicht. Autochtone Milchsäurebakterien (*Leuconostoc oenos*, *Pediococcus cerevisiae*) sind bei der Nachgärung des Weins von Bedeutung, da sie in der Lage sind, die entstandenen Abbauprodukte, wie z. B. Brenztraubensäure, in Produkte zu metabolisieren, die geschmacklich angenehmer sind. Einer der wichtigsten Prozesse bei der Nachgärung ist die biologische Umwandlung der Äpfelsäure durch Milchsäurebakterien (*Oenococcus oeni*) zu Milchsäure (malolactische Fermentation).

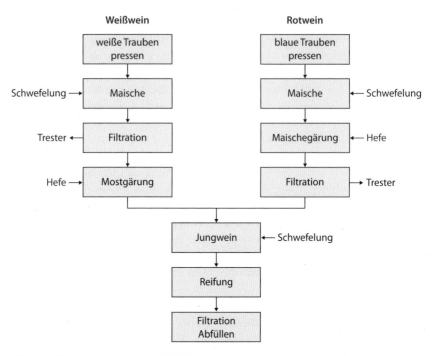

Abb. 3.7 Wege zur Herstellung von Rot- und Weißwein

Herstellungsverfahren von Wein

Nach der Lese werden die Beeren durch Pressen entsaftet (Keltern; ■ Abb. 3.7). Während für die Weißweinbereitung der Traubensaft (Most) nun von den Beerenrückständen aus Schalen, Kernen und Stielen (Treber) abgetrennt wird, erfolgt bei Rotweinen die Gärung vor dieser Abtrennung, da die roten Farbstoffe (Anthocyane), die in der Schale der Trauben lokalisiert sind, erst im Gärungsprozess durch den gebildeten Alkohol extrahiert werden. Durch Zugabe von schwefeliger Säure (50 bis 200 mg/l) zum Most vor der Gärung wird das Wachstum der unerwünschten Mikroorganismen, wie z. B. Essigsäurebakterien, wilde Hefen und Schimmelpilze, gehemmt. Da die *Saccharomyces cerevisiae*-Stämme resistent gegenüber diesen Sulfitkonzentrationen sind, wird deren Gäraktivität dadurch nicht beeinflusst.

Die Gärung des Mostes erfolgt dann in großen Stahlfässern, sie wird heute durch Animpfen mit Reinzuchthefen gezielt eingeleitet. Diese Hefen zeichnen sich durch hohe Ethanoltoleranz (bis 140 g/l) und durch Resistenz gegen Gerbsäure aus. Die Gärtemperatur liegt für Weißwein

bei 12 bis 14 °C, für Rotwein bei 20 bis 24 °C. Nach Abschluss der Hauptgärung – ca. sieben Tage – ist der Zucker im Traubenmost weitgehend zu Ethanol umgesetzt. Bei Rotwein wird im klassischen Gärverfahren der Wein nach der Gärung abgepresst. Der junge Wein unterliegt einige Wochen bis Monate der Nachgärung, wobei der Restzucker fast vollkommen vergoren wird. Zum weiteren Ausbau der Geruchs- und Geschmackskomponenten lagert der Wein dann weitere drei bis neun Monate in Fässern, wobei dann primär die malolactische Fermentation stattfindet. Danach wird der Wein in Flaschen abgefüllt.

3.1.4 Essig

Essig dient dem Menschen seit mehr als 6000 Jahren als Säuerungs- und Konservierungsmittel für viele Speisen. Nach der Lebensmittelverordnung muss Speiseessig, der zwischen 5 und 15 g Essigsäure pro 100 ml enthält, durch die mikrobielle

Umsetzung alkoholischer Gärungsprodukte wie z. B. Wein, vergorenem Apfelsaft oder verdünntem Ethanol gewonnen werden. In der EU werden zurzeit ca. 600 000 t Speiseessig pro Jahr produziert.

Bei der mikrobiellen Gewinnung von Essig werden Essigsäurebakterien (*Acetobacter*-Stämme) eingesetzt, welche unter aeroben Bedingungen Ethanol zu Essigsäure oxidieren. Die bei dieser unvollständigen Oxidation von Ethanol anfallenden Elektronen werden in der Atmungskette unter Energiegewinn auf Sauerstoff übertragen, weshalb dieser Prozess strikt aerob ist. Warum die Essigsäure nicht weiter oxidiert wird, ist unklar. Es wird vermutet, dass die Enzyme des Citratzyklus nicht vollständig vorhanden oder nicht aktiv sind.

Ende des 14. Jahrhunderts entstand das erste industrielle Verfahren zur Essig-Herstellung. Es handelte sich dabei um ein einfaches Oberflächenverfahren (**Orléans-Verfahren**), bei dem halb mit Wein befüllte Holzfässer unverschlossen bei 16 bis 22 °C gelagert wurden. Nach kurzer Zeit entwickelte sich eine Kahmhaut (Biofilm) auf der Oberfläche, die unter anderem aus Essigsäurebakterien bestand, welche den Alkohol im Wein zu Essigsäure oxidierten.

Das heute am weitesten verbreitete Verfahren zur mikrobiellen Essigsäure-Herstellung ist ein **semikontinuierliches Submersverfahren**. Kernstück hierbei ist der Bioreaktor mit einem Hochleistungsbelüfter und einem mechanischen Schaumzerstörer. Bei einem semikontinuierlichen Betrieb wird der Reaktor zu Beginn mit dem alkoholischen Gärungsprodukt gefüllt, wobei die Ethanolkonzentration ca. 5 % beträgt. Nach Animpfen des Reaktors mit *Acetobacter*-Stämmen, die säure- und ethanoltolerant sind, erfolgt die Oxidation des Ethanols zu Essigsäure. Sobald die Alkoholkonzentration auf 0,05 bis 0,3 % abgesunken ist, wird etwa die Hälfte des Reaktorinhalts abgelassen. Danach wird sofort wieder neues Medium zugegeben, das 12 bis 15 % Ethanol enthält, um einen neuen Zyklus zu starten. Die Fermentationstemperatur beträgt 26 bis 28 °C, und die Zyklusdauer liegt bei ca. einem Tag. Die Substrat-Produkt-Ausbeute liegt

bei 90 % bei einer Produktendkonzentration von 150 g Essigsäure pro l.

3.1.5 Brot

Brot ist eines der Grundnahrungsmittel und wird im Wesentlichen aus Mehl, Wasser und einem Triebmittel hergestellt. Bei dem Triebmittel kann es sich z. B. um die Backhefe *Saccharomyces cerevisiae* oder um Sauerteig – einer Mischung aus Backhefe und Milchsäurebakterien, wie *Lactobacillus sanfranciscensis*, *Lactobacillus plantarum* oder *Lactobacillus brevis* – oder um einen chemischen Zusatz, wie z. B. Natriumhydrogencarbonat, handeln. Das von den Mikroorganismen produzierte Kohlendioxid sorgt dabei für die Lockerung des Teigs. Die dabei gebildeten Geschmacksstoffe (unter anderem Oligopeptide und Aminosäuren) und Aromakomponenten (z. B. Säuren, Alkohole und Ester) verleihen dem Brot einen charakteristischen Geschmack und das feine Aroma. Die einzelnen Brotsorten unterscheiden sich nicht nur aufgrund des verwendeten Triebmittels, sondern insbesondere auch aufgrund des verwendeten Getreidemehls (Weizen, Roggen etc.).

Das Weißbrot, das primär aus Weizenmehl und Wasser besteht, wird durch die Quellung der Kleberproteine (Gluten) im Weizenmehl stabilisiert und durch das von der zugesetzten Backhefe erzeugte CO_2 sehr locker.

Roggenmehl besitzt im Unterschied zu Weizen nur geringe Konzentrationen an Gluten, die Brotmatrix wird hierbei durch Pentosane, die bei saurem pH-Wert quellen, gebildet. Deswegen wird in diesem Fall Sauerteig eingesetzt, in dem durch Mikroorganismen die erforderlichen Säuren gebildet werden.

Herstellungsverfahren

Die standardisierte Herstellung von Sauerteig beinhaltet die Verwendung eines Mehl-Wasser-Gemisches, welches mit ausgewählten Mikroorganismen bzw. Starterkulturen beimpft wird. Üblicherweise wird das heterofermentative

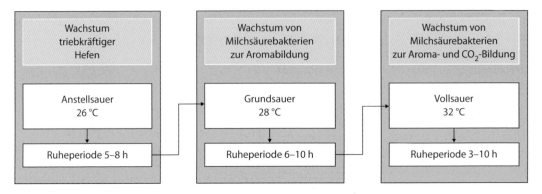

□ **Abb. 3.8** Schematische Darstellung der klassischen Dreistufenführung beim Sauerteig

Milchsäurebakterium *Lactobacillus sanfranciscensis* für die Sauerteig-Herstellung genutzt. Während der Fermentation entstehen neben Kohlendioxid und Milchsäure auch Essigsäure sowie in geringem Maße Ethanol. Zusätzlich eingesetzt wird die Hefe *Candida humilis*, die durch Produktion von Kohlendioxid ebenfalls zur Teiglockerung beiträgt und zu einer vermehrten Aromabildung führt. Wichtig ist dabei, dass der Essigsäureanteil vom Gesamtsäureanteil (hauptsächlich Milchsäure) nicht mehr als 20 % beträgt, da das Brot ansonsten einen stark säuerlichen Geschmack bekommt.

Die klassische **Dreistufenführung** beim Sauerteig besteht aus Anstell-, Grund- und Vollsauer, die bei unterschiedlichen Temperaturen inkubiert werden (□ Abb. 3.8). Während in der ersten Stufe (Anstellsauer) noch das Wachstum von Hefen gefördert wird, vermehren sich in der zweiten Stufe (Grundsauer) primär die Milchsäurebakterien. Die dritte Stufe (Vollsauer) dient der Aromabildung durch die Produktion von Milchsäure und Essigsäure sowie von Alkoholen, ferner ist für die Auflockerung des Teigs die CO_2-Bildung wichtig.

3.1.6   Käse

Die Herstellung von Käse ist bereits seit Tausenden von Jahren bekannt und weltweit verbreitet. Zu den bedeutendsten Produzenten zählen die USA, Deutschland und Frankreich. Alleine in Deutschland wurden im Jahr 2009 insgesamt 2,27 Mill. t Käse hergestellt, wobei die Hart-, Schnitt- und Weichkäse mit 57 % den größten Anteil davon ausmachten. Im Grunde handelt es sich bei der Käseherstellung um ein Konservierungsverfahren für Milch. Derzeit sind weltweit etwa 2000 unterschiedliche Käsesorten auf dem Markt, prinzipiell wird dabei zwischen Lab- und Sauermilchkäse unterschieden (□ Tab. 3.2). Ersterer ist durch die von den Bakterien gebildete Propionsäure und Milchsäure im Vergleich zum Sauermilchkäse wesentlich haltbarer, da durch die Propionsäure das Wachstum von Pilzen gehemmt wird. Das beim Abbau gebildete Propionyl-CoA hemmt z. B. die Pyruvat-Dehydrogenase und die Polyketid-Synthase.

Den in der Milch vorhandenen Proteinen (Casein) und Fetten wird durch die sogenannte **Dicklegung** (Gerinnung) Wasser entzogen. Diese kann entweder durch eine enzymatische Behandlung oder durch Mikroorganismen, die Milchsäure produzieren, (Sauerlegung) erfolgen. Das enzymatische Verfahren basiert traditionell auf der Verwendung von Lab, einem Enzymgemisch aus Chymosin und Pepsin aus Kälbermagen. Die zur Gerinnung führende Wirkung des Labs ist auf die Abspaltung eines Teils (Glykomakropeptid) der Caseinmicelle (genauer: des κ-Caseins) durch das Chymosin zurückzuführen. Dadurch verlieren die Micellen ihre „Schutzhülle", und es erfolgt eine Aggregation der Micellen, was schließlich zur Gelbildung führt. Das Gel

◘ Tabelle 3.2 Charakteristische Beispiele für Lab- und Sauermilchkäse sowie die an deren Herstellung beteiligten Mikroorganismen

Käseart	Beispiel	Beteiligte Mikroorganismen
Labkäse	Emmentaler	*Streptococcus thermophilus, Lactobacillus lactis, Lactobacillus helveticus* (optional), Propionsäurebakterien
	Bergkäse	*Streptococcus thermophilus, Lactobacillus lactis, Lactobacillus helveticus* (optional), *Lactobacillus casei* (optional), Hefen und Rotschmierebakterien (optional)
Sauermilchkäse	Sauermilchkäse	*Lactococcus lactis, Lactococcus cremoris, Leuconostoc citrovorum, Penicillium camemberti* (optional), Rotschmierebakterien (optional)
	Frischkäse	*Lactococcus lactis, Lactococcus cremoris*

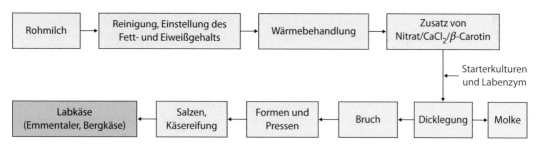

◘ Abb. 3.9 Wesentliche Schritte zur Herstellung von Labkäse

besteht nach seiner Ausbildung im Wesentlichen aus einer festen Phase, dem Proteinnetzwerk, sowie der darin eingeschlossenen Süßmolke. Nach dem Schneiden des Gels in Käsebruch tritt ein Teil der Süßmolke aus dem Gelnetzwerk aus. Über die Temperatur und Größe der Bruchwürfel/Bruchkörner lässt sich die Trockenmasse des entstehenden Käses steuern. Mit niedriger Temperatur und großen Bruchkörnern erzielt man Weichkäse, mit hoher Temperatur und kleinen Bruchkörnern Hartkäse. Generell wird der durch „Labenzym" produzierte Käse als Lab- oder Süßmilchkäse bezeichnet.

Um den heutigen Bedarf an Labenzym überhaupt decken zu können, verwenden moderne Herstellungsverfahren das gentechnisch produzierte Enzym (Chymosin) bei ca. 80 % der Welt-Käse-Produktion.

Die Herstellung von Sauermilchkäse erfolgt durch Zugabe von Milchsäurebakterien (*Lactococcus* spec., *Leuconostoc* spec.) zur Milch. Diese produzieren Milchsäure, die zur Gerinnung der Milchproteine führt.

Herstellungsverfahren

Bei der Produktion von **Labkäse** (◘ Abb. 3.9) können einige von der Käsereiverordnung zugelassene Zusatzstoffe hinzugegeben werden. Dabei handelt es sich um Calciumchlorid bzw. Calciumphosphat (maximal 0,2 g/l), wodurch eine verbesserte Dicklegung der Milch erreicht wird. Natriumnitrat/-nitrit unterdrückt das Wachstum auskeimender Sporen, z. B. von Clostridien. Das Hinzufügen von β-Carotin verleiht dem Käse eine gelbliche oder rötliche Färbung. Wie aus ◘ Tab. 3.2 ersichtlich, werden zur Dicklegung/Reifung unterschiedlicher Käsesorten unterschiedliche Starterkulturen zugesetzt. Bei den Beispielen Emmentaler und Bergkäse handelt es sich dabei um *Streptococcus thermophilus, Lactobacillus lactis* und gegebenenfalls *Lactobacillus helveticus*, die der vorbehandelten Milch in unterschiedlichen Konzentrationen zugegeben werden. Propionsäuregärung, hervorgerufen durch Propionibakterien (= Propionsäurebakterien), bewirkt durch das dabei entstehende Kohlendioxid die typische Lochbildung im Schweizer Käse.

Nach Dicklegung und Ablauf der Molke (Wasser, Lactose und lösliche Proteine) wird der so entstandene Bruch (zerkleinerte Caseingallerte) zum Käselaib geformt und in ein Salzbad gelegt. Hier wird dem Käse weiteres Wasser entzogen und damit die Haltbarkeit, aber auch die Stoffwechselaktivität der zugesetzten Starterkulturen beeinflusst, wodurch sich die Aromabildung steuern lässt. Während des Reifungsprozesses wird der Laib bei konstanter Temperatur (10 bis 20 °C) und hoher Luftfeuchte gelagert. Dabei wird das im Käse enthaltene Milchfett durch Lipasen der Starterkulturen gespalten und die entstehenden Fettsäuren zu aromawirksamen Aldehyden oder Ketonen reduziert. Ebenfalls von Bedeutung ist die Proteolyse, bei der Proteine zu Peptiden und weiter zu Aminosäuren, Carbonsäuren und Aminen abgebaut werden, was zu einer Veränderung der Konsistenz, des Geschmacks und des Aromaprofils beim Käse führt. Bei Weichkäse mit Schimmelreifung (Brie, Camembert) wird die Proteolyse durch auf der Oberfläche des Laibs wachsenden *Penicillium camemberti* forciert. Er kann zwei Endopeptidasen, eine Aspartyl-Protease und eine Metalloprotease, abgeben, die den Käse verflüssigen. Zusätzlich setzen Carboxy- und Aminopeptidasen Aminosäuren frei, deren Katabolismus bei der Überreifung des Käses zur Ammoniakbildung führt. Bis 1970 waren auch grüne Schimmel in der Produktion üblich. Heutzutage werden ausschließlich weiße Stämme verwendet, die mitgegessen werden.

3.1.7   Sauerkraut

Sauerkraut besteht aus Weiß- oder Spitzkohl, der durch eine Milchsäuregärung haltbar gemacht wird. Neben den Mineralstoffen Kalium, Calci-

um und Magnesium ist Weißkohl auch außergewöhnlich reich an Vitamin C (zwischen 30 und 100 mg pro 100 g), welches bei der Fermentation zu Sauerkraut erhalten bleibt. Kapitän Cook gab während seiner Weltumsegelung (1872–1875) Sauerkraut an seine Mannschaft aus und konnte so den Ausbruch von Skorbut verhindern. Der Markt für Sauerkraut beträgt in Deutschland ca. 500 000 t pro Jahr.

Herstellungsverfahren

Zunächst wird der frische Kohl in feine Streifen geschnitten und in Betonsilos mit 1 bis 3 % Kochsalz eingestampft. Durch den entstehenden osmotischen Gradienten treten aus den Vakuolen der Kohlzellen die dort gelagerten Monosaccharide als Substrat für die Bakterien aus. Nach Sauerstoffverbrauch durch aerobe und fakultativ anaerobe Bakterien finden die auf dem Kohl vorhandenen Milchsäurebakterien einen optimalen Lebensraum, der pH-Wert sinkt unter 4, wodurch mikrobielle Lebensmittelkontaminanten nicht mehr vermehrungsfähig sind. Durch diese Gärung, die etwa vier bis sechs Wochen bei 18 bis 24 °C dauert, wird das Produkt Sauerkraut nicht nur haltbar, sondern auch die Textur, die Verdaulichkeit und der Geschmack werden positiv beeinflusst.

Der ohne Zusatz von Starterkulturen spontan einsetzende Gärprozess kann in drei distinkte Phasen unterteilt werden:

- Phase 1: Während der ersten drei Tage siedelt sich eine aerobe/fakultativ anaerobe Mischflora unter anderem aus Gram-negativen Bakterien (z. B. *Enterobacter*, *Erwinia*, *Klebsiella*), *Bacillus* spec., Essigsäurebakterien, Hefen und Schimmelpilze an. Dabei kommt es zur Bildung diverser Säuren (Essigsäure, Ameisensäure), Aldehyde und Ester, die für die Geschmacksentwicklung von Bedeutung sind.
- Phase 2: Durch die entstehenden anaeroben Bedingungen werden die Milchsäurebakterien dominant. Die gesteigerte Milchsäure-Produktion (Konzentration von ca. 1 %) und die Absenkung des pH-Wertes führen dazu, dass zum Ablauf der zweiten Gärphase

Joghurt

Joghurt ist ein Naturprodukt mit säuerlichem Geschmack, welches durch die partielle Dicklegung von Milch durch Milchsäurebakterien entsteht. Ursprünglich stammt Joghurt aus dem Balkan, wo er ausschließlich aus Milch produziert wird, die mittels *Lactobacillus bulgaricus* dickgelegt wird. Da dieser auf traditionelle Art und Weise hergestellte Joghurt geschmacklich sehr sauer ist (pH-Wert um 3,8), werden den industriell hergestellten Joghurts neben besonderen Starterkulturen auch Zucker, Farbstoffe und Aromen, aber auch Emulgatoren oder Verdickungsmittel zugesetzt. Hergestellt wird Joghurt aus Kuh-, Ziegen- oder Schafmilch. Die industriellen Herstellungsverfahren basieren in der Regel auf der Produktion aus Kuhmilch, da diese geschmacklich milder ist als Ziegen- oder Schafmilch. Der pasteurisierten Milch werden Milchsäurebakterien (Lactobacillen, Streptokokken) zugesetzt, welche bewirken, dass die in der Milch vorhandene Lactose zu Milchsäure metabolisiert wird. Die während dieses Prozesses ebenfalls entstehenden Aromastoffe sind charakteristisch für den für Joghurt typischen Geruch und Geschmack. Der Joghurtgeschmack ist hauptsächlich auf Diacetyl als Nebenprodukt bei der Milchsäuregärung zurückzuführen, außerdem auf Acetaldehyd. Durch den pH-Wert von 3,8 wird ein Schutz insbesondere vor proteolytischen und lipolytischen Bakterien erreicht.

nur noch säuretolerante Milchsäurebakterien vermehrungsfähig sind. Das heterofermentative Milchsäurebakterium *Leuconostoc mesenteroides* vermag in diesem sauren Milieu nicht mehr weiter zu wachsen.

- Phase 3: In dieser Phase herrscht zunächst das homofermentative Milchsäurebakterium *Lactobacillus plantarum* vor. Mit zunehmendem Säuregehalt wird dieses jedoch durch *Lactobacillus brevis* verdrängt, da dieser heterofermentative Mikroorganismus eine sehr hohe Säuretoleranz aufweist, und andere Milchsäurebakterien (z. B. *Pediococcus* spec.) verdrängt. Die Milchsäurekonzentration beträgt nun bis zu 2,5 %, bei einem pH-Wert zwischen 3,6 und 3,8 ist das Sauerkraut nun über Monate haltbar.

Um Fehlgärungen zu vermeiden und zur Beschleunigung der Gärung, werden heutzutage auch Starterkulturen eingesetzt.

3.2 Pilze als Nahrungsmittel

3.2.1 Wirtschaftliche Bedeutung

Von geschätzten 1,5 Mill. Pilzarten sind bisher etwa 140 000 wissenschaftlich beschrieben. Etwa 15 000 Arten bilden einen Fruchtkörper. Nur 30 von ca. 5000 essbaren Pilzen werden kommerziell kultiviert. Ein Grund für die Einschränkung ist die Notwendigkeit einer Symbiose vieler Hutpilze mit Pflanzen, der Mykorrhiza, z. B. des Steinpilzes mit der Eiche, die eine Kultivierung unmöglich macht. In 77 Staaten wurden im Jahr 2009 insgesamt mindestens 6,5 Mill. t Pilzfruchtkörper produziert. Führend waren China (über 70 %), die USA (unter 6 %) und die Niederlande (unter 4 %). Deutschland spielte 2011 als Produzent von ca. 60 000 t eine untergeordnete Rolle.

Dieser Abschnitt behandelt drei Speisepilze: den Kulturchampignon, den Shiitake und den Austernpilz.

Der **Kulturchampignon** (*Agaricus bisporus*) ist der wichtigste Kulturspeisepilz (über 95 %) in der westlichen Hemisphäre. Auch weltweit ge-

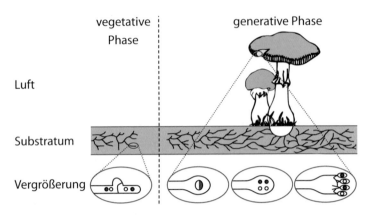

◘ Abb. 3.10 Vegetative und generative Phase eines Basidiomyceten. Das Substratum, z. B. Kompost, wird von Hyphen durchwachsen, die in der Dikaryophase sind. Karyogamie, Meiose und Bildung der Meiosporen erfolgt in bzw. an Basidien in der Fruchtschicht der Lamellen des nach unten geöffneten Fruchtkörper-Huts

hört er zu den drei meistangebauten Nutzpilzen. Im Jahr 2009 waren ca. 4 Mill. t Fruchtkörper mit einem Gesamtwert von ca. 5 Mrd. US-Dollar auf dem Markt. In Deutschland war er 2010 mit 5 bis 7 Euro pro kg der günstigste Speisepilz.

Etwa dreimal so teuer war mit über 20 Euro pro kg der **Shiitake** (*Lentinula edodes*). Er macht in den USA nur etwa 1 % der Speisepilz-Produktion aus. In Japan und China liegt der Anteil traditionsbedingt mit 10 % bzw. 25 % deutlich über dem Kulturchampignon.

Mit nur 0,5 % Marktanteil steht der **Austernpilz** (*Pleurotus ostreatus*) in den USA an der dritten Stelle. In China und Korea dagegen ist er mit 25 % bzw. 40 % von großer Bedeutung. Der Preis pro kg liegt zwischen Champignon und Shiitake.

3.2.2 Stoffwechsel und Entwicklungsphasen

Kultiviert werden Saprophyten, die auf land- oder forstwirtschaftlichen Abfällen wachsen. Man unterscheidet Primärzersetzer, die direkt auf Pflanzenresten wachsen, und Sekundärzersetzer, die Kompost brauchen. Die Effizienz, mit der Pilze diese Reststoffe in hochwertige Nahrung, z. B. Protein, umwandeln, schlägt Zuchttiere um Größenordnungen. Kultivierte Pilze

werden von gesundheitsbewussten Konsumenten als Bereicherung des Speiseplans geschätzt, die, ähnlich dem Gemüse, viel Wasser und wenig Kalorien, dafür aber Balaststoffe, mehr Protein mit allen essenziellen Aminosäuren, Mineralien und Vitamine, z. B. auch Vitamin D, enthalten. Von besonderer Bedeutung sind Aroma, Form, Farbe und Konsistenz.

Die hier beschriebenen Pilze zeichnen sich in der vegetativen Phase durch ein breites Spektrum an extrazellulären Enzymen aus. Besonders wichtig sind Enzyme, die in der Lage sind, schwer abbaubare Makromoleküle, wie Lignin oder Cellulose, anzugreifen. So wurden z. B. Laccasen, Manganperoxidasen, Endo- und Exoglucanasen sowie β-Glucosidasen isoliert und charakterisiert.

Von einem Verständnis der Abbauprozesse, bei denen viele verschiedene Enzyme zusammenarbeiten, ist man weit entfernt. So findet man im Genom von *Pleurotus ostreatus* schon 17 Sequenzen, die wahrscheinlich für sekretierte Peroxidasen codieren. Besonders aufregend ist, dass diese Enzyme das hochkomplexe Häm als prosthetische Gruppe enthalten.

Der Substratabbau geschieht in der vegetativen Phase (◘ Abb. 3.10). Der Pilz wächst in Zellfäden (Hyphen), die wenige Mikrometer dünn sind. Eine Besonderheit ist die für Basidiomyceten typische Zellkernphase. Mütterlicher und väterlicher Zellkern liegen nebeneinander in einem sogenannten Dikaryon vor. Durch Änderung der Umweltbedingungen, z. B. Licht oder Temperatur, wird, wenn ein Substratmangel eingetreten ist, die generative Phase induziert. Es wird ein makroskopisch sichtbarer Fruchtkörper gebildet, der von dem Mycelium mit Metaboliten versorgt wird. Im Hut des Fruchtkörpers wird bei den Blätterpilzen eine dünne Schicht auf den Lamellen gebildet. Sie enthält die Basidien. Darin läuft die Karyogamie und unmittelbar danach die Meiose ab, sodass haploide, einkernige Sporen entstehen (Abb. 3.10). Eine biologische Funktion des Fruchtkörpers besteht darin, die Sporen in die Luft zu bringen, sodass sie vom Wind davongetragen werden können.

3.2.3 Kulturchampignon (*Agaricus bisporus*)

Der Hut des Kulturchampignons ist bis zu 10 cm breit, dickfleischig, fest, weiß, im Jungstadium glockig, später flach und leicht schuppig. Seine Lamellen sind anfangs fleischrosa, später dunkellila. Der Stiel ist weiß, glatt, kahl, gleichmäßig dick, 3 bis 6 cm lang. Am Stiel ist ein dicker, schmaler Ring, dessen obere Schicht aus dem Häutchen (Velum partiale) und die untere aus der Hülle (Velum universale) stammt. Das Fleisch des Kulturchampignons ist weiß, saftig und hat einen angenehmen, aromatischen Geschmack.

Der Champignon wurde Mitte des 17. Jahrhunderts durch Gärtner bei Paris in Kultur genommen. Von dort hat er sich als „Champignon de Paris" weltweit verbreitet. Nahe verwandt sind die ebenfalls kultivierten Blätterpilze *Agaricus bitorquis*, *A. arvensis* und *A. brasiliensis*.

Die ersten Hinweise auf die Champignonkultivierung in Deutschland stammen aus der Mitte des 19. Jahrhunderts. In den Niederlanden legte man 1825, in den USA 1865 die ersten Champignonkulturen an. Die moderne Champignonkultivierung ist ein ausgefeilter biotechnischer Prozess, der hohe Anforderungen an die baulichen und technischen Einrichtungen der Betriebsstätte und an die fachlichen Qualitäten des Personals stellt.

Substrate und Substratherstellung

Das klassische Substrat (landläufig Kompost genannt) enthält zum größten Teil Pferdedung, einschließlich der Einstreu, die hauptsächlich aus Getreidestroh besteht. Der Pferdedung setzt sich aus Kot und Urin zusammen. Bei Verwendung geeigneter Nährstoffsubstitute kann man auf Pferdedung verzichten.

Neben den pflanzlichen Bestandteilen des Substrates dient die in ihm vorhandene mikrobielle Biomasse als Nährstoffquelle für den Kulturchampignon. Allein die Kotmasse besteht bis zu 20 % aus Pilzen (*Mucor* spec., *Aspergillus* spec., *Stemonitis* spec. u. a.) und Bakterien (*Bacillus* spec., *Proteus* spec., *Micrococcus* spec., *Aerobacter* spec. u. a.). Durch Abbau der Biomasse gelangt der Champignon zu wichtigen Stickstoffquellen sowie zu Vitaminen und Mineralstoffen. Das Grundrezept für das Champignonsubstrat lautet: 1000 kg Pferdedung, 220 kg Hähnchendung, 55 kg Gips, 175 kg Trockenstroh.

Das Champignonsubstrat wird einer etwa 14-tägigen **Feststoff-Fermentation** unterzogen, um eine homogene Struktur und hohe Selektivität zu erreichen sowie das Nährstoffangebot zu optimieren (Tab. 3.3).

In Phase 1 dieser Feststoff-Fermentation gehen bis zu 30 % der Substrattrockenmasse verloren. Da leicht abbaubare Bestandteile, wie z. B. Stärke, katabolisiert werden, steigt der Anteil schwer abbaubarer Stoffe, z. B. von Hemicellulose, an. Das C/N-Verhältnis des Substrates verengt sich von ursprünglich 30:1 auf etwa 17:1. Bis zum Ende der Phase 1 soll sich infolge der mikrobiologischen Prozesse und von chemischen Reaktionen sowie infolge der Pufferwirkung von Gips ein pH-Wert des Substrates von etwa 7 einstellen.

Phase 2 des Fermentationsprozesses, der in computergesteuerten Klimakammern abläuft, startet mit einer wenige Stunden andauernden Pasteurisierung bei 57 bis 58 °C. Es ist eine Gratwanderung, bei der möglichst viele im Substrat befindlichen Schädlinge vernichtet werden sol-

◻ **Tabelle 3.3** Verlauf der Kultivierung von *Agaricus bisporus*. Nach der zweiten Ernte wird entschieden, ob eine dritte Welle abgewartet oder eine neue Kultur gestartet wird

Substratherstellung	Tag	Temperatur	Phasenmerkmale
Feststoff-Fermentation			
Phase 1	1.–6.	variabel	C/N-Verhältnis auf 17:1 reduzieren
Phase 2	7.–14.		
Pasteurisierung	7.	58 °C	Abtötung unerwünschter Mikroben
Fermentation	8.–14.	45 °C	NH_4^+-Assimilation, Vitaminbildung durch erwünschte Bakterien und Pilze
Kultivierung			
Brut-Zugabe	15.	24 °C	Beimpfung der Champignonkultur
vegetative Phase	15.–29.	24 °C	Durchwachsung des Substrates mit dikaryotischem Mycel; Produktion extrazellulärer Enzyme und Aufnahme der Kataboliten
Bedeckung mit Erde	30.–36.	24 °C	Induktion der generativen Phase
generative Phase	36.–50.	16 °C	Karyogamie, Meiose, Bildung haploider Basidiosporen; der Fruchtkörper wird vom Mycel ernährt
1. Fruchtkörper-Ernte	50.	16 °C	ca. 50 % der möglichen Ausbeute
vegetative Phase	51.–55.	24 °C	
2. Fruchtkörper-Ernte	56.	16 °C	ca. 30 % der möglichen Ausbeute

len, ohne die nützliche Mikroflora gravierend zu schädigen. Die nützliche Substratmikroflora wird durch thermophile und thermotolerante Pilze wie *Humicola insolens, H. lanuginosa, H. griseus, Torula thermophila, Chaetomium thermophile* und *Aspergillus fumigatus* in Verbindung mit schleimbildenden Bakterien wie *Bacillus coagulans, B. subtilis* und anderen repräsentiert. Die fermentativen Prozesse in der Phase 2 der Substratherstellung laufen bei 43 bis 45 °C ab. Der Biopolymerabbau wird primär mithilfe von Streptomyceten fortgesetzt. Sie versorgen den Kulturchampignon auch mit Vitaminen des B-Komplexes. Der Ammoniak im Substrat wird durch die nützliche Mikroflora reassimiliert und steht dem Champignon als leicht abbaubares Eiweiß zur Verfügung. Am Ende der Phase 2 enthält das Champignonsubstrat bis zu 2,4 % Gesamtstickstoff, maximal 5 bis 10 ppm flüchtigen Ammoniak, hat einen pH-Wert zwischen 7,0 und 7,8 und ist mikrobiell weitgehend inaktiv.

Kulturtechnologie

Das Substrat wird nach Phase 2 mit einer Reinkultur des Champignons beimpft, die man als „**Brut**" bezeichnet. Sie wird monoseptisch, z. B. als Mycel, gewachsen auf gereinigten Getreidekörnern, von Speziallaboratorien hergestellt. In diesen Laboratorien, von denen es nur eine Handvoll bedeutende gibt, wird der Champignon auch züchterisch bearbeitet, d. h. Wissenschaftler gewinnen Kulturstämme (Sorten), die besondere

Eigenschaften aufweisen. Solche sind überdurchschnittlicher Ertrag, fester, unempfindlicher Fruchtkörper, gute Lagerfähigkeit und Krankheitsresistenz. Für kommerzielle Stämme werden nur klassische Methoden angewandt, d. h. Mutation/Selektion sowie Kreuzung. Beides ist sehr zeitintensiv. Die moderne Molekularbiologie dient zur Identifizierung von Markern, aber nicht zur gezielten Erzeugung gewünschter Eigenschaften. Champignonproduzenten kaufen die Brut für jede Kulturcharge separat zu.

Man verwendet 0,5 bis 1,0 % Brut, bezogen auf die Masse des eingesetzten Substrates. Nach gründlichem Mischen von Brut und Substrat beginnt die Besiedlungs- oder Durchwachsphase. Dafür kann das Substrat in Behältern unterschiedlichster Art aufbewahrt werden (Kisten, Kunststoffsäcke, Stellagen etc.). Im modernen Champignonanbau setzt sich aber zunehmend durch, die Besiedlungsphase in ähnlichen Spezialräumen, wie für die Phase 2 der Fermentation geschaffen, in der Masse durchzuführen. Die Besiedlungsphase dauert bei Substrattemperaturen zwischen 22 und 26 °C maximal 14 Tage. Gelegentlich vor Beginn, meistens aber nach Abschluss der Besiedlungsphase wird das Substrat noch mit einem eiweißreichen Zuschlagstoff aufgewertet, um dadurch seine Produktivität zu erhöhen. Solche Zuschlagstoffe bestehen z. B. aus Sojamehl, Baumwollsaatmehl oder Erdnussschrot. Sie werden in einer Dosis bis 0,15 %, bezogen auf die Masse des eingesetzten Substrates, verwendet. Allerdings erhöht die Verwendung von Zuschlagstoffen das Risiko, dass sich eine unerwünschte Mikroflora entwickelt. Hauptsächlich schnell wachsende Schimmelpilze können eine Temperatursteigerung bewirken. Das kann zum Absterben des Champignonmycels, d. h. zum Totalausfall der Kulturcharge führen.

Das Substrat wird nach der Besiedlungsphase in flachen Lagen (16 bis 18 cm) in großen Kisten oder auf Stellagen platziert. Unmittelbar danach, oder sogar in einem Arbeitsgang, wird die Substratoberfläche etwa 5 cm dick mit einer Schicht hochtorfhaltiger Deckerde versehen. Die Qualität der Deckerde, ihre Wasserhaltekapazität, pH-Wert, Krümelstruktur und hygienischer Zustand beeinflussen den Fruchtkörperertrag. Die physiologische Bedeutung der Deckerde liegt in einem Bündel von Stressfaktoren, die den Champignon zum Wechsel aus der vegetativen in die generative Phase anregen. Diese Faktoren (Nährstoffarmut, wachstumshemmende Mikroorganismenpopulation, Temperaturabfall) werden durch eine geeignete Klimasteuerung in der Umgebung der Champignonkultur ergänzt. Eine weitere wichtige Funktion der Deckerde ist die Speicherung von Wasser. Als Grundregel gilt, dass je kg erwartetem Fruchtkörperertrag 2 l Wasser eingesetzt werden müssen. Dieses sogenannte Gießwasser wird zum überwiegenden Teil auf die Deckerde gegeben. Die gesamte Wassermenge, die einer Champignonkultur bei drei Ernteschüben gegeben wird, erreicht mitunter 50 l pro m^2 Beetfläche.

Fruchtkörper-Produktion

Auch nach Auftragen der Deckerde auf das Substrat wird die Umgebungstemperatur zunächst bei 22 bis 26 °C gehalten, bis das Champignonmycel nach sechs bis acht Tagen auf der Oberfläche der Deckerde erscheint. Danach wird die Umgebungstemperatur sukzessive auf 18 bis 16 °C verringert und die Kultur wird reichlich belüftet, um den CO_2-Gehalt auf 800 bis 600 ppm zu reduzieren. 20 Tage nach Auftragen der Deckerde sind die Fruchtkörper erntereif. Der erste Ernteschub hat sich entwickelt.

Die zahlreichen Fruchtkörperansätze (Primordien) erscheinen in Form von 1 bis 2 mm großen Knötchen auf den Mycelsträngen. Ihr Umfang verdoppelt sich im Durchschnitt täglich. Wegen der großen Raumkonkurrenz entwickeln sich – je nach Kulturmethode – nur 0,6 bis 2,2 % der Primordien zu erntereifen Fruchtkörpern (◗ Abb. 3.11).

Die Fruchtkörperbildung wiederholt sich, in abnehmender Intensität, in sechs- bis siebentägigen Abständen. Man spricht von Erntewellen. Während dieser Zeit werden die Umgebungstemperatur, die Luftfeuchtigkeit und der CO_2-Gehalt der Luft dem Entwicklungsstand der Kultur angepasst. Auch die wiederholte Bewässerung der Deckerde ist eine unverzichtbare Kulturmaß-

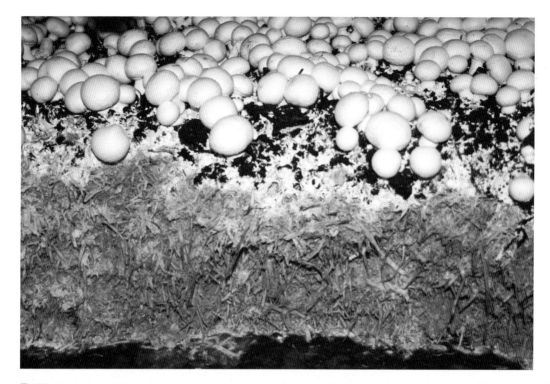

◨ **Abb. 3.11** Querschnitt durch eine Champignonkultur. In der unteren Schicht befinden sich die von dem Pilzmycel bewachsenen Strohstücke des Komposts. Die Fruchtkörper wachsen durch die schwarze Deckerde hindurch

nahme. Binnen 18 bis 21 Tagen können bis zu 30 kg Champignons je m^2 Kulturfläche geerntet werden. Die Ernte der Fruchtkörper erfolgt überwiegend in Handarbeit. Lediglich die für Konservenherstellung vorgesehenen Champignons, bei denen optische Qualitätsmerkmale weniger wichtig sind, werden vielfach maschinell von der Kulturfläche abgeschnitten. Die Handernte bedeutet für die Erzeuger einen hohen Lohnkostenaufwand, da jeder einzelne Fruchtkörper angefasst und herausgedreht werden muss. Unter Berücksichtigung des Durchschnittsgewichts der Champignonfruchtkörper von 15 g sind es bis zu 2000 Fruchtkörper, die von einem Quadratmeter Kulturfläche einzeln abgenommen werden müssen. Es gibt deshalb technische Entwicklungen mit dem Ziel, Roboter für die individuelle Champignonernte zu verwenden. Sie sind aber bisher noch nicht praxisreif.

Aus ökonomischen und hygienischen Gründen werden in der Regel zwei bis drei **Erntewel-**len genutzt, danach wird die Kultur (Substrat und Deckerde) unverzüglich entsorgt. Der Raum, in dem die Kultivierung erfolgte, wird gründlich gereinigt und desinfiziert.

Das frische Erntegut wird einer Qualitätskontrolle unterzogen (Farbe, Verschmutzung, Beschädigung, Gewicht) und unverzüglich auf 1 bis 3 °C abgekühlt. Champignons werden in erheblichen Mengen konserviert. Für die Frischvermarktung werden die Fruchtkörper nach EU-Norm sortiert. Gehandelt werden Champignons in drei Qualitätsklassen, abhängig von Form, Aussehen, Entwicklungsstadium, Färbung und Sauberkeit der Fruchtkörper.

Hygiene und Sauberkeit ist in allen Kulturphasen und Betriebsteilen von besonderer Bedeutung, da eine Champignonkultur von zahlreichen Krankheiten und Schädlingen befallen und geschädigt werden kann. Es können Viruserkrankungen, Bakterienbefall, Konkurrenzpilze, Schadpilze, Nematoden und Schadinsekten auf-

◘ Tabelle 3.4 Beispiele für die Substratzusammensetzung im Shiitake-Anbau

Bestandteile	Japan	Taiwan	USA	Schweiz	Deutschland
Sägemehl	80 % Laubholz	90 % Laubholz	80 % Laubholz	80 % Nadelholz	50–80 % Laubholz
Reiskleie	19 %	5 %	–	–	–
Weizenkleie	–	–	10 %	19 %	–
Maismehl	–	4 %	–	–	–
Hirsekörner	–	–	10 %	–	–
Zückerrübenmelasse	–	–	–	–	50–20 %
Kalk	0,5 %	1 %	–	1 %	–
Weinsäure	0,5 %	–	–	–	–

treten, deren Bekämpfung mit Pestiziden wegen fehlender Zulassung nicht möglich ist.

3.2.4 Shiitake

Der Shiitake (*Lentinula edodes*) gehört wie der Kulturchampignon zur Ordnung Agaricales (Blätterpilze). Sein natürliches Habitat sind Baumstämme, die er bei ausreichender Feuchtigkeit und Wärme, wie sie in asiatischen Regenwäldern zu finden ist, komplett durchwachsen kann. Er ist weltweit vermutlich der meistkultivierte Nutzpilz, gilt als Speisepilz, aber seit Jahrhunderten auch als Medizinalpilz. Kürzlich wurde ein Toll-like-Rezeptor identifiziert, der auf Makrophagen (Zellen des menschlichen Immunsystems) vorkommt und hochspezifisch die für Pilze typischen β-Glucane erkennt. Wenn β-Glucan an den Rezeptor bindet, führt das über Interleukin-Bildung zur Proliferation der Makrophagen. Ein β-Glucan des Shiitake namens Lentinan wird in Japan industriell extrahiert, gereinigt und in der Medizin als *general immune response modifier* intravenös eingesetzt.

In Europa hat sich der Shiitake, obwohl die ersten Kultivierungsversuche bereits vor mehr als 100 Jahren durchgeführt wurden, nicht durchgesetzt. In Deutschland ist weder die Produktion noch der Konsum des Shiitake bedeutend und bleibt weit (unter 10 %) hinter dem des Kulturchampignons zurück. Auch anderswo in der westlichen Hemisphäre hat er sich nicht verbreitet. Der Schwerpunkt seiner Kultivierung und seines Konsums liegt in China, Japan, Korea und Indonesien. Erste Belege über den Anbau des Shiitake stammen aus dem *Buch der Landwirtschaft* des chinesischen Verfassers Wang Cheng aus dem Jahr 1313.

Substrate und Substratherstellung

Da ursprünglich Holzbewohner und Saprobiont, wird für die extensive Kultivierung **Naturholz**, für den großtechnischen Anbau ein überwiegend aus Holzmehl bestehendes Substrat verwendet. Die Kultivierung auf Naturholz ist ein extensives Verfahren, das oft im Freien stattfindet. Es wird in Deutschland von Hobby-Pilzkultivateuren, im asiatischen Raum von kleinen bäuerlichen Erzeugern verwendet. Als Naturholz wird hierzulande Buche, Eiche, Erle, Birke und Kastanie bevorzugt. Im asiatischen Raum wird das Holz des Shii-Baumes (*Castanopsis cuspidata*) und anderer Pasania-Arten verwendet. Wichtig ist, dass die Holzunterlage frisch gefällt, gesund und nicht von Konkurrenzpilzen befallen ist.

Die **Schüttsubstrate**, die für den großtechnischen Anbau verwendet werden, bestehen aus Grundstoffen, Zuschlagstoffen und Ergänzungsstoffen. Als Grundstoffe dienen Sägemehle verschiedener Holzarten. In Deutschland wird Buchensägemehl bevorzugt. Üblich ist auch die Mischung verschiedener Sägemehle von Laubhölzern, ja sogar der Einsatz von Nadelholzsägemehl. In subtropischen Ländern gilt das Sägemehl vom Eukalyptus als geeigneter Grundstoff. Ebenfalls üblich ist es, die Sägemehle verschiedener Sortierung (Sägemehl und Hackschnitzel) miteinander zu mischen, um eine luftdurchlässigere Struktur des Substrates zu erreichen.

Die Zuschlagstoffe dienen zur Anreicherung des Substrates mit leicht mobilisierbaren Stickstoff-, Kohlenstoff-, Vitamin- und Mineralstoffquellen (◘ Tab. 3.4). Sie beschleunigen die Besiedlungsphase und steigern die Fruchtkörperausbeute. Auch Ergänzungsstoffe (organische Säuren) werden dem Substrat zugefügt, um dessen Struktur, Wasserhaltefähigkeit und pH-Wert zu regulieren oder um das Nährstoffangebot für den Shiitake in feiner Abstimmung zu decken.

Schüttsubstrate werden nach Mischen der Bestandteile auf etwa 65 % Wassergehalt gebracht, in den meisten Fällen in 2,5 bis 3 kg schwere Portionen aufgeteilt und in hitzeresistente Polypropylenbeutel mit einem Membranfilter für den sterilen Gasaustausch gefüllt. Das Substrat wird danach mit überhitztem Dampf, meistens bei 121 °C und Überdruck, sterilisiert.

Kulturtechnologie

Nachdem die sterilisierten Substratbeutel abgekühlt sind, wird eine Reinkultur des Shiitake, die Brut, dem Substrat zugefügt und der Substratbeutel wird verschlossen, meistens zugeschweißt. Die Aufwandmenge der Brut ist von verschiedenen Faktoren abhängig und wird mit 1 bis 10 %, bezogen auf das Substrat, angegeben. Die Beimpfung des sterilen Substrates ist ein Arbeitsgang, bei dem Hygiene und steriles Arbeiten von entscheidender Bedeutung sind. Eine Kontamination des sterilen Substrates muss unbedingt vermieden werden. Besondere Gefahr droht

◘ **Abb. 3.12**   Shiitake an einem Substratblock. Die Fruchtkörperbildung wird seitlich und oben an der Substratoberfläche initialisiert. Entwicklung von Stil und Hut verlaufen negativ geotrop, sodass die Lamellen nach unten zeigen

durch den Befall von Schimmelpilzen, primär von *Trichoderma* spec., *Aspergillus* spec., *Mucor* spec. und *Rhizopus* spec., die das Substrat schnell besiedeln und den Kulturpilz verdrängen oder auch abtöten (*Trichoderma* spec.).

Die **Besiedlungsphase** läuft bei Substrattemperaturen zwischen 25 und 27 °C ab. Es kommt hier noch auf die Regulierung der O_2- und CO_2-Konzentration innerhalb der Substratbeutel an. Die Besiedlungsphase dauert, je nach Kulturverfahren und Kulturstamm des Shiitake, sechs bis zwölf Wochen. Sie endet, wenn das Substrat komplett besiedelt ist und nachdem sich die Substratoberfläche infolge oxidativer Prozesse, katalysiert durch Phenol-Oxidasen, ganz oder teilweise braun verfärbt hat. Wegen der radikalischen Abbaureaktionen kommt es auch zur Vernetzung von Makromolekülen, weswegen sich das Schüttsubstrat in einen Substratblock, der an ein Stück von einem Baumstamm erinnert, umwandelt (◘ Abb. 3.12).

Fruchtkörper-Produktion

Nach Entfernung der Kunststoffverpackung setzt die Bildung der Fruchtkörper binnen weniger Tage ein. Die Optimierung erfolgt durch Regulierung der Temperatur (16 bis 20 °C), der relativen Luftfeuchtigkeit (60 bis 80 %), der Luftzirkulation (Austausch vier- bis achtmal pro h), der Beleuchtung (200 bis 500 Lux, 8 h täglich) und der Substratfeuchte (63 bis 65 %). Eine Fruchtkörperbildung findet in Abständen von etwa vier Wochen mehrmals auf den Substratblöcken statt. Zwischen zwei Ernteschüben muss die Kultur eine Ruhe- und Regenerationsphase durchlaufen, in der intensiver Substratabbau und Nährstoffspeicherung im Mycel erfolgt. Um diesen Vorgang zu unterstützen wird die Temperatur in der Umgebung erneut auf 25 bis 27 °C angehoben. Auch die relative Luftfeuchtigkeit wird höher eingestellt. Die erneute Bildung der Fruchtkörper wird durch rasches Abkühlen und Wässern der Substratblöcke induziert. Zweckmäßigerweise werden die Substratblöcke für etwa 12 h in kaltes Wasser getaucht.

Die Fruchtkörper des Shiitake werden geerntet, wenn der Hutrand noch leicht nach unten gerichtet ist. Sie werden vom Substrat abgeschnitten und unverzüglich kühl gelagert. Die Haltbarkeit der Shiitake-Fruchtkörper ist deutlich besser als die des Kulturchampignons. So lässt es sich erklären, dass frischer Shiitake, in ansprechender Qualität, selbst aus Fernost per Flugzeug nach Deutschland eingeführt wird. Das weltweit verbreitete Verfahren für die Haltbarmachung ist die Trocknung.

3.2.5 Austernpilz

Der Austernpilz (*Pleurotus ostreatus*) ist in Deutschland ubiquitär verbreitet. Wie der Shiitake ist er Primärzersetzer, d. h. er kann direkt auf abgestorbenen Pflanzen wachsen. Er bevorzugt Laubholz, insbesondere Rotbuche, befällt das Stammholz und fruchtet mehrere Jahre. Gerne wird der Austernpilz von Hobby-Pilzbauern im Freien auf einer Holzunterlage kultiviert. Man

hat nach dem Zweiten Weltkrieg in Thüringen ausgedehnte Austernpilzkulturen auf Stammabschnitten von Buche und Hainbuche angelegt, um so die damalige Nahrungsmittelknappheit lindern zu helfen. Wirtschaftliche Bedeutung erlangte aber nur die Intensivkultivierung, die sich hauptsächlich in China etabliert hat. In der westlichen Hemisphäre, wo die großtechnische Austernpilz-Erzeugung seit den 1960er-Jahren forciert wird, erlangte sie keine große Bedeutung. Mit Ausnahme von Italien, Spanien und Ungarn werden Austernpilze, in der Relation zum Kulturchampignon, in bescheidenen Mengen erzeugt. Dabei ist der Austernpilz wegen seiner Anspruchslosigkeit bezüglich des Substrates und der einfachen Kulturtechnologie ideal, um land- und forstwirtschaftliche Rest- und Abfallstoffe biotechnisch in Nahrung zu konvertieren.

Substrate und Substratherstellung

Das Substrat setzt sich aus Grund- und Zuschlagstoffen zusammen. Die Wahl der Grundstoffe wird von der örtlichen Verfügbarkeit und vom Preis bestimmt. Im europäischen Raum werden primär Getreidestroh und Maiskolben verwendet. In geringem Umfang kommen auch Soja-, Erbsen- und Rapsstroh, Mais-, Hirse-, Mohnstengel und Schilf zum Einsatz. In subtropischen und tropischen Ländern werden auch Reisstroh, Baumwollabfälle, Kakaoschalen oder Kaffeepulpe genutzt.

Die Verwendung von Zuschlagstoffen ist nicht obligatorisch. Obwohl sie eine erhebliche Ertragssteigerung bewirken können, erhöhen sie das Risiko einer Kontamination des Substrates mit Konkurrenzpilzen (*Trichoderma* spec.). Zuschlagstoffe im Austernpilzanbau sind Sojamehl, Luzernenmehl, Federmehl und sonstige im Vergleich zu Stroh nährstoffreiche Substratbestandteile. Zuschlagstoffe werden, im Verhältnis von Grundstoffen, zu 10 bis 30 % eingesetzt.

Der Prozess der Substratherstellung im Austernpilzanbau ist darauf ausgerichtet, die Grund- und Zuschlagstoffe von Konkurrenzorganismen zu befreien oder diese in einer Balance zu halten, sodass sie die Besiedlung des Substrates mit dem Austernpilz nicht beeinträchtigen.

Austernpilzkulturen sind hauptsächlich durch Konkurrenzorganismen (*Aspergillus* spec., *Fusarium* spec., *Mucor* spec., *Trichoderma* spec. u. a.) gefährdet. Aber auch Virus-, Bakterien- und Pilzkrankheiten treten in Austernpilzkulturen auf. Weitere Gefahr droht von verschiedenen Schadinsekten.

Diese Voraussetzung kann man auf unterschiedlichem Wege erreichen: Sterilisation, Semisterilisation, Pasteurisation, aerobe Fermentation, semianaerobe Fermentation und durch das sogenannte Xerothermverfahren. Überwiegend gebräuchlich sind die Semisterilisation, Pasteurisation und aerobe Fermentation.

Mit Ausnahme des Xerothermverfahrens wird das Substrat zuerst gewässert, um es auf 68 bis 72 % Feuchtigkeit zu bringen. Danach wird es in speziell konstruierten, computergesteuerten, groß dimensionierten Klimakammern hygienisiert. Beim Xerothermverfahren wird das Substrat ohne Wasserzugabe mit Wasserdampf, bei annähernd 100 °C ca. 60 min behandelt und anschließend bewässert und gleichzeitig abgekühlt.

Kulturtechnologie

Dem Substrat wird nach der Hygienisierung 2 bis 4 % Brut (bezogen auf das Substratgewicht) beigemengt. Die Besiedlungsphase findet hauptsächlich in Kunststoffsäcken statt. Wichtig ist, dass man mit den Säcken Substratwände aufbauen kann, da der Austernpilz seine Fruchtkörper zur Seite hin bildet. Um die gute Handhabung der Substratbehälter zu gewährleisten, sind diese in der Regel mit 20 bis 30 kg Substrat gefüllt. Nur wenige Erzeuger verfügen über Spezialkonstruktionen, die es erlauben, Substrateinheiten mit deutlich höherem Gewicht zu händeln.

Man muss die Entwicklung des Austernpilzes in der Besiedlungsphase so fördern, dass dieser sich im Substrat verbreiten kann, bevor andere Organismen sich darin vermehren können. Die dafür entscheidenden Faktoren sind: Substrattemperatur, Brutmenge, Brutverteilung und Luftzirkulation. Optimal ist eine Substrattemperatur von 24 bis 26 °C während der Besiedlungsphase. Eine länger anhaltende Sub-

strattemperatur von mehr als 33 bis 35 °C führt zum Absterben des Austernpilzmycels. Eine höhere Brutmenge und gleichmäßige Verteilung der Brutkörner verkürzen die Besiedlungsphase. Die geringe Luftzirkulation begünstigt den Austernpilz, dessen Mycel zwischen 15 und 25 % CO_2 gut wächst, während Konkurrenzpilze dadurch gehemmt werden. Die Besiedlungsphase sollte nach 16 bis 23 Tagen beendet sein, und die Fruchtkörperbildung sollte beginnen.

Fruchtkörper-Produktion

Substratsäcke für die Austernpilzkultivierung weisen 15 bis 20 mm große Fruktifikationsschlitze auf. Durch diese wachsen die Fruchtkörper in Gruppen aus dem Substrat. Der Vorteil dieser Methode ist, dass das Substrat vor Austrocknung geschützt ist und die Fruchtkörpergruppen entnommen werden können, ohne dadurch die Substratoberfläche zu beschädigen (Abb. 3.13).

Während der Fruchtkörperbildung sollten optimale Bedingungen hinsichtlich der Lufttemperatur, Luftfeuchtigkeit, CO_2-Konzentration der Luft und Belichtung in der Umgebung der Kultur herrschen. Die optimale Lufttemperatur schwankt sortenabhängig zwischen 15 und 24 °C. Die relative Luftfeuchtigkeit sollte zwischen 85 und 95 % liegen. Der CO_2-Gehalt der Luft kann die Gestalt der Fruchtkörper beeinflussen; optimal sind Werte unter 600 ppm. Auch der Austernpilz benötigt Licht während der Fruchtkörperbildung, anderenfalls sind bis zur Unkenntlichkeit deformierte Fruchtkörper zu erwarten. In Räumen ohne natürliches Licht muss eine Mindestlichtstärke an der Substratoberfläche von 150 Lux bei täglich wenigstens achtstündiger Belichtungsdauer gegeben sein.

Geerntet werden Austernpilze in Gruppen, wenn der Hutrand der meisten Exemplare in der Gruppe noch nach unten geneigt ist. Die Stielenden werden abgeschnitten und verworfen. Die Bildung der Fruchtkörper wiederholt sich in abnehmender Intensität in Abständen von zwei bis drei Wochen. Aus Wirtschaftlichkeitsgründen lohnt es sich aber nicht, mehr als drei Ernteschübe abzuwarten. Als Gesamtausbeute kann man

◘ **Abb. 3.13** Austernpilze an Substratsäcken. Die Plastiksäcke werden auf Träger gestellt, wobei ein Gang für die Personen bleibt, die die Fruchtkörper abschneiden

17 bis 20 % Frischpilze, bezogen auf das Gewicht des eingesetzten Substrates, erwarten.

Austernpilze müssen unmittelbar nach der Ernte kühl gelagert werden. Sie sind empfindlich, trocknen leicht aus, verlieren an Gewicht und die Hutränder können einreißen. Die Vermarktung erfolgt fast ausschließlich als Frischprodukt. Die Verarbeitung ist – zumindest in Deutschland – unüblich. Für die Vermarktung werden ganze Fruchtkörpergruppen verpackt. Der Alterungsprozess kann so verlangsamt werden.

3.2.6 *Fusarium venenatum* – Mykoprotein aus dem Fermenter

Seit Langem bemüht man sich, mit Pilzen einen eiweißhaltigen **Fleischersatz** herzustellen. Speisepilze, mit ihrem verhältnismäßig hohen Ei-

weißgehalt, werden im Volksmund auch als „Fleisch des Waldes" bezeichnet. Ein echter Durchbruch gelang, als britische Forscher im Rahmen eines drei Jahre dauernden Screenings nach Fleischersatz aus ca. 3000 Pilzen im Jahr 1967 die Spezies *Fusarium venenatum* als „geeignet" identifizierten. Die Kriterien, nach denen gesucht wurde, waren preiswerte Kultivierung in großvolumigen Fermentern, hoher Eiweißgehalt und, nach entsprechender Verarbeitung, eine „fleischähnliche" Textur. Bei *F. venenatum* handelt es sich um einen Ascomyceten mit unbekannter Hauptfruchtform, der als pflanzenpathogener Schimmel z. B. auf Weizen vorkommt. Spezies der Gattung *Fusarium* werden als Schädlinge bekämpft. Besonders unangenehm kann ihre Produktion von Mykotoxinen sein. Diese werden aber nur bei bestimmten Wachstumsbedingungen gebildet, die im Fermenter ausgeschlossen werden können. Erst 1984 gab das britische Ministerium für Ernäh-

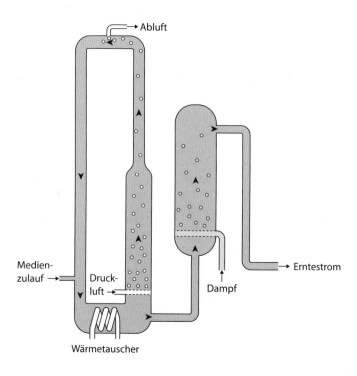

◨ **Abb. 3.14** Schlaufenreaktor zur Kultivierung von *Fusarium venenatum*. Das frische Medium wird kontinuierlich zugegeben. Durch Einblasen von Druckluft wird eine Zirkulation erzeugt. Die verdünnte, schnell wachsende Kultur wird stetig über einen kleineren Kessel geerntet. In diesem wird durch Einleiten von Dampf eine Temperatur erzeugt, der nur die endogenen RNasen standhalten

rung, Landwirtschaft und Fischerei schließlich den im Fermenter hergestellten Pilz zum Verkauf als menschliche Nahrung frei. In den USA wurde der GRAS-Status (*Generally Recognized As Safe*) durch die Food and Drug Administration (FDA) im Jahr 2002 anerkannt. Vom *Center of Science in the Public Interest* gab es wegen allergischer Reaktionen den Antrag, das Mykoprotein vom Markt zu nehmen. Seit 2010 wird es auch in Australien vermarktet. Der Hersteller gibt für das Jahr 2011 einen weltweiten Umsatz von über 150 Mill. Euro an. Seit Mai 2012 existiert eine deutsche Homepage, die die Markteinführung vorbereiten soll. Das Produkt besteht aus dem Mycel des *F. venenatum* und enthält im Durchschnitt, bezogen auf 100 g Frischgewicht, 86 kcal, 2,9 g Fett, 0,6 g gesättigte Fettsäuren, 6,0 g Ballaststoffe und 12 g Eiweiß. Rindfleisch enthält etwa doppelt so viel Eiweiß und Fett. Das Produkt wird unter dem Handelsnamen Quorn vermarktet. Quorn ist eine Ortschaft in Leicestershire.

Herstellung und Verwendung

Der Pilz wird in ringförmigen Blasensäulen (◨ Abb. 3.14) mit bis zu 150 000 l Fassungsver-

mögen kultiviert. Da die durch aufsteigende Pressluftblasen erzeugte Konvektion wesentlich geringere Scherkräfte erzeugt als die sonst üblichen Rührkessel, bleiben die Hyphen lang. Des Weiteren werden lange Hyphen erhalten, indem kontinuierlich kultiviert wird. Das Kulturmedium enthält Traubenzucker, Pepton und verschiedene Mineralien. Aufgrund einer für filamentöse Pilze relativ hohen Wachstumsrate von 0,28 pro h können aus einem Fermenter 300 kg Pilzbiomasse stündlich geerntet werden. Aber nicht nur das Tempo, sondern auch die Effizienz der Proteinbildung ist nennenswert. Aus 1 kg Zucker werden 136 g hochwertiges Protein gebildet. Hühner schaffen nur 49 g Protein pro kg Kohlenhydrate.

Nach etwa 1000 Betriebsstunden werden die Schlaufenreaktoren mit neuen Reinkulturen von *F. venenatum* beimpft, um einer möglichen genetischen Veränderung vorzubeugen. Die Pilzbiomasse wird anschließend für 45 min auf 74 °C erwärmt, mit dem Ziel, den RNA-Gehalt von 10 % auf unter 2 % zu senken. Das funktioniert, weil die RNasen diese Temperaturbehandlung überstehen, der Abbau also beschleunigt weiterläuft, während alle Nukleinsäure-bildenden Prozesse inaktiviert sind. Die Senkung des RNA-Gehalts ist wichtig, um beim Menschen die Bildung von Gicht zu vermeiden. Schnell wachsende Mikroorganismen enthalten wesentlich mehr RNA als Pflanzen oder Tiere. Die Pilzbiomasse wird danach mit Eiweiß aus Hühnereiern vermischt, um die Pilzhyphen in ein gleichgerichtetes faseriges Geflecht zu formen. Da die Pilzhyphen etwa die gleiche Länge und Dicke haben wie Muskelfasern im Fleisch und dadurch eine gewisse Bissfestigkeit erzielt wird, wird Quorn™ als Fleischersatz angeboten und besonders von Vegetariern geschätzt.

In Großbritannien ist Quorn™ sehr populär. Weniger als zehn Jahre nach der Zulassung wurden dort jährlich schon mehr als 150 Mill. Portionen von Mykoprotein konsumiert. Abgesehen von Großbritannien ist das Mykoprotein in der Schweiz verbreitet. Unter Cornatur bietet der Schweizer Lebensmittelhandel vegetarische Produkte an, die teilweise Quorn™ enthalten. Auch in der Niederlande und den USA ist es erhältlich. In Deutschland wird Quorn™ bisher nicht angeboten.

3.2.7 Ausblick

Der Traum jedes Pilzproduzenten ist der Anbau von Steinpilz, Pfifferling oder Trüffel. Doch es ist ein weiter Weg, die molekularen Mechanismen aufzuklären, die mit der Symbiose von Pilz und Pflanzenwurzeln einhergehen bzw. die Fruchtkörperbildung auslösen. Einen Ansatz stellt die Aufklärung der Fruchtkörperentwicklung bei dem Basidiomyceten-Modell *Coprinopsis cinerea* dar. Sie kann bei diesem Pilz auf einem definierten Medium im Labor innerhalb von zwei Wochen beobachtet werden. Mutanten, die im Mating verändert sind und dadurch ein Dikaryon mit genetisch identischen haploiden Kernen aufweisen, sind selbst-fertil. Sie ermöglichen die Identifizierung von Genen, deren Mutation z. B. eine Blockade in der Fruchtkörperbildung verursachen.

Besonders aufregend wäre im Zuge der Fruchtkörperentwicklung auch der Mechanismus der Hohlraumbildung. Dass programmierter Zelltod (Apoptose) dabei eine Rolle spielt, wird nicht mehr bezweifelt. Inzwischen konnte bei pflanzenpathogenen Pilzen sogar gezeigt werden, dass diese bei den Wirtspflanzen Apoptose induzieren können. Jetzt drängt sich die Frage auf, wie die asiatischen wissenschaftlichen Arbeiten erklärt werden können, die z. B. mit Extrakten von Shiitake eine Apoptose-Induktion bei menschlichen Krebszellen beschreiben.

Jede Charge *Fusarium*-Mykoprotein muss zu Recht auf Mykotoxine getestet werden. Mit dem heutigen Stand der Technik könnten die Gene der Enzyme ihrer Biosynthese ohne Verbleib eines Markers deletiert werden. Sie würden das Risiko der Mykotoxinbildung auf null setzen. Solange beim Verbraucher die Akzeptanz für gentechnisch veränderte Lebensmittel fehlt, ist dieser Weg jedoch ausgeschlossen.

📖 Literaturverzeichnis

Arendt EK, Ryan LAM, Dal Bello F (2007) Impact of sourdough on the texture of bread. Food Microbiol 24(2): 165–174

Carr FJ, Chill D, Maida N (2002) The lactic acid bacteria: a literature survey. Crit Rev Microbiol 28(4): 281–370

Chakravaty B (2011) Trends in mushroom cultivation and breeding. J Agric Eng 2: 102–109

Kües U, Liu Y (2000) Fruiting body production in basidiomycetes. Appl Microbiol Biotechnol 54: 141–152

Lindequist U, Niedermeyer THJ, Jülich W-D (2005) The pharmacological potential of mushrooms. eCAM 2(3): 285–299

Lodolo EJ, Kock JLF, Axcell BC, Brooks M (2008) The yeast *Saccharomyces cerevisiae* – the main character in beer brewing. FEMS Yeast Research 8(7): 1018–1036

Mondal A, Datta A (2008) Bread baking – A review. J Food Eng 86(4): 465–474

Nienow AW, Nordkvist M, Boulton CA (2011) Scale-down/scale-up studies leading to improved commercial beer fermentation. Biotechnol J 6(8): 911–925

Peláez C, Requena T (2005) Exploiting the potential of bacteria in the cheese ecosystem. Int Dairy J 15(6–9): 831–844

Sanchez C (2010) Cultivation of *Pleurotus ostreatus* and other edible mushrooms. Appl Microbiol Biotechnol 85: 1321–1337

Schmidt WE (2009) Anbau von Speisepilzen, Kulturverfahren für den Haupt- und Nebenerwerb. Verlag Ulmer, Stuttgart

Stamets P (2000) Growing Gourmet and Medicinal Mushrooms. 3rd Edition Ten Speed Press, Berkley, Toronto

Styger G, Prior B, Bauer FF (2011) Wine flavor and aroma. J Ind Microbiol Biotechnol 38(9): 1145–1159

Verstrepen KJ, Klis FM (2006) Flocculation, adhesion and biofilm formation in yeasts. Mol Microbiol 60: 5–15

Wiebe MG (2002) Mycoprotein from *Fusarium venenatum*: a well-established product for human consumption. Appl Microbiol Biotechnol 58: 421–427

4 Technische Alkohole und Ketone

Peter Dürre

4.1   Einleitung

Der Begriff „**Alkohol**" beschreibt eine Stoffklasse von Kohlenwasserstoffen mit einer Hydroxylgruppe (OH-Gruppe). Allerdings wird er sehr häufig, wenn auch ungenau, mit dem prominentesten Vertreter dieser Gruppe, nämlich Ethanol (CH_3–CH_2–OH), gleichgesetzt. Polyalkohole oder Polyole enthalten mehrere OH-Gruppen, während Ketone durch eine C=O-Gruppe gekennzeichnet sind.

Ethanol als biologisches Produkt ist der Menschheit lange bekannt. Genutzt wurde die Substanz aber praktisch nur als Genussmittel (in Bier und Wein bzw. später auch in Destillaten; Kap. 1). Auch die Herstellung von Essig aus Ethanol hat eine lange Tradition (Kap. 3). Dagegen stammt die Erkenntnis, dass auch Butanol, Aceton, Propandiol und Isobutanol von Mikroorganismen produziert werden, erst aus etwa der Mitte des 19. Jahrhunderts. 1862 beschrieb Louis Pasteur die Bildung von Butanol beim Gärungsprozess einer anaeroben Mischkultur. 1881 folgte der Nachweis von 1,3-Propandiol aus einer Glycerinvergärung und 1904 der von Aceton aus

einer *Bacillus macerans*-Kultur. Im technischen Maßstab wurden davon aber nur Aceton und Butanol in einem biotechnischen Prozess hergestellt. Die Blütezeit dieses Verfahrens lag etwa zwischen 1915 und 1950 (zu historischen Details siehe Box „Die Geschichte der Aceton-Butanol-Ethanol(ABE)-Gärung").

Industrielle Bedeutung haben zurzeit die in größerem Maßstab mikrobiell erzeugten Substanzen Ethanol, 1,3-Propandiol, Butanol, Isobutanol und Aceton. Ihre Eigenschaften sind in ☐ Tab. 4.1 aufgelistet.

4.2   Ethanol

4.2.1   Anwendung

Das aus Gärung gewonnene Ethanol wird weltweit zu etwa 80 % als Automobilkraftstoff genutzt. Dabei wird es in unterschiedlichen Konzentrationen dem Benzin beigemischt. In Europa geschieht das typischerweise in Höhe von 10 %, in Ländern wie Brasilien in deutlich höheren

☐ **Tabelle 4.1** Eigenschaften mikrobiell erzeugter technischer Alkohole und Ketone

	Aceton	Butanol	Ethanol	Isobutanol	1,3-Propandiol
Strukturformel	H_3C-CO-CH_3	H_3C-CH_2-CH_2-CH_2OH	H_3C—CH_2OH	H_3C-CH(CH_3)-CH_2OH	HOH_2C-CH_2-CH_2OH
Molekulargewicht	58,08	74,12	46,07	74,12	76,1
Schmelzpunkt [°C]	−94,6	−89	−114	−101,9	−26
Siedepunkt [°C]	56,1	118	78	107,9	213
Dichte [g/cm³]	0,79	0,81	0,79	0,80	1,05
Dampfdruck [kPa]	24,7	0,56	5,95	0,95	0,9
Wasserlöslichkeit [bei 20 °C]	vollständig mischbar	7,9 g in 100 g Wasser	vollständig, aber Azeotrop-Bildung (96 % Ethanol, 4 % Wasser)	8,5 g in 100 g Wasser	10 g in 100 g Wasser

Die Geschichte der Aceton-Butanol-Ethanol(ABE)-Gärung

Zu Beginn des 20. Jahrhunderts stieg der Bedarf an Gummi ständig an. Das Rohmaterial konnte aber nur aus Kautschukbäumen (*Hevea brasiliensis*) gewonnen werden, die lediglich in Südamerika natürlicherweise vorkamen. Aus diesem Grund wurden Forschungsarbeiten mit dem Ziel der Entwicklung von künstlichem Kautschuk initiiert. Die englische Firma Strange & Graham hatte dafür die Wissenschaftler Fernbach und Schoen vom Institut Pasteur in Paris und Perkins und **Weizmann** von der Universität Manchester gewonnen. Die grundlegende Idee war, aus Gärungsprozessen entweder Isoamylalkohol oder Butanol zu gewinnen, das dann chemisch weiter zu Isopren bzw. Butadien umgesetzt werden sollte, den Vorstufen für künstlichen Kautschuk. Fernbach und Strange reichten 1911 zwei entsprechende Patente ein, die die Bildung der Alkohole aus Mischkulturen beschrieben. Die Analysemethoden waren zur damaligen Zeit noch nicht sehr technisch geprägt, vielversprechende Kulturen wurden durch Schnüffeln an den Gefäßen identifiziert. Und ein Gemisch aus Butanol und Aceton riecht ähnlich wie Isoamylalkohol. Allerdings wurde das Projekt dann nicht mehr intensiv verfolgt, da zu diesem Zeitpunkt größere Mengen natürlichen und sehr reinen Kautschuks auf

den Markt kamen. Der Engländer Henry Wickham hatte 1876 *Hevea*-Samen aus Brasilien geschmuggelt und damit in der früheren Kolonie Ceylon (heute Sri Lanka) Plantagen angelegt, deren Produkte nach 1909 auf den Markt kamen. Weizmann arbeitete aber eigenständig weiter und ihm gelang die Isolierung eines Bakteriums (als Reinkultur), das hohe Konzentrationen an Butanol und Aceton produzierte – das spätere **Clostridium acetobutylicum**.
1914 brach dann der Erste Weltkrieg aus. Rasch wurde klar, dass Großbritannien Munitionsprobleme hatte. Im November 1914 versenkte das deutsche Ostasien-Geschwader unter Vizeadmiral Maximilian Graf von Spee die englischen Panzerkreuzer *Good Hope* und *Monmouth* unter Admiral Sir Christopher Craddock vor Coronel an der chilenischen Küste. Der Ausgang des Gefechts wurde wesentlich dadurch mitbestimmt, dass die englische Munition von schlechter Qualität war und die Granaten keine ausreichende Reichweite besaßen. Für die Herstellung von Munition war damals Aceton die entscheidende Komponente. Diese Substanz wurde aus Calciumacetat hergestellt, das überwiegend in der damaligen Doppelmonarchie Österreich-Ungarn gewonnen wurde, England also nicht zur Verfügung stand. Weizmanns

Clostridium acetobutylicum erwies sich als geeigneter Ersatz für die Aceton-Produktion, wobei Stärke (aus Kartoffeln, Getreide und sogar Kastanien) als Substrat diente. Neben Fabriken in England wurden auch Anlagen in Kanada und, nach deren Kriegseintritt, in den USA erstellt. Weizmann lehnte jegliche persönliche Ehrungen ab, machte aber deutlich, dass er für einen jüdischen Staat in Palästina eintrat. Es besteht kein Zweifel, dass seine Verdienste maßgeblich zur sogenannten **Balfour-Deklaration** von 1917 beigetragen haben, die eine nationale Heimstätte der Juden befürwortete. Daraus entstand später der Staat Israel, dessen erster Präsident Weizmann wurde. Es gibt wohl nur wenige Bakterien, die derartige politische Auswirkungen verursacht haben.
Nach dem Waffenstillstand 1918 wurde die biotechnische Produktion von Aceton und Butanol eingestellt. Das ko-fabrizierte Butanol hatte man in großen Tanks gelagert, da sich während des Krieges keine Verwendung dafür fand. 1920 aber führten die USA die **Prohibition** ein. Damit wurde nicht nur kein Ethanol mehr produziert, auch Amylalkohol war nicht mehr verfügbar. Dieser diente zur Herstellung von Amylacetat, das ein ideales Lösungsmittel für schnelltrocknende Lacke war.

Zur gleichen Zeit intensivierte Henry Ford dramatisch die Automobil-Produktion durch die Einführung des Fließbands und war dafür auf große Mengen an Lack für seine Fahrzeuge angewiesen. Butanol als Ausgangsstoff für Butylester war die Lösung des Problems. Als Konsequenz wurden die stillgelegten Fermentationsanlagen wieder aktiviert und zusätzliche gebaut. Die ABE-Fermentation ist nach der Ethanol-Herstellung der zweitgrößte biotechnische Prozess, der jemals auf der Erde betrieben wurde. Die bedeutendste Anlage stand in Peoria (USA), mit einer Kapazität von 96 Fermentern mit einem jeweiligen Volumen von 189 000 l. Etwa zwei Drittel des Weltbedarfs an Butanol und ca. 10 % des Acetonbedarfs wurden durch die Fermentation gedeckt. Um 1950 begann dann der Niedergang, weil die eingesetzten Substrate (Melassen) immer teurer und die chemische Synthese aus Rohöl immer billiger wurde. Nur politisch isolierte oder rohstoffarme Länder wie z. B. Südafrika (Kap. 1) und China hielten noch für einige Jahrzehnte an der traditionellen ABE-Gärung fest.

□ **Tabelle 4.2** Kraftstoffcharakteristika von Biokraftstoffen im Vergleich zu Benzin

	Benzin	Ethanol	Butanol	Isobutanol
Energiedichte [MJ/kg]	43,5	29,7	36	33
Motor-Oktanzahl (MOZ)	85	92	87	93,6
Erforschte Oktanzahl (ROZ)	95	129	96	111

Mengen (bis zu 25 %). Dafür kommen sogenannte *flexible fuel*-Motoren zur Anwendung, die sowohl beliebige Ethanol-Benzin-Mischungen (bis zu 85 % Ethanol, E85) als auch nur Ethanol problemlos nutzen können. Der Anteil von Ethanol am Kraftstoffsektor zeigt eine deutlich steigende Tendenz. Die Charakteristika von Ethanol und anderen Biokraftstoffen im Vergleich zu Benzin sind in □ Tab. 4.2 aufgelistet.

Die restlichen 20 % des weltweit gewonnenen Ethanols werden im chemisch-technischen Bereich und im Nahrungsmittelsektor genutzt. In Ersterem dient der Alkohol als Lösungsmittel, als Desinfektionsmittel, als Träger für Geruchsstoffe von z. B. Parfümen, Deodorants und Duftstoffen, als Brennstoff (Kamine und Rechauds) und als Zusatz für Reinigungs- und Frostschutzmittel. Ethanol in konzentrierter Form (z. B. für die Nutzung als Brennstoff) wird mit Vergällungsmitteln versetzt (**Spiritus**), um einen missbräuchlichen Konsum zu verhindern. Der stark angestiegene Erdölpreis hat auch eine bereits seit vielen Jahren bekannte Reaktion wieder in den Bereich der Wirtschaftlichkeit gebracht: die Umsetzung von Ethanol zu Ethen (**Ethylen**). Ethen ist eine der wichtigsten Basiskomponenten der chemischen Industrie und wurde bisher fast ausschließlich durch sogenanntes *steam cracking* (eingedeutscht: Steamcracken) von Rohöl (**Naphta**) hergestellt. Die weltweite Produktion liegt bei mehr als 100 Mill. t pro Jahr. In Triunfo (Brasilien) eröffnete die Firma Braskem 2010 eine Anlage, in der aus Melassevergärung gewonnenes Ethanol durch katalytische Dehydrierung mit Aluminiumoxid- oder Silikat/Aluminiumoxid-Katalysatoren zu Ethen umgewandelt wird. Die Kapazität der Fabrik beträgt 200 000 t pro Jahr.

Der Nahrungsmittelbereich (alkoholische Getränke, Essig) wurde bereits in Kap. 3 behandelt.

4.2.2 Stoffwechselwege und Regulation

Die biologische Herstellung von Ethanol erfolgt durch die alkoholische Gärung von zucker- oder stärkehaltigen Substraten. Rohrzucker (Saccharose) und Stärke werden zunächst in Glucose umgewandelt, die dann zu Pyruvat verstoffwechselt wird (Abb. 4.1). Zwei unterschiedliche Wege sind möglich: die **Glykolyse** und der **KDPG(2-Keto-3-desoxy-6-phosphogluconat)-Weg** (auch als Entner-Doudoroff-Weg bezeichnet). Dabei ist die ATP-Ausbeute der Glykolyse deutlich höher. Die Bäckerhefe *Saccharomyces cerevisiae* (Eukaryot) nutzt die Glykolyse, während das Bakterium *Zymomonas mobilis* (Prokaryot) den KDPG-Weg beschreitet. Das entstandene Pyruvat wird von beiden Organismen durch die Schlüsselenzyme Pyruvat-Decarboxylase und Alkohol-Dehydrogenase (davon gibt es jeweils mehrere) zu Ethanol umgesetzt. Bei *Saccharomyces cerevisiae*, einem fakultativ anaeroben Organismus, kommt der sogenannte **Pasteureffekt** zum Tragen, d. h. unter anaeroben Bedingungen wird deutlich mehr Glucose umgesetzt als unter aeroben. Die Ursache dafür ist die Hemmung der Phosphofructokinase durch einen hohen ATP-Gehalt, wie er bei aerobem Wachstum in der Zelle vorliegt. Die anaeroben Bedingungen der Gärung führen also zu besserer Zuckerverwertung und damit höherer Ethanolbildung.

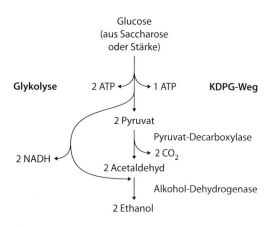

❏ **Abb. 4.1** Stoffwechselschema der alkoholischen Gärung. Substrate, Intermediate und Produkte sind in Schwarz dargestellt, Schlüsselenzyme in Rot. Die Glykolyse wird von *Saccharomyces cerevisiae* genutzt, der KDPG(2-Keto-3-desoxy-6-phosphogluconat)-Weg von *Zymomonas mobilis*

4.2.3 Produktionsstämme

Die Gärung wird mit *Saccharomyces*-Stämmen (überwiegend *Saccharomyces cerevisiae*) durchgeführt. Dieser Organismus hat sich vor allem aufgrund seiner Robustheit im Prozess durchgesetzt. Zwar vergärt *Zymomonas mobilis* den Zucker schneller als die Hefe, und auch die Ethanolausbeute ist höher, aber die Substratansprüche sind umfangreicher und die Fermentation ist aufgrund des neutraleren pH-Wertes sehr kontaminationsanfällig. Leider weist aber auch *Saccharomyces cerevisiae* ein sehr begrenztes Sub-

stratspektrum auf. Interessant für die industrielle Produktion wären vor allem Stämme, die auch Pentosen verwerten können. Damit würde auch der Hemicellulose(**Xylan**)-Anteil von pflanzlichem Material nach Spaltung in Einzelmoleküle als Substrat zur Verfügung stehen. Eine Konstruktion solcher Stämme durch gentechnische Methoden wird intensiv beforscht.

4.2.4 Produktionsverfahren

Substrate für die alkoholische Gärung sind in Europa Stärke aus Getreide und Zucker aus Zuckerrüben, in den USA Stärke aus Mais und in Brasilien überwiegend Zucker aus Zuckerrohr. Die weltweite Produktion von Ethanol lag 2010 bei ca. 68 Mill. t. Etwa 90 % dieser Menge wurden in Brasilien und den USA hergestellt. Eine der größten Anlagen in Europa wird von der Firma CropEnergies AG in Zeitz (Deutschland) betrieben (Abb. 4.2). Sie stellt Ethanol aus Getreide und Zuckersirupen (aus Zuckerrüben) her und hat eine Kapazität von ca. 285 000 t pro Jahr.

Der typische Ablauf der Ethanol-Fermentation mit Getreide als Substrat besteht aus den Schritten **Vermahlung**, **Verflüssigung**, **Ver-**

zuckerung, **Fermentation** und **Destillation**. Getreide wird trocken vermahlen und dann in Wasser bei hoher Temperatur mit α-Amylase versetzt (Maischen). Dabei kommt es zur Stärkeverflüssigung (Bildung von löslichen Oligosacchariden). Die Spaltung dieser Moleküle in Glucose-Einheiten erreicht man durch Zusatz von Glucoamylase (Verzuckerung). Dieser Zucker wird dann von *Saccharomyces cerevisiae* umgesetzt, wobei die Hefe zunächst noch vorhandenen Sauerstoff veratmet und Biomasse bildet, bevor sie dann den Gärungsprozess einleitet. Aus der Flüssigkeit wird Ethanol durch Destillation gewonnen. Die nicht vergärbaren Rückstände inklusive der Hefezellen bezeichnet man als Schlempe. Entwässerung und Eindampfung der Schlempe liefern ein getrocknetes, pelletiertes, proteinreiches Material, das als **DDGS** (*Dried Distillers' Grains with Solubles*) als Tierfutter Verwendung findet.

In Brasilien findet typischerweise ein Gemisch aus Zuckerpresssaft und **Melasse** als Substrat Verwendung. Grund dafür ist, dass Ersterer zwar nur geringe Konzentrationen bestimmter Nährstoffe enthält, aber als Verdünnung für Hemmstoffe dient, die wiederum in Melasse enthalten sind. Die Fermentation wird sowohl in statischer (Batch, Fed-Batch) als auch kontinuierlicher Kultur durchgeführt. Die Vorteile letzterer Methode liegen vor allem in der höheren Produktivität, während bei der statischen Kultur die Mikroorganismen nach der Gärung einer Säurebehandlung unterzogen (Zusatz von Schwefelsäure bis zu einem pH zwischen 2 und 2,5) und für weitere Fermentationen eingesetzt werden. Durch die Säurebehandlung werden Kontaminationen beseitigt (hier spielen vor allem Milchsäurebakterien eine große Rolle, die auch bei einem niedrigen pH-Wert und hoher Ethanolkonzentration überleben können). Bei einer kontinuierlichen Kultur ist das immer nur für Teile der Population möglich, die Kontaminationsgefahr ist daher größer. Nach längerer Betriebszeit werden die eingesetzten Starterkulturen durch *Saccharomyces*-Wildstämme dominiert. Die Stämme aus verschiedenen Anlagen zeigten Produktivitäten zwischen 2,216 und 2,842 g Ethanol/l h.

Bei der Verwendung von Zuckersirupen und Melassen dient Saccharose als Substrat. Hier ist kein enzymatischer Aufschluss erforderlich, da *Saccharomyces cerevisiae* das Enzym **Invertase** besitzt, das das Disaccharid Saccharose in Glucose und Fructose spaltet.

4.2.5 Ethanol – Treibstoff der Zukunft?

Der teilweise Ersatz von aus Öl gewonnenen Produkten durch Ethanol hat Hoffnungen geweckt, dass die endlichen Vorräte von Naphta in der Zukunft durch nachwachsende Rohstoffe ersetzt werden könnten. Das wird in dieser Form aber sicherlich nicht möglich sein. Länder wie Brasilien können aufgrund der klimatischen und landwirtschaftlichen Bedingungen sicherlich auf Ethanol als Kraftstoff (und auch als Ausgangsmaterial für Ethen) setzen, für eine Vielzahl anderer Länder gilt das aber nicht. Nichtsdestoweniger hilft der Einsatz von Ethanol weltweit, die Reserven an Erdöl zu strecken. Prognosen sagen voraus, dass Biokraftstoffe bis ca. 2030 etwa 15 % der Treibstoffe ausmachen könnten.

Die Nutzung von Ethanol als Kraftstoff für Otto-Motoren ist aber durchaus ambivalent. Auf der positiven Seite stehen die Verwertung nachwachsender Rohstoffe und die Verringerung der Verbrennung von Ölprodukten, was zu einer Verringerung der CO_2-Freisetzung in der Atmosphäre führt. Da die Gärung aber auf Substrate angewiesen ist, die auch zur Ernährung benötigt werden (Getreide, Mais, Zuckerrohr, Zuckerrübe), ist ein Konflikt zwischen gewünschter Mobilität und Sicherstellung der Lebensmittelgrundversorgung vorprogrammiert (sogenannte Tank-Teller-Kontroverse). Tatsächlich hat die erheblich angestiegene Ethanol-Produktion zu einer deutlichen Verteuerung von Mais und Getreide geführt. Im Januar 2007 gab es massive Proteste in Mexiko aufgrund der hohen Preise für Maismehl (was letztendlich zu einer verstärkten Subventionierung führte). Eine zufriedenstellende Lösung ist aber nur in Sicht, wenn es gelingt, für die Fermentation Substrate zu finden, die nicht als Nahrungsmittel verwendet werden (Box „Alternative Substrate für die Ethanol-Fermentation").

4.3 1,3-Propandiol

4.3.1 Anwendung

1,3-Propandiol ist eine ungiftige, farblose Flüssigkeit, die zur Herstellung des Kunststoffs **Polytrimethylenterephthalat** (PTT) genutzt wird. Dabei findet eine Polykondensationsreaktion von 1,3-Propandiol mit Terephthalsäure statt (◻ Abb. 4.3). Das Polymer PTT ist sowohl mechanisch als auch chemisch sehr beständig (auch gegen Flecken), fühlt sich wie Wolle an und findet daher Anwendung in der Textil-, Teppichboden- und Automobilpolster-Industrie. Bis etwa 2006 wurde 1,3-Propandiol ausschließlich chemisch synthetisiert. Mittlerweile ist aber ein biotechnisches Verfahren entwickelt worden, das als ein Meilenstein der gezielten Stammkonstruktion angesehen werden kann. PTT aus biologisch produziertem 1,3-Propandiol wird unter dem Handelsnamen Sorona® von der Firma DuPont hergestellt.

◻ **Abb. 4.3** Synthese von Polytrimethylenterephthalat aus 1,3-Propandiol und Terephthalsäure

Alternative Substrate für die Ethanol-Fermentation

Gegenwärtig gibt es zwei Kandidaten, die als alternatives Substrat für eine mikrobielle Ethanol-Produktion infrage kommen, in großer Menge verfügbar sind und keine Konkurrenz zum Nahrungsmittelsektor darstellen: **Lignocellulose-Hydrolysate** und **Synthesegas**.

Biomasse ist in großen Mengen verfügbar und besteht aus Cellulose (einem Glucose-Polymer), Xylan oder Hemicellulose (das sich im Wesentlichen aus Pentosen zusammensetzt) und Lignin, das als Stützgerüst dient (ein Netz aus zusammenhängenden aromatischen Verbindungen). Während es für Lignin zurzeit noch keine wirtschaftlich interessante Verwendung gibt (außer der thermischen Nutzung durch Verbrennung), wären die beiden anderen Komponenten nach Zerlegung in ihre Monomere (Hexose und Pentosen) ideale Substrate für mikrobielle Fermentationen. Allerdings verläuft der biologische Abbau von Lignocellulose-haltiger Biomasse äußerst langsam. Für eine technische Nutzung ist eine Kombination chemischer und biologischer Verfahren erforderlich. Die Vorbehandlung erfolgt mit physikalischen oder chemischen Ansätzen oder einer Kombination von beiden. Zu nennen sind hier Hitze und Wasser (*steam explosion*, *hydrothermal pretreatment*), thermochemischer Aufschluss, Extraktion mit Lösungsmitteln oder ionischen Flüssigkeiten sowie Säure- und Ammoniakvorbehandlung. Ein in jeder Hinsicht optimales Verfahren ist aber noch nicht entwickelt worden. Um nur einige Probleme zu nennen: Vollständigkeit des Aufschlusses, Möglichkeit zur Abtrennung der Einzelkomponenten, Empfindlichkeit von Stahlwandungen der Reaktorgefäße gegen Schwefelsäure (Phosphorsäure erzielt geringere Wirkung), Bildung von Substanzen, die die nachfolgende Fermentation hemmen (z. B. Furfural, das aus Pentosen durch Schwefelsäureeinwirkung und aus Kohlenhydraten durch Erhitzung entsteht). Prognosen bescheinigen aber dem Konzept einer **Bioraffinerie** (Umwandlung von Biomasse in wichtige Basis- und Spezialchemikalien) eine wirtschaftliche Tragfähigkeit für die nahe Zukunft. Das gilt auch für Anlagen mit einem Einzugsgebiet von ca. 100 km unter Berücksichtigung der entsprechenden Transportkosten. Da Biomasse in großen Mengen und regelmäßig anfällt, wäre damit eine Alternative zur gegenwärtigen Ethanol-Produktion (und der anderer wichtiger Substanzen wie Butanol, Ethen, Isobutanol, Propandiol etc.) aus Nahrungsmitteln gegeben.

Das zweite vielversprechende Substrat ist Synthesegas. Dabei handelt es sich um eine Mischung aus überwiegend CO und H_2, mit geringeren Bestandteilen von CO_2 und anderen Komponenten wie NH_3, N_2 und H_2S. Synthesegas ist einerseits eine wichtige Komponente der chemischen Industrie, andererseits aber auch ein Abgasstrom von z. B. Stahlwerken. Eine Reihe von acetogenen Clostridien, wie z. B. *Clostridium autoethanogenum*, *C. carboxidivorans*, *C. ljungdahlii* und *C. ragsdalei*, nutzen diese Gasmischung als alleinige Kohlenstoff- und Energiequelle. Typisches Gärungsendprodukt ist Acetat. Durch Variation der Medienzusammensetzung ist es allerdings gelungen, die Clostridien zu einer fast hundertprozentigen Ethanolbildung zu bewegen. Damit wurde nicht nur ein alternatives Substrat erschlossen, das nicht mit Nahrungsmitteln konkurriert, sondern auch ein Beitrag zur Verringerung der CO- und CO_2-Belastung der Atmosphäre geleistet. Entsprechende Demonstrationsanlagen der Firmen Coskata, IneosBio und LanzaTech sind bereits in Betrieb, eine kommerzielle Anlage in China soll 2012 fertiggestellt werden. Coskata nutzt für die Synthesegaserzeugung Biomasse, was eine Kombination beider Alternativsubstrate darstellt. Die Produktbildung muss nicht auf Ethanol beschränkt bleiben. Für *Clostridium ljungdahlii* wurde durch entsprechende Stammkonstruktion bereits eine Butanolbildung erzielt, in *Clostridium autoethanogenum* eine natürliche **2,3-Butandiol**-Produktion nachgewiesen.

4.3.2 Stoffwechselwege und Regulation

Bereits im 19. Jahrhundert wurde 1,3-Propandiol als mikrobielles Stoffwechselendprodukt identifiziert. Viele anaerobe Bakterien, die Glycerin vergären, produzieren dabei 1,3-Propandiol. Dazu gehören Vertreter der Gattungen *Citrobacter*, *Clostridium*, *Enterobacter*, *Klebsiella* und *Lactobacillus*. Die Gärung verläuft in einem oxidativen und einem reduktiven Ast. In Ersterem wird Glycerin zunächst zu Dihydroxyaceton oxidiert (dabei entsteht NADH), das unter ATP-Spaltung zu Dihydroxyacetonphosphat umgesetzt wird. Dieses wird über Glycerinaldehyd-3-phosphat in die Glykolyse eingeschleust und zu Pyruvat umgesetzt. Dabei entstehen zwei ATP und ein weiteres NADH. Aus Pyruvat entstehen dann speziesabhängig verschiedene Gärungsprodukte. Im einfachsten Fall, der Lactatbildung durch *Lactobacillus*, wird dabei ein NADH verbraucht (◘ Abb. 4.4). Dabei hat die Zelle zwar netto ein ATP gebildet, muss aber immer noch ein Molekül NADH reoxidieren. Dazu dient der reduktive Ast. Hier wird ein weiteres Molekül Glycerin in einer **Vitamin-B_{12}-abhängigen Reaktion** durch eine Glycerin-Dehydratase zu 3-Hydroxypropionaldehyd umgesetzt. Durch Reduktion mit dem verbliebenen NADH entsteht daraus ein Molekül 1,3-Propandiol. Bisher gibt es nur ein Beispiel für eine Vitamin-B_{12}-unabhängige Glycerin-Dehydratase, nämlich ein Enzym aus *Clostridium butyricum*. Eine Expression in *Escherichia coli* führte allerdings nur zur Bildung geringer Mengen an 1,3-Propandiol.

4.3.3 Produktionsstämme

Es gab viele Versuche, die natürlichen 1,3-Propandiol-Bildner in bessere Produktionsstämme umzukonstruieren. Ein Problem für die wirtschaftliche Umsetzung stellte in der Vergangenheit der vergleichsweise hohe Preis für das Substrat Glycerin dar. Aus diesem Grund setzten die Firmen Genencor und DuPont auf

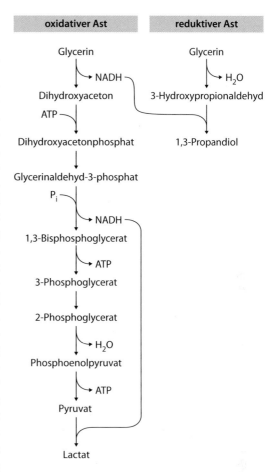

◘ **Abb. 4.4** Vergärung von Glycerin. Die Fermentation verläuft parallel über einen oxidativen und einen reduktiven Ast. Der oxidative Ast beinhaltet überwiegend Reaktionen der Glykolyse und der Milchsäuregärung. Nur im reduktiven Ast wird 1,3-Propandiol gebildet

Glucose als Substrat und konstruierten einen *E. coli*-Stamm, der daraus hohe Mengen an 1,3-Propandiol produzierte. Dafür waren mehr als 30 gezielte Eingriffe in das Genom erforderlich, von denen hier nur die wichtigsten erläutert werden. Das natürliche Glucose-Aufnahmesystem von *Escherichia coli* – das Phosphoenolpyruvat-Phosphotransferase-System – wurde ausgeschaltet (durch Inaktivierung des Gens *ptsG*). Kompensation erfolgte durch die verstärkte Expression von Galactosepermease (die auch Glucose transportiert und von *galP* codiert wird) und Glucokinase (die zur Bildung von Glucose-

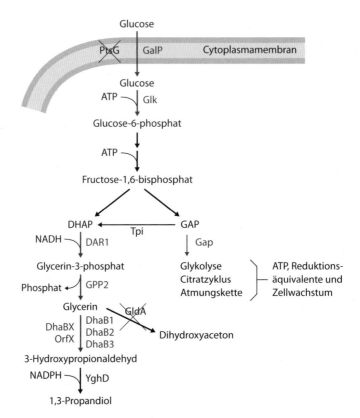

◘ Abb. 4.5   Konstruktion eines *Escherichia coli*-Stamms zur Produktion von 1,3-Propandiol aus Glucose. Rote Pfeile markieren veränderte Reaktionen, katalysiert durch neue oder modifizierte Enzyme (entsprechende Proteinbezeichnungen in Rot). Die Dicke der Pfeile deutet den Stofffluss an. Das *rote Kreuz* markiert die Inaktivierung des betroffenen Gens. GAP: Glycerinaldehyd-3-phosphat; DHAP: Dihydroxyacetonphosphat. Proteinsymbole: PtsG: Enzym IICB des Phosphotransferase-Systems; GalP: Galactosepermease, die aber auch Glucose transportiert; Glk: Glucokinase; Tpi: Triosephosphat-Isomerase; Gap: Glycerinaldehyd-3-phosphat-Dehydrogenase; DAR1: Glycerin-3-phosphat-Dehydrogenase aus *Saccharomyces cerevisiae*; GPP2: Glycerin-3-phosphat-Phosphatase aus *S. cerevisiae*; GldA: Glycerin-Dehydrogenase; DhaB1–3: Glycerin-Dehydratase-Komplex aus *Klebsiella pneumoniae*; DhaBX, OrfX: Reaktivierungsfaktoren des Glycerin-Dehydratase-Komplexes aus *K. pneumoniae*; YghD: NADPH-abhängige Dehydrogenase

6-phosphat führt und von *glk* codiert wird). Damit waren der Transport und die Umwandlung von Glucose nur noch ATP-abhängig und Phosphoenolpyruvat konnte vollständig für den Kohlenstoffmetabolismus eingesetzt werden. Ein weiterer Schritt bestand darin, die Expression der Glycerinaldehyd-3-phosphat-Dehydrogenase (codiert von *gap*) abzusenken, sodass über die Triosephosphat-Isomerase (codiert von *tpi*) verstärkt Dihydroxyacetonphosphat gebildet wurde. Diese Substanz wird durch zwei aus *Saccharomyces cerevisiae* stammende Enzyme, Glycerin-3-phosphat-Dehydrogenase (codiert von *DAR1*)

und Glycerin-3-phosphat-Phosphatase (codiert von *GPP2*), zu Glycerin-3-phosphat und dann zu Glycerin umgesetzt. Ein Abbau von Glycerin wurde durch Inaktivierung des *Escherichia coli*-eigenen Glycerin-Dehydrogenase-Gens (*gldA*) verhindert. Die weitere Umsetzung des Glycerins zu 3-Hydroxypropionaldehyd wurde durch die aus *Klebsiella pneumoniae* stammende Glycerin-Dehydratase (codiert von *dhaB1*, *dhaB2* und *dhaB3*) sowie ihre Reaktivierungsfaktoren (erforderlich für den kontinuierlichen Ablauf der Radikal-Reaktion und codiert durch *dhaBX* und *orfX*) bewerkstelligt. Die abschließende Bildung von 1,3-Propandiol erfolgte durch ein zuvor in seiner Funktion nicht bekanntes *Escherichia coli*-Protein (codiert von *yhdD*), das eine NADPH-abhängige Dehydrogenase-Aktivität besitzt. All diese Schritte sind in ◘ Abb. 4.5 schematisch zusammengefasst.

4.3.4 Produktionsverfahren

Die Firma DuPont Tate & Lyle BioProducts, ein Joint Venture der beiden Namensgeber, betreibt seit 2007 eine Anlage in Loudon (USA) zur biotechnischen Produktion von 1,3-Propandiol. Dabei kommt ein *Escherichia coli*-Stamm zum Einsatz, der nach den oben geschilderten Prinzipien konstruiert wurde. Ausgangspunkt der Fermentation ist Glucose, die aus Mais stammt. Die Kapazität der Fabrik liegt bei ca. 47 000 t pro Jahr. Das ist rund die Hälfte des weltweit produzierten 1,3-Propandiols (insgesamt ca. 100 000 t pro Jahr, die andere Hälfte wird durch chemische Synthese gewonnen). Eine Erweiterung der Loudon-Anlage um 35 % sollte 2011 fertiggestellt werden. Durch die Bildung von 1,3-Propandiol aus nachwachsenden Rohstoffen (mit Glucose aus Mais) vermarktet DuPont das damit entstehende Polymer PTT als Kunststoff aus nachwachsenden Ressourcen (Terephthalsäure wird nicht biotechnisch hergestellt).

4.4 Butanol und Isobutanol

4.4.1 Anwendung

Butanol wird überwiegend zur Synthese von Butylacrylat- und -methacrylatestern, Butylacetat, Butylaminen, Butylglykol und Aminoharzen eingesetzt. Dabei hatten 2010 als wichtigste Komponenten Butylacrylat einen Marktanteil von 39 %, Butylacetat von 21 % und Glykolether von 17 %. Die weitere Verwendung umfasst den Einsatz als Lösungsmittel für Farben, Extraktionsmittel für Arzneimittelwirkstoffe und Naturstoffe (z. B. Alkaloide, Antibiotika, Hormone, Kampfer,

Vitamine), Zusatz für Reinigungsmittel, Laufmittel bei chromatographischen Verfahren und als Zusatz für Polituren. Weiterhin dient Butanol als Ausgangsmaterial für die Herstellung von diversen Kosmetikprodukten, Hydraulik- und Bremsflüssigkeiten, Schmiermitteln, Flotationschemikalien und Produkten für Leder- und Papierbearbeitung.

Ein Großteil der Isobutanol-Produktion wird als Lösungsmittel in der Lackindustrie eingesetzt. Die weitere Verwendung umfasst den Einsatz als Ausgangsmaterial für weitere chemische Synthesen, als Extraktionsmittel, als Zusatz für Enteisungsmittel, Reinigungsmittel und Polituren und als Laufmittel bei chromatographischen Verfahren.

Ein großer Markt wird für die Zukunft in der Verwendung von Butanol und Isobutanol als Biokraftstoff gesehen. Die Eigenschaften dieser beiden Substanzen ähneln weit mehr dem Benzin, als Ethanol dies tut (◘ Tab. 4.2). Butanol/Isobutanol sind viel weniger hygroskopisch, was ein Mischen mit Benzin bereits in der Raffinerie und die Nutzung bestehender Pipelines zulässt sowie die Korrosionsgefahr erheblich reduziert. Sie verfügen weiterhin über einen höheren Energiegehalt (das bedeutet mehr gefahrene Kilometer pro Liter) und einen geringeren Dampfdruck (sicherere Handhabung).

4.4.2 Stoffwechselwege und Regulation

Der Gärungsweg ausgehend von Glucose ist in ◘ Abb. 4.6 schematisch dargestellt. Dabei muss aber berücksichtigt werden, dass sich das Wachstum der Bakterien in zwei Phasen unterteilt. In der ersten **acidogenen Phase** werden überwiegend die Säuren Butyrat und Acetat gebildet (etwa im Verhältnis 2:1), dazu noch CO_2, H_2 und etwas Ethanol. In der folgenden **solventogenen Phase** werden die Säuren zum größten Teil wieder aufgenommen und in Butanol und Aceton umgewandelt (◘ Abb. 4.7). Das Butanol:Aceton:Ethanol-Verhältnis beträgt am

◩ Abb. 4.6 Stoffwechselschema der Aceton-Butanol-Ethanol-Gärung. Die Umsetzungen in der Glykolyse und bei der Bildung von Acetacetyl-CoA sind nicht stöchiometrisch angegeben. Die Acidogenese erfolgt während des exponentiellen Wachstums, die Solventogenese während des Übergangs zur stationären Wachstumsphase. Gebildete Lösungsmittel sind rot dargestellt

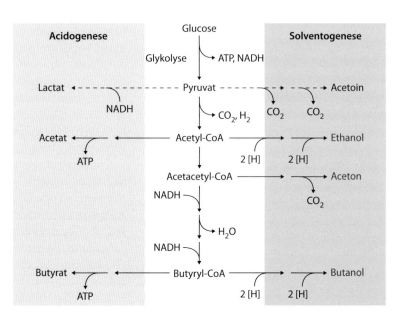

Ende der Fermentation etwa 6:3:1. Gärungsprodukte, die nur in geringen Mengen oder unter bestimmten Bedingungen gebildet werden, sind Acetoin und Lactat. Ersteres wird aus zwei Molekülen Pyruvat gebildet (über Acetyllactat), Letzteres aus einem Molekül Pyruvat. Einige Stämme von *Clostridium beijerinckii* können auch noch Aceton zu Isopropanol reduzieren.

Die Umwandlung der Säuren in Neutralprodukte in einer zweiten Wachstumsphase bedeutet für die Bakterien einen physiologischen Vorteil. Anaerobe Organismen können in der Regel keine pH-Homöostase betreiben. Ihr intrazellulärer pH sinkt gleichsinnig mit dem äußeren pH-Wert ab und ist etwa eine Einheit alkalischer. Werden verstärkt Säuren gebildet, sinkt der äußere pH ab. Je saurer die Umgebung wird, desto mehr Säure-Anionen werden in undissoziierte freie Fettsäuren umgewandelt. Diese können über die Cytoplasmamembran in das Zellinnere diffundieren und dissoziieren dort aufgrund des höheren intrazellulären pH-Wertes wieder in Säure-Anion und Proton. Das führt zum Zusammenbruch des Protonengradienten über der Membran und damit zum Zelltod. Die Umwandlung der Säuren in Neutralprodukte verhindert diesen Effekt. Allerdings handelt es sich dabei nur um eine Zwischenlösung, denn auch Ace-

ton, Butanol und Ethanol sind toxisch (Butanol hat dabei den mit Abstand höchsten toxischen Effekt). Letztendlich erkauft sich *Clostridium acetobutylicum* nur einen Zeitvorteil, um länger als andere Nahrungsmittelkonkurrenten aktiven Stoffwechsel betreiben zu können. Gleichzeitig mit der Lösungsmittelbildung wird nämlich das Langzeit-Überlebenssystem Endosporenbildung induziert. Solche Endosporen sind der resistenteste Zelltyp, der bisher bekannt ist. Ein Bericht reklamiert erfolgreiches Auskeimen von *Bacillus*-Sporen aus Salzkristallen einer Schicht, die 250 Mill. Jahre alt ist. Sobald die Umgebungsbedingungen wieder gutes Wachstum zulassen, können die Sporen zu vegetativen Zellen auskeimen, und der Kreislauf beginnt von Neuem.

Somit ist es auch nicht verwunderlich, dass Lösungsmittelbildung und **Sporulation** regulatorisch miteinander verbunden sind. Der entscheidende Transkriptionsfaktor für beide Prozesse ist Spo0A, ein sogenannter Antwort-Regulator (*response regulator*), der durch Histidinkinasen (in *Clostridium acetobutylicum* sind bisher drei Interaktionspartner bekannt) an einem Aspartatrest phosphoryliert werden und dann die Expression von Genen induzieren kann. Butanol wird in der zweiten, solventogenen Phase produziert (◩ Abb. 4.7). Dazu werden

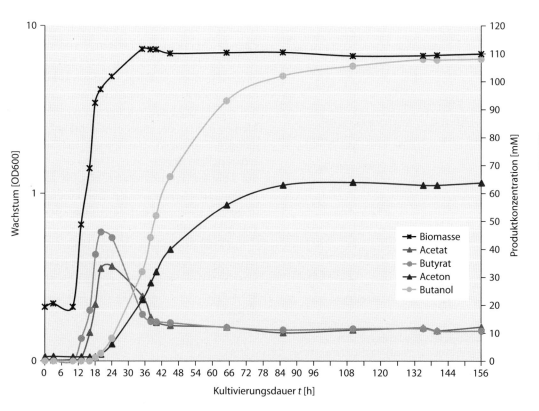

□ Abb. 4.7 Produktbildung bei der Aceton-Butanol-Ethanol-Gärung (mit freundlicher Genehmigung von Thiemo Standfest, Universität Ulm). Gezeigt ist der Fermentationsverlauf einer statischen Kultur auf Komplexmedium. Der Anstieg der Biomasse wurde über die optische Dichte (OD bei 600 nm) verfolgt, die Produkte Acetat, Aceton, Butanol und Butyrat über gaschromatographische Analyse

das auf einem Megaplasmid liegende *sol*-Operon (enthält die Gene für eine bifunktionelle Butyraldehyd-/Butanol-Dehydrogenase und die Acetacetyl-CoA:Butyrat-/Acetat-CoA-Transferase) sowie die beiden chromosomal lokalisierten *bdhA*- und *bdhB*-Operons (codieren jeweils ein Gen für eine Butanol-Dehydrogenase) auf Ebene der Transkription stark induziert. Allerdings ist das regulatorische Netzwerk noch sehr viel komplexer und in seiner Gesamtheit bisher nicht völlig verstanden. Weitere Transkriptionsfaktoren und auch eine kleine regulatorische RNA sind ebenfalls beteiligt.

2011 ist es erstmals gelungen, durch heterologe Expression der clostridiellen Gene in *Escherichia coli* und Ersatz der clostridiellen Butyryl-CoA-Dehydrogenase durch die *trans*-Enoyl-CoA-Reduktase aus *Treponema denticola*

eine Butanol-Produktion in einem rekombinanten Stamm zu erzielen, der die Konzentrationen der natürlichen Produzenten sogar noch übertrifft.

Die biotechnische Bildung von Isobutanol verläuft über einen völlig anderen Weg. Zwar wird es natürlicherweise unter bestimmten Bedingungen auch in der alkoholischen Gärung gebildet, aber nur in Spuren. Eine potenzielle Nutzung ist erst durch die Anwendung der **Synthetischen Biologie** ermöglicht worden. Bahnbrechende Arbeiten im Labor von James C. Liao an der Universität von Kalifornien in Los Angeles machten sich den sehr aktiven Aminosäure-Biosynthese-Stoffwechsel von *E. coli* zunutze und wandelten die 2-Ketosäureintermediate durch Decarboxylierung und Reduktion in Alkohole um. Im Falle des Isobutanols wird der

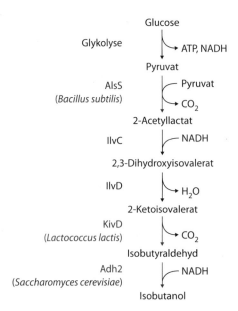

Glukose

Glykolyse → ATP, NADH

Pyruvat

AlsS
(*Bacillus subtilis*) → Pyruvat → CO_2

2-Acetyllactat

IlvC → NADH

2,3-Dihydroxyisovalerat

IlvD → H_2O

2-Ketoisovalerat

KivD
(*Lactococcus lactis*) → CO_2

Isobutyraldehyd

Adh2
(*Saccharomyces cerevisiae*) → NADH

Isobutanol

☐ Abb. 4.8   Stoffwechselschema zur Konstruktion Isobutanol-bildender Mikroorganismen. Das Schema gibt eine Konstruktion im Wirtsstamm *Escherichia coli* wieder. Rot markierte Reaktionen werden durch Enzyme katalysiert, die aus Fremdorganismen durch genetische Konstruktion eingebracht wurden. AlsS: Acetyllactat-synthase; IlvC: Acethydroxysäure-Isomerreduktase; IlvD: Dihydroxysäure-Dehydratase; KivD: 2-Ketoisovalerat-Decarboxylase; Adh2: Alkohol-Dehydrogenase

eigentliche Valin-Biosyntheseweg modifiziert (☐ Abb. 4.8). Die Überexpression der *E. coli*-eigenen Enzyme IlvC und IlvD in Kombination mit dem *Bacillus subtilis*-Enzym AlsS führt zur erhöhten Umwandlung von zwei Molekülen Pyruvat in 2-Ketoisovalerat, das dann durch eine 2-Ketoisovalerat-Decarboxylase aus *Lactococcus lactis* (KivD) und eine Alkohol-Dehydrogenase aus *Saccharomyces cerevisiae* (Adh2) in Isobutanol umgewandelt wird.

4.4.3   Produktionsstämme

Die biotechnische Produktion von Butanol wird derzeit mit den klassischen Produktionsstämmen betrieben (*Clostridium acetobutylicum*, *C. beijerinckii*, *C. saccharobutylicum* und *C. saccharoperbutylacetonicum*). Als Ausgangssubstra-

te dienen überwiegend Zuckerrohr, Mais und Cassava (Maniok). Bei Letzteren wird die Stärke durch eigene Amylasen der Clostridien in Glucose-Einheiten zerlegt. Pentosen können von den Stämmen auch genutzt werden. Ursprünglich wurde *C. acetobutylicum* auf stärkehaltigen Medien isoliert, die anderen Stämme auf zuckerhaltigen Substraten. Das spiegelt sich auch im industriellen Einsatz zum Teil wider. Im Labor konnten Produktivitäten von bis zu 0,92 g Butanol/l h erreicht werden. Für Lösungsmittel insgesamt (Aceton + Butanol + Ethanol) wurden 1,47 g/l h erzielt.

Im Falle des Isobutanols werden zurzeit gentechnisch veränderte Hefe-Stämme verwendet. Das Konstruktionsprinzip entspricht dem unter Abschn. 4.4.2 für *Escherichia coli* erläuterten Ansatz.

4.4.4   Produktionsverfahren

Die Produktion von Butanol betrug im Jahr 2010 ca. 3 Mill. t (davon 10 bis 25 % Isobutanol). Der größte Teil davon wurde petrochemisch hergestellt. **Fermentationsverfahren** für Butanol werden gegenwärtig in zwei Ländern betrieben: Brasilien und China. In Brasilien wurde 2006 im Bundesstaat Rio de Janeiro eine neue Anlage errichtet, in direkter Nachbarschaft zu einer Zuckermühle und einer Ethanol-Fermentationsanlage (☐ Abb. 4.9). Das Verfahren basiert auf Zuckerrohr und wird mit saccharolytischen, solventogenen Clostridien-Stämmen betrieben. Vorkulturen werden in zwei Stufen angezogen und damit die acht Fermenter mit einem Nennvolumen von jeweils 350 m³ angeimpft. Ein Produktionsschema ist in ☐ Abb. 4.10 dargestellt.

In China gibt es 13 Anlagen. Die drei größten sind Jilin Ji'an Biochemical Co. mit einer Kapazität von 150 000 t pro Jahr, Jilin Cathay Industrial Biotechnology Co. (100 000 t pro Jahr) und Jiangsu Lianhai Biological Technology Co. (70 000 t pro Jahr). Im Jahr 2008 wurden in China insgesamt ca. 550 000 t Butanol durch Fermenta-

Abb. 4.9 Butanol-Fermentationsanlage in Brasilien (mit freundlicher Genehmigung von Prof. Dr. David T. Jones, Universität von Otago, Neuseeland)

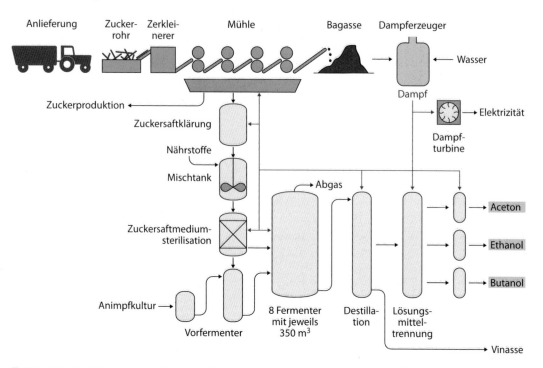

Abb. 4.10 Produktionsschema der Butanol-Fermentationsanlage in Brasilien (mit freundlicher Genehmigung von Prof. Dr. David T. Jones, Universität von Otago, Neuseeland). Bagasse ist der faserige Abfall des Zuckerrohrs nach der Zermahlung, der zur Dampferzeugung verbrannt wird. Vinasse ist die Abfallflüssigkeit nach der Destillation

tion produziert. Substrat war bisher größtenteils Mais und zum Teil Cassava (Maniok), wobei aber aufgrund politischer Vorgaben keine Substanzen mehr eingesetzt werden, die zur Nahrungsmittel-Produktion dienen, sondern verstärkt der Abbau pflanzlicher Reststoffe aus der Mais-Produktion auf seine Eignung getestet und genutzt wird. Die größte der genannten Anlagen wurde 2007 errichtet und verfügt über drei Produktionslinien mit jeweils 32 Fermentern mit einem Volumen

☐ Tabelle 4.3 Firmen, die sich mit der biotechnischen Produktion von Butanol und Isobutanol befassen

Firma	Produkte	Geschäftsidee
Arbor Fuel Inc. (USA)	Ethanol, Butanol	Cellulose aus Biomasse als Substrat, genetisch veränderte Hefe-Stämme als Produzenten
Butalco GmbH (Schweiz)	Butanol	Lignocellulose als Substrat, Hefe-Stammentwicklung für die Produktion, Nutzung von Pentosen
Butamax™ Advanced Biofuels LLC (USA) (Joint Venture von BP und DuPont)	Butanol	Zucker, Stärke und Lignocellulose als Substrate, genetisch veränderte Bakterien als Produzenten
ButylFuel LLC (USA)	Butanol	Biomasse als Substrat, Bakterien als Produzenten, thermophile 2-Stufen-Fermentation über Butyrat
Cobalt Technologies (USA)	Butanol	Biomasse als Substrat, Bakterien als Produzenten, energiesparende Destillation
Gevo (USA)	Ethanol, Isobutanol	Zucker als Substrat, genetisch veränderte Hefe-Stämme als Produzenten, einfache Separationstechnik
Green Biologics (Großbritannien)	Butanol	technische Beratung, Umrüstung von Ethanol-Fermentationsanlagen, große eigene Stammsammlung von Bakterien (viele Thermophile), gezielte genetische Veränderungen zur Nutzung von Lignocellulose
METabolic Explorer (Frankreich)	1,3-Propandiol, Butanol	gezielte genetische Veränderungen von Bakterien
TetraVitae Bioscience, Inc. (USA)	Butanol	Mais als Substrat, Stammentwicklung (traditionell und genetisch) von *Clostridium beijerinckii* BA 101

von jeweils $450\,\mathrm{m}^3$. Ein eigenes Kraftwerk und eine Destillationsanlage vervollständigen den Betrieb.

Gegenwärtig operiert die traditionelle **ABE-Fermentation** im rentablen Bereich (natürlich in Abhängigkeit vom jeweiligen Ölpreis), sofern die Produkte in die Weiterverarbeitung der chemischen Industrie gehen. Eine Nutzung als Biokraftstoff ist noch nicht ökonomisch realisierbar. Prognosen sagen aber voraus, dass sich das mit der Verfügbarkeit von gentechnisch veränderten Stämmen, alternativen Substraten und verbesserten Abtrennungstechniken in naher Zukunft ändern wird.

Einen deutlichen Schritt in diese Richtung hat bereits die Firma Gevo unternommen, die für rekombinante Hefe-Stämme (und somit auf der Basis der Ethanol-Gärung) eine Demonstrationsanlage zur **fermentativen Isobutanol-Herstellung** in St. Joseph (USA) betreibt und eine Produktionsanlage in Luverne (USA) errichtet (Kapazität ca. 55 000 t pro Jahr, Produktionsbeginn für 2012 geplant). Die große industrielle Bedeutung wird auch durch die Vielzahl der Firmen unterstrichen, die im Bereich der biotechnischen Herstellung von Butanol und Isobutanol aktiv sind (◘ Tab. 4.3).

4.4.5 Produkttoxizität

Wie bereits erwähnt, hat Butanol (wie auch Aceton, Ethanol und Isobutanol) einen schädigenden Einfluss auf die Produzentenzellen. Generell nimmt die toxische Wirkung von Alkoholen auf bakterielle Membranen mit wachsender Kohlenstoffkette erheblich zu. Aber auch Membranproteine werden geschädigt. Im Falle von Butanol scheint die ATPase von *Clostridium acetobutylicum* eines der Enzyme zu sein, die zuerst inaktiviert werden. Die Zellen schützen sich vor einem negativen Einfluss auf die Membran selbst durch Veränderung der Lipidzusammensetzung. Bei Lösungsmittelbildung nimmt das Verhältnis von sauren zu neutralen Phospholipiden zu und der Anteil der Alkenyletherlipide wird reduziert. Diese Alkenyletherlipide sind Glycerinlipide, die ein langkettiges Enol (überwiegend eine C_{19}-Cyclopropan-Seitenkette) in Etherbindung am C_1 des Glycerins enthalten. Ein externer Zusatz von Butanol bewirkt dagegen einen deutlichen Anstieg gesättigter gegenüber ungesättigten Fettsäuren.

Ein häufig praktizierter Ansatz zur Stammverbesserung ist die Suche nach **toleranteren Stämmen**. Bei der Suche nach entsprechend mutierten Stämmen kommt dabei die typische Verfahrensweise zum Einsatz: Überprüfung des Wachstums in Gegenwart von steigenden Konzentrationen der jeweiligen Substanz. Bestes Wachstum bei höchster getesteter Konzentration zeigt dann den optimalen Stamm an. Hier ist aber eine Warnung angebracht, denn gerade Experimente mit *Clostridium acetobutylicum* haben gezeigt, dass eine solche Vorgehensweise zu falschen Schlüssen führen kann. Ein externer Zusatz von Butanol führte bereits bei Konzentrationen von 100 bis 150 mmol/l zu einer Wachstumshemmung von 50 %. Mittlerweile sind aber Stämme bekannt, die mehr als das Doppelte an Butanol produzieren können. Es besteht also ein dramatischer Unterschied im physiologischen Verhalten von Zellen, die selbst steigende Mengen produzieren, zu solchen, die einen externen Reiz als Stress empfinden und darauf ganz anders reagieren (wie auch bei der Veränderung der Lipidzusammensetzung). Außerdem bildeten butanoltolerantere Stämme (isoliert nach ungezielter Mutation) deutlich weniger Alkohol als der Ausgangsstamm. Auch gezielte Ansätze zu Lipidveränderungen in der Membran (durch Überexpression bestimmter Gene), die auf Erhöhung der Butanoltoleranz abzielten, führten bisher nur zu Stämmen mit deutlich niedrigerer Produktivität.

4.5 Aceton

4.5.1 Anwendung

Aceton wird in der chemischen Industrie zur Herstellung von Acetoncyanhydrin/Methylmethacrylat (für die Produktion von Plexiglas®), Bisphenol, Isophoron, Methylisobutylketon und Methylisobutylcarbinol genutzt. Außerdem findet es Anwendung als Lösungsmittel, Nagellackentferner, Reiniger und Kleber.

4.5.2 Stoffwechselwege und Regulation

Die biotechnische Produktion erfolgt im Zuge der ABE-Fermentation. Als Ausgangssubstrate dienen wie bereits beschrieben überwiegend Zuckerrohr, Mais und Cassava (Maniok). Aceton wird wie Butanol in der zweiten, solventogenen Phase produziert (◘ Abb. 4.7). Dazu werden das *sol*-Operon (enthält die Gene für eine bifunktionelle Butyraldehyd-/Butanol-Dehydrogenase und die Acetacetyl-CoA:Butyrat-/Acetat-CoA-Transferase) und das *adc*-Operon (enthält das Gen für die Acetacetat-Decarboxylase) auf Ebene der Transkription stark induziert.

Typischerweise unterliegt die Acetonbildung in *Clostridium acetobutylicum* dem gleichen Muster wie die Butanol-Produktion. Es sind allerdings auch Bedingungen bekannt, unter denen die Acetonsynthese dramatisch unterdrückt wird (bis zu einem Butanol/Aceton-Verhältnis von 100:1). Zum einen wurde eine solche Gärung bei der Verwendung von Molke als Substrat beobachtet. Molke ist ein Abfallprodukt der Käseherstellung, hat einen hohen Lactose-Gehalt und ist ein verhältnismäßig preisgünstiger Rohstoff. Zum anderen wird die Acetonbildung auch unterdrückt, wenn ein Substratgemisch aus Glucose und Glycerin eingesetzt wird (Glycerin allein kann von *Clostridium acetobutylicum* nicht fermentiert werden). Das führt zur sogenannten **alkohologenen Gärung**, bei der ganz überwiegend Butanol und Ethanol gebildet werden.

Die zugrunde liegenden Regulationsmechanismen sind noch nicht völlig verstanden. Beteiligt sind sowohl SpoOA als auch andere Transkriptionsfaktoren, zum Teil neuen Regulator-Familien zugehörig.

4.5.3 Produktionsstämme

Zur Produktion dienen wie im Falle des Butanols die klassischen Produktionsstämme *Clostridium acetobutylicum*, *C. beijerinckii*, *C. saccharobutylicum* und *C. saccharoperbutylacetonicum*.

Es ist auch gelungen, eine Acetonbildung mittels eines synthetischen Operons in anderen Bakterien wie beispielsweise *Escherichia coli* zu erreichen. Dazu wurden drei Gene aus *Clostridium acetobutylicum* in einer neuen Einheit kombiniert: *ctfA*, *ctfB* und *adc*. Die beiden Gene *ctfA* und *ctfB* codieren die beiden Untereinheiten der Acetacetyl-CoA:Acetat/Butyrat-CoA-Transferase, die Acetacetyl-CoA mit entweder Butyrat (bevorzugt) oder Acetat zu Acetacetat und dem jeweiligen CoA-Derivat (Butyryl-CoA oder Acetyl-CoA) umwandelt. Acetacetat wird dann von der Acetacetat-Decarboxylase, dem Genprodukt von *adc*, zu Aceton und CO_2 umgesetzt. In solchen Stämmen ist die Acetonbildung

aber abhängig von einem Kosubstrat, das die CoA-Einheit übernehmen kann (z. B. Acetat, das dann zum Acetyl-CoA wird). Ein Ansatz aus der Synthetischen Biologie hat die CoA-Transferase durch eine Thioesterase aus *Bacillus subtilis* ersetzt. Dabei erfolgt die hydrolytische Abspaltung von Coenzym A (CoA) und die direkte Bildung von Acetacetat. Ein solcher Weg ist aus der Natur nicht bekannt.

4.5.4 Produktionsverfahren

Die Produktion von Aceton betrug im Jahr 2010 ca. 5 Mill. t. Der größte Teil davon wurde petrochemisch hergestellt. Biotechnisch hergestelltes Aceton stammt aus der ABE-Fermentation. Im Falle der Firma Jilin Cathay Industrial Biotechnology Co. setzt sich die Gesamtlösungsmittel-Produktion aus 65–70 % Butanol, 20–25 % Aceton und 5–10 % Ethanol zusammen.

4.6   Ausblick

Mobilität ist zweifelsohne eine der tragenden Säulen des globalen Wirtschaftssystems. Dabei spielt der Individualverkehr eine wesentliche Rolle. Noch auf viele Jahrzehnte hinaus werden wir auf flüssige Treibstoffe angewiesen sein, bis (vielleicht) flächendeckend Batterien und Brennstoffzellen für den Fahrzeugverkehr verfügbar sind. Aber auch dann werden Flugzeuge immer noch auf flüssigen Treibstoff setzen. Auf der anderen Seite sind die Ölvorräte der Erde endlich, die außerdem zurzeit den Großteil der Ausgangsstoffe für die chemische Industrie liefern. Wie bereits in der Box „Alternative Substrate für die Ethanol-Fermentation" angesprochen, kann Ethanol aus Nahrungsmitteln nur eine Lösung für Länder wie Brasilien darstellen, auf längere oder sogar kürzere Sicht ist weltweit eine Umstellung auf Lignocellulose-Hydrolysate oder Synthesegas dringend erforderlich. Obwohl Biokraftstoffe insgesamt nur einen gewissen Beitrag zum Fahrzeugverkehr leisten können, könnte ihre Nutzung gerade in Flugzeugen sehr wichtig werden. Zweifelsohne gilt das nicht für Ethanol (Vereisungsgefahr), aber für Substanzen wie Butanol und Isobutanol und daraus hergestellte Stoffe (bereits im Zweiten Weltkrieg nutzten Flugzeuge der Royal Air Force und des Japanischen Kaiserreichs Butanol als Treibstoff).

Die Erfolge der Synthetischen Biologie in den letzten Jahren zeigen, dass eine Reihe wichtiger Basiskomponenten für die chemische Industrie wirtschaftlich auch aus nachwachsenden Rohstoffen hergestellt werden können. In diesem Bereich ist sicherlich noch eine stürmische Entwicklung zu erwarten. Die große Menge an Glycerin, die bei der Biodiesel-Herstellung anfällt, lässt auch eine 1,3-Propandiol-Produktion mit *Clostridium butyricum* als eine potenziell ökonomisch günstigere Variante erscheinen. Isobutanol konnte mit den beschriebenen genetischen Veränderungen von *Clostridium cellulolyticum* direkt aus Cellulose produziert werden. Jetzt gilt es, die Produktivität zu verbessern. 2,3-Butandiol ist ebenfalls ein sehr interessantes Intermediat, das dann zur Herstellung von Methylethylketon (MEK, andere Bezeichnung ist 2-Butanon), einer ebenfalls sehr wichtigen Basischemikalie, verwendet werden kann. In den Jahren 2008 und 2011 gelang es weiterhin, mit verschiedenen Biosynthesewegen erstmals Hexanol biotechnischzu produzieren. Auch in

diesen Fällen muss jetzt die Produktionsmenge optimiert werden. Ein Ende dieser Entwicklung ist noch gar nicht abzusehen. Somit stellt die Synthetische Biologie die entscheidende Schlüsseltechnologie dar, um die chemische Industrie auch beim Abebben des Ölstroms weiter mit Ausgangsmaterialien zu versorgen.

📖 Literaturverzeichnis

Atsumi S, Hanai T, Liao JC (2008) Non-fermentative pathways for synthesis of branched-chain higher alcohols as biofuels. Nature 451: 86–89

Behr A, Kleyensteiber A, Hartge U (2010) Alternative Synthesewege zum Ethylen. Chemie Ingenieur Technik 82: 201–213

Dürre P (2007) Biobutanol: an attractive biofuel. Biotechnol J 2: 1525–1534

Geddes CC, Nieves IU, Ingram LO (2011) Advances in ethanol production. Curr Opin Biotechnol 22: 312–319

Köpke M, Mihalcea C, Bromley JC, Simpson SD (2011) Fermentative production of ethanol from carbon monoxide. Curr Opin Biotechnol 22: 320–325

Nakamura CE, Whited GM (2003) Metabolic engineering for the microbial production of 1,3-propanediol. Curr Opin Biotechnol 14: 454–459

5 Organische Säuren

Christoph Syldatk und Rudolf Hausmann

5.1   Einleitung

Organische Säuren gehören zu den klassischen mikrobiellen Produkten. Sie haben bereits seit Langem in verschiedenen Bereichen des täglichen Lebens eine wichtige Bedeutung, insbesondere in Lebensmitteln und Haushaltsprodukten. Zu den biotechnisch hergestellten organischen Säuren gehören Citronensäure, Milchsäure, Gluconsäure, Itaconsäure und Bernsteinsäure sowie Essigsäure, die in diesem Buch an anderer Stelle behandelt ist. Einen Überblick über geschätzte Produktmengen, Weltmarktpreise und Hauptanwendungsgebiete gibt ◘ Tab. 5.1. Das mit Abstand wichtigste Produkt mit einer geschätzten Weltjahresproduktion von 1,6 Mill. t ist dabei die **Citronensäure**, die hauptsächlich als Säuerungsmittel in der Lebensmittelherstellung und als Komplexbildner in Waschmitteln eingesetzt wird.

Itaconsäure wird ausschließlich in der Kunststoff-, Papier- und Klebstoffindustrie verwendet. Inzwischen hat auch die chemische Industrie mikrobiell hergestellte organische Säuren als mögliche alternative Ausgangsmaterialien zur Synthese von Plattformchemikalien und Polymeren identifiziert. Die Europäische Union zählt diese neben anderen Verbindungen zu den wichtigsten 13 Plattformchemikalien, die zukünftig auf Basis nachwachsender Rohstoffe hergestellt werden können. Beispielhaft dafür ist die Etablierung eines neuen Verfahrens zur Herstellung von Succinat.

Die Verfahren zur industriellen Produktion organischer Säuren im großen Maßstab wurden überwiegend erst im 20. Jahrhundert erarbeitet und standen bzw. stehen dabei zum Teil immer noch in Konkurrenz zur chemischen Herstellung dieser Verbindungen auf Erdölbasis, wie beispielsweise Bernsteinsäure. Der Vorteil der biotechnischen Produktion besteht jedoch zunehmend in der Unabhängigkeit von Erdölprodukten. Entscheidend für die Herstellungskosten sind neben den jeweiligen erreichbaren Endproduktkonzentrationen und den Raum-Zeit-Ausbeuten vor allem die Kosten für die verwendeten Kulturmedien. Als preiswerte Substrate werden hier vor allem Stärkehydrolysate, Saccharose sowie Zuckerrüben- und Zuckerrohrmelasse verwendet. ◘ Tabelle 5.2 gibt einen Überblick über die häufig zur Herstellung organischer Säuren verwendete Kohlenstoffquellen und Medien.

Die Produktion der organischen Säuren leitet sich direkt aus dem mikrobiellen Primärstoff-

◘ **Tabelle 5.1**   Durch mikrobielle Fermentation im Jahr 2009 hergestellte organische Säuren

Produkt	Weltjahresproduktion (geschätzt in t)	Weltmarktpreis (€/kg)	Anwendungen
Citronensäure	1 500 000	1,00	Lebensmittel, Waschmittel
Milchsäure	500 000	1,80	Lebensmittel, Leder, Textilien, Polymere
Essigsäure	190 000	0,50	Lebensmittel, Reinigungsmittel, Streusalz
Gluconsäure	120 000	2,80	Lebensmittel, Textilien, Metall, Bau
Itaconsäure	50 000	1,40	Polymere, Papier, Klebstoff
Bernsteinsäure	2000	2,80	Polymere

▢ Abb. 5.1 Schematische Darstellung der mikrobiellen Bildung von organischen Säuren aus Glucose

C-Quelle	Technisches Substrat
Glucose Saccharose	Zuckerrohrmelasse, Zuckerrübenmelasse, Zuckerrohrsaft
Stärke	Getreide- und Kartoffelstärke, Vollkornmehl, Stärkehydrolysate
Lactose	Molkepermeate

▢ Tabelle 5.2 Zur mikrobiellen Herstellung organischer Säuren häufig verwendete Substrate

wechsel ab (▢ Abb. 5.1). In der Regel werden die organischen Säuren in das Medium ausgeschieden und liegen extrazellulär vor. Während die Milchsäure ein Endprodukt ist, das als Resultat einer Gärung bei verschiedenen *Lactobacillus* spec. durch die Reduktion von Pyruvat am Ende der Glykolyse entsteht, ist im Gegensatz dazu die Gluconsäure ein Endprodukt einer unvollständigen Oxidation von Glucose.

Citronensäure als Intermediärprodukt liegt normalerweise intrazellulär nur in geringen Konzentrationen vor, kann aber durch die Wahl geeigneter Prozessbedingungen mit verschiedenen *Aspergillus* spec. und Hefe-Stämmen unter aeroben Bedingungen überproduziert und in das Kulturmedium sekretiert werden. Itaconsäure entsteht als ein Nebenprodukt des Citratzyklus.

Bei der Herstellung beider Verbindungen spielen anaplerotische Reaktionen eine wichtige Rolle. Succinat als weiterer Metabolit des Citratzyklus schließlich wird mit rekombinanten *Escherichia coli*-Stämmen bzw. gentechnisch bearbeiteten *Saccharomyces cerevisiae*-Stämmen unter anaeroben Bedingungen produziert.

5.2   Milchsäure

5.2.1   Anwendungsbereiche und wirtschaftliche Bedeutung

Die Salze und Ester der Milchsäure bezeichnet man als Lactate. Der Name **Lactat** leitet sich dabei vom lateinischen Wort *lac* für Milch ab. Die mikrobielle Säuerung von Milch, aber auch von Gemüse (Sauerkraut) und Grünblatt (Silage) wird vom Menschen seit Langem zur Herstellung und Konservierung von Lebens- und Futtermitteln genutzt. Erstmalig wurde Milchsäure 1798 aus Sauermilch isoliert. 1856 legte Louis Pasteur mit seiner Entdeckung der Milchsäurebakterien die Grundlagen zum Verständnis der Milchsäurebildung. Bereits 1880 wurde in Massachusetts, USA, Milchsäure durch mikrobielle Fermentation industriell hergestellt.

Traditionell wird Milchsäure hauptsächlich in Lebensmitteln und Getränken als mildes Säuerungsmittel mit konservierender Wirkung verwendet, daneben auch in der Leder-, Textil- und Pharmaindustrie, hier vor allem zur Komplexbildung von Fe^{2+}. Seit einigen Jahren gewinnt Milchsäure in der chemischen Industrie als Plattformchemikalie zur Herstellung biobasierter Kunststoffe wichtige Bedeutung. Die mikrobielle Produktion von Milchsäure wird auf ca. 500 000 t pro Jahr geschätzt, mit deutlich zunehmender wirtschaftlicher Bedeutung, da bei den biotechnischen Verfahren das zur Weiterverwendung hauptsächlich gewünschte L-(+)-Isomer gebildet wird, während bei den chemischen Verfahren das Racemat entsteht, das für neuere Anwendungen weniger geeignet ist.

5.2.2   Mikroorganismen und Stoffwechselwege

Die Milchsäure kann mikrobiell in zwei isomeren Formen, L-(+)-Lactat und D-(−)-Lactat, gebildet werden. Biotechnisch verwendet werden Stämme, die reine Enantiomere bilden. Voraussetzung hierfür ist, dass diese Stämme eine stereospezifische Lactat-Dehydrogenase und keine Lactat-Racemase besitzen. Die Herstellung von Milchsäure erfolgt durch homofermentative Milchsäurebakterien, die der Gattung **Lactobacillus** angehören. Diese sind klassifiziert als GRAS(*generally regarded as safe*)-Organismen; es sind Gram-positive, obligate Gärer, die keine Häm-Proteine enthalten, aber aerotolerant sind.

Ausgehend von Glucose läuft die Milchsäure-Biosynthese über die Glykolyse und die Reduktion zu Lactat ab, das ausgeschieden wird. Der bei der Dehydrierung zum Glycerinaldehyd-3-phosphat anfallende Wasserstoff wird dabei in den Zellen von der NAD-abhängigen Lactat-Dehydrogenase auf Pyruvat übertragen, das stereospezifisch zu L-(+)- oder D-(−)-Milchsäure reduziert wird. In der Regel wird stammspezifisch nur ein Isomer gebildet, zum Teil kann jedoch auch eine Lactat-Racemase vorkommen, deren Aktivität dann zu unterschiedlichen D-/L-Milchsäuremischungen führen kann.

Probleme beim Einsatz von Milchsäurebakterien sind, dass diese nur bis zu pH-Werten von 4,5 eine Gäraktivität zeigen und komplexe Nährmedien benötigen.

5.2.3   Produktionsstämme

Die industriell eingesetzten Mikroorganismen – *Lactobacillus delbrueckii* bei glucosehaltigen Medien und *Lactobacillus bulgaricus* sowie *Lactobacillus helvetii* bei Molke – sind ausschließlich homofermentativ und können aus einem Mol Glucose theoretisch zwei Mol Milchsäure bilden.

Die verwendeten Produktionsstämme leiten sich von Wildtyp-Stämmen ab und bilden die Milchsäure mit Ausbeuten von über 90 %,

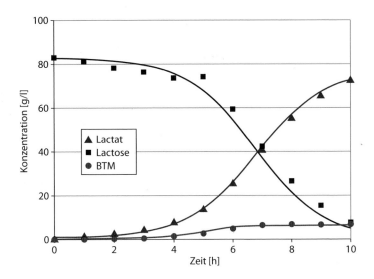

◘ Abb. 5.2 Zeitlicher Verlauf einer Milchsäure-Produktion mit *Lactococcus lactis*; BTM: Bakterientrockenmasse (nach Boonmee M et al. 2003)

bezogen auf den theoretisch maximalen Wert. Aktuelle Forschungsansätze versuchen Milchsäurebakterien durch *genome shuffling* an niedrigere pH-Werte zu adaptieren.

Neben Milchsäurebakterien können auch **Pilze** wie *Rhizopus oryzae* und *Aspergillus niger* Milchsäure bilden. Diese Mikroorganismen sind pH-tolerant und können auf Mineralsalzmedien bis zu einem pH-Wert von 2 wachsen. Ferner sind diese Pilze in der Lage, komplexe Substrate wie z. B. Stärke zu hydrolysieren. Es besteht weiterhin das Interesse, die Bäckerhefe *Saccharomyces cerevisiae* durch Metabolic Engineering so zu modifizieren, dass diese ebenfalls zur Milchsäure-Produktion eingesetzt werden kann. Zurzeit sind die Produktivitäten dieser Mikroorganismen jedoch noch nicht konkurrenzfähig mit den Milchsäurebakterien.

5.2.4 Industrielle Herstellung

Die industrielle Herstellung von Milchsäure gehört zu den ältesten und am besten etablierten biotechnischen Prozessen. Das Fermentationsmedium enthält in der Regel lösliche Kohlenhydrate wie Glucose, Saccharose oder Lactose als C-Quelle entsprechend einer Konzentration von 120 bis 180 g/l Glucose, da Milchsäurebakterien keine Polysaccharide wie Stärke oder Cellulose hydrolysieren können. Als Stickstoff- und Phosphatquelle wird 2,5 g/l Diammoniumhydrogenphosphat verwendet. Essenziell für das Wachstum der Milchsäurebakterien sind Vitamine der B-Gruppe, die beispielsweise in Form von Hefeextrakt zugegeben werden. Molkepermeate, die Lactose als Kohlenhydrat enthalten, eignen sich aufgrund ihrer Mineralien- und Vitaminzusammensetzung gut als Substrate. Ein exemplarischer Fermentationsverlauf zur Produktion von Milchsäure auf Basis von Lactose ist in ◘ Abb. 5.2 dargestellt. Es muss nicht unter absolutem Luftausschluss gearbeitet werden, da Milchsäurebakterien aerotolerant sind und auch bei geringen Sauerstoffkonzentrationen noch unter Milchsäurebildung wachsen können. Die Milchsäurebildung erfolgt zunächst wachstumsgekoppelt, später auch wachstumsentkoppelt (◘ Abb. 5.2). Um hohe Lactatkonzentrationen zu erzielen, werden industriell höhere Substratkonzentrationen eingesetzt und längere Fermentationszeiten gewählt. Je nach verwendetem Medium wird die Glucose innerhalb von 72 h zu 85 bis 95 % zu Milchsäure umgesetzt. Da Milchsäure korrosiv ist, erfolgt die Kultivierung in Fermentern aus Edelstahl mit einem Volumen von 25 bis 120 m^3 unter leichtem Rühren mit

◨ **Tabelle 5.3**   Kommerziell erhältliche Milchsäurequalitäten und ihre Verwendung (nach Kubicek 2001)

Qualität	Eigenschaften	Anwendungen
technische Qualität	leicht bräunliche Farbe, eisenfrei, enthält 20–80 % Milchsäure	Entkalken, Lederverarbeitung, Textilindustrie, chemische Herstellung von Milchsäureestern
Lebensmittelqualität	farblos, geruchlos, enthält über 80 % Milchsäure	Lebensmittelzusatz, Säuerungsmittel
Pharmaqualität	farblos, geruchlos, enthält über 90 % Milchsäure und unter 0,1 % Asche	Behandlung von Darmerkrankungen, Komplexierung von Metallionen, z. B. Eisen
Kunststoffqualität	farblos, geruchlos, enthält unter 0,01 % Asche	Lackzusatz, Farbzusatz, Herstellung biologisch abbaubarer Polymere

pH-Steuerung (pH 5,5 bis 6,0) bei 45 bis 50 °C. Eine Absenkung des pH-Wertes auf Werte unter pH 4,5 muss vermieden werden, was entweder durch Zusatz von $CaCO_3$ oder durch Titration mit NaOH bzw. NH_3-Lösung erfolgt.

Im herkömmlichen Verfahren wird nach Beendigung der Kultivierung und Abtrennung der Biomasse das gebildete Ca-, NH_4- oder Na-Lactat durch Zugabe von H_2SO_4 wieder in Milchsäure überführt, die dann nach Entfärbung durch Aktivkohlezusatz z. B. über Ionenaustauscher weiter aufgereinigt wird. Alternativ kann eine Veresterung mit Methanol erfolgen, um den gebildeten Milchsäuremethylester von der wässrigen Phase durch Destillation abtrennen zu können. Milchsäureethylester nach Veresterung mit Bioethanol wird neuerdings als *green solvent* diskutiert. Neue Ansätze zielen darauf, die gebildete Milchsäure durch *in situ product removal* (ISPR) kontinuierlich während des Prozesses durch Membranverfahren oder Elektrodialyse abzutrennen. ◨ Tabelle 5.3 gibt beispielhaft einen Überblick über die unterschiedlichen kommerziell angebotenen Milchsäurequalitäten, deren Eigenschaften und mögliche Anwendungen.

5.3   Gluconsäure

5.3.1   Anwendungsbereiche und wirtschaftliche Bedeutung

Gluconsäure (Pentahydroxycapronsäure) ist im Gegensatz zur Milchsäure nicht-korrosiv und eine nicht-flüchtige, nicht-toxische milde organische Säure. Sie kommt natürlich in vielen Pflanzen und Früchten vor, in Wein und Fruchtsäften ist sie verantwortlich für den erfrischenden, leicht sauren Geschmack. Erstmalig im Jahr 1870 von Hlasewitz und Habermann isoliert, wies Boutroux 1880 nach, dass Essigsäurebakterien dazu in der Lage sind, „Zuckersäure" zu bilden. Mit der Entdeckung der Bildung durch Schimmelpilze wie *Aspergillus niger* durch Molliard im Jahr 1922 wurde die Grundlage für die heutigen industriellen Produktionsverfahren geschaffen. Eine Herstellung von Gluconsäure wäre auch auf chemischem und elektrochemischem Wege möglich, diese Wege haben jedoch industriell keine Bedeutung.

Gluconsäure und ihre Derivate Glucono-δ-lacton, Calciumgluconat und Natriumgluconat als Hauptprodukte werden heute jährlich in einer Menge von ca. 100 000 t hergestellt. ◨ Tabelle 5.4 gibt einen Überblick über die verschiedenen Produkte und ihre Verwendung: Freie Gluconsäure

▢ Tabelle 5.4 Anwendungen von Gluconsäure und ihrer Derivate (nach Ramachandran et al. 2006)

Verbindung	Anwendungen
Gluconsäure	Verhinderung der Milchsteinbildung in der milchverarbeitenden Industrie, Vorbehandlung von Blechen bei der Galvanisierung und Metallverarbeitung
Glucono-δ-lacton	Säurezusatz in Backpulver und in Brotmischungen, Säuerungsmittel bei der Fleischverarbeitung (z. B. in Würstchen), Bindemittel bei der Sojaverarbeitung (Tofu), Zusatz zur Käsebruchherstellung und zur Erhöhung der Hitzestabilität von Milch
Natriumgluconat	Detergenz bei der Reinigung von Mehrwegflaschen, Entrostungsmittel, Zusatz bei der Zementverarbeitung (Beeinflussung der Härtungsdauer), Verhinderung von Eisenablagerungen in der Textilindustrie, Papierindustrie
Calciumgluconat	Komplexbildner für Calcium bei der Calciummangeltherapie, Tierernährung
Eisengluconat	Komplexbildner für Eisen bei Anämie und in Pflanzendünger

und Glucono-δ-lacton finden bevorzugt Anwendung in der Lebensmittelindustrie, während die Natrium- und Calciumsalze als Reinigungsmittel und Metallkomplexbildner in der Metall-, Textil-, Bau- und Pharmaindustrie eingesetzt werden. Natriumgluconat wird in großen Mengen als Sequestrierungsmittel z. B. bei der Reinigung von Metalloberflächen und von Mehrwegflaschen in der Getränkeindustrie verwendet. Calciumgluconat wird in der Pharmaindustrie als Präparat bei Calciummangel verwendet, ebenso Eisen-(II)-gluconat (Fe^{2+}-Gluconat) bei Eisenmangel.

5.3.2 Mikroorganismen und Stoffwechselwege

Gluconsäure ist biochemisch das Produkt einer unvollständigen Oxidation von Glucose und kann von verschiedenen Bakterien und Pilzen gebildet werden. Alle entsprechenden Mikroorganismen können die entstandenen Reduktionsäquivalente zum aeroben Energiegewinn in der Atmungskette nutzen. Dabei unterscheiden sich die Stoffwechselwege jedoch deutlich.

Bei Bakterien der Gattungen *Gluconobacter*, *Acetobacter* und *Pseudomonas* ist für die Umsetzung von D-Glucose zu Gluconsäure eine membranständige und Pyrroloquinolin-Chinon(PQQ)-abhängige **Glucose-Dehydrogenase** verantwortlich. Die gebildete Gluconsäure kann durch ebenfalls membranständige Enzyme weiter zu 2-Ketogluconsäure, 5-Ketogluconsäure und 2,5-Diketogluconsäure oxidiert werden (▢ Abb. 5.3), wobei diese Nebenprodukte bei der Gluconsäure-Produktion unerwünscht sind.

Einige Schimmelpilze der Gattungen *Aspergillus* und *Penicillium* bilden Gluconsäure bei hohen Glucosekonzentrationen. Hierfür ist eine FAD-abhängige **Glucose-Oxidase** verantwortlich. Die Bildung dieses früher auch als „Notatin" bezeichneten Enzyms wird durch hohe Glucosekonzentrationen induziert. Es handelt sich um ein homodimeres glykosyliertes Flavoprotein, das pro Untereinheit ein nicht kovalent gebundenes FAD enthält. Das bei der Übertragung des Wasserstoffs gebildete $FADH_2$ reagiert mit O_2 zu Wasserstoffperoxid (H_2O_2), das durch eine von den Pilzen gebildete Katalase wieder in Wasser und Sauerstoff gespalten wird. Das H_2O_2 führt zu einer verstärkten Induktion der Glucose-Oxidase, Lactonase und Katalase. Als Zwischenprodukt entsteht aus der Glucose zunächst das Glucono-δ-lacton, das in Wasser spontan zu Gluconsäure hydrolysiert. Diese Reaktion kann durch eine Lactonase katalysiert werden (▢ Abb. 5.4). Ein möglicher weiterer Ab-

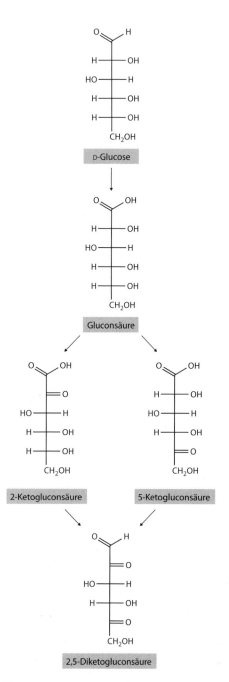

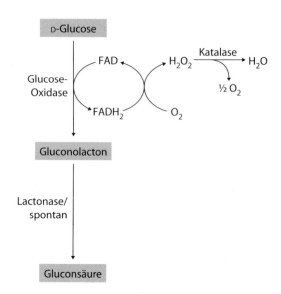

■ **Abb. 5.4**   Umsetzung von D-Glucose zu Gluconsäure mit *Aspergillus niger* (nach Ramachandran et al. 2006)

5.3.3   Produktionsstämme

Im Jahr 1928 wurde erstmals ein Oberflächenverfahren zur Herstellung von Gluconsäure mit dem Stamm *Penicillium luteum-purpuregenum* etabliert, aus dem später ein Trommelverfahren weiterentwickelt wurde. Bereits bei diesen ersten Verfahren lagen die Ausbeuten schon bei 80 bis 87 %, bezogen auf die eingesetzte Glucose. Bakterielle Produktionsverfahren konnten sich industriell wegen der geringeren Toleranz gegenüber hohen Glucosekonzentrationen und der Weiteroxidation der Gluconsäure zu den Ketogluconsäuren nicht durchsetzen (■ Abb. 5.3).

Daher werden zur Produktion von Gluconsäure und ihrer Derivate heute hauptsächlich **Submersverfahren** mit *Aspergillus niger* eingesetzt, wobei bezogen auf das eingesetzte Substrat Ausbeuten von bis zu 99 % erreicht werden. Die verwendeten Produktionsstämme wurden durch klassische Stammentwicklungsverfahren aus Wildtyp-Stämmen erzeugt. Wegen der fast quantitativen Umsätze in weniger als 24 h gibt es bisher keine nennenswerten Bestrebungen zur weiteren Stammverbesserung mit gentechnischen Methoden.

■ **Abb. 5.3**   Umsetzung von D-Glucose zu verschiedenen Zuckersäuren mit *Gluconobacter*-Stämmen (nach Ramachandran et al. 2006)

bau der Gluconsäure über den Pentosephosphatzyklus wird entweder durch niedrige pH-Werte oder durch Konzentrationen über 15 mmol Glucose im Medium verhindert.

5.3.4 Industrielle Herstellung und Aufarbeitung

Für die Herstellung von Gluconsäure mit *Aspergillus niger* sind hohe Glucose- und Sauerstoffkonzentrationen bei gleichzeitig niedrigen Stickstoff- und Phosphatkonzentrationen essenziell. Hierdurch wird die Glucose-Oxidase induziert und die Biomassebildung limitiert. Die optimalen Bedingungen für den *Aspergillus niger*-Prozess sind dabei Glucosekonzentrationen von 110 bis 250 g/l, niedrige Stickstoff- und Phosphatkonzentrationen, pH-Werte von 4,5 bis 6,5 sowie hohe Belüftungsraten bzw. die Anwendung von Überdruck zur Erhöhung der Sauerstofflöslichkeit (bis zu 6 bar). Der pH-Wert wird entweder durch $CaCO_3$-Zugabe oder durch Verwendung von Na_2CO_3/NaOH-Puffer eingestellt. Bei der Herstellung von Calciumgluconat kann wegen seiner geringeren Löslichkeit nur 120 bis 150 g/l Glucose als Substrat eingesetzt werden. Höhere Konzentrationen würden sonst zum Auskristallisieren des gebildeten Calciumgluconats führen. Bei der Produktion von Natriumgluconat kann man hingegen mit 280 bis 350 g/l Glucose arbeiten. Der Prozess läuft bei 28 bis 30 °C über 36 h bei hohen Belüftungsraten von 1,0 bis 1,5 vvm. Die Ausbeute an Gluconsäure am Ende der Kultivierung liegt bei 90 bis 95 % der theoretisch erreichbaren Ausbeute.

In der Literatur werden auch kontinuierliche Prozesse und Verfahren mit immobilisierten Mikroorganismen beschrieben, diese haben jedoch industriell bisher noch keine Anwendung gefunden.

Bei den Pilzfermentationen hängt die anschließende Aufarbeitung davon ab, ob freie Gluconsäure, Glucono-δ-lacton, Calcium- oder Natriumgluconat hergestellt wurde: Nach Abtrennung der Zellen durch Filtration wird ausgehend von Calciumgluconat der Kulturüberstand zunächst durch Aktivkohlezugabe entfärbt, aufkonzentriert und auf eine Temperatur von −10 °C abgekühlt, bei der das Calciumgluconat auskristallisiert. Dieses kann abgetrennt und durch Umkristallisation weiter aufgereinigt werden.

Natriumgluconat wird durch Ionenaustauschchromatographie aufgereinigt. Nach Aufkonzentrieren des Überstands auf bis zu 450 g/l wird der pH-Wert auf 7,5 eingestellt und es erfolgt eine Trommeltrocknung. Glucono-δ-lacton kann auf einfache Weise durch Kristallisation bei 30 bis 70 °C aus einer übersättigten Lösung von freier Säure und Lacton gewonnen werden. Bei Temperaturen darunter erhält man die freie Gluconsäure.

5.4 Citronensäure

5.4.1 Anwendungsbereiche und wirtschaftliche Bedeutung

Der Name Citronensäure kommt vom lateinischen Wort *citrus*, da diese Säure in hoher Konzentration in Zitrusfrüchten vorkommt. Es handelt sich um eine starke dreibasische Säure, die 1784 zum ersten Mal vom Chemiker Karl Scheele aus Zitronensaft isoliert und 1826 erstmalig in England kommerziell aus italienischen Zitronen hergestellt wurde. Nachdem man um die Wende zum 20. Jahrhundert entdeckt hatte, dass eine Reihe von Schimmelpilzen Citronensäure in zuckerreichen Mineralsalzmedien ausscheidet, wurde auf der Basis dieser Erkenntnisse 1919 in Belgien das erste industrielle Produktionsverfahren mit *Aspergillus niger* etabliert. Während in den ersten Jahrzehnten Citronensäure hauptsächlich in Oberflächenverfahren hergestellt wurde, erfolgt die Produktion heute fast ausschließlich mit den erstmalig in den 1940er-Jahren etablierten Submersverfahren im 100–500-m^3-Maßstab, wobei bis zu 140 g/l Citronensäure erreicht werden. Die aktuelle Jahresmenge wird auf ca. 1,6 Mill. t geschätzt, wobei der Herstellungspreis bei ca. 1 Euro pro kg liegt. Die Herstellung aus Zitrusfrüchten hat heute keine wirtschaftliche Bedeutung mehr.

Ca. 70 % der Citronensäure wird in der Getränke- und Lebensmittelindustrie zur Geschmacksabrundung und Konservierung von Fruchtsäften, Fruchtsaftessenzen, Süßwaren und

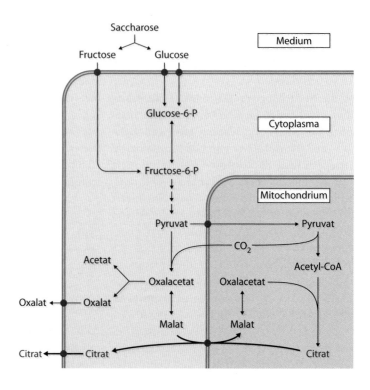

◻ **Abb. 5.5** Schematische Darstellung der Citronensäure-Bildung aus Saccharose in *Aspergillus niger* (nach Kubicek und Karaffa 2010)

Marmeladen verwendet. Etwa 20 % der Citronensäure wird in der pharmazeutischen Industrie zur Komplexierung von Eisenionen und zur Konservierung von Blutkonserven sowie bei der Herstellung von Tabletten, Salben und kosmetischen Präparaten eingesetzt. In der Textil- und chemischen Industrie finden ca. 10 % der produzierten Citronensäure Anwendung als Waschmittelzusatz zur Reduktion der Wasserhärte, als Antischaummittel und als Weichmacher. In der Metallindustrie werden einige hochreine Metalle als Metallcitrate hergestellt.

5.4.2 Mikroorganismen und Stoffwechselwege

Anfang des 20. Jahrhunderts wurde erstmals berichtet, dass viele Schimmelpilze und Hefen bevorzugt in zuckerreichen Mineralsalzmedien Citronensäure akkumulieren und ausscheiden. Beschrieben wurde dies unter anderem für *Aspergillus niger*, *A. wentii*, *A. clavatus*, *Penicillium luteum*, *P. citrinus*, *Mucor piriformis*, *Paecilomyces divaricatum*, *Citromyces pfefferianus* und *Trichoderma viride*. Aber auch Bakterien wie *Arthrobacter paraffineus* und *Corynebacterium* spec. können unter bestimmten Bedingungen Citrat ausscheiden.

Die Bildung der Citronensäure erfolgt über den **Citratzyklus**. Dieser Stoffwechselweg hat sowohl im Katabolismus beim ATP-Gewinn als auch im Anabolismus als Bausteinlieferant eine Schlüsselstellung. Die Biosynthese ausgehend von Saccharose ist schematisch in ◻ Abb. 5.5 dargestellt. *Aspergillus niger* besitzt im Cytoplasma als anaplerotische Sequenz eine Pyruvat-Carboxylase, die unter Verbrauch von ATP Pyruvat und CO_2 in Oxalacetat überführt. Diese Reaktion ist abhängig von Mg^{2+} und K^+. Das Oxalacetat reagiert im Cytoplasma weiter zu Malat, das im Antiport zu Citrat in die Mitochondrien transportiert wird. Dort wird es wieder zu Oxalacetat umgesetzt, das zusammen mit Acetyl-CoA als Substrat für die Citrat-Synthase dient. Das gebildete Citrat wird in das Cytoplasma transportiert. Bei niedrigen pH-Werten wird jedoch zur internen pH-Regulierung im Cytoplasma (pH-Homöostase) das Citrat aus der Zelle in das Medium ausgeschieden. Dieses führt bei ausreichender Substrat-, CO_2- und O_2-Versorgung zu einem erhöhten metabolischen Fluss. Dabei ist die Aufnahme von Glucose und Fructose mit anschließender Phosphorylierung der für die Citrat-Biosynthese geschwindigkeitsbestimmende Schritt. Am Transport sind mindestens zwei Glucosetransporter beteiligt, wobei hohe Glucosekonzentrationen für die Induktion des Transporters notwendig sind, der den hohen Fluss ermöglicht. Diese neue Sichtweise steht im Gegensatz zu älteren Arbeiten, die unter anderem von einer deutlich erhöhten Citrat-Synthase-Aktivität in der Produktionsphase ausgegangen sind. Tatsächlich unterscheiden sich aber die zur Citratsynthese notwendigen Enzymaktivitäten in der Wachstums- und Produktionsphase in *Aspergillus niger* nicht.

5.4.3 Produktionsstämme

In den modernen Produktionsverfahren werden heute ausschließlich Hochleistungsstämme von *Aspergillus niger* und *Aspergillus wentii* eingesetzt, die ausgehend von Wildtyp-Stämmen über viele Jahrzehnte durch Mutation mit anschließender Selektion gewonnen wurden. Im Gegensatz zu den *Penicillium*-Stämmen besitzen diese eine höhere Produktivität und zeigen eine geringere Bildung von Nebenprodukten wie Oxalsäure, Isocitronensäure und Gluconsäure. Über Ansätze zur gentechnischen Optimierung der Produktionsstämme ist bisher wenig bekannt.

5.4.4 Industrielle Herstellung und Aufarbeitung

Die Produktionsverfahren zur Herstellung von Citronensäure arbeiten in der Regel mit Kom-

plexmedien und kohlenhydrathaltigen Substraten. Als Kohlenstoffquellen zur Citronensäure-Produktion mit *Aspergillus niger* werden Stärkehydrolysate oder Saccharose in verschiedenen Reinheitsstufen, Zuckerrohrsirup mit bis zu zwei Dritteln in Invertzucker überführter Saccharose, Zuckerrohrmelasse oder Rübenzuckermelasse verwendet (◘ Tab. 5.2). Werden Hydrolysate oder Sirupe eingesetzt, muss zur Entfernung von inhibierenden Schwermetallionen (siehe unten) zunächst eine Vorbehandlung mit Fällungsmitteln wie Kaliumhexacyanoferrat oder mit Kationenaustauschern durchgeführt werden. Ein Prozessschema für die Citronensäure-Herstellung mit *Aspergillus niger* ist in ◘ Abb. 5.6 dargestellt. Die überwiegend genutzten Submersverfahren arbeiten in sterilen, belüfteten Rühr- oder Turmfermentern mit 100 bis 500 m^3 Inhalt. Hierbei sind die Bioreaktoren durch Verkleidung mit inerten Kunststoffen gegen die gebildeten Säuren geschützt, um ein Herauslösen von Schwermetallen zu verhindern. Bei pH-Werten kleiner als 2 wurden aus den früher verwendeten nicht rostfreien Stählen Schwermetalle herausgelöst, sodass eine Inhibierung der Citronensäure-Bildung auftrat.

Man unterscheidet bei der Citronensäure-Produktion grundsätzlich eine **Wachstums**- oder Trophophase, in der ein Teil des eingesetzten Substrates zunächst für die Mycelbildung verwendet wird, von einer Produktions- oder Idiophase, in der dann das verbleibende Substrat in Citronensäure überführt wird (◘ Abb. 5.7). Die Mycelstruktur, die sich während der **Trophophase** in der Submerskultur (Dauer: 0 bis 20 h) ausbildet, ist für die sich anschließende Idio- bzw. Produktionsphase (20 bis 170 h) entscheidend. Wenn das Mycel locker ist, wenige Verzweigungen hat und keine Sporen bildet, wird in der Idiophase nur wenig Citrat produziert. Das Mycel für optimale Bildungsraten besteht hingegen aus kleinen festen Pellets mit einem Durchmesser von kleiner als 0,5 mm. Dieses wird durch die eingestellte limitierte Mangankonzentration erreicht, die aufgrund eingeschränkter Chitinbildung zu einem abnormalen Mycelwachstum führt.

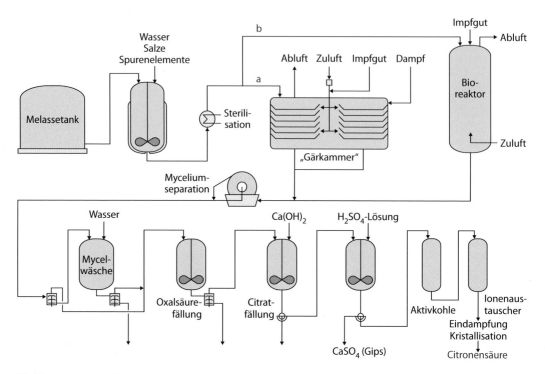

◘ Abb. 5.6 Prozessschema zur Produktion von Citronensäure in Oberflächen- (**a**) und Submerskultur (**b**) mit *Aspergillus niger* (nach Kubicek 2001)

◘ Abb. 5.7 Zeitlicher Verlauf einer typischen Citronensäure-Produktion mit *Aspergillus niger* im Submersverfahren (nach Kubicek 2001)

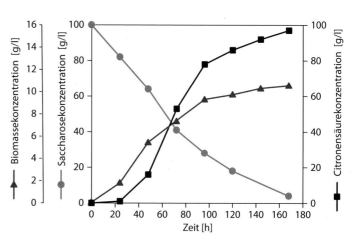

Diese abnormale Mycelstruktur ermöglicht eine hohe Citrat-Bildungsrate durch den positiven Einfluss auf die Sauerstoffversorgung der Mikroorganismen und die günstigere Rheologie der Kultursuspension. *Aspergillus niger* ist nämlich gegenüber Sauerstoffmangel sehr empfindlich, obwohl der Sauerstoffbedarf insgesamt relativ niedrig ist. Bereits kurze Unterbrechun-

gen in der Sauerstoffversorgung führen zu einer Einstellung der Produktion. Es muss immer eine Mindestsauerstoffkonzentration von 20 bis 25 % des Sättigungswertes über die gesamte Fermentationszeit gewährleistet werden.

Eine große Rolle bei der Citronensäure-Produktion spielt außerdem die Konzentration der **Spurenelemente**. Ihre Bedeutung wurde schon in den 1940er-Jahren intensiv untersucht und dann mit Verfeinerung der Analytik immer weiter erforscht. Kupfer, Mangan, Magnesium, Eisen, Zink und Molybdän sind für optimale Ausbeuten im ppm-Bereich notwendig. Bei Überschreitung der optimalen Konzentrationen kann es jedoch zu toxischen Effekten kommen. Während für ein optimales Wachstum eine höhere Eisenkonzentration – unter anderem als Kofaktor für die Aconitase – nötig ist, dürfen für maximale Citrat-Bildungsraten nur 0,05 bis 0,5 ppm vorhanden sein.

Der pH-Wert sollte während der Idiophase unter 3 liegen, um eine Oxalsäure- und Gluconsäurebildung zu vermeiden. Zunächst erfolgt bei pH-Werten größer als 5 ca. 48 h lang Wachstum. Die Absenkung des pH-Wertes auf Werte kleiner als 2,5, eine Zugabe von Zucker und Erhöhung der Belüftung führen zur Einleitung der Citronensäure-Bildung. Ein zusätzlicher positiver Effekt des niedrigen pH-Wertes ist eine verringerte Kontaminationsgefahr durch Bakterien.

Die Aufarbeitung der Citronensäure erfolgt nach Abtrennung des Mycels durch Fällung mittels $Ca(OH)_2$-Zugabe. Das gefällte Calciumcitrat wird dann mit Schwefelsäure wieder in Lösung gebracht (◘ Abb. 5.6). Eine nachfolgende Behandlung der Rohsäure mit Aktivkohle und Ionenaustauschern ermöglicht die Entfärbung und die Kristallisation der sehr reinen Citronensäure. Der bei diesem Verfahren anfallende Gips verursacht jedoch erhebliche Entsorgungskosten. Alternativ wird daher auch die Extraktion der Citronensäure aus dem Kulturüberstand mit einer Mischung aus Alkanen und 1-Octanol nach Komplexierung der Citronensäure mit Trilaurylamin beschrieben. Lösungsmittel und Reagenzien können dabei zurückgewonnen werden.

5.5 Itaconsäure

5.5.1 Anwendungsbereiche und wirtschaftliche Bedeutung

Itaconsäure oder Methylenbernsteinsäure ist eine ungesättigte C_5-Säure mit konjugierten Doppelbindungen und zwei Carboxylgruppen (◘ Abb. 5.1). Die Itaconsäure wurde zum ersten Mal im Jahr 1837 als thermisches Zerfallsprodukt der Citronensäure bei trockener Destillation beschrieben. Als Nebenprodukt des Citratzyklus wurde sie erstmals 1931 als Stoffwechselprodukt von *Aspergillus itaconicus* nachgewiesen. Im Jahr 1940 wurde gezeigt, dass auch einige Stämme von *Aspergillus terreus* Itaconsäure ausscheiden. Chemisch eng mit Methacrylsäure verwandt, findet die Itaconsäure vielfältige Anwendungsmöglichkeiten, etwa in Harzen, Fasern, Kunststoffen und Tensiden. Die Produktion von Itaconsäure ist seit 2001 von 15 000 auf 50 000 t pro Jahr (2009) gestiegen, während der Preis von ca. 3 Euro pro kg auf 1,40 Euro pro kg gesunken ist.

5.5.2 Mikroorganismen und Stoffwechselwege

Die Biosynthese der Itaconsäure ist sehr ähnlich derjenigen der Citronensäure und erfolgt zunächst über die Glykolyse und den Tricarbonsäurezyklus. Ein spezielles Enzym, die *cis*-Aconitsäure-Decarboxylase, ist für die Decarboxylierung der *cis*-Aconitsäure verantwortlich (◘ Abb. 5.8). Dieses Enzym ist im Cytoplasma lokalisiert. Es wird angenommen, dass *Aspergillus terreus* anstelle von Citrat *cis*-Aconitat im Austausch gegen Malat aus den Mitochondrien in das Cytoplasma transportiert (◘ Abb. 5.5). Als unerwünschtes Nebenprodukt kann aus Itaconsäure neben Bernsteinsäure jedoch auch Itaweinsäure gebildet werden. Durch Calciumzugabe kann die dafür verantwortliche Itaconsäure-Oxidase jedoch gehemmt werden.

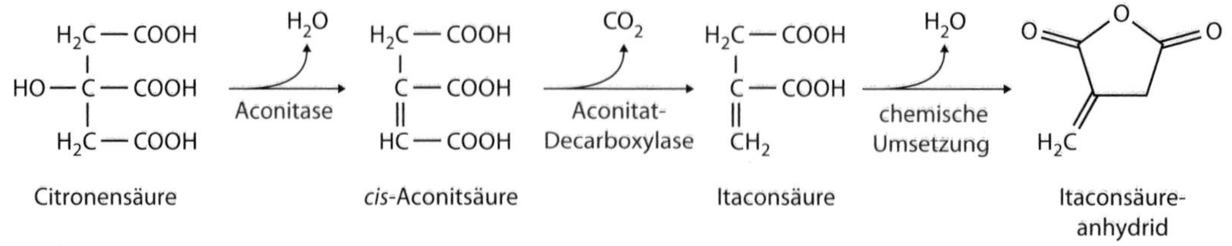

□ **Abb. 5.8**   Reaktionsschritte bei der Umsetzung von Citrat zu Itaconat in *Aspergillus terreus* und anschließend chemische Umwandlung zu Itaconsäureanhydrid

5.5.3 Produktionsstämme

In den modernen Produktionsverfahren werden heute ausschließlich *Aspergillus terreus*-Stämme verwendet, die sich von einem Stamm ableiten, der bereits 1940 isoliert wurde.

5.5.4 Industrielle Herstellung und Aufarbeitung

Nach anfänglicher Herstellung im Oberflächenverfahren war ein entscheidender Schritt zur industriellen Herstellung von Itaconsäure die Entwicklung eines Submersverfahrens mit frei suspendierter Biomasse. In dieser Verfahrensweise wird seit 1955 Itaconsäure industriell mit *Aspergillus terreus*-Stämmen in 100-m³-Bioreaktoren hergestellt.

Die Produktionsverfahren zur Herstellung von Itaconsäure arbeiten wie bei der Herstellung von Citronensäure mit Komplexmedien und kohlenhydrathaltigen Substraten. Auch hier werden verschiedene Ausgangsmaterialien wie Stärkehydrolysate, Saccharose in verschiedenen Reinheitsstufen, Zuckerrohrsirup mit bis zu zwei Dritteln in Invertzucker überführter Saccharose, Zuckerrohrmelasse oder Rübenzuckermelasse als Substrate verwendet (□ Tab. 5.2). Werden Hydrolysate oder Sirupe eingesetzt, wird auch hier zur Entfernung von inhibierenden Metallionen eine Vorbehandlung mit Fällungsmitteln wie Kaliumhexacyanoferrat oder mit Kationenaustauschern durchgeführt. Optimal für die Itaconsäurefermentation ist eine Phosphatlimitierung bei Glucosekonzentrationen zwischen 100 und 150 g/l. Nach der Phase des Biomassewachstums wird unter Phosphat-limitierenden Bedingungen Itaconsäure gebildet. 150 g/l Saccharose werden innerhalb von vier Tagen zu ca. 70 g/l Itaconsäure umgesetzt. Der Effekt des pH-Wertes bei der Kultivierung ist dabei anders als bei der Herstellung von Citronensäure. Er muss zwischen pH 2,8 und 3,1 gehalten werden, da sonst Itaweinsäure gebildet wird. Ebenso kann mit 39 bis 42 °C bei deutlich höheren und für Pilze ungewöhnlichen Temperaturen gearbeitet werden, wodurch Kühlkosten gespart werden können. Die Temperaturtoleranz der Produktionsstämme wurde durch Mutageneseprogramme erreicht. Eine Sauerstofflimitierung führt wie bei der Citronensäure-Produktion zu einer irreversiblen Schädigung der Biomasse.

Die Aufarbeitung der Itaconsäure besteht aus fünf Schritten. Die Kultur wird zunächst filtriert, um das Pilzmycel zu entfernen. Anschließend wird das Filtrat auf etwa 350 g/l Itaconsäure aufkonzentriert. Aus diesem Konzentrat wird die Itaconsäure durch Kristallisation bei 15 °C gewonnen. Diese Kristalle können anschließend wieder gelöst und durch Behandlung mit Aktivkohle kann die Itaconsäure entfärbt werden. Nach Rekristallisierung aus dem Überstand wird die Itaconsäure getrocknet und anschließend abgepackt. Die Ausbeuten liegen bei 95 % für den Filtrationsschritt, 98 % für den Konzentrationsschritt und 95 % für die Kristallisationsschritte, sodass eine Gesamtausbeute bei der Aufarbeitung von etwa 80 % erreicht wird. Die erzielte Reinheit liegt dabei zwischen 97 und 99 %. Werden höhere Reinheiten benötigt, können sich weitere Aufreinigungsschritte anschließen.

5.6 Bernsteinsäure

5.6.1 Anwendungsbereiche und wirtschaftliche Bedeutung

Als Metabolit des Citratzyklus kommt Bernsteinsäure oder Butandisäure in allen Lebewesen natürlicherweise vor; in erhöhter Konzentration ist sie in vielen Früchten, Gemüsen, Flechten und Hölzern nachweisbar. Des Weiteren ist Bernsteinsäure häufig auch in Wein zu finden. Namengebend war ihre erstmalige Isolierung durch trockene Destillation aus Bernstein im Jahr 1546. Bernsteinsäure ist heute eine vielversprechende Plattformchemikalie für die biobasierte chemische Industrie, da sich von ihr ausgehend zahlreiche weitere Chemikalien erschließen lassen, wobei der Preis von 2,80 Euro pro kg bisher jedoch noch limitierend ist: Aus Kostengründen wurden bis 2010 jährlich nur etwa 16 000 t Bernsteinsäure pro Jahr auf chemischem Wege hergestellt. Seit 2010 werden in Frankreich etwa 2000 bis 3000 t Bernsteinsäure pro Jahr biotechnisch mit rekombinanten *Escherichia coli*-Stämmen hergestellt. Für 2012 ist von den Firmen Roquette und DSM in Italien die Inbetriebnahme einer Anlage zur Herstellung von 10 000 t Bernsteinsäure pro Jahr mit genetisch modifizierter Bäckerhefe geplant. Aufgrund der möglichen Verwendung der Bio-Bernsteinsäure als Baustein von Kunststoffen wie Polyamide oder Polyester, wird das zukünftige Marktpotenzial für Bio-Bernsteinsäure und deren Derivate auf über 250 000 t pro Jahr geschätzt.

5.6.2 Mikroorganismen und Stoffwechselwege

Die Bernsteinsäure wird in vielen Mikroorganismen in nachweisbaren Konzentrationen als Metabolit des Citrat- und Glyoxylatzyklus gebildet (■ Abb. 5.1). Als natürliche Überproduzenten, die zum Teil aus Rinderpansen isoliert wurden, werden in der Literatur *Mannheimia succinici-*

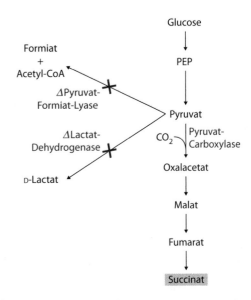

■ Abb. 5.9 Stoffwechselschema eines Succinat-produzierenden Stammes von *Escherichia coli*

producens, *Basfia succiniciproducens* und *Anaerobiospirillum succiniciproducens* beschrieben. Da diese Bakterien jedoch bisher nur auf relativ teuren Komplexmedien wachsen und einen signifikanten Anteil an Nebenprodukten wie Essigsäure, Ameisensäure und Milchsäure bilden, werden diese noch nicht industriell eingesetzt.

5.6.3 Produktionsstämme

Aktuell wird Bernsteinsäure nur mit rekombinanten *Escherichia coli*- und *Saccharomyces cerevisiae*-Stämmen produziert. Die Verwendung von *Escherichia coli* hat den Vorteil, dass dieser Organismus gentechnisch einfach zu bearbeiten und sehr gut im industriellen Maßstab handhabbar ist. In einem Produktionsstamm sind die Gene der Pyruvat-Formiat-Lyase und der Lactat-Dehydrogenase deletiert (■ Abb. 5.9), sodass die Bildung von Essigsäure, Formiat und Lactat als unerwünschte Nebenprodukte verhindert wird. Des Weiteren sind anaplerotische Reaktionen von Bedeutung. Der gentechnisch optimierte *Escherichia coli*-Produktionsstamm besitzt deshalb ein Pyruvat-Carboxylase-Gen aus *Rhizobium etli.*

In einem alternativen Herstellungsverfahren der Firmen Roquette und DSM wird ein genetisch bearbeiteter *Saccharomyces cerevisiae*-Stamm zur Produktion eingesetzt. Die Vorteile gegenüber bakteriellen Stämmen werden dabei in der Möglichkeit zur Produktion bei niedrigeren pH-Werten, den durch den weitgehenden Verzicht auf eine pH-Korrektur deutlich geringeren Salzlasten, der geringeren Nebenproduktbildung und der einfacheren Aufarbeitung gesehen. Im verwendeten Produktionsstamm wurde durch Metabolic Engineering zugunsten der Bernsteinsäure-Produktion eine weitgehende Unterdrückung der Bildung von Ethanol, Glycerin und Malat erreicht.

5.6.4 Industrielle Herstellung und Aufarbeitung

Ein grundsätzliches Problem bei der Herstellung der Bernsteinsäure mit *Escherichia coli* ist eine Produktinhibierung bei hohen Bernsteinsäurekonzentrationen. Deshalb erfolgt die Bernsteinsäure-Überproduktion mit *Escherichia coli* in einer zweistufigen Fermentation, bestehend aus einer aeroben Wachstumsphase zur Anzucht der Zellen und einer zweiten anaeroben Bernsteinsäure-Produktionsphase. Diese Vorgehensweise ermöglicht es, in der aeroben Phase zunächst eine hohe Zelldichte und in der anschließenden anaeroben Phase mit zusätzlicher Kohlendioxidbegasung eine hohe Produktivität zu erzielen. Die erreichbaren Produktivitäten und Ausbeuten mit Glucosesirup sind stark von der Prozessführung abhängig. Es wird von einer maximalen Konzentration von 99 g/l Bernsteinsäure bei einer Produktivität von 1,3 g/l h Bernsteinsäure berichtet. Bei der Herstellung von Bernsteinsäure mit *Saccharomyces cerevisiae* werden ausgehend von Glucose als Kohlenstoffquelle innerhalb von 72 h Konzentrationen von mehr als 90 g/l Bernsteinsäure

erreicht. Nach Abtrennung der Zellen erfolgt die Aufarbeitung durch Eindampfen und Kristallisation. Zur weiteren Reinigung, Entfärbung und Entfernung von Nebenprodukten schließen sich Ionenaustauschverfahren an. Wie bei allen organischen Säuren bieten sich zur Isolierung und Aufreinigung der Bernsteinsäure Fällungs-, Kristallisations-, Ionenaustausch- oder Elektrodialyseverfahren an.

5.7   Ausblick

Die in diesem Kapitel vorgestellten mikrobiell hergestellten organischen Säuren sind bereits heute aufgrund ihrer vielfältigen Verwendungen hochinteressante Produkte und entwickeln sich zurzeit zu Massenprodukten. Aufgrund der stark gestiegenen Preise beim Erdöl wird versucht, Plattformchemikalien alternativ auf Basis nachwachsender Rohstoffe herzustellen. Als wichtige Ausgangsverbindungen zur Synthese wurden dabei unter anderem Milchsäure und Bernsteinsäure identifiziert, die durch mikrobielle Fermentationsprozesse gewonnen werden können. Durch chemische Umwandlung kann daraus eine Vielzahl unterschiedlicher Folgeverbindungen und Produkte hergestellt werden.

Die meisten der zur Herstellung organischer Säuren verwendeten Hochleistungsstämme wurden über viele Jahrzehnte optimiert. Die Produktionsprozesse basieren zum Teil auf komplexen Stoffwechselnetzwerken. Ein Fokus in der Forschung und Entwicklung liegt daher auf einem tiefer gehenden Verständnis der zellulären Prozesse und ihrer Regulation. Wichtig ist dabei eine weitergehende Entkopplung von Wachstum und Produktbildung, um möglichst hohe Produktausbeuten zu erzielen. Mittelfristig ist zu erwarten, dass vermehrt weitere durch Metabolic Engineering erzeugte Produktionsstämme eingesetzt werden, die auch den Zugang zu neuen Produkten ermöglichen.

📖 Literaturverzeichnis

Beauprez JJ, De Mey M, Soetaert WK (2010) Microbial succinic acid production: natural versus metabolic engineered producers. Process Biochem 45: 1103–1114

Boonmee M et al. (2003) Batch and continuous culture of *Lactococcus lactis* NZ133: experimental data and model development. Biochem Eng J 14: 127–135

Kubicek CP (2001) Organic acids. In: Ratledge C, Kristiansen B (Hrsg) Basic Biotechnology. 2nd Edition Cambridge University Press. 305–324

Kubicek CP, Karaffa L (2010) Citric Acid Processes. In: Flickinger MC (Hrsg) Encyclopedia of Industrial Microbiology: Bioprocesses, Bioseparation and Cell Technology. John Wiley & Sons, Hoboken, New York

Okabe M, Lies D, Kanamasa S, Park EY (2009) Biotechnological production of itaconic acid and its biosynthesis in *Aspergillus terreus*. Appl Microbiol Biotechnol 84: 597–606

Okano K, Tanaka T, Ogino C, Fukuda H, Kondo A (2010) Biotechnological production of enantiomeric pure lactic acid from renewable resources: recent achievements, perspectives and limits. Appl Microbiol Biotechnol 85: 413–423

Ramachandran S, Fontanille P, Pandey A, Larroche C (2006) Gluconic acid: properties, applications and microbial production. Food Technol Biotechnol 44: 185–195

Singh OV, Kumar R (2007) Biotechnological production of gluconic acid: future implications. Appl Microbiol Biotechnol 75: 713–722

5

6 Aminosäuren

Lothar Eggeling

6.1   Einleitung

6.1.1   Bedeutung und Anwendungsbereiche

Aminosäuren sind die Bausteine der Proteine und damit für alle Lebewesen lebensnotwendig. Allerdings besitzen Mensch und Tier nur begrenzte Synthesemöglichkeiten dafür. So kann der Mensch acht der 20 proteinbildenden Aminosäuren nicht synthetisieren. Diese essenziellen Aminosäuren sind die drei verzweigtkettigen Aminosäuren L-Leucin, L-Isoleucin und L-Valin, des Weiteren L-Threonin, L-Lysin, L-Methionin, L-Phenylalanin und L-Tryptophan. Der Bedarf dieser Aminosäuren wird normalerweise durch den Verzehr von Eiweißprodukten gedeckt. Er kann aber je nach Lebensalter und Gesundheitszustand recht unterschiedlich sein. So hat ein Schulkind einen dreifach höheren Bedarf an L-Lysin als ein Erwachsener, und im Krankheitsfall kann die gezielte Versorgung mit Aminosäuren notwendig sein. Deswegen werden Aminosäuren z. B. für Infusionslösungen benötigt, die bei chronisch entzündlichen Darmerkrankungen Anwendung finden, oder auch in der postoperativen Phase. Als Beispiel für eine Infusionslösung zur parenteralen Ernährung sei Aminoplasmal B genannt (Zusammensetzung unter www.pharmazie.com/graphic/A/29/1-26529.pdf). Auch bei angeborenen Störungen des Aminosäurehaushalts, wie der Phenylketonurie, sind

◻ Tabelle 6.1 Die Mengen an Aminosäuren, die jährlich hergestellt werden, und ihre Hauptverwendung

Aminosäure	Menge (t/a)	Hauptverwendung
L-Glutamat	2 300 000[a]	„Würzmittel"
L-Lysin	1 300 000[a]	Tierfutter
D,L-Methionin	850 000[a]	Tierfutter
L-Threonin	190 000[a]	Tierfutter
Glycin	16 000	Süßstoff
L-Aspartat	14 000	Süßstoff
L-Phenylalanin	14 000	Süßstoff
L-Cystein	6000	Pharmaka
L-Tryptophan	4500[a]	Tierfutter
L-Cystin	3500	Pharmaka
L-Arginin	2000	Pharmaka
L-Alanin	1500	Süßstoff
L-Leucin	1200	Pharmaka
L-Valin	1000	Pharmaka
L-Isoleucin	500	Pharmaka

[a] Weltmarkt 2009, sonst 2004

Aminosäuren Bestandteil spezieller diätischer Lebensmittel.

Neben der Nutzung von Aminosäuren im Pharmabereich gibt es weitere vielfältige Anwendungsgebiete (◘ Tab. 6.1). So wird in der Nahrungsmittelindustrie Natriumglutamat benötigt. Dieses bewirkt den typischen „Umami"-Geschmack, der zusammen mit süß, salzig, sauer und bitter zu den fünf elementaren Geschmacksempfindungen zählt. Das Wort „umami" kommt aus dem Japanischen und bedeutet „herzhaft", „wohlschmeckend", „pikant". Weiterhin werden beispielsweise die Aminosäuren L-Alanin und Glycin benötigt, weil sie Getränken zum Süßen zugesetzt werden. In der chemischen Industrie werden Aminosäuren als Bausteine benutzt, wie beispielsweise L-Valin zur Synthese von Pestiziden oder L-Phenylalanin und L-Aspartat zur Synthese des Süßstoffs Aspartam.

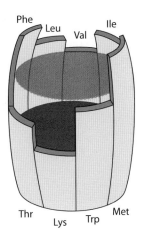

◘ **Abb. 6.1** Das Liebig'sche Fass illustriert die Limitation durch die niedrigste Fassdaube. So begrenzt bei Weizen als Proteinquelle zunächst L-Lysin den Nährwert des Proteins. Nach der Zugabe von L-Lysin ist L-Threonin limitierend und danach L-Tryptophan. Die Zugabe dieser drei Aminosäuren verdoppelt nahezu den Nährwert von Weizen

6.1.2 Aminosäuren in der Futtermittelindustrie

Von herausragender wirtschaftlicher Bedeutung sind Aminosäuren in der Futtermittelindustrie. Die Zugabe von Aminosäuren zu Futtermitteln führt zu einer ausgewogenen Aminosäurezusammensetzung, die dem tatsächlichen Bedarf angepasst ist. Sie

- reduziert die Kosten für Futtermittelrohstoffe,
- steigert die Effizienz der Futtermittelverwertung und
- reduziert die umweltbelastende Stickstoffausscheidung.

Weizen als Futtermittel hat z. B. einen niedrigen L-Lysin-Anteil, sodass die anderen Aminosäuren nicht vollständig genutzt werden können (◘ Abb. 6.1). Die Zugabe von L-Lysin erhöht den Anteil der Verwertung der anderen Aminosäuren. Nach der Zugabe von L-Lysin ist als nächste Aminosäure L-Threonin limitierend – und danach L-Tryptophan. Durch Zugabe dieser drei Aminosäuren wird der Nährwert von Weizen nahezu verdoppelt, was bei steigendem Fleischkonsum einer Schonung der Resourcen gleichkommt. Bei Nutzung von Sojamehl als Proteinquelle ist L-Methionin die zuerst limitierende Aminosäure, sodass auch hierfür ein großer Bedarf besteht.

6.1.3 Wirtschaftliche Bedeutung

Aufgrund des zunehmenden Fleischkonsums, insbesondere in Asien und Südamerika, werden vermehrt Aminosäuren für die Bereitstellung als **Futtermittelzusatz** benötigt. In der Hauptsache sind dies L-Lysin, D,L-Methionin und L-Threonin, deren Bedarf jährlich um 5 bis 7 % steigt.

Die in den größten Mengen hergestellten Aminosäuren sind auch die billigsten (◘ Abb. 6.2). Dies liegt daran, dass bei größerem Bedarf zunächst mehr Anbieter konkurrieren. Das hat die Entwicklung effizienterer Fermentationsprozesse zur Folge, was die Kosten reduziert und somit günstigere Produkte liefert. Dies führt letztlich bei den großvolumigen Produkten zu sehr nied-

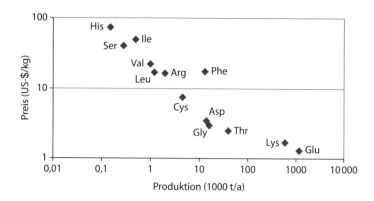

☐ **Abb. 6.2** Abhängigkeit der Preise der verschiedenen L-Aminosäuren von den pro Jahr produzierten Mengen

rigen Preisen und zu Produkten, die durch nur wenige Hersteller angeboten werden. Zusätzlich unterliegen die Preise für die Aminosäuren starken Schwankungen, weil die Verfügbarkeit der Futterrohstoffe variiert. So ist Sojaschrot, das im Vergleich zu Weizen relativ reich an L-Lysin ist, in Jahren mit guten Sojaernten teilweise Ersatz von fermentativ hergestelltem L-Lysin, was dann den Preis für diese Aminosäure entsprechend drückt. Im Falle schlechter Sojaernten ist es umgekehrt.

Die Herstellungskosten werden zum großen Teil durch die Kohlenstoffquelle bestimmt, aber auch durch den lokalen Markt. Das erklärt, warum die großen Anlagen zur Glutamat-Produktion sich bevorzugt im Fernen Osten befinden, wo Zuckerrohr und Maniok die Kohlenstoffquelle darstellen und außerdem der größte Absatzmarkt für Natriumglutamat ist. Etwa 90 % der weltweiten Natriumglutamat-Produktion erfolgt in China und Ländern Südostasiens, wie z. B. in Thailand und Indonesien. Für L-Lysin ist die Situation anders: Etwa ein Viertel des Weltmarktes für diese Aminosäure ist in Nordamerika, und es besteht ein günstiger Zugang zu Mais als Kohlenstoffquelle, sodass sich auch ein Viertel der L-Lysin-Produktionskapazität dort befindet. In fast allen Fällen sind die Unternehmen, die L-Lysin produzieren, mit solchen der Getreideindustrie assoziiert, und die Anlagen zur enzymatischen Stärkehydrolyse von Mais oder Weizen sind direkt den Fermentationsanlagen benachbart.

6.2   Herstellung von Aminosäuren

Mit Ausnahme von Glycin, D,L-Methionin und L-Aspartat werden Aminosäuren mikrobiell hergestellt. Glycin ist nicht chiral und wird deswegen chemisch produziert. Auch D,L-Methionin wird chemisch hergestellt. Es wird als Racemat in Futtermitteln eingesetzt, da Tiere D-Aminosäure-oxidase- und Transaminase-Aktivitäten besitzen, die D-Methionin in das für die Ernährung entscheidende L-Methionin umwandeln. L-Aspartat wird enzymatisch in einem Ganzzellprozess aus Fumarat gewonnen. Ursprünglich wurden Aminosäuren auch aus proteinhaltigen Rohstoffen, wie z. B. Federn oder Haaren, isoliert. Da dies jedoch eine aggressive saure Hydrolyse mit anschließenden aufwendigen Aufarbeitungsschritten erfordert, wird diese Methode nur noch sehr begrenzt eingesetzt. Die Methode der Wahl ist die **mikrobielle Aminosäuresynthese**. Sie ist aus folgenden Gründen unschlagbar:

- Es wird ausschließlich das L-Enantiomer gebildet;
- das zuckerhaltige Ausgangsmaterial ist nachwachsend;
- der Prozess ist umweltschonend und erfolgt bei niedriger Temperatur.

Als Aminosäureproduzenten werden *Corynebacterium glutamicum*- oder *Escherichia coli*-Stämme benutzt. *E. coli* hat den Vorteil, dass sein Temperaturoptimum von 37 °C geringere

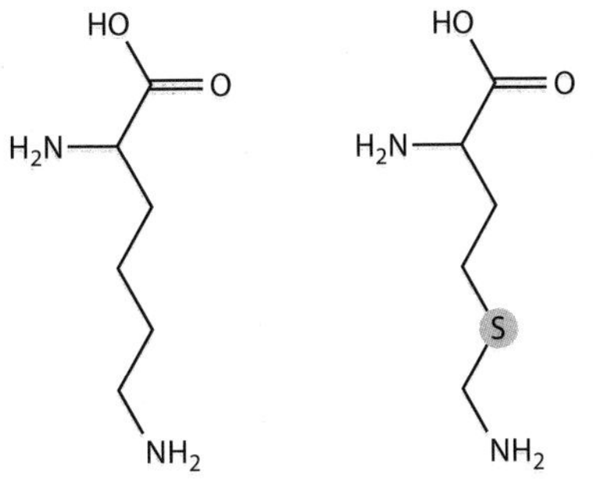

Abb. 6.3 Vergleich der Strukturen von L-Lysin und S-Aminoethylcystein, einem Analogon von L-Lysin

Kühlungskosten bei der Fermentation erfordert als bei der Kultivierung von *C. glutamicum*, dessen Temperaturoptimum bei etwa 30 °C liegt. Demgegenüber sind Fermentationen mit *C. glutamicum* unempfindlich gegenüber Phageninfektionen, welche bei *E. coli*, besonders in tropischen Ländern, ein großes Problem sein können.

6.2.1 Klassische Entwicklung von Produktionsstämmen

Die Wildtyp-Isolate von *E. coli* und *C. glutamicum* bilden jeweils nur die Mengen an Aminosäure, die sie selbst zum Wachstum benötigen. Dies bewirken effiziente Kontrollmechanismen, wie die allosterische Kontrolle von Syntheseenzymen durch die entsprechenden Aminosäuren, weiterhin die Kontrolle der Transkriptionsinitiation durch den Beladungszustand der tRNA oder auch globale Regulationsmechanismen. Deshalb werden Mutantenstämme gewonnen, die die Aminosäure verstärkt synthetisieren. In der klassischen Stammentwicklung werden die Zellen dazu ungerichtet, z. B. durch UV-Bestrahlung, mutagenisiert und in groß angelegten Screenings der Stamm mit der besten Aminosäureausscheidung ausgewählt. In den Screenings werden oft Aminosäureanaloga eingesetzt, die die Aktivität von Schlüsselenzymen hemmen. So hemmt beispielsweise das Lysinanalogon L-Aminoethyl-

cystein (AEC) wie L-Lysin selbst die Aspartatkinase als Schlüsselenzym der Lysinsynthese, ermöglicht aber kein Wachstum (Abb. 6.3 und 6.6). Mutanten, die trotz Anwesenheit von L-Aminoethylcystein wachsen, scheiden häufig L-Lysin aus. Ausgehend von der isolierten Mutante wird die gesamte Prozedur mit weiteren Analoga, oder auch nach anderen Selektionskriterien, wiederholt (Tab. 6.2), um schließlich zu einem industriell geeigneten Stamm zu gelangen.

Die klassische Stammentwicklung hat jedoch Nachteile:
- Sie ist äußerst arbeitsaufwendig, da sehr viele Klone gescreent werden müssen.
- Sie ist auf Zufallstreffer in der Mutagenese angewiesen.
- Es akkumulieren Mutationen, die zu schlechtem Wachstum führen.

Schlechtes Wachstum ist unerwünscht, weil es den Produktionsprozess verlangsamt und somit ineffizient macht. Die Stammentwicklung mit ungerichteter Mutagenese und Screening auf Produktbildung hat aber auch Vorteile:
- Es liegen die für die Produktbildung relevanten Mutationen vor.
- Es ist keine Kenntnis der molekularen Funktion von Genorten erforderlich.

Tatsächlich sind durch ungerichtete Mutagenese und Screening auf erhöhte Produktbildung Stämme mit hervorragenden Produktbildungseigenschaften entstanden. Der Wert der ungerichteten Mutagenese besteht ferner darin, dass aus solchen Ansätzen mutierte Gene resultieren, die z. B. für nicht mehr allosterisch regulierte Biosyntheseenzyme codieren. Diese sind aber Voraussetzung zur modernen Entwicklung von Produktionsstämmen mit rekombinanten Methoden.

6.2.2 Moderne Entwicklung von Produktionsstämmen

Heutzutage bieten molekulare rekombinante Techniken die Möglichkeit, gezielt Mutationen in das Chromosom einzuführen oder Gene überzu-

■ **Tabelle 6.2** Genealogie eines klassisch entwickelten L-Lysin-Produktionsstamms. Der Wildtyp von
Corynebacterium glutamicum wurde mutiert und in
einem ersten Schritt unter AEC-resistenten Klonen der
beste Lysinproduzent ausgewählt. Durch fünf weitere
Mutagenese- und Selektionsschritte erfolgte jeweils
eine Steigerung der Produktausbeute

Stamm	Eigenschaft	Lysin-Ausbeute (%)
AJ 1511	Wildtyp	0
AJ 3445	AEC^r	16
AJ 3424	AEC^r Ala$^-$	33
AJ 3796	AEC^r Ala$^-$ CCL^r	39
AJ 3990	AEC^r Ala$^-$ CCL^r ML^r	43
AJ 1204	AEC^r Ala$^-$ CCL^r ML^r FP^s	50

AEC^r, resistent gegenüber S-(β-Aminoethyl)-L-cystein;
Ala$^-$, auxotroph für L-Alanin; CCL^r, resistent gegen-
über α-Chlorocaprolactam; ML^r, resistent gegenüber
μ-Methyllysin; FP^s, sensitiv gegenüber β-Fluoropyruvat.

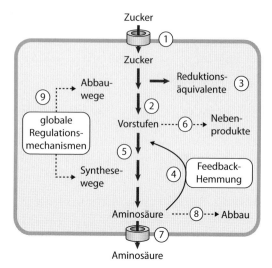

■ **Abb. 6.4** Mögliche Ansätze zur Verbesserung der
Aminosäure-Produktion bestehen in (1) verbesserter
Zuckeraufnahme, (2) erhöhter Vorstufenbereitstellung,
(3) vermehrter Bildung von Reduktionsäquivalenten,
(4) Überwindung der Feedback-Hemmung von Enzymen,
(5) Aufhebung limitierender Biosyntheseschritte, (6) Verhinderung der Nebenproduktbildung, (7) verbessertem
Export, (8) Verhinderung des Abbaus und (9) Optimierung
der globalen Regulationsmechanismen für die Aminosäuresynthese

exprimieren. Dies zielt darauf ab, den gesamten Stofffluss einschließlich der Transportvorgänge in Richtung der gewünschten Aminosäure zu erhöhen, die Bildung unerwünschter Nebenprodukte zu verringern und globale Kontrollmechanismen zu überwinden (■ Abb. 6.4). Dies setzt natürlich Kenntnisse zu den jeweiligen molekularen Mechanismen voraus, die erforscht werden müssen. Zusätzlich verwenden molekulare Techniken oft Gene, die wie erwähnt aus klassisch gewonnenen Stämmen stammen. Darüber hinaus können klassisch gewonnene Stämme auch die Basis bilden, um durch molekulare rekombinante Techniken eine zusätzliche Produktsteigerung zu erreichen.

Weitere Ansätze zur Entwicklung von Produktionsstämmen bieten die unter *„omics"* zusammengefassten globalen Analysen (Box S. 115). So wird die Bestimmung und Analyse von gleichzeitig möglichst vielen Metaboliten, dem Metabolom, als Metabolomik (*Metabolomics*) bezeichnet. Durch Vergleich des Metaboloms von zwei Stämmen lässt sich erkennen,

wo sich ein Metabolit im Stoffwechsel anstaut. Dies ist ein Hinweis darauf, dass der nachfolgende Schritt im Syntheseweg eine Limitation darstellt, die dann durch Genüberexpression überwunden werden kann. Eine weitere globale Analyse ist die Bestimmung aller Transkripte einer Zelle, des Transkriptoms, welche als Transkriptomik (*Transkriptomics*) bezeichnet wird. Dies kann hilfreich sein, um z. B. durch Vergleiche verschiedener Fermentationen mit einem Produktionsstamm zu prüfen, ob ein bestimmtes Expressionsmuster mit einem besonders guten Prozessverlauf korreliert. Falls dies der Fall ist, besteht die Möglichkeit, die gefundenen Gene gezielt für eine Stammoptimierung einzusetzen. Auch genomweite Studien auf Sequenzebene, die unter dem Begriff Genomik (*Genomics*) zusammengefasst sind, werden zur Stammoptimierung eingesetzt. Sie ermöglichen es, vollständige Genomsequenzen klassisch

Die verschiedenen *omics*-Techniken

Zu den *omics*-Techniken zählen komplette Analysen des Genoms (*Genomics*), Transkriptoms (*Transkriptomics*), Proteoms (*Proteomics*) und des Metaboloms (*Metabolomics*). Während reduktionistische Ansätze einzelne Gene, Transkripte, Proteine oder Metaboliten betrachten, versuchen *omics*-Ansätze einen möglichst weitreichenden Überblick zu geben. Die Systembiologie vereint die nötigen biologischen, physikalischen und mathematischen Ansätze. Sie versucht, die erfassten verschiedenen Ebenen und ihre Interaktion zu beschreiben, um so die Zelle in ihrer Gesamtheit zu erfassen.

gewonnener Mutanten zu erhalten und durch Vergleich dieser Sequenzen mit dem Wildtyp-Genom Mutationen zu identifizieren, die für die Produktion wichtig sind. Die so aus Genomvergleichen gewonnenen Mutationen können dann in das Wildtyp-Genom eingebaut werden, sodass nur diejenigen Mutationen vorliegen, die eine erhöhte Produktbildung bewirken, und dagegen diejenigen, die das Wachstum verzögern, ausgemerzt sind.

6.3 L-Glutamat

6.3.1 Syntheseweg und Regulation

Das Natriumsalz von L-Glutamat ist Träger der spezifischen Geschmackskomponente „umami", wobei die molekulare Erkennung von Natriumglutamat durch spezifische Rezeptoren unserer Zunge ausgelöst wird. Die Empfindung „umami" wird noch zusätzlich durch die Ribonukleotide Inosinmonophosphat und Guanosinmonophosphat verstärkt und entsprechend als Geschmacksverstärker eingesetzt. Während die Ribonukleotide mit Mutanten von *Corynebacterium ammoniagenes* produziert werden, erfolgt die Produktion von L-Glutamat ausschließlich mit *Corynebacterium glutamicum*. Die Entdeckung dieses Bakteriums in Japan Mitte des letzten Jahrhunderts, zusammen mit der Beobachtung, dass es L-Glutamat ausscheiden kann, war der Beginn der mittlerweile zu großer Blü-

te gelangten mikrobiellen Aminosäureindustrie (Kap. 1).

Der aufgenommene Zucker wird in *C. glutamicum* über die Glykolyse und den Pentosephosphatweg zu Phosphoenolpyruvat bzw. Pyruvat verstoffwechselt. Pyruvat wird zu Acetyl-CoA decarboxyliert, was anschließend zusammen mit Oxalacetat zu Citrat umgesetzt und in den Tricarbonsäurezyklus eingeschleust wird (◘ Abb. 6.5). Dessen Intermediat α-Ketoglutarat wird durch die Glutamat-Dehydrogenase reduktiv mit Ammonium zu L-Glutamat umgesetzt. Das bei dieser Reaktion benötigte NADPH + H$^+$ steht durch die vorhergehende Decarboxylierung von Isocitrat zur Verfügung. L-Glutamat ist der zentrale Metabolit, um Aminogruppen für Biosynthesezwecke zur Verfügung zu stellen, wie z. B. für Transaminase-Reaktionen, und liegt im Cytosol von *C. glutamicum* in hoher Konzentration von etwa 150 mmol/l vor. Neben der Glutamat-Dehydrogenase besitzt *C. glutamicum* als weiteres System zur Ammoniumassimilation zwar noch die Glutamin-Synthetase und Glutamin-α-Ketoglutarat-Aminotransferase, wie Markierungsexperimente aber zeigten, trägt den Hauptanteil der Glutamatbildung die Glutamat-Dehydrogenase, die in *C. glutamicum* eine hohe spezifische Aktivität von 1,5 µmol pro min und mg Protein hat. Da α-Ketoglutarat bei der Bildung von L-Glutamat dem Tricarbonsäurezyklus entzogen wird, muss Oxalacetat durch Carboxylierung der C$_3$-Bausteine Pyruvat und Phosphoenolpyruvat nachgeliefert werden. Wie sich herausgestellt hat, besitzt *C. glutamicum* dafür zwei

◘ Abb. 6.5 Schema zur Biosynthese und Ausscheidung von L-Glutamat bei *Corynebacterium glutamicum*. Bei Hemmung der Ketoglutarat-Dehydrogenase (ODH) durch das unphosphorylierte Protein OdhI wird vermehrt Glutamat gebildet, welches über den mechanosensitiven Kanal YggB ausgeschieden wird. Der Phosphorylierungszustand von OdhI wird durch die Proteine Pkn (Proteinkinase N) und Ppp (Phospho-Proteinphosphatase) kontrolliert

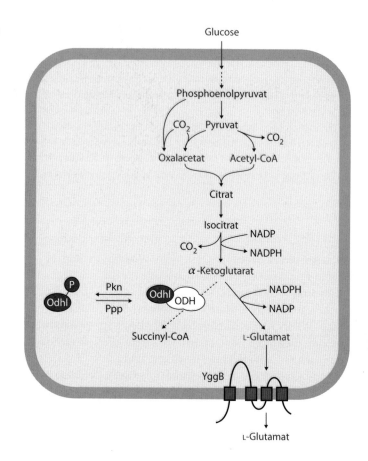

Carboxylasen, die Pyruvat-Carboxylase und die Phosphoenolpyruvat-Carboxylase (◘ Abb. 6.5). Pro Mol Glucose werden zwei Mol Kohlendioxid durch Pyruvat-Dehydrogenase- und Isocitrat-Dehydrogenase-Aktivität freigesetzt, wobei ein Mol wieder über die Carboxylierung von Pyruvat bzw. Phosphoenolpyruvat fixiert wird. Folglich kann unter nicht wachsenden Bedingungen maximal ein Mol Glutamat pro Mol Glucose gebildet werden.

Die Eigenschaft von *C. glutamicum*, L-Glutamat auszuscheiden, war eine Zufallsentdeckung. Bei der Isolation verschiedener Bakterien Mitte des letzten Jahrhunderts wurde nämlich ein Medium ohne Biotin benutzt, und *C. glutamicum* ist biotinauxotroph. Bei wachstumslimitierenden Konzentrationen von etwa 2 µg Biotin pro l scheidet *C. glutamicum* L-Glutamat aus, wogegen bei Konzentrationen von über 5 µg/l keine

Ausscheidung mehr erfolgt. Biotin ist Kofaktor der Acetyl-CoA-Carboxylase, die an der Fettsäuresynthese beteiligt ist, und eine verringerte Acetyl-CoA-Carboxylase-Aktivität führt zu veränderter Lipidzusammensetzung der Cytoplasmamembran. Wie man heute weiß, gibt es neben Biotinmangel aber noch viele andere Möglichkeiten, eine Glutamatausscheidung zu bewirken, wie etwa die Zugabe von Detergenzien, Erhöhung der Temperatur, Zugabe von Antibiotika, wie z. B. Penicillin oder Ethambutol, oder auch Zugabe von Lysozym. Eine Gemeinsamkeit all dieser Auslöser der L-Glutamatausscheidung ist, dass sie alle in die Zellwandsynthese und die Integrität der Zellwand eingreifen. Es lag deshalb nahe, dass ein regulatorischer Prozess an der Auslösung der L-Glutamatausscheidung beteiligt sein muss. Obwohl die molekularen Ereignisse noch nicht alle im Detail verstanden sind, haben neueste Untersuchungen gezeigt, dass tatsächlich ein regulatorisches Protein eine Schlüsselrolle spielt. Es handelt sich dabei um ein kleines Protein, OdhI, das phosphoryliert oder unphosphoryliert vorliegen kann (Abb. 6.5). Der Phosphorylierungszustand von OdhI wird durch Proteinkinasen, Pkn (Proteinkinase N), bzw. eine Phosphatase, Ppp (Phospho-Proteinphosphatase), kontrolliert, die jeweils in der Cytoplasmamembran lokalisiert sind. Diese Enzyme detektieren offensichtlich den Zustand der Zellwand. Bei desintegrierter Zellwand liegt weniger unphosphoryliertes OdhI vor. In dieser unphosphorylierten Form bindet OdhI an die OdhA-Untereinheit der Ketoglutarat-Dehydrogenase, wodurch die Aktivität des Enzyms bis auf eine geringe Restaktivität reduziert wird. Dadurch wird α-Ketoglutarat nicht mehr zu Succinyl-CoA umgewandelt, sondern steht vermehrt zur Glutamatbildung zur Verfügung.

Der Export von Glutamat erfolgt durch einen mechanosensitiven Kanal. Dieser Kanal, YggB, besitzt vier transmembrane Helices. Er dient vermutlich wie vergleichbare Kanäle in *E. coli* zur Aufrechterhaltung des Zellinnendrucks und der Osmoregulation. *C. glutamicum* kommt im Boden vor und muss deswegen in der Lage sein, auf plötzliche Veränderungen der osmotischen Konzentration zu reagieren. Setzt z. B. nach Trockenheit Regen ein, strömt Wasser in die Zelle, was zu ihrem Platzen führen könnte, wenn nicht über mechanosensitive Kanäle ein schneller Ausstrom osmotisch aktiver Substanzen möglich wäre. Da bekannt ist, dass mechanosensitive Kanäle in Abhängigkeit von der Membranspannung sowie auch von der Lipidumgebung öffnen und schließen, scheinen die verschiedenen Auslöser der Glutamatausscheidung auch den Kanal zu beeinflussen. Die Deletion des mechanosensitiven Kanals YggB in *C. glutamicum* verringert die Glutamatausscheidung stark, und Mutanten von *C. glutamicum*, die sehr gut Glutamat ausscheiden, tragen Mutationen in diesem Protein. Zusammengenommen wird in *C. glutamicum* durch Beeinflussung der Zellwand eine Kette von Ereignissen ausgelöst, die sowohl die Synthese von Glutamat als auch dessen Export begünstigen.

6.3.2 Produktionsprozess

Die wichtigsten Prozessparameter, welche die Glutamat-Produktion beeinflussen, sind neben der Biotinkonzentration der pH-Wert, die Temperatur sowie die Sauerstoff- und Ammoniumversorgung. Zu Beginn der Fermentation wird der pH-Wert im Medium mit Ammoniak auf 8,5 eingestellt. Da durch die Glutamatausscheidung das Medium angesäuert wird, muss Base zugeführt werden. Dies erfolgt im Verlauf der Fermentation durch kontinuierliche Zufuhr von Ammoniak. Dadurch wird der pH-Wert konstant auf 7,8 gehalten und gleichzeitig der notwendige Stickstoff zugeführt. Auch Glucose wird bei der großtechnischen Glutamat-Herstellung weitgehend kontinuierlich zugegeben. Für eine optimale Glutamatausbeute ist auch eine ausreichende Sauerstoffversorgung erforderlich. Unter Sauerstoff-limitierenden Bedingungen werden nämlich neben Glutamat noch Lactat und Succinat gebildet. Generell kommt der Prozessführung in der großtechnischen Produktion eine große Rolle zu, wie dies in Kap. 2 dieses Buches dargestellt wird.

Die Glutamat-Produktion mit *C. glutamicum* wird in gerührten Bioreaktoren mit einem Volumen bis zu 500 m^3 ausgeführt, die mit verschiedenen Mess- und Regeleinheiten ausgestattet sind. Nach der Wachstumsphase wird die Produktion z. B. durch die Zugabe von Detergenzien oder durch Erhöhung der Temperatur von 32 °C auf 38 °C induziert. Nach etwa zwei Tagen wird die Fermentation beendet, und die Glutamatausbeute liegt dann bei 60 bis 70 % bezogen auf die umgesetzte Glucose. Nach Abtrennung der Zellen wird der Kulturüberstand, der das Ammoniumsalz des L-Glutamats enthält, zur Aufarbeitung auf einen Anionenaustauscher gegeben. Glutamat bindet, und das frei werdende Ammonium wird nach Destillation erneut in die Fermentation eingesetzt. Vom Ionenaustauscher wird mittels NaOH das Natriumsalz des Glutamats eluiert. Es wird kristallisiert und liegt nach weiteren Schritten wie Bleichen und Sieben in Lebensmittelqualität vor.

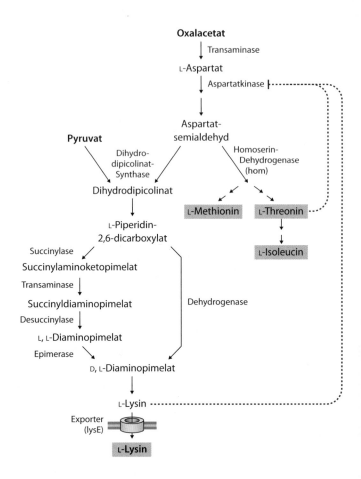

☐ **Abb. 6.6** Schema zur L-Lysin-synthese in *C. glutamicum*. In dem verzweigten Syntheseweg wird das Schlüsselenzym Aspartatkinase durch die Endprodukte L-Lysin plus L-Threonin in seiner Aktivität gehemmt (punktierte Linie). Der Export von L-Lysin durch die Cytoplasmamembran erfolgt durch den Transporter LysE

6.4 L-Lysin

6.4.1 Syntheseweg und Regulation

L-Lysin ist nach L-Glutamat die wichtigste fermentativ hergestellte Aminosäure auf dem Weltmarkt. Es wird hauptsächlich für Schweine- und Hühnerfutter-Formulierungen benutzt (☐ Tab. 6.1). Die Aminosäure wird mit *C. glutamicum*, zum Teil aber auch mit *E. coli* produziert. Bausteine des Kohlenstoffskeletts von L-Lysin sind Oxalacetat und Pyruvat, die im Zentralstoffwechsel bereitgestellt werden. Oxalacetat wird zunächst durch Transaminierung zu L-Aspartat umgewandelt (☐ Abb. 6.6). Aspartat ist Substrat der Aspartatkinase, die ein sehr wichtiges Kontrollelement der Synthese dar-

stellt. Im Wildtyp von *C. glutamicum* ist die Aspartatkinase-Aktivität bei gleichzeitiger Anwesenheit von L-Lysin plus L-Threonin in einer Konzentration von je etwa 1 mmol/l nahezu vollständig gehemmt. Eine weitere wichtige Kontrolle innerhalb des verzweigten Syntheseweges findet auf der Stufe des Aspartatsemialdehyds statt. Aspartatsemialdehyd wird einerseits mit Pyruvat durch die Dihydrodipicolinat-Synthase in den spezifischen L-Lysinsyntheseweg eingeschleust, andererseits für die Synthese von L-Threonin, L-Methionin und L-Isoleucin verwendet. An dieser Verzweigung wird der Fluss in die Lysinsynthese durch eine begrenzende Dihydrodipicolinat-Synthase-Aktivität limitiert. Der Fluss in Richtung Threoninsynthese wird durch Hemmung der Homoserin-Dehydrogenase-Aktivität durch L-Threonin kontrolliert und zusätzlich noch durch Repression des entsprechenden *hom*-Gens durch L-Methionin. Ausgehend von L-Piperidin-2,6-dicarboxylat erfolgt in der weiteren L-Lysinsynthese der Einbau der zweiten Aminogruppe. Dies geschieht entweder über den Dehydrogenase- oder den Transaminaseweg. Im Dehydrogenaseweg wird in einer Einschrittreaktion die Aminogruppe direkt über die Dehydrogenase eingebaut. Im Transaminaseweg dagegen wird Glutamat als Aminodonor benutzt, und der Weg erfolgt insgesamt über vier Schritte und ist deswegen aufwendiger. Die parallelen Wege ermöglichen *C. glutamicum* eine sehr flexible Anpassung an eine unterschiedliche Stickstoffverfügbarkeit, wie es z. B. im Boden der Fall ist, da die Dehydrogenase nur eine geringe Affinität zu Ammonium hat. Bei hoher Ammoniumkonzentration erfolgt die Lysinsynthese über den Dehydrogenaseweg, wohingegen bei niedriger Ammoniumkonzentration der aufwendigere Transaminaseweg benutzt wird.

Das in der Zelle synthetisierte L-Lysin wird durch das Exportprotein LysE aktiv ausgeschieden. Da L-Lysin positiv geladen ist, ist dessen passive Diffusion über die Cytoplasmamembran nicht möglich. Das Exportprotein ist mit einem Molekulargewicht von 25 081 relativ klein und besitzt sechs Transmembranhelices. Höchstwahrscheinlich ist der Exporter als Dimer aktiv, da bekannt ist, dass Transporter zur Funktion mindestens zehn Transmembranhelices besitzen müssen und für verwandte Proteine von LysE der Aufbau als Dimer nachgewiesen ist. Die Synthese von LysE wird durch den Regulator LysG kontrolliert. Erst bei erhöhter zellinterner L-Lysinkonzentration von über 20 mmol/l bewirkt dieser Regulator die Transkription des Exportergens und damit die Synthese des Exportproteins. Wie weitergehende Untersuchungen zeigten, dient dieses System im Wildtyp dazu, eine Akkumulation von L-Lysin in der Zelle zu verhindern, wenn es aus extern verfügbaren Peptiden stammt. Wie viele Bakterien nimmt *C. glutamicum* nämlich Peptide auf und hydrolysiert sie in ihre Aminosäurebausteine. Ist aber zu viel L-Lysin aus solchen Quellen vorhanden, kann es zellintern zu hohen wachs-

tumshemmenden Konzentrationen von über einem Mol L-Lysin kommen, da *C. glutamicum* diese Aminosäure nicht abbauen kann. Folglich trägt LysE zur Regulation der cytosolischen L-Lysinkonzentration unter natürlichen Bedingungen bei, wenn Peptide verwertet werden, wohingegen andere Bakterien dies durch Abbau von L-Lysin erreichen.

6.4.2 Produktionsstämme

Eine signifikante L-Lysinbildung von etwa 20 g/l wurde schon vor vielen Jahren mit Mutanten von *C. glutamicum* erhalten, die Homoserinauxotroph sind. In diesen Stämmen kann das Zwischenprodukt Aspartatsemialdehyd nur noch zu Lysin umgesetzt werden. Bei Zugabe niedriger Threoninkonzentrationen zum Medium wird dann die Aspartatkinase trotz hoher Lysinkonzentration nicht gehemmt. Eine Überproduktion von Lysin erhält man außerdem mit Mutanten von *C. glutamicum*, bei denen die Aspartatkinase nicht mehr gehemmt wird. Solche Mutanten kann man unter Nutzung des Lysin-Antimetaboliten S-Aminoethylcystein (AEC) isolieren (◘ Abb. 6.3). AEC bindet im Wildtyp wie Lysin an das allosterische Zentrum der Aspartatkinase, wodurch es zur Wachstumshemmung kommt. In AEC-resistenten Mutanten ist dagegen das allosterische Zentrum der Aspartatkinase so verändert, dass weder AEC noch Lysin binden. Eine so veränderte Aspartatkinase unterliegt somit keiner Feedback-Hemmung mehr, und entsprechend scheiden diese Mutanten von *C. glutamicum* unter optimalen Kulturbedingungen bis zu 50 g/l Lysin in das Medium aus.

Wie bereits erwähnt, hat die Stammentwicklung durch Genomanalysen von klassisch gewonnenen Produzenten eine neue Dimension erreicht. Im Falle der L-Lysinbildung wurden durch Genomsequenzierungen von klassisch gewonnenen Produzenten fünf für die L-Lysinbildung entscheidende Mutationen identifiziert. Durch spezifischen Einbau dieser Punktmutationen in das Wildtyp-Chromosom kann ei-

◘ **Tabelle 6.3** Konstruktion eines L-Lysinproduzenten ausgehend vom Wildtyp von *C. glutamicum*. Durch sukkzessive Einführung von fünf Punktmutationen in das Chromosom wird eine optimale Flusskontrolle und Bereitstellung von NADPH für die Lysinsynthese erreicht

Stamm	Zusätzliche Mutation	Relevantes Enzym	Flusskontrolle	L-Lysin (g/l)
WT	keine (Wildtyp)			0
Lys-1	WT + *lysC*-T311I	Aspartatkinase	Eingangsreaktion	50
Lys-2	Lys-1 + *hom*-V59A	Homoserin-Dehydrogenase	Verzweigung	70
Lys-3	Lys-2 + *pyc*-P458S	Pyruvatkinase	Vorstufenbereitstellung	80
Lys-4	Lys-3 + *gnd*-S361P	6-P-Gluconat-Dehydrogenase	NADPH-Bereitstellung	89
Lys-5	Lys-4 + *mqo*-W224Stopp	Malat:Chinon-Oxidoreduktase	Vorstufenbereitstellung	93

ne sukzessiv gesteigerte L-Lysinbildung erreicht werden. Zunächst wurde im Aspartatkinase-Gen (*lysC*) in Position 270 302 des Chromosoms von *C. glutamicum* mit einer Gesamtgröße von 3 309 401 Basenpaaren das Nukleotid Cytosin zu Thymin ausgetauscht. Das entsprechend veränderte Codon bewirkt einen Austausch von Threonin in Position 311 der Aspartatkinase gegen Isoleucin (Thr-311-Ile). Dadurch wird das Enzym nicht mehr durch L-Lysin plus L-Threonin gehemmt. Der resultierende Stamm scheidet bereits 50 g/l L-Lysin aus (◘ Tab. 6.3). Die zusätzliche Mutation Val-59-Ala in der Homoserin-Dehydrogenase (Gen: *hom*) führt zu verringerter Enzymaktivität, sodass vermehrt Aspartatsemialdehyd zur L-Lysinsynthese verfügbar ist, was eine Steigerung auf 70 g/l L-Lysin bewirkt. Während diese Mutationen den L-Lysinsyntheseweg selbst betreffen, sind weitere Mutationen im Zentralstoffwechsel lokalisiert. Die im klassisch gewonnenen Produzenten gefundene Mutation Pro-458-Ser der Pyruvatkinase bewirkt eine höhere Bereitstellung von Oxalacetat. Wird diese Mutation zusätzlich zu denen in *lysC* und *hom* eingeführt, akkumuliert der Stamm 80 g/l L-Lysin. Im Pentosephosphatweg wurde die Mutation Ser-361-Pro in der 6-P-Gluconat-Dehydrogenase identifiziert. Diese Mutation bewirkt eine verringerte Hem-

mung des Enzyms durch NADPH + H⁺. Wird diese Mutation in das Chromosom eingeführt, wird die Bereitstellung von Reduktionsäquivalenten für die Biosynthese verbessert und dadurch die L-Lysinbildung noch weiter gesteigert. Eine zusätzliche Steigerung bewirkt schließlich die Inaktivierung der Malat:Chinon-Oxidoreduktase (Gen: *mqo*). Dieses Enzym katalysiert die Chinon-abhängige Umwandlung von Oxalacetat zu Malat, sodass durch die Inaktivierung der Malat:Chinon-Oxidoreduktase mehr Oxalacetat für die L-Lysinbildung zur Verfügung steht. Es ist erkennbar, dass die Bereitstellung der Vorstufen Pyruvat und Oxalacetat für die Steigerung der L-Lysinsynthese wichtig ist. Deswegen ist es nicht verwunderlich, dass auch eine Erhöhung der Pyruvat-Carboxylase-Aktivität durch Überexpression die L-Lysinbildung fördert, ebenso wie die Deletion der Phosphoenolpyruvat-Carboxykinase, die den Abbau von Oxalacetat zu Phosphoenolpyruvat katalysiert.

6.4.3 Produktionsprozess

In der großtechnischen Produktion von L-Lysin mit Mutanten von *C. glutamicum* wurde in der

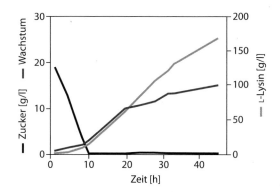

◘ Abb. 6.7 Zeitlicher Verlauf der L-Lysin- und Biomassebildung in einer großtechnischen Produktionsanlage. Nach Verbrauch des anfänglich vorgelegten Zuckers nach 10 h wird dieser kontinuierlich zudosiert

Vergangenheit hauptsächlich Melasse als Kohlenstoff- und Energiequelle eingesetzt. Melasse aus der Zuckerindustrie enthält aber neben dem Zucker auch Abfallprodukte und variiert saisonal stark, sodass keine gute Reproduzierbarkeit des Prozesses gegeben ist. Daher wird heute vornehmlich reine Glucose oder Saccharose als Substrat benutzt. Als Stickstoffquelle dient Ammoniumsulfat oder wässriges Ammoniumhydroxid. Zusätzlich wird Biotin zugefügt, da *C. glutamicum* dieses Koenzym nicht selbst synthetisieren kann, sowie Glycinbetain zur osmotischen Stabilisierung der Zellen. Ausgehend von einem Schüttelkolben erfolgen Vorkultivierungen in Bioreaktoren zunehmender Größe bis hin zum für die Produktion benutzten Reaktor, der bis zu 750 m^3 umfassen kann. Dabei liegt die Animpfdichte über 0,1 g Zellmasse pro l, da andernfalls die lag-Phase des Prozesses zu lang ist. Die Stämme zeigen eine erstaunlich hohe spezifische Produktionsrate, die 4 g/l h erreichen kann. Ferner haben sie eine hohe Toleranz bezüglich der hydrostatischen Druckunterschiede und der Scherkräfte im Fermenter, sodass im Allgemeinen eher die technischen Möglichkeiten des Reaktorsystems, wie z. B. Kühlung und Sauerstoffversorgung, limitierend sind als die des Produktionsstamms. Den Verlauf einer typischen L-Lysinfermentation zeigt ◘ Abb. 6.7. Nach Verbrauch des anfänglich vorgelegten Zuckers

wird dieser kontinuierlich zugefügt, und L-Lysin akkumuliert in Konzentrationen bis weit über 170 g/l. Durch Verwendung von Ammoniumsulfat als Stickstoffquelle wird die ausgeschiedene Aminosäure im Verlauf der Fermentation neutralisiert, sodass L-Lysin als Sulfatsalz vorliegt. Die Produktivität der gesamten Anlage kann weiter erhöht werden, wenn nach Erreichen der gewünschten Endkonzentration, oder auch des maximalen Füllstands des Reaktors, dieser nicht vollständig entleert wird, sondern 10 bis 20 % des Volumens verbleiben, was dann direkt als Inokulum für einen erneuten Fed-Batch-Prozess dient. Dadurch fällt die Anwachsphase weg. Dieses effizienzsteigernde Verfahren wird als *repeated fed-batch* (wiederholtes Zulaufverfahren) bezeichnet, setzt aber voraus, dass der benutzte Produktionsstamm stabil ist. Aufgrund des hohen Kostenanteils für den Zucker sind die Ausbeuten für die Effizienz des Gesamtprozesses ganz wesentlich. Sie liegen deutlich höher als 55 g L-Lysin pro 100 g Glucose; theoretisch sind bis zu 75 g L-Lysin pro 100 g Glucose möglich. Aufgrund des hohen Kostendrucks ist eine sehr gute Reproduzierbarkeit erwünscht, sodass trotz der großen Volumina und der verschiedenen Flüssigkeitsströme beim Gesamtprozess Schwankungen üblicherweise unter 5 % liegen.

Zur Aufarbeitung des L-Lysins sind zwei Verfahren etabliert (◘ Abb. 6.8). Die Gewinnung von kristallinem L-Lysin erfolgt nach dem Abtrennen der Zellen durch Ionenchromatographie, mit anschließender Einengung und Kristallisation sowie abschließender Verpackung. L-Lysin wird dabei als L-Lysin·HCl-Salz gewonnen und vertrieben, weil es weniger hygroskopisch ist als (L-Lysin)$_2$SO$_4$. Im konkurrierenden Verfahren wird das gesamte Fermentationsmedium, einschließlich der Zellen, durch Sprühtrocknung eingeengt und nach Granulierung verpackt. Da *C. glutamicum* ein GRAS (*generally recognized as safe*)-Organismus ist, ist der Organismus selbst als Futtermittel verwendbar, wodurch ein zusätzlicher Gewinn für die Futtermittelformulierung entsteht. Der Prozess ist sehr kostengünstig bezüglich der Investitionskosten, da z. B. keine Chromatographiesäulen benötigt werden, Ab-

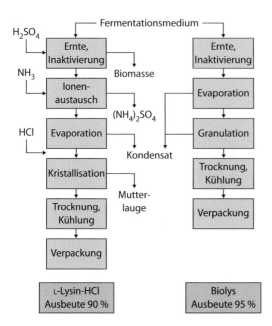

■ **Abb. 6.8** Zwei verschiedene Wege zur Aufarbeitung des L-Lysins aus dem Fermentationsmedium

fallprodukte verhindert werden und geringe Verluste garantiert sind (■ Abb. 6.8). Das gewonnene Produkt wird als Biolys gehandelt.

6.5   L-Threonin

6.5.1   Syntheseweg und Regulation

L-Threonin wird als Futtermitteladditiv benutzt und mit *E. coli* produziert. Die Synthese von L-Threonin erfolgt über einen nur kurzen Weg von fünf Schritten (■ Abb. 6.9). Allerdings wird das Intermediat Aspartatsemialdehyd auch für die L-Lysinsynthese benötigt und das Intermediat Homoserin für die L-Methioninsynthese. Darüber hinaus ist L-Threonin auch Vorstufe der L-Isoleucinsynthese. Es ist einleuchtend, dass dieser Syntheseweg, der in die Synthese von mehreren Aminosäuren eingebettet ist, einer besonderen Regulation bedarf. Dies ist in *E. coli* so gelöst, dass drei Isoenzyme mit Aspartatkinase-Aktivität

vorliegen, die jeweils spezifisch gehemmt werden: eines durch L-Threonin, eines durch L-Lysin und eines durch L-Methionin. Weiterhin gibt es auch zwei Homoserin-Dehydrogenase-Aktivitäten, von denen die eine durch L-Threonin und die andere durch L-Methionin gehemmt wird. Zusätzlich sind auch die entsprechenden Gene in Transkriptionseinheiten angeordnet, sodass auch auf der Stufe der Genexpression eine von der Aminosäureverfügbarkeit abhängige Synthese gewährleistet ist. Das für die L-Threonin-Produktion relevante Operon ist *thrABC*. Dabei codiert *thrA* für ein bifunktionelles Enzym mit Aspartatkinase- und Homoserin-Dehydrogenase-Aktivität, *thrB* für eine Homoserinkinase und *thrC* für eine Threonin-Synthase. Dieses Operon unterliegt einer starken Kontrolle der Transkription durch Attenuation. Das entsprechende Leaderpeptid vor *thrABC* ist Thr-Ile-Thr-Thr-Thr-Ile-Thr-Ile-Thr-Thr. In der Zelle wird über die Synthesegeschwindigkeit dieses Leaderpeptids der Beladungszustand von $tRNA^{Thr}$ und $tRNA^{Ile}$ detektiert. Wenn die tRNAs nicht mit ihrer zugehörigen Aminosäure beladen sind, kann keine Leaderpeptid-Bildung erfolgen, und die Transkription des Operons ist dann mindestens zehnfach erhöht. Dagegen kommt es zum vorzeitigen Abbruch der Transkription, wenn viel beladene tRNAs vorliegen.

6.5.2   Produktionsstämme

Schlüssel der L-Threonin-Produktion mit *E. coli* sind: *L-Threonin!Produktionsstämme* (1) die Expression des *thrABC*-Operons mit nicht mehr hemmbaren Enzymaktivitäten; (2) Verhinderung der Verstoffwechselung von L-Threonin zu L-Isoleucin; (3) die Verhinderung des L-Threoninabbaus; und (4) der Export von L-Threonin.

Das Gen *thrA* codiert für eine Aspartatkinase und Homoserin-Dehydrogenase. Die Hemmung dieser Enzymaktivitäten durch L-Threonin wurde aufgehoben. Um auch eine

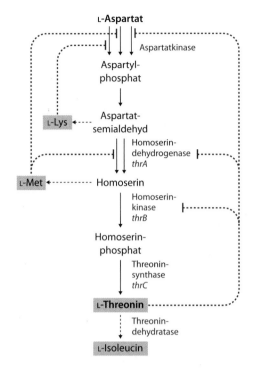

L-**Aspartat**

Aspartatkinase

Aspartyl-
phosphat

L-Lys

Aspartat-
semialdehyd

Homoserin-
dehydrogenase
thrA

L-Met ←- - - - - - - Homoserin

Homoserin-
kinase
thrB

Homoserin-
phosphat

Threonin-
synthase
thrC

L-**Threonin**

Threonin-
dehydratase

L-Isoleucin

◘ Abb. 6.9 Schema zur L-Threoninsynthese in *E. coli* und ihre Verknüpfung mit der Synthese von L-Lysin, L-Methionin und L-Isoleucin. *Parallele Pfeile* weisen auf Isoenzyme hin. Feedback-Hemmungen von Enzymaktivitäten sind durch *punktierte Linien* angegeben

sen. Es gelang, Mutanten zu isolieren, die bei Zugabe sehr hoher L-Threoninkonzentrationen wieder etwas besser wachsen als der Ausgangsstamm. Wie sich herausgestellt hat, liegt dies an einem Basenaustausch im Promotorbereich des Gens *rhtA*. Dieses Gen codiert für einen Exportcarrier der DME (*drug/metabolite exporter*)-Familie mit zehn transmembranen Helices. Die Promotormutation führt nahezu zu einer Verdoppelung der L-Threoninexportrate, sodass zellinterne hohe L-Threoninkonzentrationen vermieden werden, die offensichtlich nachteilig für die Zelle sind. Der im Vergleich zu *C. glutamicum* sehr effektive L-Threoninexport bei *E. coli* ist maßgeblicher Grund dafür, dass zur L-Threonin-Produktion Stämme von *E. coli* benutzt werden.

6.5.3 Produktionsprozess

Die Kultivierung des L-Threoninproduzenten erfolgt in einem einfachen Salzmedium mit Glucose oder Saccharose als Substrat. Nach dem Beimpfen und Verbrauch des vorgelegten Zuckers erfolgt dessen kontinuierliche Zugabe. Über pH-Kontrolle wird zusätzlich Ammoniak oder Ammoniumhydroxid als Stickstoffquelle zugeführt. Die Fütterungsstrategie ist im Vergleich zur L-Lysinbildung einfach, da kein basisches Produkt akkumuliert und ein Gegenion wie Sulfat nicht benötigt wird. Nach etwa zwei bis drei Tagen ist die Fermentation beendet. L-Threonin liegt im Kulturmedium in Konzentrationen von über 100 g/l vor, sodass es bereits teilweise kristallisiert. Die auf den Zucker bezogenen Ausbeuten betragen etwa 60 %. Die Aufarbeitung des Produktes ist wegen der geringen Löslichkeit und der geringen Salzfracht relativ einfach. Nach Abtrennung der Zellen wird die L-Threonin-enthaltende Lösung etwas eingeengt und die Kristallisation der Aminosäure durch Abkühlen eingeleitet. Abtrennung und Trocknung der Kristalle liefert L-Threonin mit einer Reinheit von über 90 %. Eine Rekristallisation wird durchgeführt, wenn hochreines L-Threonin benötigt wird.

hohe Expression zu gewährleisten, wurde der Attenuatorbereich des Operons deletiert, was den vorzeitigen Abbruch der Transkription des *thrABC*-Operons verhindert. Da bei starker L-Threoninsynthese auch L-Isoleucin gebildet wurde, wurde eine Mutante mit verringerter Substrataffinität der Threonin-Dehydratase isoliert. Diese Mutante benötigt zwar bei niedrigen L-Threoninkonzentrationen die Zugabe von L-Isoleucin zum Medium; bei hohen L-Threoninkonzentrationen bildet sie aber gerade ausreichend L-Isoleucin zum Wachstum. *E. coli* ist in der Lage, L-Threonin abzubauen, und verwendet hierfür eine Threonin-Dehydrogenase. Inaktivierung des entsprechenden Gens, *tdh*, verbessert weiter die L-Threoninakkumulation. Eine kürzlich erfolgte weitere Stammentwicklung betrifft die Beobachtung, dass Stämme, die sehr viel L-Threonin bilden, auch schlechter wach-

L-Cystein

L-Cystein ist eine schwefelhaltige Aminosäure, die bis Anfang dieses Jahrhunderts noch ausschließlich aus Haar, das reich an L-Cystein ist, isoliert wurde. Durch Metabolic Engineering ist es gelungen, den Stoffwechsel von *E. coli* so anzupassen, dass derzeit bereits etwa ein Viertel des produzierten L-Cysteins mikrobiell hergestellt wird. Eine besondere Herausforderung war es dabei, die zellinterne Verfügbarkeit des Schwefels zu gewährleisten. Als Schwefelquelle der mikrobiellen Synthese dienen Sulfat oder Thiosulfat, an deren Aufnahme und Reduktion zum Sulfid zwölf Gene beteiligt sind. Im Produktionsprozess mit *E. coli* wird eine Fütterungsstrategie mit Thiosulfat als Schwefelquelle benutzt. L-Cystein wird dabei in hohen Konzentrationen von über 30 g/l gebildet, und es fällt unter den aeroben Kultivierungsbedingungen in Form des Dimers als Cystin aus. Dieses wird gereinigt und durch Elektrolyse wieder zu L-Cystein reduziert. (Weitere Informationen unter www.wacker.com/cms/de/wacker_group/services/special_cysteine/cysteine.jsp.)

6.6   L-Phenylalanin

6.6.1   Syntheseweg und Regulation

L-Phenylalanin gehört wie L-Tyrosin und L-Tryptophan zu den aromatischen Aminosäuren, die den Syntheseweg bis zum Chorismat gemeinsam haben. Wie aus ◘ Abb. 6.10 zu ersehen ist, sind die Vorstufen für die Aromatenbiosynthese Erythrose-4-phosphat und Phosphoenolpyruvat, welche im ersten Schritt zu 3-Desoxy-D-arabinoheptulonsäure-7-phosphat (DAHP) umgesetzt werden. Sechs weitere Enzyme katalysieren die Umsetzung dieses ersten Zwischenproduktes zum Chorismat. Dieses Intermediat wird dann über Anthranilat zu L-Tryptophan oder über Prephenat zu L-Phenylalanin bzw. L-Tyrosin umgesetzt.

Dieser Aromatenbiosyntheseweg unterliegt in *E. coli* einer komplexen Regulation. So besitzt dieses Bakterium drei DAHP-Synthase-Isoenzyme, welche durch die Gene *aroF*, *aroG* und *aroH* codiert werden, wobei das Isoenzym AroG etwa 80 % der gesamten DAHP-Synthase-Aktivität ausmacht. Die Synthese und Aktivität jedes dieser drei Isoenzyme wird jeweils durch eine der drei aromatischen Aminosäuren reguliert, sodass in der Regel *E. coli* diese

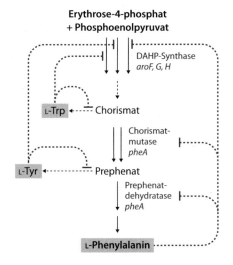

◘ **Abb. 6.10**   Schema zur Synthese der aromatischen Aminosäuren und ihrer Regulation in *E. coli*. Feedback-Hemmungen von Enzymaktivitäten sind durch *punktierte Linien* angegeben. Das Schlüsselenzym 3-Desoxy-D-arabinoheptulonsäure-7-phosphat-Synthase ist als DAHP-Synthase abgekürzt

Aminosäuren nicht überproduziert. Ein weiterer wichtiger Schritt in der Regulation des Phenylalaninsynthese-Endzweigs ist das bifunktionale Enzym PheA mit Chorismatmutase- und Prephenat-Dehydratase-Aktivität, da diese Aktivitäten durch L-Phenylalanin gehemmt werden. Zusätzlich wird die *pheA*-Genexpression auch durch den Beladungszustand der tRNA^{Phe} durch Attenuation kontrolliert.

6.6.2 Produktionsstämme

Produzentenstämme haben Feedback-resistente durch *aroG* oder *aroF* codierte DAHP-Aktivität und Feedback-resistente durch *pheA* codierte Enzymaktivitäten. Generell sind Produzenten L-Tyrosin-auxotroph. Ein Grund dafür ist, dass wegen des nur zwei Schritte umfassenden Weges von Prephenat zu L-Tyrosin bei sehr starker L-Phenylalaninbildung auch geringe Mengen L-Tyrosin gebildet würden, was natürlich unerwünscht ist. Ein weiterer Grund ist, dass wegen der L-Tyrosin-Auxotrophie das Wachstum über die Zugabe von L-Tyrosin gezielt gesteuert werden kann (Abschn. 6.6.3). In einigen *E. coli*-Stämmen wird über einen Temperatur-sensitiven Repressor des Bakteriophagen λ zusammen mit dem λ P_L-Promotor eine induzierbare Expression von *pheA* und *aroF* erreicht. Somit wird es möglich, durch Temperaturerhöhung eine sehr hohe Enzymaktivität in der Produktionsphase zu erreichen, wodurch Stabilitätsprobleme aufgrund hoher Enzymkonzentrationen und -aktivitäten reduziert werden. Dadurch können die Kultivierungsschritte bis zum Animpfen des Bioreaktors bei niedriger Expression der Schlüsselgene erfolgen und erst in der tatsächlichen Fermentation die Gene stark exprimiert werden.

6.6.3 Produktionsprozess

Für eine hohe L-Phenylalaninbildung ist eine ausgeklügelte Kontrolle des Stoffwechsels in der Fermentation nötig. Dies hat zwei Gründe: Zum einen muss der Kohlenstofffluss optimal auf die vier Produkte der Glucose-Verstoffwechslung verteilt werden – L-Phenylalanin, die Zellmasse, Essigsäure und CO_2. Zum anderen ändert sich die Aktivität der Zellen im Verlauf der Kultur ständig, sodass die Prozessparameter bei der Kultivierung fortwährend angepasst werden müssen. ◻ Abbildung 6.11 zeigt den typischen Verlauf einer L-Phenylalanin-Produktion. Das Hauptproblem ist, dass *E. coli* bei Glucoseüberschuss oder Sauerstoffmangel dazu neigt, Essigsäure auszuscheiden. Um dies zu verhindern, wurde eine adaptive Zuckerzufuhr-Strategie entwickelt, die *on-line* Daten und Flüsse zum Sauerstoffverbrauch, der Zuckerkonzentration und der Biomassekonzentration erfasst. Diese Daten dienen der Anpassung während des Prozesses an die optimale Zuckerzufuhr. Nach Verbrauch des anfänglich vorgelegten Zuckers in Phase 1 treten die Zellen in Phase 2 ein, in der der Zucker kontinuierlich zugegeben wird. Da die Biomasse zunimmt, steigt auch die Rate der Zuckerzufuhr in dieser Phase. Durch die adaptive Zuckerzufuhr-Strategie wird eine zu hohe Glucosekonzentration vermieden, da dies wie erwähnt zur Essigsäurebildung führen würde. Gleichzeitig wird aber auch eine bestimmte Glucosekonzentration nicht unterschritten, da sonst eine starke CO_2-Bildung auftreten würde. Wenn das anfangs vorhandene L-Tyrosin verbraucht ist, treten die Zellen in Phase 3 ein. Wie erwähnt, sind alle L-Phenylalanin-Produzenten auxotroph für L-Tyrosin. Die zu Beginn der Fermentation vorgelegte L-Tyrosinkonzentration bestimmt somit die Konzentration der Biomasse in Phase 3, mit der nun Glucose effizient zu L-Phenylalanin umgewandelt wird. In Phase 3 geht die Stoffwechselkapazität der Zellen teilweise zurück, was folglich auch zu verringerter Zuckerzufuhr führt. Wegen weiter nachlassender Stoffwechselaktivität der Zellen beginnt schließlich eine signifikante Ausscheidung von Essigsäure. Die Zellen befinden sich in Phase 4, in der keine wesentliche L-Phenylalanin-Akkumulation mehr erfolgt, sodass der Prozess schließlich abgebrochen wird. Dieses Beispiel der Aminosäure-Produktion zeigt, dass durch eine ausgeklügelte Fütterungsstrategie mit adaptiver Kontrolle eine sehr hohe L-Phenylalaninkonzentration innerhalb von nur 2,5 Tagen erreicht werden kann. Werte von 50 g/l L-Phenylalanin bei einer Ausbeute von 28 %, bezogen auf den eingesetzten Zucker, sind berichtet.

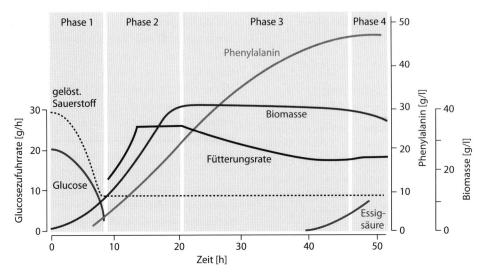

Abb. 6.11 Vier Phasen der L-Phenylalanin-Produktion mit *E. coli*. Die einzelnen Phasen sind durch einen jeweils unterschiedlichen physiologischen Zustand der Zellen charakterisiert, was eine angepasste Kontrolle der Sauerstoffkonzentration und der Zuckerzufuhr erfordert. Phase 1: hohe Glucosekonzentration, Wachstum; Phase 2: Wachstum, Beginn der Phenylalaninbildung; Phase 3: Phenylalaninbildung, kein Wachstum; Phase 4: Essigsäuresynthese, Zelllyse. Die Anfangskonzentration an Glucose betrug 20 g/l und die Endkonzentration an Acetat 3 g/l

6.7   Ausblick

Die Produktion von L-Aminosäuren ist ein klassischer Prozess in der mikrobiellen Biotechnologie. Anfangs wurden nur bescheidene Konzentrationen erreicht und nur geringe Mengen produziert. Der Bedarf steigt allerdings immens. So betrug der Wert der mikrobiell hergestellten Aminosäuren im Jahr 2008 etwa 4,8 Mrd. US-Dollar, und der Wert im Jahr 2013 wird auf 7,5 Mrd. US-Dollar geschätzt. Daher ist es verständlich, dass die Produktionsverfahren ständig verbessert werden müssen. Hier werden hohe Anforderungen gestellt, die molekulare, bioinformatische und prozesstechnische Aspekte vereinen. Dadurch wird die optimale Nutzung nachwachsender Rohstoffe zur konkurrenzfähigen Aminosäuregewinnung gewährleistet.

Literaturverzeichnis

Debabov VG (2003) The threonine story. Adv Biochem Eng 79: 114–136

Eggeling L (2009) Microbial metabolite export in biotechnology. In: Flickinger MC (Hrsg) Encyclopedia of Industrial Biotechnology: Bioprocess, Bioseparation, and Cell Technology. John Wiley & Sons, Inc.

Eggeling L, Bott M (Hrsg) (2005) Handbook of *Corynebacterium glutamicum*. CRC Press, Taylor & Francis Group, Boca Raton, FL, USA

Ikeda M, Ohnishi J, Hayashi M, Mitsuhashi S (2006) A genome-based approach to create a minimally mutated *Corynebacterium glutamicum* strain for efficient L-lysine production. J Ind Microbiol Biotechnol 33: 610–615

Konstantinov KB, Nishio N, Seki T, Yoshida T (1991) Physiologically motivated strategies for control of the fed-batch cultivation of recombinant *Escherichia coli* for phenylalanine production. J Ferment Bioeng 71: 350–355

7 Vitamine, Nukleotide und Carotinoide

Klaus-Peter Stahmann und Hans-Peter Hohmann

7.1 Anwendungsbereiche und wirtschaftliche Bedeutung

Vitamine sind chemisch und funktionell sehr heterogen. Sie haben mit den essenziellen Aminosäuren gemeinsam, dass dem Menschen und den Haustieren die Biosynthese dafür fehlt und sie deshalb mit der Nahrung aufgenommen werden müssen. Während der menschliche Tagesbedarf für L-Methionin bei etwa 1 g liegt, ist dieser für Vitamin B_{12} mit etwa 1 μg sechs Größenordnungen kleiner. Das liegt daran, dass Vitamine als Co-Faktoren von Enzymen katalytisch wirksam sind. Die trotz niedriger Dosierung erzielte Wirkung – z. B. wachsen Zuchttiere, die optimal mit Vitaminen versorgt werden, besser – erlaubt auch einen interessanteren Preis.

Die mikrobielle Produktion von Vitamin B_2 zeigt, dass auch über Jahrzehnte etablierte chemische Verfahren, durch die Industrielle Mikrobiologie abgelöst werden können.

Auch die Marktvolumina sind sehr verschieden. An erster Stelle steht das Vitamin C mit über 100 000 t Jahresproduktion. An der letzten Stelle steht das mit *Pseudomonas denitrificans* hergestellte Vitamin B_{12} mit etwa 10 t pro Jahr, die aber mit einem wesentlich besseren Kilogramm-Preis verkauft werden.

Vitamine werden überwiegend chemisch hergestellt. Von über 20 Vitaminen werden inzwischen aber drei, nämlich Vitamin C, Vitamin B_2 und Vitamin B_{12}, mithilfe von Mikroorganismen produziert.

Nukleotide, gemeint sind Inosin-5′-phosphat (IMP) und Guanosin-5′-phosphat (GMP), dienen als Geschmacksverstärker für Lebensmittel. Ähnlich wie die als Würzmittel eingesetzte Aminosäure L-Glutaminsäure nicht essenziell ist, aber herstellungstechnisch der Wegbereiter für die mikrobielle Herstellung der essenziellen Aminosäure L-Lysin war, ermutigte die erfolgreiche Nutzung von *Bacillus subtilis* für die Herstellung von IMP zur mikrobiellen Produktion des Vitamins Riboflavin mit dem gleichen Bakterium.

Carotinoide werden als naturidentische Farbstoffe eingesetzt. Während das teuerste, für die Lachszucht wichtige Carotinoid Astaxanthin chemisch synthetisiert oder über Mikroalgen gewonnen wird, gibt es für β-Carotin neben dem chemischen ein mikrobielles Verfahren mit einem Pilz, das für Kunden angeboten wird, die einer Biosynthese den Vorzug gegenüber der chemischen Synthese geben, um damit höherpreisige Lebensmittel auszustatten.

Die in diesem Kapitel behandelten Wertstoffe sind nicht nur bezüglich ihrer Struktur und Physiologie heterogen. Auch die Rolle der Mikroorganismen bei der industriellen Herstellung ist sehr verschieden. So gibt es einerseits natürliche Überproduzenten, wie z. B. den filamentösen Pilz *Ashbya gossypii*, und andererseits durch vielfältige Mutagenesen entwickelte Produktionsstämme, z. B. *Bacillus subtilis*. Beide Produzenten-Typen sind aber erst durch gentechnische Stammoptimierung, von den spezifischen Biosynthese-Genen bis zu den Genen für Enzyme der Vorstufensynthese, optimal entwickelt und daher wirtschaftlich einsetzbar geworden.

Bei der Herstellung von Vitamin C kommt nicht etwa die aus Pflanzen bekannte Biosynthese zum Einsatz, sondern in einer Kette von chemischen Reaktionen werden sogenannte Ganzzell-Biotransformationen durchgeführt. Dies bedeutet, es erfolgt z. B. nur eine selektive Oxidation mithilfe von *Gluconobacter oxydans* (◘ Tab. 7.1).

In die ◘ Tab. 7.1 aufgenommen, aber nicht näher behandelt, sind mehrfach ungesättigte Fettsäuren (PUFAs, *polyunsaturated fatty acids*). Sie spielen in der Muttermilch eine Rolle. Da die Biosynthese, z. B. von Arachidonsäure, beim Säugling noch nicht entwickelt ist, das aus dieser Fettsäure gebildete Hormon aber bei der Gehirnentwicklung eine Rolle spielt, wird Arachidonsäure als Nahrungsergänzung für Babys eingesetzt. Eine Möglichkeit der Gewinnung ist die Isolierung dieser C_{20}-Fettsäure, die vier Doppelbindungen besitzt, aus dem Mycel des Ascomyceten *Mortierella alpina*.

Die Produktion von Vitamin K_2 mit *Bacillus subtilis* wird in diesem Kapitel nicht diskutiert,

◻ Tabelle 7.1 Auswahl an Vitaminen, Nukleotiden, Carotinoiden und PUFAs, die im Jahr 2010 industriell mit Bakterien oder Pilzen hergestellt wurden. Bei der mehrstufigen chemischen Synthese von Vitamin C wird entweder eine Stufe oder es werden zwei Stufen mit Bakterien katalysiert. Für Vitamin B_2 und Inosin-5′-phosphat (IMP) gibt es je zwei unabhängige Verfahren, die mit verschiedenen Mikroorganismen entwickelt wurden

Stoffklasse Produkte	Mikrobielle Produktion	
	Bakterien oder Pilz-Spezies	t/a
Vitamine		
C	*Gluconobacter oxydans* (plus *Ketogulonicigenium vulgare*)	>100 000
B_2	*Ashbya gossypii* oder *Bacillus subtilis*	<10 000
B_{12}	*Pseudomonas denitrificans*	>10
Nukleotide		
IMP/GMP	*Bacillus subtilis* oder *Corynebacterium ammoniagenes* plus *Escherichia coli*	>10 000
Carotinoide		
β-Carotin	*Blakeslea trispora*	>10
PUFAs		
Arachidonsäure	*Mortierella alpina*	?

weil zur Stammentwicklung zu wenig bekannt ist. Außerdem kann der Mensch dieses Vitamin von der Darmflora aufnehmen. Auch L-Carnitin wurde weggelassen, denn es kann vom menschlichen Anabolismus in ausreichender Menge bereitgestellt werden. Ebenfalls ausgespart wurde Niacin, da beim Herstellungsverfahren kein Mikroorganismus, sondern nur ein Enzym involviert ist.

Die am Markt erzielten Preise für Vitamine reichen von unter 10 Euro pro kg, wie im Fall des Vitamins C, über 10 bis 20 Euro für Vitamin B_2 und bis zu einigen 1000 Euro für Vitamin B_{12}. Die Preise sind starken Schwankungen unterworfen. So stießen im Jahr 2008 die Preise für Vitamin C in ungeahnte Höhen vor, ausgelöst durch tatsächliche oder vermutete Verknappung des Angebots chinesischer Produzenten, die 80 % des Weltmarktes beliefern. Mittlerweile sind die Preise wieder deutlich

unter 10 Euro pro kg gefallen. Die Verkaufspreise für die Vitamine richten sich auch nach ihrem Verwendungszweck in der Futtermittel-, Nahrungsmittel- oder Pharmaindustrie. Für diese Industrien stehen Vitaminprodukte in unterschiedlicher Reinheit, Formulierung und Konfektionierung zur Verfügung.

7.2 L-Ascorbinsäure (Vitamin C)

7.2.1 Biochemische Bedeutung, Anwendungen und Biosynthese

Bereits auf einem Papyrus, verfasst um 1550 v. Chr., wurden die Symptome von Skorbut, wie Zahnverlust oder Zahnfleischbluten, beschrieben. **Skorbut** stellte über viele Jahrhunderte hinweg eine ernsthafte Mangelerscheinung dar, vor allem bei Seefahrern. Erst zu Beginn des 20. Jahrhunderts wurde klar, dass die Ursache in der unzureichenden Versorgung mit einem Ernährungsfaktor lag, der später als Vitamin C oder L-Ascorbinsäure bezeichnet wurde. Mithilfe von an Skorbut erkrankten Meerschweinchen, die neben den Menschen zu den wenigen Säugetieren gehören, welche L-Ascorbinsäure mit der Nahrung aufnehmen müssen, wurde die Substanz in den 1930er-Jahren nach ihrer Reinigung aus Zitronensaft identifiziert, dann ihre chemische Struktur aufgeklärt und diese durch Synthese verifiziert. L-Ascorbinsäure ist ein notwendiger Co-Faktor verschiedener Oxidasen, die an der Biosynthese von Kollagen, L-Carnitin oder Adrenalin beteiligt sind. Die stereoisomere D-Ascorbinsäure hat keine Anti-Skorbut-Aktivität. Die Symptome von Skorbut rühren daher, dass L-Prolin- und L-Lysinreste der Pro-alpha-Kollagenketten nicht hydroxyliert werden und daher eine Vernetzung der Ketten zu stabilen Kollagentripelhelices unterbleibt. Da L-Ascorbinsäure zusätzlich als effektiver Fänger von gefährlichen Radikalen dient, die als Nebenprodukte in der mitochondrialen Atmungskette entstehen, liegt die von der WHO empfohlene Tagesdosis mit 60 mg für einen Erwachsenen deutlich über den Angaben für alle anderen Vitamine.

Die Biosynthese von L-Ascorbinsäure startet von D-Glucose ausgehend und verläuft in Pflanzen über das L-Galactono-1,4-lacton. Es erfolgt eine Inversion des Kohlenstoffgerüstes, d. h. C_1 der Glucose wird zu C_6 im Zielmolekül. Im tierischen Biosyntheseweg kommt dagegen L-Gulono-1,4-lacton vor, es erfolgt also keine Inversion, sondern mehrere Epimerisierungsreaktionen. Die Auxotrophie bei wenigen Säugetieren resultiert aus Mutationen in ihrem Gen für die L-Gulono-1,4-lacton-Oxidase, die L-Gulono-1,4-lacton in L-Ascorbinsäure überführt.

Mit jährlich mehr als 100 000 industriell hergestellten t ist L-Ascorbinsäure mengenmäßig das bedeutendste Vitamin. Im Gegensatz zu vielen anderen Vitaminen findet nur ein kleiner Anteil (10 %) der industriell hergestellten L-Ascorbinsäure Verwendung in der Tierernährung. Der weitaus größere Teil geht in die pharmazeutische (50 %) und Lebensmittelindustrie (40 %). Bei oxidationsempfindlichen Lebensmitteln, z. B. Fruchtsäften, wird durch Vitamin C eine unerwünschte Verfärbung verhindert, ein saurer pH stabilisiert und der Geschmack verbessert.

7.2.2 Regioselektive Oxidationen mit Bakterien im Herstellungsprozess

Die industrielle Produktion von L-Ascorbinsäure begann mit der Extraktion von Früchten. Der erste chemische Prozess von 1933 basierte auf L-Xyloson, aber schon 1934 wurde der berühmte **Reichstein-Prozess** entwickelt. Die Grundidee dieses Prozesses besteht darin, dass die C_2-Position der D-Glucose zur C_5-Position in der L-Ascorbinsäure unter Erhaltung der Stereochemie, nämlich der L-Konfiguration der OH-Gruppe, wird.

Im Einzelnen wird im Reichstein-Prozess zunächst mittels katalytischer Hydrierung von D-Glucose das D-Sorbit erhalten (◘ Abb. 7.1). Letzteres wird dann mit *Gluconobacter oxydans*, einem früher auch als *Acetobacter suboxydans* bezeichneten Gram-negativen Bakterium, bei saurem pH in Kontakt gebracht. Die in industriellen *Gluconobacter*-Stämmen stark exprimierte PQQ-abhängige Sorbit-Dehydrogenase, die hochspezifisch die OH-Gruppe an C_5 angreift, führt zur raschen Oxidation von D-Sorbit zu L-Sorbose mit über 90 % Ausbeute. Der Prozess kann kontinuierlich bei über 200 g/l Substratkonzentration geführt werden.

Die nachfolgende chemische Oxidation der primären OH-Gruppe an C_1 der L-Sorbose zur Säure nach Acetonisierung der übrigen OH-Gruppen, gefolgt von der Abspaltung der Schutzgruppen, führt zur 2-Keto-L-gulonsäure. Diese wird isoliert, in ein organisches Lösungsmittel

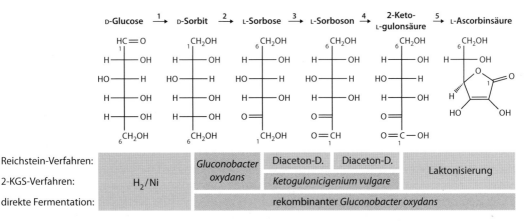

■ **Abb. 7.1** Die Biotransformationen (*rot unterlegt*) in den industriellen Verfahren zur L-Ascorbinsäure-Produktion gehen von D-Sorbit aus. Im Reichstein-Verfahren erfolgt nur Schritt 2 mikrobiell. Die anschließenden Oxidationen werden chemisch durchgeführt, wobei die nicht zu oxidierenden OH-Gruppen als Diaceton-Derivate geschützt werden. Die so gebildete 2-Keto-L-gulonsäure wird in Schritt 5 chemisch zu L-Ascorbinsäure umgelagert. Seit den 1990er-Jahren werden auch die Schritte 3 und 4 mikrobiell durchgeführt (2-KGS-Verfahren). Eine mögliche Weiterentwicklung des Prozesses könnte darin bestehen, dass die Reaktion 4 so geführt wird, dass anstelle der 2-Keto-L-gulonsäure direkt ihr 1,4-Lacton entsteht, aus dem sich durch Keto-Enol-Tautomerisierung spontan L-Ascorbinsäure bildet. Die rot markierte OH-Gruppe dient der Orientierung, da sich durch Reduktion am ursprünglichen C_1 und Oxidation am C_5 die Zählweise umkehrt

überführt und unter sauren oder basischen Bedingungen in das 1,4-Lacton umgewandelt, das spontan zum Zielprodukt enolisiert.

Nach Etablierung der Reichstein-Synthese als Industriestandard zur Produktion von L-Ascorbinsäure hat es nicht an Versuchen gefehlt, auch die Oxidation der primären C_1-Alkoholgruppe biokatalytisch durchzuführen. In der Tat ist *Gluconobacter oxydans* dazu in der Lage, aber die relativ geringe Aktivität, auch nach Überexpression der Gene für FAD-abhängige Sorbose-Dehydrogenase und NAD-abhängige Sorboson-Dehydrogenase, verhinderte die industrielle Nutzung von *Gluconobacter* zur Herstellung der L-Ascorbinsäure-Vorstufe.

Um 1970 wurde das Gram-positive Bakterium *Ketogulonicigenium vulgare* isoliert, das sehr effektiv L-Sorbose über L-Sorboson zu 2-Keto-L-gulonsäure oxidieren kann (■ Abb. 7.1). Dazu stehen dem Bakterium gleich mehrere PQQ- und FAD-abhängige Dehydrogenasen zur Verfügung, deren Gene mittlerweile kloniert und charakterisiert werden konnten. Diese Dehydrogenasen sind zwar außerordentlich aktiv, aber nicht sehr substratspezifisch. Sie oxidieren z. B. auch D-Sorbit über D-Glucose zu D-Gluconat. Um dies zu verhindern, wird die biokatalytische Oxidation von D-Sorbit zu 2-Keto-L-gulonsäure in zwei getrennten Stufen durchgeführt, wobei wie beim Reichstein-Prozess zuerst an C_2 mittels *Gluconobacter oxydans* und danach mittels *Ketogulonicigenium vulgare* an C_1 oxidiert wird. Zur Erlangung der höchsten Produktivität braucht *Ketogulonicigenium vulgare* die Stimulation durch andere, co-kultivierte Bakterien, wie z. B. *Bacillus megaterium*. Eine plausible molekulare Begründung für dieses gut dokumentierte Phänomen konnte bislang nicht gefunden werden. Wegen der Bildung einer recht starken organischen Säure (der pKs-Wert von 2-Keto-L-gulonsäure ist ca. 2,5) muss während des Prozesses kontinuierlich titriert werden, um den pH nicht unter einen für den Biokatalysten schädlichen Wert absinken zu lassen. Dient Natronlauge als Titrationsmittel, wird das Natriumsalz der 2-Keto-L-gulonsäure, das bis zu weit über 100 g/l akkumulieren kann, aus der Kultur isoliert, gereinigt und wie beim

Reichstein-Prozess sauer oder basisch in einem organischen Lösungsmittel zum Endprodukt umgelagert. Der Vorteil dieser zweistufigen, rein mikrobiellen Oxidation, dem sogenannten **2-KGS-Verfahren**, gegenüber dem Reichstein-Prozess liegt in der verminderten Anzahl von Prozessstufen und dem Wegfall der Schutzgruppenchemie. Die Investitionskosten für eine Produktionsanlage sowie die Betriebskosten für chemischen und energetischen Verbrauch sind geringer.

Eine jüngere Prozessvariante ermöglicht es, 2-Keto-L-gulonsäure aus D-Sorbit in einem Fermenter zu gewinnen. Dabei wird der Reaktionsansatz mit beiden Mikroorganismen in einem definierten Verhältnis zueinander gleichzeitig inokuliert. In dieser Prozessvariante übernimmt *Gluconobacter oxydans* die Stimulation von *Ketogulonicigenium vulgare*, wozu sonst z. B. *Bacillus megaterium* herangezogen wird.

Der nächste Entwicklungsschritt in der industriellen Produktion von L-Ascorbinsäure wird vermutlich darin bestehen, dass ein Fermentationsprozess zur Verfügung steht, der direkt zum Vitamin C führt und damit die chemische Umlagerung von 2-Keto-L-gulonsäure überflüssig macht. Mit der Entdeckung und Klonierung von Dehydrogenasen, die L-Sorboson direkt zu L-Ascorbinsäure umsetzen, könnte das entscheidende Werkzeug zu einem solchen Prozess bereits gefunden sein.

7.3   Riboflavin (Vitamin B$_2$)

7.3.1   Bedeutung als Coenzym-Vorstufe und als Pigment

Vitamin B$_2$ ist ein gelbes (lat.: *flavus*), wasserlösliches Pigment. Die chromophore Gruppe, ein Isoalloxazin, ist an den Zuckeralkohol Ribit gebunden, was den Trivialnamen Riboflavin erklärt (◗ Abb. 7.2). Der menschliche Tagesbedarf

von 2 mg lässt sich mit einer Tasse Milch decken. Zu viel aufgenommenes Riboflavin kann nicht gespeichert werden, sondern wird sofort über die Niere ausgeschieden. Deshalb ist der Urin, je nach Vitamin-B$_2$-Gehalt der Nahrung, mehr oder weniger intensiv gelb gefärbt.

Wichtig für Mensch und Tier ist Riboflavin als Vorstufe für die Coenzyme Flavin-Adenin-Mononukleotid (FMN) und Flavin-Adenin-Dinukleotid (FAD). Oxidoreduktasen nutzen diese als prosthetische Gruppen und Cryptochrome – das sind Flavoproteine – als Lichtrezeptoren zur Synchronisation der biologischen Uhr mit der Umwelt.

Die Strukturaufklärung und chemische Darstellung von Riboflavin war bereits in den 1930er-Jahren gelungen. Mehrstufige chemische Verfahren mit den Rohstoffen Dimethylanilin, zuerst D-Glucose, später D-Ribose, Phenyldiazoniumchlorid und Barbitursäure wurden zur technischen Reife entwickelt und waren bis in die 1990er-Jahre wirtschaftlich erfolgreich. Die ersten Firmen begannen in den 1940er-Jahren mit der mikrobiellen Produktion, konnten sich aber im Wettbewerb mit dem chemischen Herstellungsprozess nicht behaupten. Der wirtschaftliche Erfolg der mikrobiellen Verfahren begann erst 1990 mit *Ashbya gossypii*. Nur wenig später wurde das Verfahren mit *Bacillus subtilis* gestartet. Beide Verfahren sind, nach mehr als zehn Jahren intensiver Stammverbesserungen, so leistungsfähig geworden, dass sie die über mehr als 50 Jahre erfolgreichen chemischen Verfahren vom Markt verdrängt haben. Eine Ursache für diesen Erfolg ist, dass die chemischen Verfahren mehrstufig, die mikrobiellen Verfahren jedoch einstufig sind.

Großtechnisch hergestelltes Riboflavin wird für Vitaminpräparate und als Lebensmittelfarbstoff genutzt. Zwei Drittel der Produktion geht als Futtermittelergänzung in die Tierhaltung. Die Steigerung der Tiermast hängt auch mit der Optimierung der Futtermittel zusammen. Hier spielen in kleinen Mengen essenzielle Aminosäuren und in kleinsten Mengen Vitamine eine wichtige Rolle.

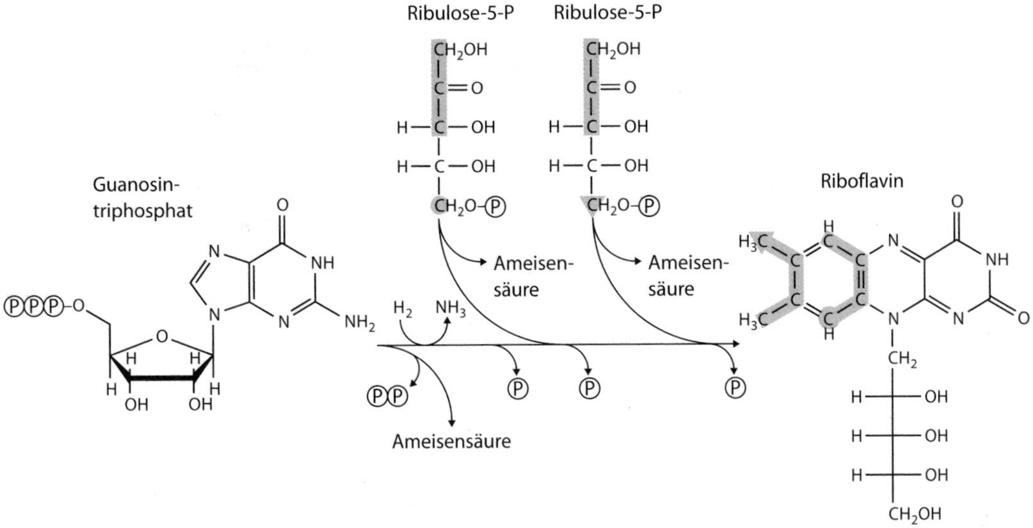

Abb. 7.2 Riboflavin wird aus einem GTP und zwei Ribulose-5′-phosphat gebildet. Die Biosynthese verläuft bei Bakterien und Pilzen im Wesentlichen gleich. Das farbgebende Ringsystem wird aus dem Purin des GTP durch Öffnung und Verknüpfung mit zwei C$_4$-Körpern (*rot unterlegt*) gebildet. Letztere stammen aus zwei Molekülen Ribulose-5′-phosphat. Der komplizierte Biosyntheseweg, der in sieben enzymatischen Schritten erfolgt, ist hier zusammengefasst

7.3.2 Biosynthese in Pilzen und Bakterien

So wie Mensch und Tier das Riboflavin nur in katalytischen Mengen brauchen, ist auch bei den meisten Mikroorganismen der Bedarf sehr gering. Deshalb findet die Biosynthese auf niedrigem Niveau statt. Eine Ausnahme stellt der filamentöse Pilz *Ashbya gossypii* dar. Der Wildtyp produziert unter bestimmten Bedingungen bis zu 100 mg Riboflavin pro g Biomasse. Er nutzt es wahrscheinlich als Pigment zum Schutz seiner Sporen vor UV-Strahlung. Wegen seiner hohen Produktivität wurde dieser Pilz auch zur Aufklärung der mikrobiellen Biosynthese eingesetzt. Wegen ihrer genetischen bzw. molekularbiologischen Zugänglichkeit wurden weitere Mikroorganismen, z. B. die Bäckerhefe *Saccharomyces cerevisiae* und das Gram-positive Bakterium *Bacillus subtilis* in der Riboflavinforschung verwendet.

Die Biosynthese von Riboflavin beginnt mit zwei Metaboliten: Guanosintriphosphat (GTP) und Ribulose-5′-phosphat (☐ Abb. 7.2). Diese werden aber nicht direkt miteinander umgesetzt, sondern zwei Wege münden nach insgesamt sieben enzymatischen Reaktionen im Vorläufer Lumazin (in der Abbildung nicht gezeigt). Dabei wird während der Kondensation des zweiten Rings ein aus dem Ribulose-5′-phosphat intermediär gebildeter C$_4$-Körper eingebaut. Kompliziert, und deshalb hier nicht erklärt, ist die Kondensation des dritten Rings. Dafür wird ein zweites Molekül des C$_4$-Körpers gebraucht, weshalb insgesamt zwei Mol Ribulose-5′-phosphat, aber nur ein Mol GTP pro Mol Riboflavin nötig sind.

7.3.3 Produktion mit *Ashbya gossypii*

Der filamentöse Pilz *Ashbya gossypii* wurde ursprünglich von S. F. Ashby als Schädling aus der Baumwolle (*Gossypium hirsutum*) isoliert. Nicht nur auf afrikanischen Baumwollplantagen, sondern auch auf kubanischen Zitrusfrüchten wurde er als Pflanzenpathogen erkannt und erfolgreich bekämpft. Die Zurückdrängung der

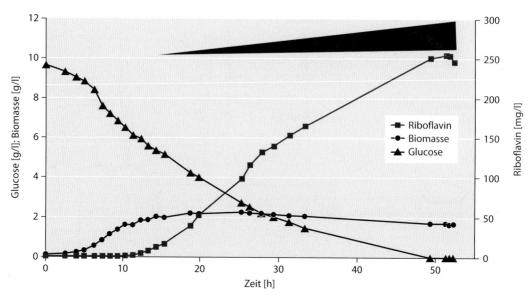

■ **Abb. 7.3** Der Riboflavin-Titer steigt bei der Kultivierung von *Ashbya gossypii*-Wildtyp erst nach der Bildung von Biomasse an. Eine Repression durch Glucose kann als Regulationsmechnismus ausgeschlossen werden. Ein Teil der Hyphenzellen bildet Sporen, die wegen hydrophober Wechselwirkungen verklumpen; deshalb wird die Zunahme der Sporen als *schwarzer Keil* dargestellt (*oben*)

landwirtschaftlichen Schäden durch *Ashbya gossypii* bis zur Bedeutungslosigkeit gelang wahrscheinlich durch die Bekämpfung der Insekten, ohne die der Pilz weder von Pflanze zu Pflanze kommen, noch die Epidermis durchdringen kann.

Ob die Überproduktion und die Sekretion des Riboflavins der Anlockung der Insekten dient und/oder die nicht-pigmentierten, aber der Sonne ausgesetzten Sporen vor UV-Strahlung schützt, ist unklar. Die regulatorische Kopplung der Riboflavin-Überproduktion an die Sporulationsphase sowie ein negativer Effekt des *second messenger* cAMP sowohl auf die Sporulation als auch auf die Riboflavin-Überproduktion sind Argumente für solch eine Funktion. Interessant ist, dass Zellen, die Sporen bilden, selbst kein Riboflavin überproduzieren, benachbarte Zellen aber schon. In diesen überproduzierenden Zellen, die wegen ihres hohen Gehalts an Riboflavin in den Vakuolen grün fluoreszieren, konnte für die Transkripte wichtiger *RIB*-Gene (siehe unten) beim Übergang von der Wachstums- in die Produktionsphase eine Zunahme gezeigt wer-

den. Solange der Pilz wächst, konnte für den *RIB3*-Promotor, der die Transkription eines der Riboflavinsynthese-Gene steuert, nur eine geringe Aktivität gemessen werden. Wahrscheinlich induziert die Verknappung komplexer Nährstoffe, ohne die der Pilz nicht wachsen kann, eine Differenzierung in Zellen, die Sporen bilden, und solche, die Riboflavin produzieren (■ Abb. 7.3).

In mehr als 40 Jahren Entwicklungsarbeit mit vielen Runden von Zufallsmutagenese und anschließender Selektion, später auch unter Zuhilfenahme molekularbiologischer Methoden, wurden Hochleistungsstämme entwickelt, die mehr als 20 g/l Riboflavin produzieren. Welche Veränderungen in den Hochleistungsstämmen genau vorliegen, ist nicht bekannt. Es kann aber davon ausgegangen werden, dass im Verlauf der Stammentwicklung einige Hundert Mutationen in den Genomen dieser Stämme akkumulierten. Wahrscheinlich ist die Zahl der für die Überproduktion relevanten Mutationen aber eine Größenordnung kleiner.

Aufgrund von wissenschaftlichen Untersuchungen beim Wildtyp und bei gentechnischen

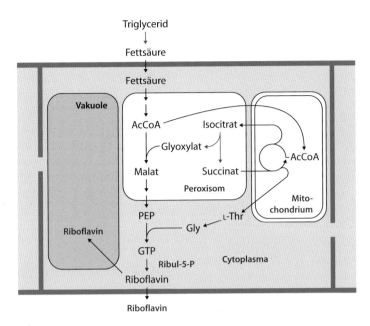

◘ Abb. 7.4 Modell der subzellulären Lokalisation des Kohlenstoff-Flusses. Extrazelluläres Triglycerid wird durch eine Lipase gespalten. Die Fettsäuren werden in Peroxisomen zu Acetyl-CoA (AcCoA) abgebaut. Die Bildung des Isocitrats erfolgt in den Mitochondrien. Die Isocitrat-Lyase setzt das für die Malat-Synthase nötige Glyoxylat frei. Gluconeogenese, Purin- und Riboflavinsynthese laufen im Cytosol ab. Von 60 % der vegetativen Zellen wird das Riboflavin überproduziert und in den Vakuolen akkumuliert oder über ein spezifisches Transportsystem ausgeschieden. Einige regulierte Reaktionen, die den Fluss limitieren, sind durch *rote Pfeile* hervorgehoben

Mutanten lässt sich zeigen, dass die Deregulation der Vorstufenbereitstellung und der Biosynthese sowie die Ausschaltung unerwünschter Nebenprodukte wichtig sind. Einige ausgewählte Beispiele für Veränderungen, die nachweislich zur Steigerung der Produktivität führen, werden im Folgenden näher erläutert.

Da die technische Produktion von Riboflavin mit *Ashbya gossypii* auf pflanzlichen Fetten als Kohlenstoff- und Energiequelle basiert, ist vor allem das aus der β-Oxidation der Fettsäuren stammende Acetyl-CoA als Grundbaustein wichtig (◘ Abb. 7.4). Aus diesem wird im Glyoxylat-Shunt Malat gewonnen, von dem sich gluconeogenetisch wichtige Grundbausteine des zellulären Metabolismus ableiten. Die Isocitrat-Lyase, das Schlüsselenzym des Glyoxylatweges, wird transkriptionell reguliert. Hemmstoffe gegen dieses Enzym hemmen auch die Riboflavin-Produktion. Sowohl eine gesteigerte Riboflavin-Produktion Hemmstoff-resistenter Stämme als

auch die gesteigerte Produktivität bei Überexpression des Isocitrat-Lyase-Gens sprechen dafür, dass dieses Enzym eine Reaktion mit hoher Stoffflusskontrolle katalysiert.

Auch die Purin-Biosynthese, die die Riboflavin-Vorstufe GTP liefert, ist reguliert. Adenin reprimiert die Expression von *ADE4*. Dieses Gen codiert eine Amidotransferase, die die Bildung des Phosphoribosylamins katalysiert. Der Austausch des Promotors durch einen stärkeren und konstitutiv arbeitenden Promotor führt zur Deregulation der Transkription. Um bei dem von diesem Gen codierten Enzym auch die Regulation auf Aktivitätsebene auszuschalten, hat man drei Aminosäuren, die für die Feedback-Inhibition wichtig sind, ausgetauscht. Diese Änderungen führen zu einer deutlichen Steigerung der Riboflavin-Produktion.

Durch die gezielte Inaktivierung von Genen, die für Enzyme mit unerwünschten Nebenreaktionen codieren, lässt sich die Bereitstellung von Vorstufen verbessern. So führt z. B. eine Deletion von *SHM2*, das die cytosolische Serin-Hydroxymethyltransferase codiert, zu einer Absenkung des Flusses von Glycin zu L-Serin. Damit steht mehr Glycin für die Purin-Biosynthese zur Verfügung. Glycin limitiert beim Wildtyp die Riboflavin-Überproduktion.

Der direkteste Weg zu erhöhter Riboflavin-Produktivität des Wirtsstamms führt über die Überexpression der *RIB*-Gene. Sie codieren die Enzyme für die spezifischen Umsetzungen von Ribulose-5'-phosphat und GTP zum Riboflavin. Zur erfolgreichen Überexpression muss die Regulation erhalten bleiben, sonst ist das Wachstum gehemmt. Die Promotoren der *RIB*-Gene dürfen also nicht durch starke, unregulierte Promotoren ausgetauscht werden. Stattdessen kann durch zufällige oder besser durch lokusspezifische Integration die Gendosis erhöht werden. Solche Integrationsmutanten sind durch einen an das Wunschgen gekoppelten dominanten Marker leicht zu generieren. Da durch Schleifenbildung und einfaches Crossingover in einem zweiten Schritt ein Entfernen (*pop-out*) möglich ist, kann solch ein Marker, z. B. ein Antibiotika-Resistenzgen, immer wieder verwendet werden.

Die Produktion mit *Ashbya gossypii* erfolgt in Fed-Batch-Ansätzen in Rührkesseln mit Volumina größer als 100 m^3. In der ersten Prozessphase wird die Biomasse produziert. Das dazu eingesetzte komplexe Medium besteht aus pflanzlichen Fetten, z. B. Sojaöl, und aus Feststoffen, z. B. Sojamehl, die mit Wasser gemischt werden. Der Vorteil dieser Substrate besteht in einer geringen osmotischen Aktivität, d. h. die Zellen müssen nicht wie etwa bei hohen Glucosekonzentrationen mit kompatiblen Soluten gegensteuern. Die Regulation der Lipase verhindert eine Entkopplung durch zu hohe Fettsäurekonzentrationen, d. h. die Bildung neuer Lipase wird bereits durch 0,5 % freie Fettsäure unterdrückt. Nach Erreichen der gewünschten Zelldichte wird zum Start der zweiten Prozessphase ein Produktionsmedium zugegeben. Dieses erzeugt den für die Induktion der nötigen Gene erforderlichen Nährstoffmangel und kann Vorstufen enthalten, die nicht in ausreichendem Maße durch die pilzeigene Biosynthese bereitgestellt werden können, z. B. Glycin. Da nur ein Teil des Vitamins ins Medium abgegeben wird, müssen die Zellen aufgeschlossen werden. Dafür wird die bei vielen Pilzen bekannte Zelllyse genutzt: Durch eine Temperaturerhöhung auf 60 °C werden lytische Enzyme, z. B. Glucanasen, gebildet, die die Zellwände hydrolysieren. Die geringe Löslichkeit des Riboflavins führt dazu, dass im Lysat fast nur noch Produktkristalle zu sehen sind.

7.3.4 Produktion mit *Bacillus subtilis*

Im Gegensatz zu *Ashbya gossypii* ist das Gram-positive Bakterium *Bacillus subtilis* kein natürlicher Überproduzent von Riboflavin. Dass es gelang, mit diesem Kosmopoliten, der sich aus fast jeder Bodenprobe isolieren lässt, ein konkurrenzfähiges Produktionssystem für Riboflavin zu entwickeln, ist eine Meisterleistung der Biotechnologie. Dieser Erfolg sollte zur Entwicklung weiterer Produkte ermutigen. Ein Argument für *Bacillus subtilis* ist seine bewährte Unbedenklichkeit bei der Herstellung von Lebensmitteln. Seit Jahrhunderten wird er in Japan für die Fermentation von schwer verdaulichen Sojabohnen zum bekömmlichen Natto eingesetzt.

Wahrscheinlich hat Riboflavin für *Bacillus subtilis* nur eine Funktion: Es ist eine Vorstufe für FMN und FAD. Die intrazellulären Konzentrationen von FMN und FAD liegen im mikromolaren Bereich. Will man Riboflavin überproduzieren, muss zunächst eine Deregulation der Expression der Riboflavin-Biosynthese-Gene herbeigeführt werden. Deregulierte Mutanten lassen sich recht einfach isolieren. Das natürliche Strukturanalogon Roseoflavin, ein Stoff, der sich in seiner Struktur nur geringfügig vom Riboflavin unterscheidet, hilft dabei. Roseoflavin wird von *Streptomyces davawensis* gebildet und wirkt als Antibiotikum. Hemmt man das Wachstum von *Bacillus subtilis* mit Roseoflavin, kann man schnell Roseoflavin-

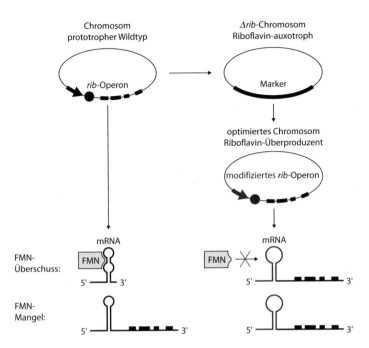

▫ Abb. 7.5 Regulation und Deregulation eines genomisch integrierten *rib*-Operons bei *Bacillus subtilis*. Das *rib*-Operon besteht aus vier Genen (*schwarze Kästen*). Beim Wildtyp liegt stromaufwärts eine Sequenz (*schwarzer Kreis; links*), deren mRNA sich zu einer FMN-bindenden Sekundärstruktur faltet. Kommt diese Wechselwirkung zustande, unterbleibt die Transkription der *rib*-Gene (Attenuation). Durch Austauschmutagenese mithilfe eines dominanten Markers, z. B. einer Antibiotika-Resistenz, kann das Operon unter Kontrolle des starken und konstitutiven Phagen-Promotors *SPO15* (*roter Pfeil; rechts*) mit einem modifizierten 5′-UTR (*roter Kreis*) wieder integriert werden. Die davon stammende mRNA bindet kein FMN mehr, sodass die Transkription der *rib*-Gene immer erfolgt

resistente Stämme isolieren, die auffällig gelb sind, weil sie Riboflavin überproduzieren. Roseoflavin wird wahrscheinlich zu FMN- und FAD-Analoga weiter verstoffwechselt, sodass eine Vielzahl von funktionell gestörten Oxidoreduktasen entsteht. Der Roseoflavin-resistente *Bacillus*-Stamm entgeht dieser Störung durch Kompetition des überproduzierten Riboflavins. Eine Ursache für die Riboflavin-Überproduktion Roseoflavin-resistenter Stämme ist eine Mutation im Flavinkinase-Gen, das das Enzym codiert, welches die Umwandlung von Riboflavin in FMN und FAD katalysiert. Das Mutantenenzym zeigt eine stark verminderte Aktivität, sodass die intrazelluläre Konzentration an FMN auch bei hoher Riboflavinkonzentration sehr niedrig ist. Da FMN unmittelbar mit einer Sekundärstruktur der nicht-translatierten 5′-Region (5′-UTR) der mRNA einen Transkriptions-Terminator bildet, führt FMN-Mangel zur Überexpression der *rib*-Gene (▫ Abb. 7.5).

Nicht nur die Regulation, sondern auch die Struktur und Funktion der für die Riboflavin-Biosynthese spezifischen Enzyme wurde in *Bacillus subtilis* detailliert aufgeklärt. Erklärt sei das bifunktionelle Enzym, welches von *ribA* codiert wird. Während eine Domäne die Synthese der oben genannten C_4-Verbindung aus Ribulose-5′-phosphat katalysiert, öffnet eine zweite Domäne den Purinring des GTP. Die Maximalgeschwindigkeiten der beiden Reaktionen stehen im Verhältnis 1:2 und entsprechen der Stöchiometrie, in der die Vorstufen GTP und Ribulose-5′-phosphat für die Riboflavin-Biosynthese rekrutiert werden.

Besonders aufregend ist die Struktur des Komplexes aus Lumazin-Synthase (*ribH*) und Riboflavin-Synthase (*ribE*). Insgesamt 60 Monomere der Lumazin-Synthase bilden eine löchrige Kugelschale, in deren Innenraum ein Trimer der Riboflavin-Synthase arbeitet. Diese Besonderheit bedeutet, dass lokal sehr hohe Riboflavinintermediat-Konzentrationen auftreten können. Ein für manche Biosynthesewege postuliertes, aber schwer nachweisbares Channeling liegt hier durch das mit der Hyperstruktur vorliegende Kompartiment, in dem zwei sequenziell arbeitende Katalysatoren wirken, auf der Hand.

Die heute industriell eingesetzten Hochleistungsstämme sind in einer Kombination aus Selektion nach ungerichteter Mutagenese und Gentechnik entstanden. Hier seien drei Entwicklungsbeispiele erklärt. In einem früheren Ansatz wurde ein *in vitro* mit starken Promotoren versehenes Riboflavin-Operon in vielfacher Kopienzahl in das Genom eines *Bacillus subtilis*-Wirtsstamms eingebracht. Die hohe Gendosis zusammen mit den starken Promotoren führte zu einer erheblichen Steigerung der *rib*-Genexpression und damit der Leistung des Produktionsstamms. In einer neueren Generation von Produktionsstämmen ist das Riboflavin-Operon nur in einfacher Kopie im Genom vorhanden. Ein starker Promotor, z. B. der Bakteriophagen-Promotor *SPO15*, und ein sorgfältig modifiziertes 5'-Ende der *rib*-mRNA sorgen für eine hohe Transkriptionsrate, die Unterdrückung des vorzeitigen Transkriptionsabbruchs sowie eine hohe Stabilität der gebildeten mRNA (◘ Abb. 7.5).

Je höher die spezifische Riboflavinsynthese-Aktivität infolge der Steigerung der *rib*-Genexpression im Wirtsstamm steigt, desto eher kann es zu einer unzureichenden Versorgung mit den benötigten Vorstufen, GTP und Ribulose-5'-phosphat, kommen. Für die GTP-Biosynthese wird ein Ribose-5'-phosphat, für die Riboflavin-Biosynthese werden zwei Ribulose-5'-phosphat benötigt (siehe oben). Insgesamt müssen also drei Pentosephosphatmoleküle für ein zu bildendes Riboflavinmolekül zur Verfügung gestellt werden. Um das Angebot an phosphorylierten Pentosen zu erhöhen, wurde die Transketolase im Pentosephosphatweg durch einen Aminosäure-austausch in ihrer Aktivität stark eingeschränkt. Es kommt zu einem Aufstau der vor dem Interventionspunkt gelegenen Zuckerphosphate und zu einer signifikanten Steigerung der Riboflavinbildung.

Aus unbekannten Gründen weist *Bacillus subtilis* einen relativ hohen Erhaltungsstoffwechsel auf, der dazu führt, dass ein signifikanter Teil der bereitgestellten Glucose bei den hohen Biomassekonzentrationen und geringen Wachstumsraten industrieller Satz- und Zulauffermentationen (Fed-Batch) zu Kohlenstoffdioxid dissimiliert wird. Zur Verbesserung der Energieeffizienz wurde im Riboflavin-Produktionsstamm der Cytochrom-*bd*-abhängige Zweig der Atmungskette, der wenig zum Aufbau des Protonengradienten beiträgt, inaktiviert. Nachdem es gelungen war, zusätzlich den besonders energieeffizienten Cytochrom-*c*-abhängigen Zweig der Atmungskette zu aktivieren, sank der Substratverbrauch.

Für die industrielle Riboflavin-Produktion mit *Bacillus subtilis* werden als Substrate Melassen oder Stärkehydrolysate eingesetzt. Um hohe Produktkonzentrationen zu erzielen, kommt ein Fed-Batch-Verfahren zum Einsatz, bei dem die Kultivierung der Biomasse zunächst mit überschüssigem Substratangebot erfolgt, um ein möglichst schnelles Wachstum zu erzielen. Zur Vermeidung einer Sauerstofflimitierung im Fermenter muss aber bald auf strenge Limitierung der Kohlenstoffquelle umgeschaltet werden.

Der Export des Riboflavins aus der Zelle in den extrazellulären Raum ist stärker ausgeprägt als bei *Ashbya gossypii*. Ein weiterer Unterschied ist das schnellere Wachstum des Bakteriums. Mögliche Ursachen dafür könnten die geringere Komplexität, das wegen der kleineren Zellen wesentlich größere Oberflächen/Volumen-Verhältnis und kürzere Wege sein. Im Wettbewerb müsste es, wenn irgendwann alle theoretischen Optimierungen konsequent durchgeführt worden sind, das pilzliche System schlagen. Der molekulare Mechanismus der Riboflavinexkretion ist weder bei *Bacillus subtilis* noch bei *Ashbya gossypii* geklärt. Hier gäbe es, neben einem wissenschaftlichen Interesse, auch das Potenzial einer weiteren Prozessoptimierung.

◻ Abb. 7.6 *Oben*: Mikroskopisches Bild der Fermenterkultur mit Stäbchen von *Bacillus subtilis* und wesentlich größeren Kristallnadeln von Riboflavin. *Unten*: Aufarbeitungsschema zu zwei verschiedenen Produktqualitäten. Über 60 % des Riboflavins wird zur Aufwertung von Tierfutter eingesetzt

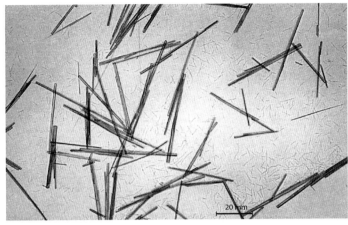

20 mm

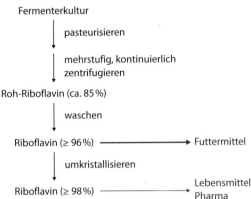

Fermenterkultur

↓ pasteurisieren

↓ mehrstufig, kontinuierlich zentrifugieren

Roh-Riboflavin (ca. 85 %)

↓ waschen

Riboflavin (≥ 96 %) ——————→ Futtermittel

↓ umkristallisieren

Riboflavin (≥ 98 %) ——————→ Lebensmittel Pharma

7.3.5 Aufarbeitung und Umweltverträglichkeit

Die relativ geringe Löslichkeit von Riboflavin führt sowohl im Prozess mit *Ashbya gossypii* als auch im Verfahren mit *Bacillus subtilis* zur Kristallisation des Produktes. Die Größe der Kristalle im Vergleich zu den *Bacillus*-Stäbchen ist nicht nur imposant, sondern ermöglicht eine effiziente Aufarbeitung durch Zentrifugation, denn sie geht quadratisch in die Sedimentationsgeschwindigkeit ein (◻ Abb. 7.6).

In aufwändigen Umweltstudien wurde ein konventionelles chemisches Verfahren mit zwei mikrobiellen Verfahren verglichen (Box „Mikrobielle Riboflavin-Produktion"). Es konnte gezeigt werden, dass die Biotechnik 75 % weniger fossile Rohstoffe für die gleiche Produktmenge Vitamin B$_2$ benötigt als die Chemie. Ebenfalls

stark abgenommen hatten die Emission in Luft (−50 %) und Wasser (−66 %). Betrachtet man einzelne Prozesskomponenten, so findet man aber auch Zunahmen an Belastungen: Der Wasserverbrauch durch die mikrobiellen Verfahren ist mehr als doppelt so hoch, und die Belastung des Wassers mit Ammonium kann bis zu fünfmal so hoch wie im chemischen Verfahren werden. Einen positiven Einfluss auf die Betriebskosten (−50 %) haben unter anderem die Reduktion der Stufenzahl und billigere Rohmaterialien.

7.4 Cobalamin (Vitamin B$_{12}$)

7.4.1 Physiologische Bedeutung

In den 1920er-Jahren wurde ein Ernährungsfaktor in der Leber gefunden, der Blutarmut

Mikrobielle Riboflavin-Produktion ersetzt konventionelles chemisches Verfahren

Bis zum Jahr 2000 war die chemische Synthese von Riboflavin erfolgreiche industrielle Praxis. Obwohl Lord S. F. Ashby die Entdeckung des natürlichen Riboflavin-Überproduzenten *Ashbya gossypii* bereits 1928 publizierte, dauerte es über 70 Jahre, bis eine Kombination aus zufälliger Mutagenese, Gentechnik und Verfahrenstechnik ein ökonomisch und ökologisch tragfähiges Verfahren ermöglichte. Interessanterweise kam fast zeitgleich, obwohl 50 Jahre später gestartet, ein Verfahren mit *Bacillus subtilis* zum Einsatz. Die komplexe Bewertung von Entlastungseffekten auf die Umwelt wird hier nur beispielhaft wiedergegeben.

	Chemisch	A. gossypii	B. subtilis
Herstellungsverfahren	**7-stufig**	**1-stufig**	**1-stufig**
Be- und Entlastung bzgl. Energieverbrauch	100 %	94 %	66 %
produzierte CO_2-Äquivalente	100 %	77 %	75 %
Versauerungspotenzial	100 %	32 %	50 %
ammoniumhaltige Wässer	100 %	401 %	551 %
chloridhaltige Wässer	100 %	4 %	42 %

(Anämie) von Hunden heilte. Bei den Versuchen, diesen Faktor zu isolieren, wurde zufälligerweise ein anderer Faktor entdeckt, der die Entwicklung von perniziöser Anämie beim Menschen verhinderte. Unbehandelt verläuft diese Krankheit tödlich. Die Behandlung bestand in der Verabreichung großer Mengen von Leberextrakten. Der zunächst gesuchte, anämische Hunde heilende Faktor erwies sich als Eisen. Der beim Menschen wirksame Antiperniziosa-Faktor wurde jedoch als Vitamin identifiziert und als Vitamin B_{12} bezeichnet.

Um 1950 wurde Vitamin B_{12} gereinigt und seine hochkomplexe Molekülstruktur durch Röntgenanalyse aufgeklärt. Fast 20 Jahre später konnte Vitamin B_{12}, das auch Cobalamin genannt wird, im chemischen Labor in einer 70-stufigen, brillanten Totalsynthese dargestellt werden. Das Cobalaminmolekül hat die Form einer etwas verzerrten quadratischen Bipyramide und besteht aus einem 15-gliedrigen Corrin-ring mit einem Co^{3+} als Zentralatom. Die vier Stickstoffatome des Corrinrings besetzen die vier annähernd planaren Koordinationsstellen des Cobaltions (❑ Abb. 7.7). Ein Dimethylbenzimidazol besetzt die Koordinationsstelle, die vor der Corrin-Ebene liegt, wenn man sich diese auf der Papierebene liegend vorstellt. In der hinteren Koordinationsstelle kann sich eine 5′-Desoxyadenosylgruppe befinden. Sie ist für die Katalyse wichtig. Postuliert wird ein radikalischer Übergangszustand des 5′-Desoxy-C-Atoms und ein verbleibendes Co^{2+} im Corrinring. Das Radikal kann dann bei der Katalyse einer Umlagerung ein Wasserstoffatom vom Substrat abstrahieren. Beim industriell hergestellten Cobalamin ist die hintere Ligandenstelle durch eine Cyanogruppe besetzt. Das dadurch entstehende Cyanocobalamin ist sehr stabil und wird nach Aufnahme von Mensch oder Tier in ein natürliches Cobalamin umgewandelt.

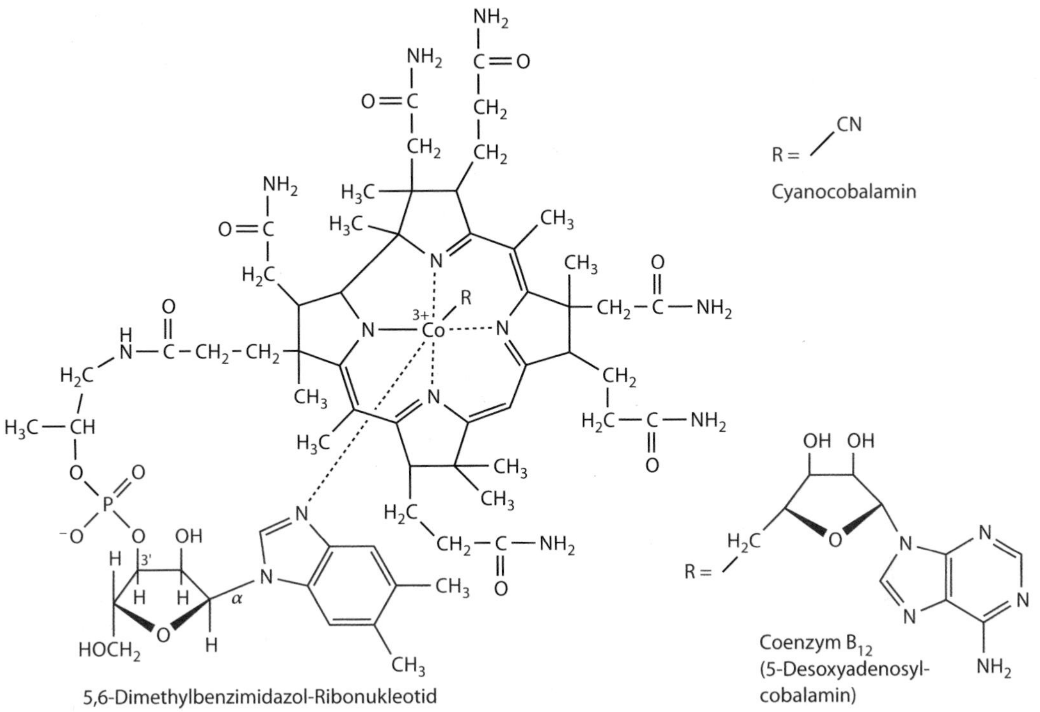

□ **Abb. 7.7** Die Struktur von Cobalamin ist durch einen Corrinring charakterisiert, dessen vier N-Atome ein Cobaltion (Co^{3+}) koordinieren. Der Corrinring liegt in der Zeichenebene. Von vorne bindet ein N des Benzimidazols, während von hinten verschiedene Liganden (R) anliegen können. Das technische Produkt trägt eine Cyanogruppe. Als Coenzym B$_{12}$ in einer Mutase findet man z. B. den 5′-Desoxyadenosyl-Liganden, der am 5′-C-Atom radikalisiert werden kann, während ein reduziertes Co^{2+} vom Ring stabilisiert wird

Beim Stoffwechsel des Menschen sind nur zwei Reaktionen von Cobalamin abhängig. Eine davon ist die Mutase-Reaktion beim Abbau ungeradzahliger Fettsäuren, wobei L-Methylmalonyl-CoA in Succinyl-CoA umwandelt wird. Die andere ist die Methionin-Synthase-Reaktion, in der eine Methylgruppe von Methyltetrahydrofolat auf Homocystein übertragen wird. Dabei geht es nicht um die *de novo*-Synthese von L-Methionin, sondern um dessen Regeneration bei S-Adenosylmethionin-abhängigen Methylierungsreaktionen.

Quellen für Cobalamine in der menschlichen Nahrung sind tierische Innereien wie Rinderleber (ca. 60 μg/100 g), Fisch (ca. 8 μg/100 g) oder Eier (ca. 3 μg/100 g). Die RDA (*Recommended Dietary Allowance*) in der EU ist für Erwachsene auf 2,5 μg festgelegt. Neuere Studien zeigen auch in den westlichen Industrienationen, trotz

ausreichender Verfügbarkeit Cobalamin-reicher Lebensmittel, eine signifikante Unterversorgung mit diesem Vitamin, wobei Veganer und ältere Menschen besonders betroffen sind.

7.4.2 Biosynthese

Nur Bakterien und Archaeen sind in der Lage, Cobalamin *de novo* zu synthetisieren. In Bakterien haben sich zwei Biosynthesewege entwickelt: der aerobe Weg, wie er z. B. in *Pseudomonas denitrificans* vorkommt, und der anaerobe Weg, der in Propionibakterien und *Escherichia coli* nachgewiesen wurde. Die beiden Stoffwechselwege unterscheiden sich in der Reihenfolge der Corrinringbildung und der Cobaltinsertion, was hier nicht diskutiert werden soll.

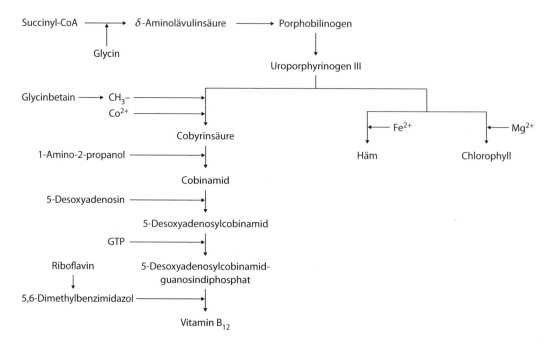

● **Abb. 7.8** Vereinfachter Biosyntheseweg von Cobalamin mit komplexen Vorstufen. Vorstufen, deren Zugabe zum Medium bei *Pseudomonas denitrificans* zu stimulierter Produktion führt, sind rot. Die strukturell ähnlichen Co-Faktoren Häm oder Chlorophyll unterscheiden sich unter anderem durch das für die Katalyse wichtige Kation

In Anbetracht der Komplexität des Cobalaminmoleküls ist es nicht verwunderlich, dass seine Biosynthese sehr komplex ist. Ausgehend von Succinyl-CoA, einer Zwischenstufe des Citratzyklus, wird zunächst via 5-Aminolävulinsäure Uroporphyrinogen III, eine 16-gliedrige Ringstruktur aus vier Pyrrolringen und vier diese verbindende Methinbrücken, gebildet, von dem sich auch die prosthetischen Gruppen der Hämoglobine und die Chlorophylle ableiten. Die Ausbildung des Corrinrings vor oder nach Cobaltinsertion sowie Modifizierung mit Ethanolamin, einem Phosphoribosylamin, erhalten aus Nicotinsäure-Mononukleotid, und einem Dimethylbenzimidazol, erhalten aus Riboflavin, sind weitere Stationen auf dem Weg zum Cobalamin. Insgesamt sind, allein vom Uroporphyrinogen III ausgehend, mehr als 20 Enzymreaktionen beteiligt, um zum Zielmetaboliten zu gelangen (● Abb. 7.8).

7.4.3 Produktion mit *Pseudomonas denitrificans*

In den 1950er-Jahren wurde Cobalamin aus Faulschlamm oder Streptomyceten-Biomasse, die bei der Antibiotika-Produktion anfiel, extrahiert. Nachdem geeignete Mikroorganismen als Produktionsstämme entwickelt worden waren, wurde die industrielle Produktion auf direkte Fermentationsverfahren umgestellt. Mit etwa 30 Jahrestonnen ist der Bedarf für die Tierernährung (80 %) und die Lebensmittel- und Pharmaindustrie (20 %) relativ gering.

Für die industrielle Vitamin-B_{12}-Produktion kamen in der Vergangenheit die Gattungen *Bacillus*, *Methanobacterium*, *Propionibacterium* oder *Pseudomonas* zum Einsatz. Seit Ende der 1990er-Jahre werden aber fast ausschließlich auf *Pseudomonas denitrificans* basierende Prozesse verwendet. Die Produktionsstämme wurden durch klassische Mutagenese und Selektion/Screening-

Verfahren oder mittels molekulargenetischer Methoden optimiert.

Nachdem die aerobe Biosynthese des Cobalaminmoleküls weitgehend aufgeklärt war und um 1990 alle 22 beteiligten *cob*-Gene aus *Pseudomonas denitrificans* kloniert waren, kamen Produktionsstämme zum Einsatz, die die *cob*-Gene zusätzlich von einem Plasmid aus exprimierten. Man kann davon ausgehen, dass diese Stämme effektiver bezüglich der Raum-Zeit-Ausbeute und der Ausbeute bezogen auf die Rohmaterialien sind als die durch klassische Verfahren entwickelten Stämme.

Vielleicht mehr noch als in anderen mikrobiellen Herstellungsverfahren ist ein sorgfältig entwickelter Fermentationsprozess entscheidend für eine hohe Produktivität. Als Kohlenstoffquelle dient unter anderem Stärkehydrolysat und/oder Zuckerrübenmelasse, die im Satz- und Zulaufverfahren (Fed-Batch) in den Fermenter eingebracht werden. Glycinbetain als Kosubstrat, das in erheblicher Menge in Zuckerrübenmelasse vorhanden ist, ist unentbehrlich für eine hohe Produktivität. Die während des Glycinbetainabbaus durch Betainhomocystein-Methyltransferase (BHMT) reichlich anfallenden Methylgruppen und deren Bedarf während der acht Methylierungsreaktionen in der Cobalamin-Biosynthese werden gemeinhin als Grund für die stimulierende Wirkung des Glycinbetains angeführt. Aber eine Massenbilanzierung zeigt, dass die Methylgruppen, die in einem typischen Vitamin-B_{12}-Fermentationslauf durch Glycinbetainabbau anfallen, den Bedarf an Methylgruppen für die Vitamin-B_{12}-Synthese mehr als hundertfach übersteigen. Weiterhin wurde gezeigt, dass BHMT-Deletionsmutanten von *Pseudomonas denitrificans* immer noch in der Lage sind, Vitamin B_{12} überzuproduzieren. Die Produktion mit den früher verwendeten Propionibakterien benötigte kein Glycinbetain als Kosubstrat. Zusammenfassend muss man davon ausgehen, dass die molekulare Ursache für den Betainbedarf für *Pseudomonas denitrificans*-Fermentationen noch unklar ist.

Das Vitamin-B_{12}-Fermentationsmedium enthält als weitere Substrate neben den üblichen Quellen für Phosphat, Mineralien und Spurenelemente (Stickstoff wird durch Glycinbetain gedeckt) Komponenten des Cobalaminmoleküls, z. B. Cobaltionen, Dimethylbenzimidazol und manchmal auch 1-Amino-2-propanol. Während in anderen industriellen Fermentationsprozessen auf eine ausreichende Belüftung des Wachstumsmediums geachtet wird, damit es nicht zu einer Sauerstofflimitierung des Mikroorganismus kommt, wird der Vitamin-B_{12}-Prozess Sauerstoff-limitiert (nicht anaerob) gefahren. Unter diesen Fermentationsbedingungen kommt es zu einer deutlich höheren Produktausbeute bezogen auf den Kohlenstoffquellen- und Glycinbetain-Verbrauch, den beiden Hauptkostentreibern des Prozesses. Unter optimalen Fermentationsbedingungen akkumulieren etwa 200 mg/l Cobalamin, hauptsächlich in Form der Adenosylverbindung, im Kulturmedium während eines sieben Tage dauernden Fermentationszyklus. Die Aufarbeitungsschritte nach der Fermentation bestehen unter anderem aus Filtration, Cyanidbehandlung (um ein einheitliches, stabiles Produkt zu erhalten), Chromatographie, Extraktion und Kristallisation des Cyanocobalamins.

7.5 Purinnukleotide

7.5.1 Bedeutung als Geschmacksverstärker

Dass Aminosäuren (Kap. 6) und Peptide süß oder würzig (Kap. 3) schmecken, ist hinlänglich bekannt. Interessanterweise verstärken Inosin-5′-phosphat und Guanosin-5′-phosphat – im Folgenden Purinnukleotide genannt – den Geschmack von einigen Aminosäuren. So wird z. B. der charakteristische Umami-Geschmack von L-Glutamat ca. dreifach, der von Saccharose aber gar nicht verstärkt. Offenbar binden L-Glutamat und Inosin-5′-phosphat gleichzeitig an spezifische Rezeptoren der Zungenpapillen, die dann über sensorische Axone dem Gehirn eine lohnende Nahrungsquelle signalisieren. Wegen dieser Wirkung werden jährlich deutlich mehr als 14 000 t Purinnukleotide in der Nahrungsmittelindustrie verarbeitet.

7.5.2 Entwicklung von Produktionsstämmen

Die industrielle Herstellung von Purinnukleotiden erfolgt in zwei Schritten. Zunächst werden fermentativ Inosin oder Guanosin hergestellt, die in einem zweiten Schritt phosphoryliert werden, was chemisch oder neuerdings biokatalytisch möglich ist. Als Produktionsorganismen für die Nukleoside werden Stämme der Gattungen *Bacillus* oder *Corynebacterium* verwendet. Die Produktionsstämme wurden nach Zufallsmutagenese z. B. mit UV-Licht durch Selektion mit Purin-Analoga isoliert. Diese Analoga werden in den sensitiven Wildtyp-Stämmen zu toxischen Verbindungen metabolisiert. Eine Resistenz gegen die Analoga kann sich unter anderem dadurch einstellen, dass Regulationsmechanismen, die in Wildtyp-Zellen den metabolischen Fluss zu den Purinnukleotiden steuern, in einigen wenigen Individuen der mutagenisierten Population nicht mehr ausgeprägt werden. Dadurch kommt es zu einer erhöhten intrazellulären Konzentration der Purinnukleotide in diesen Mutanten. Vermutlich sind die heute zum industriellen Einsatz kommenden Produktionsstämme auch durch molekularbiologische Methoden weiter optimiert worden.

7.5.3 Herstellung von Inosin oder Guanosin mit anschließender Phosphorylierung

Die unmittelbaren Produkte des Purinstoffwechselweges sind die Nukleosid-5′-monophosphate. Diese können aber erst nach Dephosphorylierung ausgeschieden werden. In den herkömmlichen Prozessen werden die Nukleoside nach Isolierung und Aufreinigung mittels Phosphorylchlorid (POCl$_3$) wieder phosphoryliert. Ein neu-

eres Verfahren, entwickelt von einer japanischen Firma, beruht auf der Ganzzell-Biotransformation der Purinnukleoside zu den entsprechenden 5′-Phosphaten mit rekombinanten *Escherichia coli*-Zellen, die ein Phosphatase/Phosphotransferase-Gen aus *Escherichia blattae* exprimieren. Durch gezielte Austauschmutagenese wurden elf Aminosäuren in dem optimierten Enzym so substituiert, dass die gewünschte Transferase-Aktivität erhöht und die unerwünschte Phosphatase-Aktivität gesenkt wurde. Die *Escherichia blattae*-Phosphatase/Phosphotransferase benutzt nicht, wie gewöhnliche Phosphokinasen ATP als energiereiche Phosphatquelle, sondern relativ billiges und leicht zugängliches Pyrophosphat. Es wurde berichtet, dass 79 % des eingesetzten Inosins innerhalb von 24 h am 5′-Ende phosphoryliert wurden. Die Endkonzentration von Inosin-5′-phosphat betrug über 150 g/l.

Ein alternatives Phosphorylierungsverfahren besteht darin, dass sich in einer Kultur von Inosin-überproduzierendem *Corynebacterium ammoniagenes* das Nukleosid anreichert. Dann wird eine zweite Kultur, die aus einem *Escherichia coli*-Stamm besteht, der ein Inosinkinase-Gen überexprimiert, zugesetzt (◨ Abb. 7.9). Durch Detergenzien lassen sich die Bakterien so permeabilisieren, dass *Corynebacterium ammoniagenes* mit der gefütterten Glucose das vom rekombinanten *Escherichia coli* benötigte ATP regeneriert. So muss nur kostengünstiges Phosphat zugegeben werden. Die Regeneration von ATP aus ADP erfolgt wahrscheinlich durch Substratkettenphosphorylierung, da ein Protonengradient nicht mehr generiert werden kann.

7.6 β-Carotin

7.6.1 Physiologie und Anwendung

β-Carotin ist ein Tetraterpenoid und wird auch Provitamin A genannt. Bei der Verdauung von Karotten, aber auch von Gemüse, worin das

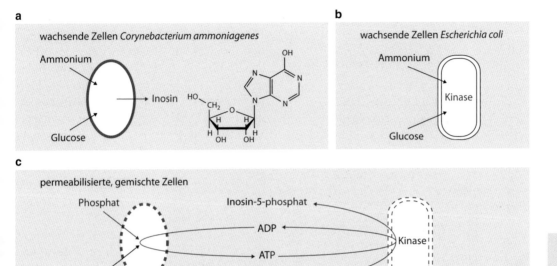

Abb. 7.9 Produktion von Inosin mit *Corynebacterium ammoniagenes* und anschließende regioselektive Phosphorylierung durch Inkubation mit einem *Escherichia coli*-Stamm, der ein Inosinkinase-Gen überexprimiert. Die Regeneration des benötigten ATP erfolgt in *Corynebacterium ammoniagenes*. Zunächst werden beide Bakterien parallel angezüchtet (**a**, **b**), danach erfolgt eine Vermischung und Permeabilisierung (**c**)

rot-orange Pigment, das dem Chlorophyll beim Sammeln des Lichts hilft, reichlich vorhanden ist, wird die Kohlenwasserstoffkette durch eine Mono-Oxygenase in zwei Moleküle Vitamin A (Retinal) gespalten. Dieses dient in der Netzhaut (Retina), gebunden an Rhodopsin, als Sehfarbstoff. Im Gegensatz zu den oben beschriebenen wasserlöslichen Vitaminen, sind Provitamin A und Vitamin A fettlöslich. Da sie sich in den Membranen der Zellen anreichern, können sie bei zu hoher Dosis vielfältige toxische Effekte bewirken. Weil die Pigmentwirkung aber schon in sehr kleinen Dosierungen effektiv ist, ist β-Carotin als Lebensmittelfarbstoff (E 160a) zugelassen.

In den 1950er-Jahren wurde eine auch im technischen Maßstab realisierbare chemische β-Carotinsynthese entwickelt und industriell genutzt. Eine der ersten kommerziellen Erfolge des synthetischen β-Carotins war die Färbung von Margarine, was vorher durch den Azofarbstoff Buttergelb erfolgte, der jedoch wegen seiner karzinogenen Wirkung nicht mehr verwendet

werden durfte. Heute wird β-Carotin im Maßstab von mehreren 100 t hergestellt.

Mit etwa 85 % Anteil beherrscht synthetisch hergestelltes β-Carotin den Markt. Allerdings ist eine wachsende Nachfrage nach dem Farbstoff aus natürlichen Quellen zu verzeichnen. Diese wird bedient, indem mit β-Carotin angereicherte Pflanzenextrakte, z. B. von Karotten, angeboten werden. Zum anderen wird auch das Biosynthesepotenzial zweier Mikroorganismen, nämlich das des filamentösen Pilzes *Blakeslea trispora* und das der Salzwasseralge *Dunaliella salina*, herangezogen. Im nächsten Abschnitt wird das Pilzverfahren näher erläutert.

7.6.2 Herstellung mit *Blakeslea trispora*

Blakeslea trispora gehört zur Klasse der Zygomyceten, deren sexueller Fortpflanzungszyklus ausschließlich zwischen unterschiedlichen Paa-

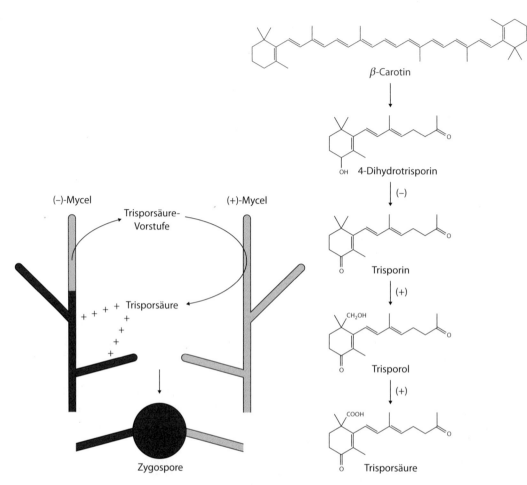

□ **Abb. 7.10**   Vereinfachte Darstellung der Interaktion der Kreuzungstypen (–) und (+) von *Blakeslea trispora*, die der Bildung der durch β-Carotin (*rot*) pigmentierten Zygospore dient (*links*). *Rechts* ist die Kreuzungstyp-abhängige Umwandlung von β-Carotin in Trisporsäure gezeigt

rungstypen stattfindet (Heterothallie). Die beiden Paarungstypen werden als (+)- und (–)-Paarungstyp bezeichnet. Sie unterscheiden sich molekular nur durch den einige Kilobasen großen Paarungslokus. Das Produkt des sexuellen Zyklus, bei dem es zur Rekombination der genetischen Information der beiden Paarungstypen kommt, sind haploide Zygosporen. Die beiden Paarungstypen können getrennt voneinander kultiviert werden, wobei sich eine mycelartige Biomasse bildet und auf festen Nährböden auch asexuelle Sporen in Sporangiolen, die an Köpfchen von Trägerhyphen stehen. Bringt man gegensätzliche Paarungstypen miteinander in

Kontakt, ist nach einigen Stunden als eines der frühen Stadien des sexuellen Fortpflanzungszyklus eine intensive Rotfärbung des vereinigten Mycels zu beobachten. Bei dem gebildeten Farbstoff handelt es sich um β-Carotin, dessen Biosynthese im (–)-Paarungstyp stark induziert wird. Als Induktoren wurden Trisporsäuren identifiziert, die gemeinsam von beiden Paarungstypen aus β-Carotin gebildet werden, das in geringem Ausmaß konstitutiv in beiden vorkommt. Bei getrennter Kultivierung unterbleibt die Trisporsäurebildung und damit auch die Induktion der β-Carotinsynthese (□ Abb. 7.10).

Beim technischen Verfahren zur β-Carotin-Produktion mit *Blakeslea trispora* werden die beiden Paarungstypen getrennt voneinander in Vorfermentern gezüchtet und dann im Hauptfermenter gemeinsam bei guter Belüftung weiterkultiviert. Für eine hohe β-Carotin-Produktion ist wichtig, dass sich nur so viel Mycel des (+)-Paarungstyps, der ja nicht zur β-Carotin-Überproduktion befähigt ist, im Fermenter befindet, dass es zu einer ausreichenden Bildung von Trisporsäure kommt. Mehr würde den durchschnittlichen β-Carotingehalt des gemischten Mycels im Fermenter, das sich nach der Fermentation nicht voneinander trennen lässt, vermindern. Industriell genutzte *Blakeslea trispora*-Stämme, die aus (+)- und (−)-Wildtyp-Stämmen nach etlichen Mutagenese- und Selektionszyklen erhalten wurden, können mehr als 5 % β-Carotin im gemischten Mycel akkumulieren. Da mit über 100 g/l Trockenmasse eine recht hohe Zelldichte erreicht werden kann, können während eines Fermentationslaufes von etwas über 100 h mehr als 5 g/l β-Carotin produziert werden. Nach Abschluss der Fermentation wird die Biomasse z. B. durch Filtration geerntet und getrocknet. Nach Aufschluss, der in einer Hammermühle erfolgen kann, wird mit einem organischen Lösungsmittel extrahiert. Aus diesem kristallisiert das β-Carotin in hochreiner Form aus.

7.7 Ausblick

Seit der Identifizierung der Carotinoid-Biosynthese-Gene um 1990 gibt es intensive Bemühungen, gängige Wirtsstämme wie *Escherichia coli* oder *Saccharomyces cerevisiae* mit diesen Genen zu transformieren. Es wurden pigmentierte Transformanten erhalten, deren Carotinoidgehalt jedoch so gering war, dass eine industrielle Nutzung sich nicht lohnte. In der neueren Patentliteratur sind nun *Yarrowia lipolytica*-Stämme beschrieben worden, die nach Transformation mit Carotinoid-Biosynthese-Genen deutlich höhere Mengen an β-Carotin

akkumulieren können. Was diese sogenannte unkonventionelle Hefe als Produktionsorganismus besonders interessant macht, ist die Perspektive, dass auch die oxidierten und kommerziell attraktiven Carotinoide Cantaxanthin, Zeaxanthin und Astaxanthin nach Transformation mit den entsprechenden Biosynthese-Genen mikrobiell zugänglich werden könnten.

Weitere Verfahren, beispielsweise zur Produktion von Pantothensäure (Vitamin B_5), z. B. mit einem rekombinanten *Escherichia coli*-Stamm, oder Biotin (Vitamin H), z. B. mit *Bacillus subtilis*, stehen vielleicht bald an der Schwelle zur Wirtschaftlichkeit.

📖 Literaturverzeichnis

Bremus C, Herrmann U, Bringer-Meyer S, Sahm H (2006) The use of microorganisms in L-ascorbic acid production. J Biotechnol 124: 196–205

Hohmann HP, Stahmann KP (2010) Biotechnology of Riboflavin Production. In: Mander L, Liu HW (Hrsg) Comprehensive Natural Products II Chemistry and Biology. 7. Aufl. Elsevier, Oxford, 115–139

Hoppenheidt K, Mücke W, Peche R, Tronecker D, Roth U, Würdinger E, Hottenroth S, Rommel W (2005) Entlastungseffekte für die Umwelt durch Substitution konventioneller chemisch-technischer Prozesse und Produkte durch biotechnische Verfahren. ISSN 0722-186X; Umweltbundesamt Nr. 07/2005

Ishige T, Honda K, Shimizu S (2005) Whole organism biocatalysis. Curr Opin Chem Biol 9: 174–180

Laudert D, Hohmann HP (2011) Application of Enzymes and Microbes for the Industrial Production of Vitamins and Vitamin-Like Compounds. In: Moo-Young M (Hrsg) Comprehensive Biotechnology. 2. Aufl. Elsevier, Amsterdam, 583–602

Martens JH, Barg H, Warren MJ, Jahn D (2002) Microbial production of vitamin B_{12}. Appl Microbiol Biotechnol 58: 275–285

Schimek C, Wöstemeyer J (2006) Pheromone Action in the Fungal Groups Chytridiomycota, and Zygomycota, and in the Oomycota Growth, Differentiation and Sexuality. In: Kües U, Fischer R (Hrsg) The Mycota. 2. Aufl. Springer-Verlag, Berlin, 215–231

8 Antibiotika

Silke C. Wenzel und Rolf Müller

8.1   Mikrobielle Wirkstoffe gegen Infektionserkrankungen

Gegen viele Krankheiten haben wir trotz intensiver Suche auch heute noch keine wirksamen Medikamente. Hilfe bei diesen Problemen kommt aus der Erde: Im Boden lebende Mikroorganismen produzieren eine Vielzahl natürlicher Wirkstoffe und stellen so wichtige Quellen für die Entwicklung neuer Anti-Infektiva dar.

8.1.1   Vorkommen und Bedeutung

Antibiotika sind häufig von Pilzen oder Bakterien gebildete Wirkstoffe, welche andere Mikroorganismen am Wachstum hindern oder gar abtöten. Diese häufig aufgrund ihrer nicht essenziellen Funktion für den Produzenten als **Sekundärstoffe** bezeichneten Substanzen weisen einen prägenden Einfluss auf unseren Arzneimittelschatz auf. Speziell im Bereich der Antibiotika stellen Wirkstoffe aus Mikroorganismen und deren Derivate derzeit etwa 70 % der pharmazeutisch relevanten Verbindungen dar. Naturstoffe aus Mikroorganismen spielen nicht nur als Anti-Infektiva eine wichtige Rolle in der Medizin. Auch in der Tumortherapie, als Cholesterolsenker oder als Immunsuppressiva werden sie häufig eingesetzt und haben deshalb auch bei diesen Anwendungen eine außerordentliche medizinische und wirtschaftliche Bedeutung.

Die Funktion der Sekundärstoffe für den Produzenten selbst ist auch heute noch weitgehend unbekannt. Man geht davon aus, dass diese Substanzen für das Wachstum nicht essenziell sind, den Produzenten aber unter gewissen Umweltbedingungen Vorteile in ihrem Lebensraum verschaffen. Neben der naheliegenden Vermutung, dass Antibiotika schlicht biologische Kampfstoffe gegen Nahrungskonkurrenten sind, gibt es diverse Theorien zur Bedeutung im natürlichen Umfeld. Man weiß seit einiger Zeit, dass Sekundärstoffe wichtige Rollen als Si-

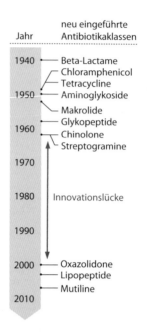

◻ Abb. 8.1   Meilensteine der Antibiotikaforschung. Zwischen 1962 und 2000 wurden keine neuen Antibiotikaklassen durch die Pharmaindustrie in die Therapie eingeführt (modifiziert nach Walsh und Fischbach 2010)

gnalstoffe bei der mikrobiellen Kommunikation und auch im Wechselspiel mit anderen Organismen im natürlichen Umfeld spielen. Zudem sind Funktionen bei Entwicklungsprozessen, für die Eisenversorgung, als Radikalfänger oder auch bei der Regulation interner Prozesse beschrieben.

Mit der Entdeckung des Penicillins und des Streptomycins begann Mitte des vorigen Jahrhunderts die bislang produktivste Zeit der Antibiotikaforschung, in der die meisten der auch heute noch klinisch eingesetzten Substanzen identifiziert und für den Pharmamarkt entwickelt wurden. Die Wirkstoffe wurden aus Extrakten mikrobieller Reinkulturen gewonnen, welche auf die Gegenwart von antibiotisch wirkenden Naturstoffen hin überprüft wurden. Allerdings ist trotz der hervorragenden Erfolge der Antibiotikaentwicklung bis in die späten 1960er-Jahre festzustellen, dass seitdem kaum neue Wirkstoffe auf den Markt kommen, obwohl diese dringend benötigt werden ("Innovationslücke", ◻ Abb. 8.1). Aufgrund der erstaunlichen

Anpassungsfähigkeit der Mikroorganismen im Allgemeinen und somit auch der Infektionserreger sind **Resistenzentwicklungen** gegen Wirkstoffe keine Frage des „Ob", sondern immer nur des „Wann". Resistenzen folgen in der Regel drei allgemeinen Mechanismen, welche durch genetische Veränderungen hervorgerufen werden:

- Veränderung der Zielstruktur in der Zelle,
- Inaktivierung des Wirkstoffes,
- Austransport des Wirkstoffes aus der Zelle.

Aus diesen Gründen sollten fortlaufend Anstrengungen unternommen werden, um neue Antibiotika zu entwickeln. In den letzten Jahrzehnten wurden aber aufgrund ökonomischer Überlegungen in der Pharmaindustrie kaum Anti-Infektiva entwickelt. Prinzipiell wurden drei Ansätze zur Entwicklung neuer Wirkstoffe verfolgt: die Herstellung synthetischer Verbindungen, die medizinalchemische Modifikation bekannter Wirkstoffe und die Suche nach neuen Sekundärstoffen. Bis dato wurden allerdings durch chemische Synthese nur sehr wenige Antibiotika verfügbar. Schaut man auf die wenigen neuen Wirkstoffe, welche in den letzten Jahrzehnten Marktreife erlangten bzw. derzeit in der Entwicklungspipeline sind, so stellt man fest, dass Sekundärstoffe weiterhin größte Bedeutung haben: Nach wie vor sind die meisten Entwicklungen naturstoffbasiert (medizinalchemisch optimierte β-Lactam-Derivate oder Tetracycline) oder auch Sekundärstoffe selbst (Daptomycin; Echinocandine). Allerdings ist die Erschließung bislang wenig erforschter Quellen (Abschn. 8.2.1, Produzentenstämme) notwendig, da man in den altbekannten Produzentengruppen mittlerweile nur noch wenige neuartige Naturstoffe findet.

8.1.2 Biosynthese verschiedener Stoffklassen

Antibiotika werden als Produkte des Sekundärmetabolismus meist aus wenigen einfachen Intermediaten des Primärstoffwechsels gebildet. Die Umwandlung und Verknüpfung dieser einfachen Vorstufen (Präkursoren) erfolgt über spezielle Biosynthesesequenzen, an denen meist eine Vielzahl verschiedener Enzyme beteiligt ist. Entsprechend den verwendeten Präkursoren lassen sich die Antibiotika in Hauptklassen einordnen:

- **Peptid-Antibiotika** (aus Aminosäuren),
- **Polyketid-Antibiotika** (aus kurzkettigen, aktivierten Carbonsäuren),
- **Glykosid-Antibiotika** (aus aktivierten Zuckerbausteinen).

Daneben gibt es Wirkstoffe, die aus der Terpenbiosynthese hervorgehen, vom Shikimatweg abgeleitet sind oder auch alkaloidartige Substanzen. Zudem lässt sich anhand bestimmter Strukturmerkmale eine weitere Subklassifizierung durchführen. So gibt es bei den Peptid-Antibiotika beispielsweise die Untergruppe der Lipopeptide (Peptidgrundgerüste modifiziert mit einem Fettsäurerest) oder der Glykopeptide (Peptidgrundgerüste modifiziert mit Zuckerbausteinen). Ähnlich kann man auch die Polyketid-Antibiotika anhand ihrer Struktur in Makrolide, Polyene, Polyether und aromatische Polyketide, zu denen auch die Tetracycline zählen, untergliedern.

Prinzipiell folgen die meisten mikrobiellen Biosynthesen grundsätzlich ähnlichen Mechanismen, die in den nächsten Abschnitten beispielhaft anhand von ausgewählten Wirkstoffen vorgestellt werden. β-Lactame und Lipopeptide werden durch **nicht-ribosomale Peptidsynthetasen** (NRPS) gebildet, während Tetracycline und Makrolide von verschiedenen **Polyketidsynthasen** (PKS) hergestellt werden.

Üblicherweise findet sich in Bakterien (häufig auch in Pilzen) der komplette Satz an Genen, der für die Biosynthese eines Sekundärstoffes benötigt wird, innerhalb einer chromosomalen Region. Man spricht hier von einem **Biosynthese-Gencluster**. Vorteilhafterweise ergibt sich so die Identifizierung aller notwendigen Biosynthesegene, sobald ein einzelnes Gen aus der Biosynthese bekannt ist.

Wirkweisen von Antibiotika

Als Antibiotika bezeichnet man im allgemeinen Sprachgebrauch antibakteriell wirkende Substanzen biologischen Ursprungs. Zusammen mit anderen Arzneistoffen gegen Infektionserkrankungen, die durch Protozoen, Pilze, Viren und Würmer hervorgerufen werden, bilden sie die Gruppe der Anti-Infektiva. Antibiotika können Bakterien abtöten (**Bakterizide**) oder am Wachs-

tum hindern (**Bakteriostase**). Diese Wirkungen kommen durch Interaktionen mit verschiedenen Angriffspunkten in der bakteriellen Zelle zustande. Grundsätzlich werden Antibiotika nach generellen **Wirkmechanismen** unterschieden, wobei die Biosynthese von Nukleinsäuren, die DNA-Synthese, die RNA-Synthese, die Proteinsynthese und die Zellwandsynthese als hauptsäch-

liche Angriffspunkte bekannt sind. In allen Fällen ist eine möglichst selektive Wirkung auf den Mikroorganismus erwünscht (Paul Ehrlich sprach von „Zauberkugeln"), ohne den Wirt zu schädigen. Dies ist bei den genannten Wirkmechanismen möglich, weil das adressierte Ziel entweder im Wirt nicht vorkommt (z. B. die Zellwand) oder dort strukturell grundsätzlich anders ist (z. B. Ribosomen).

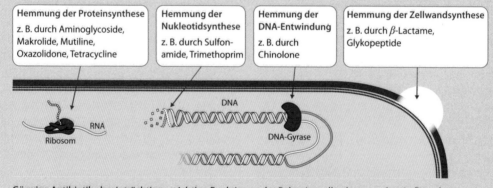

| Hemmung der Proteinsynthese z. B. durch Aminoglycoside, Makrolide, Mutiline, Oxazolidone, Tetracycline | Hemmung der Nukleotidsynthese z. B. durch Sulfonamide, Trimethoprim | Hemmung der DNA-Entwindung z. B. durch Chinolone | Hemmung der Zellwandsynthese z. B. durch β-Lactame, Glykopeptide |

Gängige Antibiotika beeinträchtigen wichtige Funktionen der Bakterienzelle, darunter den Aufbau der Zellwand, die Produktion von Proteinen und das Entwinden der DNA als Voraussetzung für deren Kopiervorgang. Erläutert sind hier Wirkmechanismen verschiedener Antibiotikaklassen

8.2   Biotechnische Produktion

Die meisten mikrobiellen Wirkstoffe weisen komplexe Strukturen auf, so dass eine chemische Synthese im technischen Maßstab oft unrentabel oder auch gar nicht möglich ist. Daher werden die Substanzen meist biotechnologisch durch Fermentation ihrer natürlichen Produzenten hergestellt.

8.2.1   Produzentenstämme

Im letzten Jahrhundert wurden hauptsächlich die meist im Boden lebenden **Actinomyceten**, einige **Pilze** und endosporenbildende **Bacillen** für die Sekundärstoffproduktion genutzt. Aus ihnen wurden die aktiven Substanzen isoliert, chemisch analysiert und dann für den Einsatz als Antibiotika entwickelt. In ◻ Tab. 8.1 sind einige durch industrielle Großfermentation hergestellte Antibiotika und die produzierenden Mikroorganismen aufgelistet. Weitere Pilzfamilien und einige andere Gruppen bakterieller Naturstoffproduzenten spielen heute eine wichtige Rolle für

◻ Tabelle 8.1 Beispiele für kommerziell produzierte Antibiotika

Antibiotikum	Produzierender Mikroorganismus
Amphotericin	*Streptomyces nodosus* (A)
Bacitracin	*Bacillus licheniformis* (EBB)
Cephalosporin	*Acremonium chrysogenum* (P)
Cycloheximid	*Streptomyces griseus* (A)
Erythromycin	*Saccharopolyspora erythraea* (A)
Gentamycin	*Micromonospora purpurea* (A)
Griseofulvin	*Penicillium griseofulvin* (P)
Kanamycin	*Streptomyces kanamyceticus* (A)
Neomycin	*Streptomyces fradiae* (A)
Nystatin	*Streptomyces noursei* (A)
Penicillin	*Penicillium chrysogenum* (P)
Polymyxin B	*Bacillus polymyxa* (EBB)
Rifamycin	*Streptomyces mediterranei* (A)
Streptomycin	*Streptomyces griseus* (A)
Tetracycline	*Streptomyces rimosus* (A)
Vancomycin	*Streptomyces orientalis* (A)

die **Wirkstoff-Findung**, wobei anzumerken ist, dass die Produzentengruppen fast alle in Habitaten vorkommen, die vielfältig besiedelt sind und somit Nahrungskonkurrenz bedingen. So wurden beispielsweise marine Mikroorganismen, Cyanobakterien, Myxobakterien, Pseudomonaden, Bacillen oder insektenpathogene Bakterien als zusätzliche Quellen für Wirkstoffe etabliert und spielen heute eine zunehmende Rolle. Bei quantitativer Betrachtung ist festzustellen, dass nach wie vor die meisten zugelassenen Antibiotika von Actinomyceten und Pilzen abstammen, wobei zu berücksichtigen ist, dass diese Produzentengruppen auch bei Weitem am längsten und

intensivsten beforscht wurden. Durchschnittlich dauert die Entwicklung eines Arzneistoffes von dessen Identifizierung bis zur Markteinführung mehr als zehn Jahre, sodass erst in Zukunft ausgehend von den erwähnten alternativen Quellen tatsächlich neue marktreife Arzneimittel erwartet werden können.

Generell beruht die Suche nach neuen Antibiotika auf **Screeningmethoden**, welche das Ziel der Identifizierung neuer Wirkstoffe haben, die im Idealfall neue Zielstrukturen im Pathogen adressieren und nicht toxisch für den Menschen sind. Dazu verwendet man verschiedene Vorgehensweisen; zum einen werden lebende Bakterienzellen daraufhin überprüft, ob neue Stoffe diese abtöten, am Wachstum hindern oder mit Infektionsprozessen interferieren. Alternativ werden vielversprechende Zielproteine (sogenannte „Targets") in reiner Form dargestellt und Inhibitoren dazu gesucht. In beiden Fällen benötigt man zum Screening Substanzbibliotheken, welche rein chemischer Natur sein können oder Naturstoffe darstellen (Abschn. 8.1.1). Neue Produzentengruppen für Sekundärstoffe sind deshalb wichtig, weil in den intensiv untersuchten Actinomyceten und Pilzen immer häufiger Substanzen wiederentdeckt werden, was die Identifizierungsrate für wirklich neue Wirkstoffe und Wirkprinzipien herabsetzt. Ist ein Wirkstoff identifiziert, dann beginnt der lange Weg hin zur Anwendung als Antibiotikum. Die Erfolgsrate hierbei ist gering, da vielfältige Parameter wie die Stabilität im Blut und die Resistenzentwicklung zu berücksichtigen sind. Eine ausreichende Produktion stellt einen ersten wichtigen Schritt dar, der eine Entwicklung erst ermöglicht.

Da die mikrobiellen Stoffe häufig aus chemischer Sicht sehr komplex sind, ist auch heute die mikrobielle Produktion meist der einzig ökonomische Weg für eine Produktion. Allerdings sind die Ausbeuten mit den zunächst identifizierten Wirkstoffproduzenten (Wildstämme) in der Regel sehr gering, weil Mikroorganismen strikte Regulationsmechanismen verwenden, um die energetischen Kosten für die Herstellung der jeweiligen Substanz möglichst gering zu halten und diese nur dann zu produzieren, wenn dem Organismus auch ein Nutzen durch den Sekundärstoff im natürlichen Habitat entsteht. Folglich ist das Ziel des Industriellen Mikrobiologen die Herstellung und Identifizierung von Mutanten, deren Regulation und Stoffwechsel derart verändert ist, dass größere Mengen an Wirkstoff produziert und im Idealfall direkt in das Medium als „Ausscheidungsprodukt" abgegeben werden. Dazu erfolgt in der Regel zunächst eine Überprüfung von Stammsammlungen, die auf die Produktion der Zielstruktur hin durchmustert werden. Dadurch werden einige der zunächst „besten Produzenten" identifiziert, mit denen die nachfolgende Produktionsoptimierung durchgeführt wird. Die gut etablierten Verfahren werden üblicherweise nicht mehr geändert, da damit neue Zulassungsprozesse und oft immense Kosten einhergehen würden. Detaillierte Information über die aktuellen Produktionsstämme und -prozesse sind leider meist kaum zugänglich, da die Hersteller durch deren Preisgabe Wettbewerbsnachteile befürchten.

8.2.2 Produktionsoptimierung

Die Optimierung der Produktion mikrobieller Sekundärstoffe war lange Jahre ein rein empirischer Prozess, in dem Kultivierungsbedingungen und Stämme durch langwierige Versuche hin zu verbesserten Ausbeuten verändert wurden. Gewöhnlich produzieren die Wildstämme (natürlichen Isolate) meist nur begrenzte Mengen des gewünschten Antibiotikums, in der Regel zwischen 0,1 und 20 mg/l. Daher entwickelten Industrie-Mikrobiologen neue **Hochleistungsstämme**, indem die anfängliche Kultur meist in mehreren Zyklen mutagenisiert wurde. Hierbei spielten ungerichtete Verfahren, wie UV-Strahlung oder Behandlung mit chemischen Agenzien, eine entscheidende Rolle, was auch als **klassische Stammoptimierung** bezeichnet wird. Zudem konnten durch Untersuchung des Einflusses von verschiedenen Fermentationsparametern wie pO_2, pH und Nährstoffangebot auf die Antibiotika-Produktion mögliche Regulationsmechanismen erkannt und im Folgenden ausgenutzt werden. Beispielsweise war durch Umgehen von Feedback-Inhibitionen eine signifikante Steigerung von Ausbeuten bei der Erythromycin-Produktion möglich. Auch wurden limitierende Vorstufen der Antibiotika-Biosynthese dem Wachstumsmedium zugesetzt, was in vielen Fällen zu einer Produktionsverbesserung führte.

Durch die Entwicklung von gentechnischen Methoden wurden Mikroorganismen gezielt manipulierbar, sodass **gerichtete Stammoptimierungen** durchgeführt werden können. Allerdings setzte dies ein grundlegendes Verständnis der Antibiotika-Produktion und ihrer limitierenden Faktoren in der Wirtzelle voraus. Angriffspunkte zur Produktionsoptimierung ergaben sich auf verschiedenen Ebenen (DNA, RNA, Protein, Metabolit). So wurden beispielsweise zusätzliche Kopien wichtiger Gene in die Zelle eingeschleust, um so durch *multi-copy*-Effekte die Produktion zu erhöhen. Auch bot die genetische Manipulation regulatorischer Prozesse eine Möglichkeit, die Produktionstiter zu steigern, z. B. durch verstärkte Expression von Antibiotika-Biosynthesegenen. Zudem ermöglichte die Hochregulierung bestimmter Stoffwechselwege die vermehrte Bildung von Biosynthese-Vorstufen, sodass auf eine Zufütterung (wie zuvor beschrieben) verzichtet und so der Produktionsprozess verbilligt werden konnte. Es ist zu beachten, dass auch die Selbstresistenz des Produzenten bei gesteigerter Antibiotika-Produktion zu einem limitierenden Faktor werden kann. Dies kann durch Überexpression von Resistenzdeterminanten wie z. B. Efflux-Pumpen umgangen werden, die das Antibiotikum effizient aus der Zelle schleusen.

Die Stärken der gerichteten und meist molekularbiologischen Optimierung von Mikroorganismen zeigen sich in den letzten Jahren immer deutlicher, da neue Produkte nun vermehrt auf diesem Weg zur Marktreife gebracht werden. Das Produkt selbst kann durch solche Prozesse ebenfalls optimiert werden, da durch Modifikation der Biosynthesegene letztlich das

Molekül zielgerichtet verändert werden kann (◨ Abb. 8.7). Parallel dazu erfolgen in der Regel Optimierungsprozesse, die auf der chemischen Modifikation der Sekundärstoffe beruhen und verbesserte therapeutische Eigenschaften wie Löslichkeit, Bindungseigenschaften und auch Plasmastabilität zum Ziel haben. Hier spielt die Medizinalchemie die herausragende Rolle, die durch Modifikationen und/oder Partialsynthesen die pharmazeutischen Eigenschaften des Moleküls optimiert.

8.3 β-Lactame

Zu den β-Lactam-Antibiotika zählen Verbindungen, die einen β-Lactamring als gemeinsames Strukturmerkmal enthalten, der für ihre Wirkung verantwortlich ist. Der wohl bekannteste Vertreter dieser Stoffklasse ist das **Penicillin**, welches als erstes entdecktes Antibiotikum zum Einsatz kam und aufgrund seiner hervorragenden Wirkung berühmt geworden ist.

Historie

Im Jahr 1928 machte Alexander Fleming die Beobachtung, dass Staphylokokken auf einer Agarplatte, die mit *Penicillium*-Pilzen kontaminiert war, in ihrem Wachstum gehemmt wurden (◨ Abb. 1.6). Er reinigte den bakterientötenden Stoff aus dem Nährmedium der Pilzkultur auf und nannte ihn Penicillin. Etwa zehn Jahre später untersuchten H. W. Florey und E. B. Chain die therapeutische Wirkung von Penicillin am Menschen. Dadurch wurde die enorme Bedeutung der Antibiotika für die Therapie erkannt, was 1945 mit dem Nobelpreis für Medizin an Fleming, Florey und Chain gewürdigt wurde. Die Substanz wurde auch lange Zeit nach dem Zweiten Weltkrieg noch als Wundermedizin angesehen, da durch ihren Einsatz zum ersten Mal in der Geschichte Wundinfektionen behandelt werden konnten, welche sonst häufig – auch noch lange nach der eigentlichen Behandlung – zum Tod der Betroffenen führten. Da die Herstellung von Penicillin in der Anfangszeit noch sehr mühsam war, wurde es sogar aus dem Urin der behandelten Personen zurückgewonnen. Nach der Entdeckung des Penicillins wurden noch eine Reihe weiterer Vertreter dieser Stoffklasse identifiziert, wie die **Cephalosporine** und die **Carbapeneme**.

Wirkung und Anwendung

β-Lactam-Antibiotika hemmen die bakterielle Zellwandsynthese, wodurch die Bakterien keine Schutzwand mehr aufbauen können und absterben. Bakterien können Resistenzen ausbilden, indem sie beispielsweise eine Lactamase ausscheiden, die den β-Lactamring spaltet. Dieser Resistenzmechanismus kann umgangen werden, indem das Antibiotikum zusammen mit einem Inhibitor der β-Lactamase verabreicht wird. Auch durch strukturelle Modifikation des β-Lactamrings kann die Spaltungsreaktion verhindert werden. Über semisynthetische Ansätze wurden so ausgehend von natürlich produzierten β-Lactamen durch Derivatisierung fortlaufend neue Antibiotika-Generationen hergestellt, um die immer wieder auftretenden Resistenzen zu umgehen.

β-Lactam-Antibiotika haben ein breites Wirkspektrum, das je nach Verbindung von Grampositiven bis hin zu Gram-negativen Erregern reicht. Sie werden zur Behandlung verschiedener Infektionskrankheiten eingesetzt und zählen mit großem Abstand zu den am meisten verordneten Antibiotika. β-Lactam-Antibiotika sind nach wie vor Mittel der Wahl bei Infektionen mit Streptokokken einschließlich der Pneumokokken, die so unterschiedliche Erkrankungen wie eine Angina bis hin zur Hirnhaut- oder Herzklappenentzündung auslösen können.

Wirtschaftlichkeit

Die Cephalosporine waren mit 11,9 Mrd. US-Dollar Umsatz im Jahr 2009 Spitzenreiter bei den Antibiotika, gefolgt von Breitspektrum-Penicillinen (7,9 Mrd. US-Dollar Umsatz). Zusammen mit weiteren β-Lactam-Antibiotika (3,6 Mrd. US-Dollar Umsatz) betrug der Anteil dieser Stoffklasse am Antibiotikamarkt im Jahr 2009 etwa 56 %.

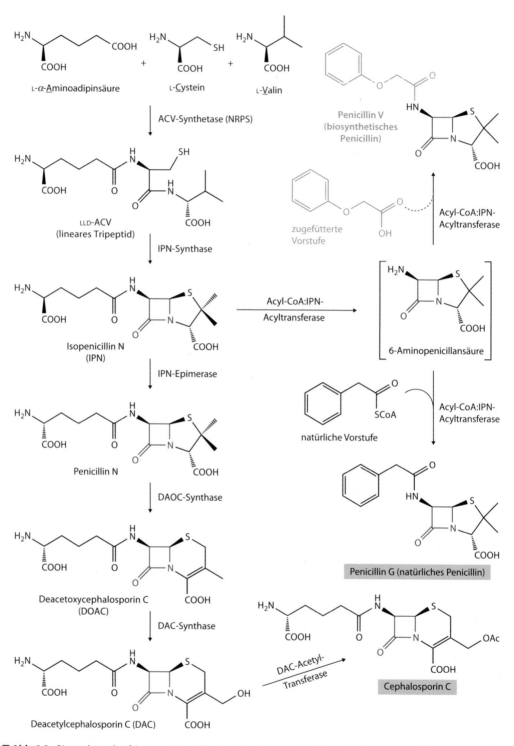

Abb. 8.2 Biosynthese der β-Lactame Penicillin G und Cephalosporin C. Durch Zufütterung modifizierter Vorstufen können neue Derivate hergestellt werden, wie z. B. Penicillin V (Phenoxymethylpenicillin)

8.3.1 β-Lactam-Biosynthese

Die Biosynthesen der bicyclischen β-Lactame Penicillin und Cephalosporin sind mittlerweile recht gut charakterisiert (◘ Abb. 8.2). Alle natürlich vorkommenden Derivate werden ausgehend von drei Aminosäuren gebildet: L-α-Aminoadipinsäure, L-Cystein und L-Valin (ACV). Über einen nicht-ribosomalen Prozess werden die Vorläufer durch die ACV-Synthetase schrittweise zum linearen Tripeptid kondensiert. Anschließend erfolgt der oxidative Ringschluss zum bicyclischen System, katalysiert durch die Isopenicillin-N-Synthase. Dabei entsteht der viergliedrige β-Lactamring fusioniert mit einem fünfgliedrigen Thiazolidinring, welcher charakteristisch für alle Penicilline ist. Diese Zwischenstufe (Isopenicillin N, IPN) ist der Verzweigungspunkt in der Penicillin- und Cephalosporin-Biosynthese. Im finalen Schritt der Penicillin-Biosynthese wird die hydrophile Seitenkette des β-Lactamrings gegen hydrophobe Acyl-CoA-Derivate ausgetauscht, z. B. gegen Phenylacetyl-CoA zur Produktion von Penicillin G. Die zweistufige Acyltransferreaktion verläuft über die Zwischenstufe 6-Aminopenicillansäure und wird von einem bifunktionalen Enzym, der Acyl-CoA:IPN-Acyltranferase, katalysiert. Im weiteren Verlauf der Cephalosporin-Biosynthese wird zunächst das Stereozentrum der Isopenicillin-N-Seitenkette epimerisiert, wobei Penicillin N entsteht. Eine Expandase katalysiert höchstwahrscheinlich über einen radikalischen Mechanismus die Ringerweiterung zum Dihydrothiazinring. Durch anschließende Oxidation einer Methylgruppe zur Hydroxymethylgruppe und deren Acetylierung wird Cephalosporin C gebildet.

Die β-Lactam-Biosynthesegene sind in Bakterien und in Pilzen so organisiert, dass in der Regel alle notwendigen Gene in einem Abschnitt vorliegen (**Biosynthese-Gencluster**), wobei in Pilzen (wie für Eukaryoten üblich) die Gene einzeln transkribiert werden, während in Bakterien Operons vorliegen. In den bakteriellen Produzenten konnte ein spezifischer Biosyntheseweg für den ungewöhnlichen Baustein L-α-Aminoadipinsäure identifiziert werden. Dieser wird in Pilzen über den Primärstoffwechsel ausgehend von α-Ketoglutarat und Acetyl-CoA bereitgestellt. Die Aminoadipinsäure kann dann entweder in die β-Lactam-Biosynthese einfließen oder weiter zum Lysin metabolisiert werden. Es wurde festgestellt, dass in *Penicillium*-Stämmen die Antibiotika-Produktion durch Lysin gehemmt wird. Dies beruht auf einer starken Feedback-Hemmung der Homocitratsynthese, einem Zwischenprodukt auf dem Weg zur Aminoadipinsäure. Durch Zugabe von α-Aminoadipinsäure zum Medium oder die Erzeugung von Lysin-auxothrophen Mutanten kann diese Hemmung umgangen bzw. aufgehoben werden. Eine andere Möglichkeit zur Steigerung der Antibiotika-Produktion ist die Vervielfältigung von Biosynthesegenen. So kann durch Einbringen einer zusätzlichen Kopie des Deacetoxycephalosporin-C-Synthase-Gens die Bildung von Cephalosporin C auf Kosten von Deacetoxycephalosporin C erhöht werden.

Die Mikroorganismen produzieren verschiedene Penicilline und Cephalosporine, die sich in der Struktur der Seitenketten (des N-Acylrestes) unterscheiden. Durch Zusatz unnatürlicher Vorstufen zur Kulturbrühe können weitere neue Derivate hergestellt werden, die oft auch als **biosynthetische β-Lactame** bezeichnet werden. So wurde beispielsweise durch Fütterung von Phenoxyessigsäure zu Fermentationskulturen von *P. chrysogenum* das natürlicherweise nicht vorkommende Phenoxymethylpenicillin (Penicillin V) produziert (◘ Abb. 8.2). Dieses Verfahren wird auch als **Vorläufer-dirigierte Biosynthese** bezeichnet. Dabei stehen die zugesetzten, alternativen Präkursoren in Konkurrenz mit den natürlicherweise vorkommenden Substraten und es entsteht in der Regel ein Gemisch aus **natürlichen** und **biosynthetischen Penicillinen**. Allerdings akzeptieren die Biosyntheseproteine nicht jede beliebige Vorläufer-Carbonsäure, sodass die Strukturvariationsbreite bei diesem Verfahren beschränkt ist. Eine breitere Palette an neuen Derivaten lässt sich über chemische Modifikation des Penicillin-Grundgerüstes (6-

◘ Tabelle 8.2 Beispiele für natürliche, biosynthetische und semisynthetische Penicilline und Cephalosporine. Während der Cephalosporin-Biosynthese erfolgt keine Transacylierung, sodass ein Zusatz von Seitenkettenvorstufen nicht zu biosynthetischen Cephalosporin-Derivaten führt

Penicilline	Grundgerüst: 6-Aminopenicillansäure	
	R	
	Phenyl-CH$_2$-CO-	Penicillin G
natürliche Penicilline	H$_3$C-CH$_2$-CH=CH-CH$_2$-CO-	Penicillin F
	H$_3$C-(CH$_2$)$_6$-CO-	Penicillin K
biosynthetische Penicilline	Phenyl-O-CH$_2$-CO-	Penicillin V
	CH$_2$=CH-CH$_2$-S-CH$_2$-CO-	Penicillin O
semisynthetische Penicilline	Phenyl-CH(NH$_2$)-CO-	Ampicillin
	4-OH-Phenyl-CH(NH$_2$)-CO-	Amoxicillin

Cephalosporine	Grundgerüst: 7-Aminocephalosporansäure		
	R	**R'**	
natürliche Cephalosporine	HO$_2$C-CH(NH$_2$)-(CH$_2$)$_3$-CO-	AcO-	Cephalosporin C
	HO$_2$C-CH(NH$_2$)-(CH$_2$)$_3$-C(O)-	HO-	Deacetyl-cephalosporin C
	4-OH-Phenyl-CH(NH$_2$)-CO-	H-	Cefadroxil
semisynthetische Cephalosporine	Phenyl-CH(NH$_2$)-CO-	H-	Cephalexin
	Thiophen-CH$_2$-CO-	AcO-	Cephalotin

Aminopenicillansäure) erzeugen. Hierbei wird zunächst ein Gemisch aus natürlichen Penicillinen aus der Kulturbrühe isoliert und die unterschiedlichen *N*-Acyl-Seitenketten anschließend enzymatisch abgespalten. Das hierfür benötigte Enzym, die Penicillin-Acylase, wird im technischen Maßstab rekombinant aus speziell gezüchteten *Escherichia coli*-Stämmen hergestellt. Die Deacylierung wird dann mit trägergebunde-nem (immobilisiertem) Enzym durchgeführt. Die freie Aminogruppe der entstandenen 6-Aminopenicillansäure kann anschließend chemisch mit neuen Acylsubstituenten umgesetzt werden. Daraus resultierende Derivate werden als **halbsynthetische (semisynthetische) Penicilline** bezeichnet. Beispiele für natürliche, biosynthetische und halbsynthetische β-Lactame sind in ◘ Tab. 8.2 aufgeführt.

8.3.2 β-Lactam-Produktion

β-Lactam-Antibiotika werden von Bakterien wie auch von Pilzen produziert. Zu den wichtigsten Penicillin-Produzenten zählen Pilze aus der Klasse der Ascomyceten (Schlauchpilze), insbesondere *Penicillium chrysogenum* (syn.: *Penicillium notatum*). Cephalosporine werden von verschiedenen *Streptomyces*-Arten (z. B. *S. lipmanii* sowie *S. clavuligerus*) und dem Pilz *Acremonium chrysogenum* (ehemals *Cephalosporium acremonium*) gebildet. Die Penicillin-Produktionstiter von *Penicillium chrysogenum* liegen mittlerweile bei über 70 g/l, die von Cephalosporin C mit *Acremonium chrysogenum* bei 30 g/l. Zur technischen Herstellung von Penicillin werden Hochleistungs-Produzentenstämme in bis zu 200 m^3 fassenden Bioreaktoren kultiviert. Der Fermentationsprozess beinhaltet in der Regel drei vorab geschaltete Animpfphasen, bevor der mehrtägige Produktionsprozess im Großmaßstab eingeleitet wird. Da es sich bei der Penicillin-Produktion um einen hochaeroben Prozess handelt, ist der Gehalt an gelöstem Sauerstoff in der Kulturbrühe insbesondere zu Wachstumsspitzen ein kritischer Parameter. Während der Wachstumsphase ist die Penicillin-Produktion gering, was für viele Sekundärstoffe typisch ist. Sie steigt in der stationären Phase stark an und wird durch kontinuierliche Zugabe von Nährstoffen (z. B. Glucose und Stickstoff) über mehrere Tage ausgedehnt (Fed-Batch-Verfahren; ◻ Abb. 8.3). Die kontinuierliche Zuckerfütterung dient auch der Regulation des pH-Wertes, der während der Fermentation zwischen 6,4 und 6,8 liegt und wie die anderen Parameter (Temperatur, Sauerstoff-, Kohlendioxid- und Ammonium-Gehalt) eng überwacht und kontrolliert werden muss, um eine optimale und reproduzierbare Produktion sicherzustellen. Um die Fermentation besser zu steuern, werden meist auch Seitenkettenvorläufer der Nährlösung zugesetzt, sodass statt eines Gemisches nur ein erwünschtes Penicillin-Derivat produziert wird. Für die Penicillin-G-Produktion füttert man Phenylessigsäure zu, im Fall von

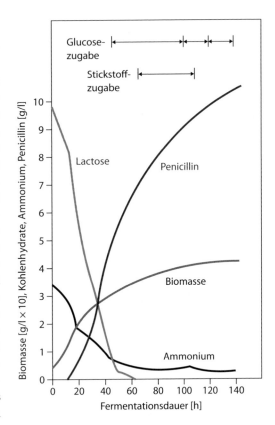

◻ **Abb. 8.3** Kinetik der Penicillin-Fermentation mit *Penicillium chrysogenum*. Während der Wachstumsphase wird sehr wenig Penicillin produziert. Die Penicillin-Produktionsphase beginnt, wenn die Zellen in die stationäre Phase eintreten, und kann durch Zugabe von Nährstoffen (Glucose, Stickstoff) über mehrere Tage ausgedehnt werden (modifiziert nach Brock (2003))

Penicillin V Phenoxyessigsäure. Da Penicillin von dem Pilz ausgeschieden wird, muss es später aus dem Medium extrahiert werden. Hierzu werden die Zellen zunächst durch Filtration abgetrennt. Das Kulturfiltrat wird anschließend angesäuert und mit Amyl-, Butyl- oder Isobutylacetat extrahiert. Nach Anreicherung im Lösungsmittel wird das sauer extrahierte Penicillin in eine alkalische Lösung zurück extrahiert, wobei Verunreinigungen über Aktivkohle abgetrennt werden können. Durch Zusatz von Kaliumacetat kann das Antibiotikum schließlich ausgefällt und als kristallines Kaliumsalz isoliert werden.

◻ **Tabelle 8.3** Fortschritte bei der Penicillin-Produktion (modifiziert nach Elander 2003)

Fermentation	1950	2000
Kohlenstoffquelle	Lactose	Glucose/Saccharose
Verfahren	Batch	Fed-Batch
Medium-Sterilisation	Batch	Kontinuierlich
Zufütterungen	Keine	Viele
Morphologie	Filamentös	Pelletiert
Fermentationszeit	120 h	120–200 h
Tankvolumen [Kilogallonen]	10–20	20–60
Kontrolle	Nur Temperatur	Computerbasiert
Titer [g/l]	0,5–1,0	>40
Effizienz [%]	70–80	>90
Herstellungskosten [US-Dollar]	~ 275–350/kg	~ 15–20/kg

Durch den enormen Anstieg der Fermentations-Produktivitäten in den letzten Jahrzehnten sowie der Rückgewinnungs-Ausbeuten bei der Aufarbeitung konnten die Produktionskosten signifikant reduziert werden, wie bei dem Vergleich der Penicillin-Produktion im Jahr 1950 und 2000 ersichtlich wird (◻ Tab. 8.3). Im Jahr 1950 musste noch mit etwa 300 US-Dollar pro kg Penicillin kalkuliert werden, 50 Jahre später lagen die Kosten bereits zwischen 10 und 20 US-Dollar pro kg. Die entscheidenden Schritte zur Produktionsoptimierung waren:

▬ erhöhte Ausbeuten durch Zusatz von Vorläufermolekülen zum Medium und die Bestimmung von optimalen Kultivierungsbedingungen (Medienzusammensetzung, pH-Wert, Kultivierungstemperatur, Belüftung und Dauer des Fermentationsprozesses);

▬ Herstellung und Selektion von Hochleistungsproduzenten durch ungerichtete Mutagenese über Röntgen- oder UV-Strahlung;

▬ Entwicklung von adäquaten industriellen Produktionsanlagen.

Ein Ende der Produktionssteigerung ist noch nicht in Sicht. Die kontinuierlichen Fortschritte auf dem Gebiet der Molekularbiologie und die Sequenzierung von ganzen Produzentengenomen haben die Basis für weitere, insbesondere gerichtete Optimierungen der Penicillin-Produktion geschaffen.

8.4   Lipopeptide

Lipopeptide gehören zur großen Klasse der niedermolekularen Peptide. Hierzu zählen beispielsweise auch das **Bacitracin**, welches aus elf Aminosäuren besteht und als Antibiotikum zur topischen Behandlung eingesetzt wird, oder die Glykopeptide, wie das Reserveantibiotikum **Vancomycin**. Während das Aminosäuregrundgerüst von Glykopeptiden durch Zuckerketten modifiziert ist, tragen Lipopeptide stattdessen Fettsäurereste oder zumindest längere lipophile Seitenketten. Zu dieser Substanzklasse zählt auch das **Ciclosporin**, welches als Immunsuppressivum sehr große Bedeutung besitzt (Box „Ciclosporin").

Historie

Zu den Lipopeptiden gehört ebenfalls das **Daptomycin**, der erste Vertreter der Lipopeptid-Antibiotika. Es handelt sich hierbei um eine der sehr wenigen neuen Substanzklassen, die nach einer 40-jährigen Innovationslücke der Antibiotikaforschung entwickelt wurden (◻ Abb. 8.1). Der Produzentenstamm, *Streptomyces roseosporus*, wurde aus einer Bodenprobe vom Berg Ararat (Türkei) isoliert. Er produziert eine Familie von Lipopeptid-Verbindungen (◻ Abb. 8.4), von denen Daptomycin aufgrund seiner *in vivo*-Effizienz und geringen Toxizität in Tierversuchen für die weitere Entwicklung ausgewählt wurde. Das Antibiotikum wurde unter dem Handelsna-

Ciclosporin

Ciclosporin ist ein cyclisches Lipopeptid aus elf Aminosäuren, welches aus dem Schlauchpilz *Tolypocladium inflatum* isoliert wurde. Der Arzneistoff inhibiert die Immunabwehr, indem das Enzym Calcineurin gehemmt wird, was wiederum zur Inhibition der Ausschüttung immunstimulierender Stoffe führt. Der Einsatz von Ciclosporin für die Therapie von Fremdgewebebedingten Abstoßungsreaktionen revolutionierte die Transplantationsmedizin mit Beginn der 1980er-Jahre, weil die Überlebenszeit der Patienten signifikant erhöht werden konnte. Ohne den Einsatz des Medikamentes waren Transplantationen vorher im Prinzip erfolglos, sodass ohne derartige Arzneimittel heute selbstverständlich erscheinende Erfolge in diesem Bereich der Medizin undenkbar wären. Allein in den USA produzierten 2009 elf pharmazeutische Unternehmen auf biotechnischem Wege Arzneimittel mit Ciclosporin als aktivem Inhaltsstoff. Die weltweiten Umsätze werden mit mehreren Milliarden US-Dollar angegeben. Ciclosporin-enthaltende Medikamente werden zudem bei Autoimmunerkrankungen wie der Colitis ulcerosa, Morbus Crohn und schweren, therapieresistenten Formen der atopischen Dermatitis und Psoriasis eingesetzt. Interessanterweise gehören heute die Makrolide des Rapamycin-Typs neben Ciclosporin zu den erfolgreichsten Immunsuppressiva.

Struktur des Immunsuppressivums Ciclosporin A

men Cubicin® von dem Pharmakonzern Cubist Pharmaceuticals im Jahr 2003 in den USA auf den Markt gebracht.

Wirkung und Anwendung

Daptomycin unterscheidet sich in seiner Wirkweise von allen bisher zugelassenen Antibiotika. Es weist Effekte auf die Membran und die Zellwandbiosynthese auf und wirkt bakterizid.

Daptomycin stellt so eine Therapieoption bei Infektionen mit Gram-positiven Problemkeimen dar und wird in erster Linie bei Haut- und Weichteilinfektionen eingesetzt, wenn Reserveantibiotika wie Vancomycin nicht mehr wirksam sind. Andere Indikationen sind systemische Infektionen mit multiresistenten Staphylokokken.

Substanz	Lipidrest
Daptomycin	n-Decanoyl
A21978C1	*anteiso*-Undecanoyl
A21978C2	*iso*-Dodecanoyl
A21978C3	*anteiso*-Tridecanoyl

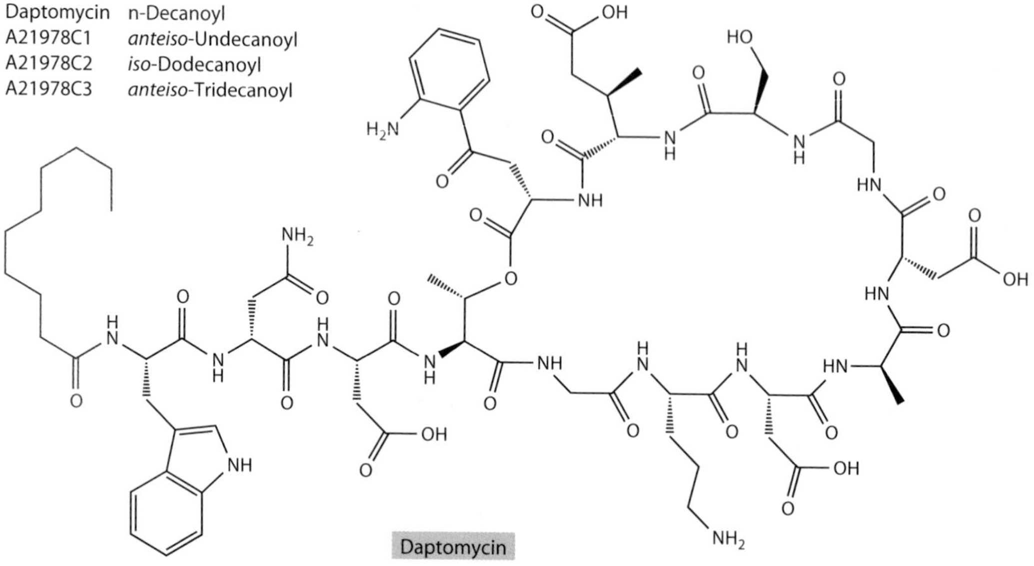

Abb. 8.4 Daptomycin und andere A21978C-Lipopeptide. Die Naturstoffe unterscheiden sich nur in dem Lipidrest

Wirtschaftlichkeit

Der Arzneistoff war ökonomisch gesehen die erfolgreichste Markteinführung eines intravenös applizierten Antibiotikums in den USA und machte 2009 weltweit Umsätze von mehr als 400 Mill. US-Dollar.

8.4.1 Lipopeptid-Biosynthese

Peptidgrundgerüste werden in der Natur meist durch Verwendung der ribosomalen Biosynthese und anschließende posttranslationale Modifikation aufgebaut. Dies gilt beispielsweise für die antimikrobiellen Peptide, die fast ubiquitär in höheren Organismen vorkommen. Auch einige mikrobielle Sekundärstoffe wie der Konservierungsstoff Nisin werden auf diesem Wege gebildet. Die meisten der bekannten peptidischen Wirkstoffe aus Mikroorganismen, wie auch die β-Lactame (Abschn. 8.3) entstammen jedoch einer anderen und überaus komplexen Biosynthesemaschinerie, den **nicht-ribosomalen Peptidsynthetasen** (NRPS). Diese multifunktionalen und multimodularen Enzymsysteme erlauben den sequenziellen Aufbau von Peptidgrundgerüsten in einer Art von Fließbandmaschinerie, wobei alle Intermediate der Biosynthese immer enzymgebunden vorliegen (Abb. 8.5 und Abb. 8.6). Die Vorläufer-Aminosäuren werden zunächst als Adenylate aktiviert und unter Bildung von Amidbindungen miteinander verknüpft. An diesem Vorgang sind Adenylierungsdomänen (A) zur Auswahl und Aktivierung der Einheiten, phosphopantetheinylierte Peptidyl-Carrier-Proteine (PCP) zur kovalenten Bindung der Intermediate sowie Kondensationsdomänen (C) zur Verknüpfung der Aminosäure-Bausteine beteiligt (Abb. 8.5). Dabei können neben den essenziellen Formen auch diverse ungewöhnliche Aminosäuren zunächst aufgebaut und dann in das Zielmolekül inkorporiert werden. So entstehen cyclische und lineare Peptidgerüste, welche durch modifizierende Enzyme weiter dekoriert werden können (Glykosyltransferasen, Acyltransferasen, Hydroxylasen und andere).

Die katalytischen Domänen, die für den Einbau einer bestimmten Aminosäure benötigt werden, sind zu sogenannten Modulen (M) zusammengefasst. In der Regel ist also jedes Modul für den Einbau einer bestimmten Aminosäure in

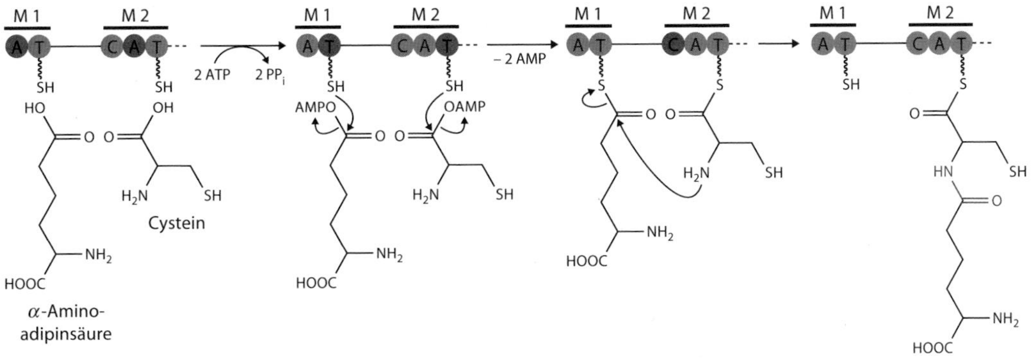

Abb. 8.5 Schema zur Biochemie nicht-ribosomaler Peptidsynthetasen (NRPS) am Beispiel der β-Lactam-Biosynthese (erster Verlängerungszyklus). Nach Auswahl und Aktivierung der beiden Ausgangsaminosäuren durch die Adenylierungsdomänen (A) werden diese an die Peptidyl-Carrier-Protein-Domänen (T = PCP) gebunden. Die Kondensationsdomäne (C) verknüpft die beiden Bausteine unter Ausbildung einer Peptidbindung (rot markiert). M 1: Modul 1, M 2: Modul 2 der NRPS

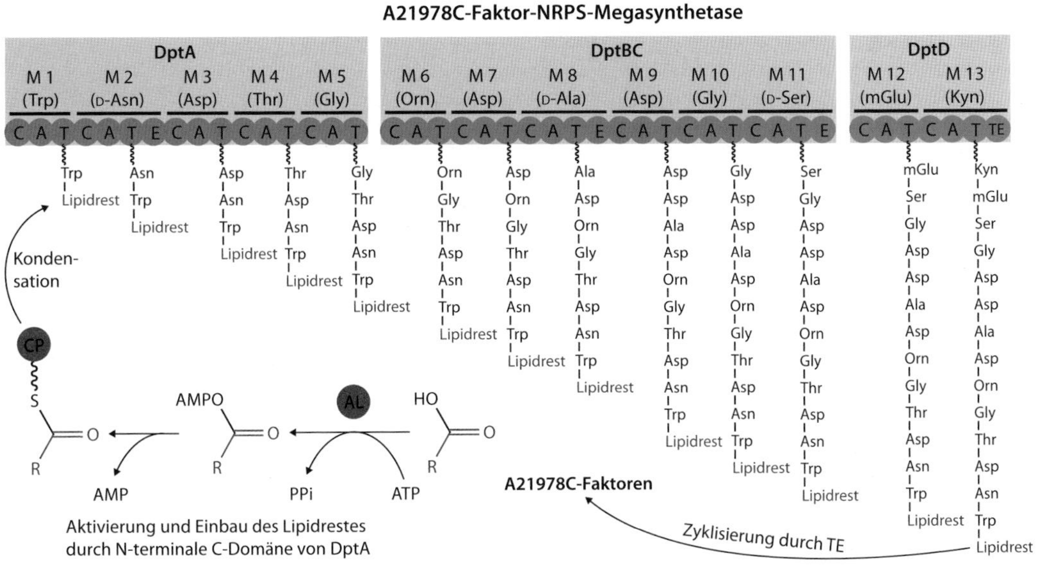

Abb. 8.6 Biosynthese von Lipopeptiden der A21978C-Familie. Die Lipopeptidfamilie, der auch Daptomycin angehört, wird von einer NRPS-Megasynthetase synthetisiert, die aus drei Untereinheiten besteht (DptA, DptBC und DptD). Diese enthalten insgesamt 13 Module (M 1 bis M 13), die jeweils eine Aminosäure in die Peptidkette einbauen. Die *schwarzen Balken* kennzeichnen, welche katalytischen Domänen zu den jeweiligen Modulen gehören. Das letzte Modul enthält eine C-terminale TE-Domäne, welche die Peptidkette unter Cyclisierung vom Enzymkomplex abspaltet. C: Kondensationsdomäne, A: Adenylierungsdomäne, T = PCP: Peptidyl-Carrier-Protein, E: Epimerisierungsdomäne, TE: Thioesterase, AL: Acyl-CoA-Ligase, Orn: Ornithin, mGlu: Methylglutamat, Kyn: Kynurin

die wachsende Peptidkette verantwortlich. Die NRPS-Megasynthetase für die Biosynthese der A21978C-Faktoren, zu denen auch das Daptomycin zählt, besteht aus drei multimodularen Proteinen (DptA, DptBC und DptD; ◻ Abb. 8.6).

Diese beinhalten insgesamt 13 Module (M 1 bis M 13) zum Aufbau des cyclischen Tridecapeptidgerüstes, welches auch drei D-konfigurierte Aminosäuren aufweist. Diese werden durch sogenannte Epimerisierungsdomänen (E) er-

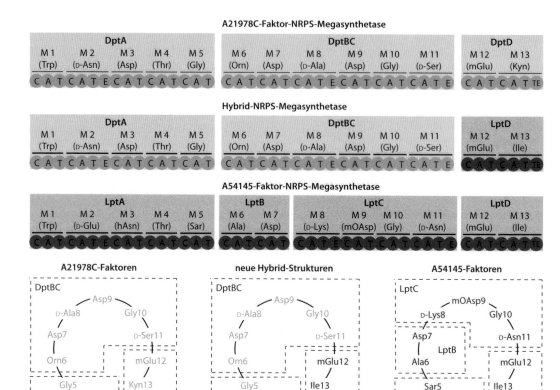

□ **Abb. 8.7** Lipopeptid-Biokombinatorik. Kombiniert man NRPS-Untereinheiten der A21978C-Faktor-Megasynthetase (grau) mit Untereinheiten einer eng verwandten Lipopeptid-Megasynthetase (z. B. A54145-Faktor-Megasynthethase, rot) entsteht eine funktionale Hybrid-NRPS-Megasynthethase, die neue Peptidgrundgerüste (Hybrid-Strukturen) produziert. Im hier dargestellten Beispiel wurde das *dptD*-Gen des A21978C-Faktor-Biosyntheseweges gegen das *lptD*-Gen des A54145-Faktor-Biosyntheseweges ausgetauscht. C: Kondensationsdomäne, A: Adenylierungsdomäne, T = PCP: Peptidyl-Carrier-Protein, E: Epimerisierungsdomäne, TE: Thioesterase, Orn: Ornithin, mGlu: Methylglutamat, Kyn: Kynurin, hAsn: Hydroxyasparagin, Sar: Sarcosin, mOAsp: Methoxyasparaginsäure

zeugt, welche in den entsprechenden Modulen zusätzlich enthalten sind (M 2, 8 und 11). Die entstehenden Peptide werden hierdurch in der Regel wesentlich stabiler gegen Hydrolyse. Zudem enthält das Peptidgerüst die drei nicht proteinogenen L-Aminosäuren Ornithin, 3-Methylglutaminsäure (3-MeGlu) und Kynurin. Diese ungewöhnlichen Bausteine werden während der Biosynthese der Lipopeptide enzymatisch erzeugt oder auch als Vorstufen aus dem Zentralstoffwechsel des Produzenten ge-

wonnen. 3-MeGlu wird beispielsweise von einer im Biosynthese-Gencluster codierten Methyltransferase gebildet, welche Glutaminsäure als Substrat verwendet. Deletiert man nun diese Methyltransferase, so entstehen beispielsweise Daptomycin-Derivate, welche keine 3-MeGlu-Einheit mehr enthalten. Der baukastenähnliche Aufbau der NRPS erlaubt die gerichtete Veränderung von Biosynthesegenen mit dem Ziel der Produktion von abgewandelten Derivaten, welche bessere pharmazeutische Eigenschaften als die Grundstruktur aufweisen können (Abschn. 8.4.2 und ◘ Abb. 8.7).

8.4.2 Lipopeptid-Produktion

Daptomycin wurde ursprünglich als Teil eines Antibiotika-Komplexes (**A21978C-Faktor**) beschrieben, welcher von dem Actinomyceten *Streptomyces roseosporus* gebildet wird. Der Stamm produziert einen cyclischen Lipopeptid-Komplex, der sich aus mehreren Lipopeptiden mit unterschiedlichen Acyl-Seitenketten zusammensetzt (◘ Abb. 8.4). Diese Seitenketten können von einer Deacylase aus *Actinoplanes utahensis* enzymatisch abgespalten werden, um so das undekorierte Tridecapeptidgerüst herzustellen. In einem chemischen Modifikationsprogramm wurde dieses wieder mit verschiedenen Seitenketten reacyliert und die biologische Aktivität der hergestellten Derivate analysiert. Dabei zeigte die Verbindung mit einem Decanoylrest (die später Daptomycin genannt wurde) das beste Verhältnis von Wirksamkeit und Toxizität. Die enzymatische Deacylierung, gekoppelt mit anschließender chemischer Reacylierung mit Decansäure war allerdings mit hohen Kosten verbunden. Deshalb wurde ein biotechnischer Prozess entwickelt, bei dem Decansäure während der Fermentation zugefüttert wird (**Vorläuferdirigierte Biosynthese**), um Daptomycin als Hauptkomponente zu produzieren. Der Prozess ist im Vergleich zu anderen langjährig optimierten Antibiotika-Produktionen noch weit entfernt von idealen Ausbeuten, was sich in derzeit angegebenen Produktionsmengen von etwa 0,5 g/l widerspiegelt.

Die Inaktivierung von Daptomycin durch Surfactant auf den Alveolen der Lunge ist ein wesentlicher Nachteil der Substanz, die daher trotz ausgezeichneter Aktivität gegen *Streptococcus pneumoniae* kaum bei Lungenentzündung (Pneumonie) eingesetzt werden kann. Eine verbesserte Aktivität könnte durch die Herstellung neuer Daptomycin-Derivate erreicht werden (strukturelle Optimierung des Daptomycingerüstes). Aufgrund seiner sehr komplexen Struktur sind die Möglichkeiten der Daptomycin-Optimierung via Medizinalchemie in erster Linie auf Modifikationen der Lipid-Seitenkette und auf die δ-Aminogruppe der Ornithin-Einheit beschränkt. Da Daptomycin biosynthetisch über einen fließbandartigen NRPS-Mechanismus gebildet wird, stellt das genetische Engineering der beteiligten Megasynthetasen einen attraktiven Ansatz zur Herstellung weiterer Derivate für biologische Studien dar (◘ Abb. 8.7). Hierzu gibt es bereits erste Erfolge zu verzeichnen. Das in Abschn. 8.4.1 geschilderte umfassende Verständnis zur Daptomycin-Biosynthese war die Grundlage für solche Experimente, mit deren Hilfe bereits eine Vielzahl von genetisch modifizierten Daptomycinen hergestellt wurde. Dabei wurden unter anderem die Daptomycin-Biosynthesegene mit Genen aus der Biogenese strukturell ähnlicher Lipopeptide vermischt, was aufgrund der Modularität von NRPS Erfolg versprechend ist (◘ Abb. 8.7). Einige der dabei gebildeten Hybrid-Naturstoffe weisen hohe Aktivitäten bei geringer Toxizität auf, sind wirksam gegen *S. pneumoniae* und werden von Surfactant kaum in ihrer Wirkung beeinflusst. Deren Produktion gelang sowohl nach genetischer Modifikation in *Streptomyces fradiae* als auch nach Transfer aller Biosynthesegene in den heterologen Wirt *Streptomyces ambofaciens*, wobei Produktionstiter von fast 400 mg/l erreicht wurden, was derzeit fast denen des optimierten Daptomycin-Produzenten entspricht. Diese Arbeiten zeigen das Potenzial der Methoden der **kombinatorischen Biosynthese** auf, allerdings muss die Zukunft weisen, ob die so hergestellten „unnatürlichen Naturstoffe" auch Anwendung als Arzneistoffe finden werden.

8.5 Makrolide

Makrolid-Antibiotika gehören in der Regel zur Stoffklasse der Polyketide und bestehen aus großgliedrigen (z. B. 12-, 14- oder 16-gliedrigen) cyclischen Lactonringen. Diese sind häufig noch mit Zuckern dekoriert, was für ihre Wirkung meist essenziell ist.

Historie

Der älteste zugelassene Vertreter dieser Stoffklasse ist **Erythromycin**. Der Produzentenstamm *Saccharopolyspora erythraea* wurde aus einer philippinischen Bodenprobe isoliert. 1952 brachte das amerikanische Pharmaunternehmen Eli Lilly das Antibiotikum unter dem Namen Ilosone® auf den Markt. Der Naturstoff wurde anschließend durch Medizinalchemie dahingehend weiter optimiert, dass säurestabile und damit magensaftresistente Derivate verfügbar wurden. Weitere wichtige Vertreter dieser Stoffklasse sind Oleandomycin, Leucomycin, Spiramycin und Tylosin, die ebenfalls aus Actinomyceten-Stämmen isoliert wurden.

Wirkung und Anwendung

Makrolid-Antibiotika binden reversibel an die 50S-Untereinheit der Ribosomen und hemmen so die Translokation in der Elongationsphase. Gezielte medizinalchemische Veränderungen führten dazu, dass die Arzneistoffe auch beim Auftreten von Resistenzmutationen an der 50S-Untereinheit des bakteriellen Ribosoms wirksam bleiben (z. B. Clarithromycin, Telithromycin).

Makrolide sind sehr gut verträglich und kommen insbesondere dann zum Einsatz, wenn gegenüber β-Lactam-Antibiotika Allergien und Resistenzen auftreten. Die antimikrobiellen Wirkspektren der Makrolid-Antibiotika, die gegen viele Gram-negative und Gram-positive Keime wirken, sind sich sehr ähnlich. Sie werden breit eingesetzt für die Behandlung von zwei häufigen bakteriellen Infektionen, denen des Atem- und des Harntraktes. Darüber hinaus wird das Makrolid-Antibiotikum Tylosin in einigen Ländern zur Nahrungsmittelkonservierung eingesetzt, in Deutschland sind solche Anwendungen aber grundsätzlich verboten. Ebenso verboten ist mittlerweile der Einsatz von Antibiotika als Tierfutterzusatz, wofür insbesondere die Makrolid-Antibiotika Erythromycin und Oleandomycin angewandt wurden.

Wirtschaftlichkeit

Mit einem jährlichen Umsatz von 4,8 Mrd. US-Dollar machten Makrolide etwa 11 % des Antibiotikamarktes im Jahr 2009 aus.

Zu den Makrolidwirkstoffen gehören außerdem die Antimykotika Nystatin und Amphotericin sowie die Antiparasitika vom Typ des **Avermectins**, welche zunächst aufgrund ihrer hervorragenden Wirkung gegen Würmer in der Tiermedizin Verwendung fanden (◘ Abb. 8.8). Merck und Co. Inc. entwickelten Derivate des Avermectins gegen die Flussblindheit (Onchozerkose), welche in Afrika Millionen Menschen betrifft. Bereits eine Einmaldosis des lang wirksamen und durch Vorstufen-dirigierte Biosynthese mit *Streptomyces avermitilis* gewonnenen Ivermectins reicht als Behandlung aus, allerdings konnte sie sich in den betroffenen Ländern kaum jemand leisten. 1987 entschied sich die Firma, das Arzneimittel überall wo nötig kostenfrei abzugeben, was mittlerweile von der Weltgesundheitsorganisation (World Health Organization, WHO) und der Weltbank unterstützt wird. 2001 kalkulierte man 16 Mill. Kinder, denen durch dieses Vorgehen eine Infektion erspart blieb, und etwa 600 000 Fälle von Erblindung als Folge der Onchozerkose, die verhindert werden konnten. Im Jahr 2020 hofft man eine Ausrottung der Erkrankung erreichen zu können. Der enorme Erfolg des Wirkstoffes Ivermectin und seine Entwicklung sowie sein weit verbreiteter Einsatz als Arzneimittel gegen Tropenkrankheiten war nur durch Profitverzicht des Herstellers möglich. Dieses außergewöhnliche Beispiel zeigt, dass für weit verbreitete Infektionserkrankungen in weniger entwickelten Ländern durchaus Therapieoptionen darstellbar sind, wenn kommerzielle Überlegungen in den Hintergrund treten.

8.5.1 Makrolid-Biosynthese

Makrolid-Antibiotika werden von Polyketidsynthasen (PKS) aus aktivierten, kurzkettigen Carbonsäuren hergestellt. Die Biosynthese von Polyketiden verläuft sehr ähnlich zur Fettsäure-

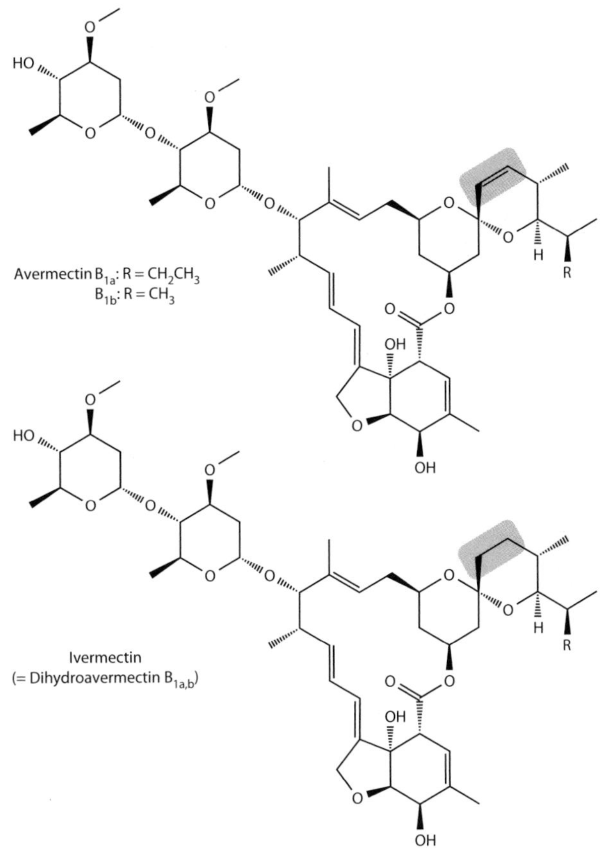

Abb. 8.8 Strukturen von Avermectin und des pharmazeutisch eingesetzten Wirkstoffs Ivermectin

Avermectin B$_{1a}$: R = CH$_2$CH$_3$
B$_{1b}$: R = CH$_3$

Ivermectin
(= Dihydroavermectin B$_{1a,b}$)

biosynthese an einem hochmolekularen Enzymkomplex. Durch wiederholte decarboxylierende Claisen-Esterkondensationen wird eine aktivierte Acyl-Startereinheit (z. B. Acetyl-CoA) mit Malonyl-CoA-Verlängerungseinheiten oder davon abgeleiteten Derivaten verknüpft. An diesem Vorgang sind Acyltransferasen (AT) zur Auswahl der Einheiten, phosphopantetheinylierte Acyl-Carrier-Proteine (ACP) zur kovalenten Bindung der Intermediate an die Biosyntheseenzyme sowie Ketosynthasen (KS) beteiligt, welche die Bausteine miteinander kondensieren. Nach jedem Kettenverlängerungszyklus kann die gebildete β-Oxofunktion durch Ketoreduktasen (KR), Dehydratasen (DH) und Enoylreduktasen (ER) weiter umgesetzt werden (■ Abb. 8.9). Während bei der Fettsäurebiosynthese dieser Zyklus immer vollständig durchlaufen wird, sind die Reduktionsschritte bei der Polyketidbiosynthese optional. Sie können vor der nächsten Verlängerungsrunde teilweise oder vollständig ausgelassen werden, sodass wahlweise Keto-, Alkohol-, Olefin- bzw. Methylen-Gruppen erhalten bleiben. Dabei entstehen die klassischen reduzierten, meist cyclischen Polyketide, worunter auch die Makrolid-Antibiotika fallen. Als Verlängerungseinheiten können hier neben Malonyl-CoA auch noch weitere Vorläufer, wie beispielsweise Methylmalonyl-CoA oder Hydroxymalonyl-CoA dienen. Die am intensivsten erforschte Makrolid-Biosynthese ist die des Erythromycins, dessen 14-gliedriger Lactonring aus sieben Polyketid-Einheiten (einmal Propionyl-CoA und sechsmal Methylmalonyl-CoA) in einer Art Fließbandmechanismus aufgebaut wird (■ Abb. 8.10). Wie für Makrolid-Biosynthesekomplexe üblich, sind alle für einen bestimmten Verlängerungszyklus benötigten Enzymaktivitäten, auch katalytische Domänen genannt, zu einzelnen Modulen gebündelt. In

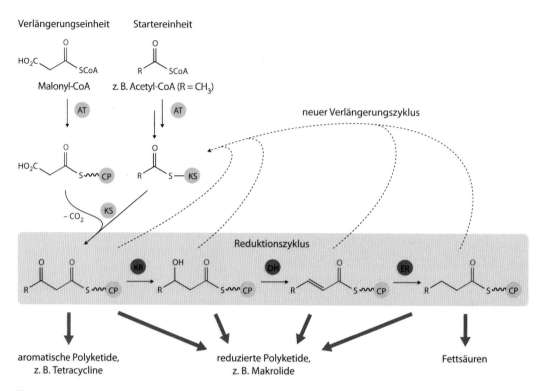

◘ Abb. 8.9 Schema zur Fettsäure- und Polyketid-Biosynthese. AT: Acyltransferase, KS: Ketosynthase, ACP (= CP): Acyl-Carrier-Protein, KR: Ketoreduktase, DH: Dehydratase, ER: Enoylreduktase

der Regel ist jedes Modul für den Einbau und gegebenenfalls die weitere Modifikation einer bestimmten Verlängerungseinheit verantwortlich. Im Verlauf der Biosynthese sind alle Intermediate fortwährend kovalent über die ACP-Domänen an den Enzymkomplex gebunden. Nach Fertigstellung der linearen Heptaketidkette wird diese über intramolekulare Cyclisierung unter Bildung des **Makrolactons** vom PKS-Enzymkomplex abgespalten. Diese Reaktion wird von einer sogenannten Thioesterase(TE)-Domäne katalysiert. Das erste stabile Zwischenprodukt der Erythromycin-Biosynthese, 6-Desoxyerythronolid B, wird später noch durch sogenannte Post-PKS-Enzyme weiter modifiziert. Neben einer Hydroxylierung werden auch O-Glykosidierungen durchgeführt, die entscheidend für die Wirksamkeit des Naturstoffs sind. Der Erythromycin-Biosyntheseweg codiert neben den drei Polyketidsynthasen und den modifizierenden Enzymen (Hydroxylase und Glykosyltransferasen) auch

transkriptionelle Regulatoren sowie Biosynthesenzyme zur Herstellung der ungewöhnlichen Zuckerbausteine. Der Gencluster enthält außerdem ein Erythromycin-Resistenzgen, welches konstitutiv exprimiert wird.

8.5.2 Makrolid-Produktion

Die Herstellung von Makrolid-Antibiotika erfolgt in der Regel auf komplexen Nährmedien. Im Falle des Erythromycins wird Propionsäure als wichtigster Vorläufer der Biosynthese zugesetzt. Dieser Zusatz ist zur Ausbeutesteigerung sehr effizient, weil die komplette Grundstruktur aus Propionat direkt (Starter der Biosynthese) und aus sechs Methylmalonyl-CoA(MMCoA)-Einheiten entsteht (◘ Abb. 8.11). MMCoA gehört nicht zu den generellen Primärstoffwechselsubstanzen von Mikroorganismen, es kann aber bei

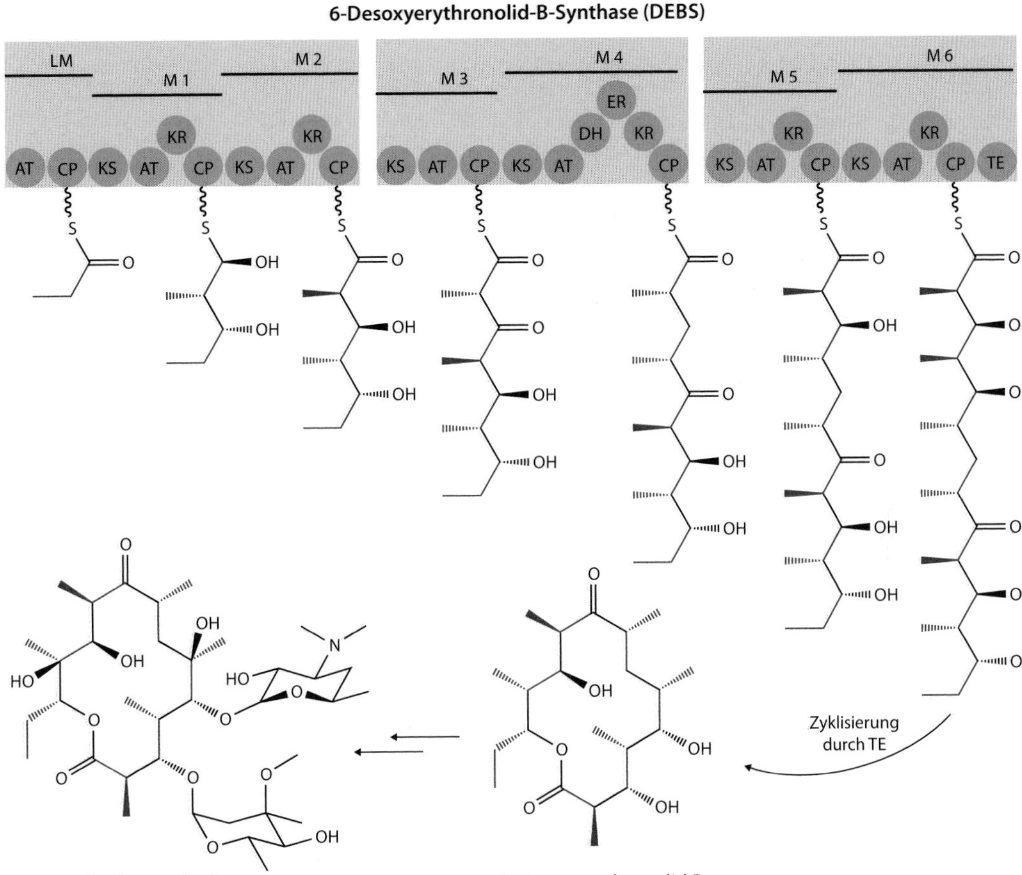

6-Desoxyerythronolid-B-Synthase (DEBS)

■ **Abb. 8.10** Biosynthese von Erythromycin A. Das 6-Desoxyerythronolid-B-Makrolidgerüst wird aus Propionyl-CoA und sechs Methylmalonyl-CoA-Verlängerungseinheiten generiert. Die PKS-Megasynthase ist ein Komplex aus drei multifunktionellen Enzymen. Diese beinhalten ein Lademodul (LM) und sechs Verlängerungsmodule (M 1 bis M 6), die zusammen sieben Polyketid-Einheiten einbauen. Der *schwarze Balken* kennzeichnet, welche katalytischen Domänen zum jeweiligen Modul gehören. AT: Acyltransferase, ACP (= CP): Acyl-Carrier-Protein, KS: Ketosynthase, KR: Ketoreduktase, DH: Dehydratase, ER: Enoylreduktase, TE: Thioesterase

entsprechender genetischer Ausstattung ausgehend von Propionat gebildet werden, was auch im Erythromycin-Produzenten der Fall ist. Da die dazu notwendigen Stoffwechselenzyme in der Regel nicht überexprimiert sind, erklärt sich der positive Effekt der Zufütterung. Üblicherweise erfolgt die aerobe submerse Fermentation bei etwa 30 °C, wonach Erythromycin aus der Kulturflüssigkeit extrahiert wird. Durch Alkalisierung fällt der Arzneistoff aus und kann dann umkristallisiert werden. Der erste Produktionsstamm, *S. erythraea* NRRL2338, wurde bereits 1952 beschrieben und wies einen Produkttiter von 250 bis 1000 mg/l auf. In den mehr als 50 Jahren, seit die ersten Fermentationsdaten publiziert wurden, hat sich die Produktivität durch klassische Stammentwicklung auf etwa 10 g/l erhöht. Während der Fermentation müssen hohe Glucosekonzentrationen vermieden werden, weil dieser Zucker eine Repression der Syntheserate bedingt. Im Verlauf des Prozesses müssen Hochproduzenten ständig re-isoliert werden, weil genetische Variabilität recht schnell zum Verlust der optimierten Produktionsraten führt. Die Jahresproduktion an Erythromycin wird mit etwa 4000 t angegeben, wovon etwa

▣ Abb. 8.11   Bildung der Erythromycin-A-Vorläufer Propionyl-CoA und [2*S*]-Methylmalonyl-CoA. Um die Produktionsausbeuten des Antibiotikums zu erhöhen, wird während der Fermentation Propionsäure zugefüttert

Erythromycin A

3500 t als Vorstufen für partialsynthetisch verbesserte Erythromycine wie Clarithromycin oder Azithromycin dienen.

8.6   Tetracycline

Die natürlich vorkommenden und hauptsächlich von Streptomyceten produzierten Tetracycline sind chemisch sehr eng miteinander verwandt. Wie ihr Name andeutet, leiten sich Tetracycline von einem System aus vier linear annellierten sechsgliedrigen Ringen ab. Der D-Ring des Octahydronaphthacen-Grundgerüstes ist aromatisch, während die ABC-Ringe teilweise gesättigt sind (▣ Abb. 8.12). Das Ringsystem ist in der Regel hochsubstituiert, besonders auffällig sind die Keto-Enol-Gruppen auf der einen Halbseite des Moleküls, welche die Komplexbildung mit divalenten Kationen ermöglichen. Charak-

teristisch sind auch eine Dimethylamino- sowie eine Carboxyamid-Gruppe am A-Ring.

Historie

Der erste Vertreter dieser Antibiotikaklasse, **Chlortetracyclin**, wurde bereits 1948 von Benjamin Dugger im Goldenen Zeitalter der Antibiotika-Forschung entdeckt. Er isolierte das Antibiotikum aus dem Kulturfiltrat des Bodenbakteriums *Streptomyces aureofaciens*. Wenig später wurden weitere Vertreter dieser Stoffklasse aus verschiedenen Streptomyceten-Stämmen isoliert, wie beispielsweise **Oxytetracyclin** (Terramycin), welches als erster Vertreter dieser Verbindungsklasse von einem Forscherteam der Firma Pfizer strukturell aufgeklärt und 1950 als Breitband-Antibiotikum auf den Markt gebracht wurde.

Um die Resistenzmechanismen zu umgehen, wurden die Grundgerüste fermentativ gewonne-

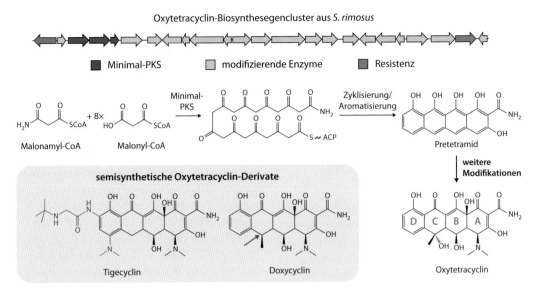

Abb. 8.12 Oxytetracyclin-Biosynthese in *Streptomyces rimosus* und semisynthetische Oxytetracyclin-Derivate. Der Biosynthese-Gencluster ist etwa 25 Kilobasen groß und enthält 24 Gene, welche die Minimal-Polyketidsynthase (PKS), modifizierende Enzyme (Aromatasen, Cyclasen, Oxygenasen, Methyltransferasen, Aminotransferase etc.) und Resistenz-vermittelnde Enzyme codieren

ner Tetracycline semisynthetisch modifiziert. So entstanden beispielsweise ausgehend vom **Oxytetracyclin** aufeinanderfolgende Generationen neuer Tetracyclin-Antibiotika: **Doxycyclin** und später dann **Tigecyclin**. Letzteres wurde Ende 2007 in Deutschland zugelassen und ist der erste Vertreter der innovativen Klasse der **Glycylcycline**. Es zeigt eine deutlich höhere Affinität zu den Ribosomen und wird nicht von einer Effluxpumpe aus der Zelle transportiert, sodass der neue Arzneistoff zwei problematische Resistenzmechanismen gegen Tetracyclin-Antibiotika umgeht.

Wirkung und Anwendung

Tetracycline hemmen die bakterielle Proteinsynthese im Anfangsstadium der Elongationsphase. Durch Blockade der 30S-ribosomalen Aminoacylstelle (A-Stelle) wird die Anlagerung der Aminoacyl-tRNA und somit die Verlängerung der Peptidkette verhindert. Schon bald entwickelten sich Resistenzen gegenüber Tetracyclin-Antibiotika, die unter anderem in der Modifikation der Zielstruktur (30S-Untereinheit des Ribosoms) oder in der Expression einer

Effluxpumpe begründet sind, die von einem mittlerweile weit verbreiteten Resistenzgen codiert wird.

Sie wirken als Breitspektrum-Antibiotika gegen eine große Palette Gram-positiver und Gram-negativer Keime und werden seit mehr als einem halben Jahrhundert zur Therapie von Infektionen, z. B. der Atemwege oder des Urogenitaltraktes, eingesetzt. Besonders hervorzuheben ist auch ihre Wirksamkeit gegen zellwandlose Problemkeime (z. B. Chlamydien) und Spirochäten (z. B. Borrelien). Daher kommen sie auch bei der Behandlung von Borreliose zum Einsatz. Das oben erwähnte Tigecyclin wirkt gegen multiresistente Keime wie Methicillin-resistente Staphylokokken und Vancomycin-resistente Enterokokken und stellt daher ein wichtiges Reserveantibiotikum dar. Es kommt nur bei schweren Infektionen mit bestimmten, gegen andere Antibiotika bereits unempfindlichen Keimen zur Anwendung (insbesondere hochresistente Krankenhauskeime wie z. B. MRSA). Zeitweise wurden Tetracycline auch in der Tierernährung eingesetzt, jedoch hat die dadurch beschleunigte Resistenzentwicklung zu einem allgemeinen

Verbot ihrer nicht-therapeutischen Verwendung geführt.

Wirtschaftlichkeit

Mit etwa 1,6 Mrd. US-Dollar Umsatz im Jahr 2009, machten Tetracycline 4 % des gesamten Antibiotikamarktes aus.

8.6.1 Tetracyclin-Biosynthese

Tetracycline zählen zu den Polyketid-Antibiotika, die von PKS-Systemen produziert werden (◘ Abb. 8.9). Im Gegensatz zu den modular aufgebauten PKS-Systemen, die die Produktion der Makrolid-Antibiotika steuern, handelt es sich hierbei um monofunktionelle Enzyme. Dies bedeutet, dass die für die Biosynthese erforderlichen katalytischen Aktivitäten auf einzelne Enzyme verteilt sind, die iterativ zum Aufbau der Polyketidkette benutzt werden, wobei zunächst ein **Poly-β-Ketointermediat** entsteht (◘ Abb. 8.12). Zusätzlich gibt es noch eine Reihe an Enzymen, die das Polyketidgrundgerüst cyclisieren und modifizieren. Die Biosynthesemaschinerie ist um einen **Minimal-PKS**-Enzymkomplex aufgebaut, der alle notwendigen katalytischen Aktivitäten zur Herstellung der naszierenden Polyketidkette beinhaltet und keine separate Acyltransferase (AT) benötigt. Hierzu zählen die zwei Ketosynthasen KS_α und KS_β sowie ein Acyl-Carrier-Protein (ACP), an das die Malonat-Verlängerungseinheiten bzw. die Poly-β-ketointermediate während der Biosynthese kovalent gebunden sind. In einem iterativen Prozess wird die wachsende Kette nach jedem Verlängerungszyklus zur erneuten Claisen-Kondensation wieder auf die KS_α übertragen, während eine neue Malonyl-CoA-Einheit an das ACP gebunden wird. Die Anzahl der Verlängerungszyklen und die daraus resultierende Länge der Polyketidkette wird dabei durch die KS_β – den sogenannten *chain length factor* – bestimmt. Zum Aufbau des Tetracyclingerüstes werden ausgehend von einer Malonsäureamid-Startereinheit acht Verlängerungszyklen mit Malonyl-CoA durchgeführt. Das lineare Nonaketid-Intermediat

wird durch die Bindung an das Enzym stabilisiert und konnte aufgrund seiner hohen Reaktivität bislang nicht isoliert werden. Im weiteren Verlauf der Biosynthese wird dieses durch Cyclasen und Aromatasen unter Bildung des tetracyclischen Pretetramid-Intermediats von der Minimal-PKS freigesetzt. Das Ringsystem wird schließlich von einer Reihe modifizierender Enzyme, wie Oxygenasen, Methyltransferasen und Amidotransferasen, zum Tetracyclin-Antibiotikum umgewandelt. Dabei sind die Oxygenasen für die Bildung der Keto-Enol-Funktionalitäten zuständig, die eine wichtige Rolle bei der Interaktion der Tetracycline mit dem Ribosom unter Komplexbildung mit Mg^{2+} spielen. Zur Ausbildung der charakteristischen Dimethylaminogruppe wird die Carbonylgruppe des A-Rings zunächst von einer Amidotransferase transaminiert und anschließend von Methyltransferasen methyliert. Die Biosynthesewege der verschiedenen Tetracyclin-Antibiotika unterscheiden sich darin, dass einige Produzentenstämme individuelle Modifikationsreaktionen nicht bzw. zusätzlich ausführen.

Die für die Tetracyclin-Biosynthese notwendige und große Anzahl von Enzymen wird in der Regel von komplexen Biosynthese-Genclustern codiert. So umfasst der Oxytetracyclin-Biosyntheseweg aus *Streptomyces rimosus* insgesamt mindestens 21 Gene, wovon drei die Minimal-PKS codieren (◘ Abb. 8.12). Neben weiteren (modifizierenden) Biosynthesegenen, die den größten Teil des Genclusters ausmachen, findet man auch zwei Resistenzgene. Sie codieren eine Effluxpumpe sowie ein *ribosomal protection protein* (RPP), welches die Tetracyclin-Ribosom-Interaktion verhindert. Dabei dient die Effluxpumpe nicht nur der Selbstresistenz des Produzentenstamms, sondern auch dem Einsatz des Antibiotikums als chemische Waffe gegen mikrobielle Nahrungskonkurrenten.

8.6.2 Tetracyclin-Produktion

Zur kommerziellen Herstellung der Tetracycline werden Hochleistungsmutanten des Oxytetracyclin-Produzenten *Streptomyces rimosus* oder des Chlortetracyclin-Produzenten *Streptomyces aureofaciens* eingesetzt. Letzterer produziert, wenn er in einem chloridarmen Medium gezüchtet wird, überwiegend das nicht-chlorierte Tetracyclin. *Streptomyces rimosus* zählt neben dem Streptomycin-Produzenten *Streptomyces griseus* (Abschn. 8.7) zu den am besten charakterisierten *Streptomyces*-Stämmen, die zur industriellen Antibiotika-Produktion eingesetzt werden. Er ist einer der wenigen Streptomyceten, der relativ schnell in einer hochdispersen Form wächst und dabei Zelldichten von etwa 50 g/l erreicht. In industriellen Programmen wurde die Oxytetracyclin-Produktion ausgehend vom ursprünglichen Wildstamm mit Ausbeuten im Bereich von mehreren 10 mg/l zu einem hoch entwickelten Stamm optimiert, der Produktionstiter von nahezu 100 g/l erreicht. Tetracycline werden im aeroben Submersverfahren hergestellt, wobei eine optimale Sauerstoffversorgung für die Ausbeute wesentlich ist. Eine klare Korrelation zwischen Tetracyclin-Produktion und Kohlenhydrat-Katabolismus ist erkennbar. Hochproduzenten weisen in der Regel eine niedrigere Glykolyserate als Stämme mit geringem Tetracyclin-Produktionstiter auf. Da die Tetracyclin-Produktion über Katabolitrepression durch Glucose unterdrückt wird, wird die für optimales Wachstum notwendige Glucose entweder kontinuierlich während der Fermentation hinzugefüttert, oder es werden andere Kohlenstoffquellen verwendet, die keine Katabolitrepression verursachen. Aufgrund einer zusätzlichen Phosphatrepression wird die Fermentation unter Phosphat-limitierenden Bedingungen durchgeführt. Die Vorkulturen zum Animpfen von Fermentern mit Volumina von 80 000 bis 150 000 l werden nach allgemein üblichen Methoden propagiert (5 % Inokulum, 24–30 h Kultivierung). Die Fermentation erfolgt bei 28 °C über etwa 96 h. Dabei wird in der ersten Phase der Fermentation sehr viel Mycel gebildet, und das Antibiotikum wird vorwiegend in der zweiten Phase produziert. Zur Aufarbeitung sind unterschiedliche Verfahren beschrieben worden. Oxytetracyclin kann beispielsweise mithilfe quartärer Ammoniumsalze nach vorheriger Abtrennung des Mycels aus dem Kulturfiltrat ausgefällt werden. Das Präzipitat (quartäres Oxytetracyclinsalz) kann anschließend gelöst und über Filteranlagen weiter gereinigt werden. Das Lösemittel wird über Vakuumtrocknung zurückgewonnen und das Antibiotikum nach Wäsche als Hydrochlorid auskristallisiert.

8.7 Aminoglykoside

Aminoglykoside bilden eine große und diverse Gruppe von Antibiotika, die strukturell den Kohlenhydraten sehr ähneln. Ihr Grundgerüst besteht aus einer sechsgliedrigen **Aminocyclitol-Einheit**, die über glykosidische Bindungen mit zwei oder mehr Aminozuckern verknüpft ist. Daraus leitet sich ihr Name „Aminoglykoside" ab, und die Verbindungen werden oft auch als **Aminocyclitole** oder **Pseudosaccharide** bezeichnet. Aufgrund ihrer Saccharidstruktur sind Aminoglykoside in der Regel sehr gut wasserlöslich und bilden mit Mineralsäuren Salze. Während es eine Reihe verschiedener Zuckersubstituenten gibt, ist die Aminocyclitol-Komponente weniger variabel.

Historie

Die Klasse der Aminoglykosid-Antibiotika wurde schon recht früh entdeckt. Der erste Vertreter, **Streptomycin**, wurde bereits im Jahr 1943 von Waksman und seinen Kollegen aus *Streptomyces griseus* isoliert. Das vielversprechende Wirkspektrum von Streptomycin hat zur Suche nach weiteren Kandidaten dieser Antibiotikaklasse geführt, einige Beispiele sind in ◻ Tab. 8.4 aufgelistet. Die Entwicklung von Resistenzen nahm auch hier keinen Halt – Mikroorganismen inaktivieren die Antibiotika durch enzymatische Acetylierung von Aminogruppen sowie Phosphorylierung und Adenylierung von Hydroxylgruppen. So inaktiviert eine Phosphotransferase viele Aminoglykosid-Antibiotika durch Phosphorylierung der Hydroxylgruppe in 3′-Stellung. Um die Wirkung des Antibiotikums aufrechtzuerhalten, gibt es seit Jahren Bemühungen, solche Resistenzmechanismen zu umgehen. So wurde beispielsweise eine Reihe semisynthetischer Kanamycin-Derivate hergestellt, bei denen in 3'-Position keine Hydroxylgruppe vorhanden ist, sodass diese von der Phosphotransferase nicht mehr modifiziert werden können.

Wirkung und Anwendung

Aminoglykoside binden an die 30S-Untereinheit der Ribosomen, wodurch Ablesefehler der mRNA verursacht werden. Dadurch werden fehlerhafte Proteine gebildet, die dann oftmals nicht mehr ihre Funktion erfüllen können.

Die antimikrobielle Wirkung von Aminoglykosiden richtet sich sowohl gegen Gram-positive als auch Gram-negative Bakterien, sodass man hier auch von Breitspektrum-Antibiotika spricht. Sie werden schon seit Jahrzehnten in der Klinik eingesetzt, vor allem bei bakteriellen Infektionskrankheiten mit aeroben, Gram-negativen Keimen, z. B. bei Harnwegsinfekten, „Blutvergiftungen" (Sepsis), Hirnhaut- oder Herzklappenentzündungen. Einige Aminoglykoside sind aber auch für spezielle Zwecke reserviert. So ist beispielsweise Neomycin nur zur lokalen Behandlung von Entzündungen der Haut, Augen oder Ohren geeignet. Paromycin hingegen dient der Dekontamination des Darms vor operativen Eingriffen und ist das einzige Aminoglykosid, das als Tablette verabreicht werden kann. Zudem werden Aminoglykoside auch häufig in der Veterinärmedizin oder in der Landwirtschaft verwendet, z. B. Hygromycin oder Spectinomycin.

Wirtschaftlichkeit

Mit etwa einer Milliarde US-Dollar Umsatz im Jahr 2009 machten Aminoglykoside 2 % des gesamten Antibiotikamarktes aus.

8.7.1 Aminoglykosid-Biosynthese

Grundsätzlich anders als Polyketide und nichtribosomale Peptide entstehen Aminoglykoside, deren Grundgerüst durch den Aufbau und die Modifizierung zuckerähnlicher Bausteine ermöglicht wird. Hier bildet eine Vielzahl von Einzelproteinen die Gesamtheit der Biosynthesemaschinerie aus und Intermediate liegen im Gegensatz zur Polyketid- bzw. nicht-ribosomalen Peptid-Biosynthese nicht Carrier-Protein-gebunden vor. Die Biochemie der Aminoglykosid-Biosynthese wird derzeit noch erforscht, da keiner der identifizierten Biosynthesewege schon bis ins Detail aufgeklärt werden konnte.

Grundbausteine aller Aminoglykoside sind Cyclitol-Einheiten, die über Verknüpfung mit Zuckereinheiten (Glykosylierung) oder andere Modifikationen dekoriert werden. Die Zuckerbausteine können vor oder nach ihrer Übertragung noch weiter modifiziert werden. Anhand ihres Cyclitolgrundgerüstes können Aminoglykosid-Antibiotika (AGAs) grundsätzlich in vier Gruppen eingeteilt werden (◻ Tab. 8.4):

- Streptamin-enthaltende AGAs,
- 2-Desoxystreptamin-enthaltende AGAs,
- Fortamin- und 2-Desoxyfortamin-enthaltende AGAs,
- Valienamin-enthaltende AGAs.

Die ersten drei Cyclitolgerüste werden ausgehend von D-Glucose-6-phosphat über verschiedene Biosvntheserouten gebildet, während das Valienamingrundgerüst aus *sedo*-Heptulose-7-phosphat hervorgeht. Die bisher charakterisierten Biosynthese-Gencluster enthalten zwischen 18 und 34 Genen. Sie codieren im Gegensatz zu den modularen Polyketid- bzw. nichtribosomalen Peptid-Biosynthesewegen eine Vielzahl monofunktioneller Enzyme, welche die vielen einzelnen Biosyntheseschritte katalysieren. So besteht Streptomycin beispielsweise aus drei hoch modifizierten Bausteinen (Cyclitolgrundgerüst plus zwei Zuckerbausteine), die in einer Kaskade aufeinanderfolgender Enzymreaktionen generiert und miteinander verknüpft werden. Der hierfür verantwortliche Biosyntheseweg wurde bereits in verschiedenen Streptomyceten-Stämmen identifiziert und umfasst mindestens 29 Gene (◻ Abb. 8.13). Neben Enzymen, die direkt der Biosynthese von Streptomycin zugeordnet werden konnten, sind Transporterproteine, ein **Transkriptionsfaktor** (StrR), ein Resistenzgen

◻ **Tabelle 8.4** Beispiele für Aminoglykosid-Antibiotika, ihre Produzenten und Einteilung anhand ihrer Aminocyclitol-Einheit

Produzent	Gruppe	Cyclitol-Einheit	Beispiele
Streptomyces griseus	Streptomycin	Streptamin (STR) STR	Spectinomycin
Streptomyces netropsis	Spectinomycin		
Streptomyces hygroscopius	Hygromycin	2-Desoxystreptamin (DOS) DOS	Gentamycin C$_1$
Streptomyces spec.	Apramycin		
Streptomyces fradiae	Neomycin		
Bacillus circulans	Butirosin		
Streptomyces rimosus	Paromomycin		
Streptomyces kanamyceticus	Kanamycin		
Streptomyces spec.	Tobramycin		
Micromonospora echinospora	Gentamicin		
Micromonospora olivasterospora	Fortimicin	Fortamin (FOR) FOR	Fortimicin A
Streptomyces tenjimariensis	Istamycin		
Streptomyces hygroscopicus	Validamycin	Valienamin (VAL) VAL	Validamycin A
Actinoplanes spec.	Acarbose		

8

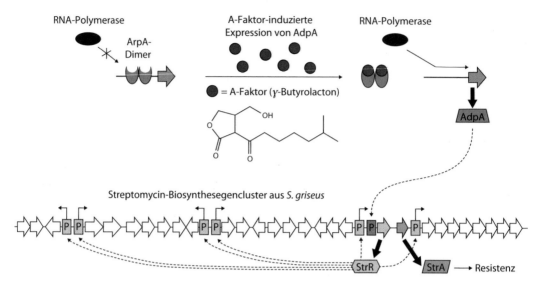

◘ Abb. 8.13 Regulation der Streptomycin-Biosynthese in *Streptomyces griseus*. Der A-Faktor induziert die Expression von AdpA, welches den Promotor (P) vor dem Streptomycin-Regulationsprotein (StrR) aktiviert. Der transkriptionelle Aktivator StrR bindet an verschiedene Promotorregionen im Streptomycin-Biosynthese-Gencluster

(StrA) und Proteine mit bislang unbekannter Funktion codiert.

Die Sekundärstoff-Produktion in Streptomyceten ist meist Wachstumsphasen-abhängig und setzt in der Regel in der stationären Phase ein, wenn die morphologische Differenzierung (Ausbildung von Luftmycel) beginnt. Die Antibiotika-Produktion wird dabei oft über eine Regulationskaskade kontrolliert, die von einem γ-Butyrolacton eingeleitet wird, dem sogenannten **A-Faktor** (◘ Abb. 8.13). Der A-Faktor fungiert als eine Art mikrobielles Hormon, welches üblicherweise in einer späten Wachstumsphase produziert wird. Für den Streptomycin-Produzenten *Streptomyces griseus* wird das regulatorische Zusammenspiel von morphologischer Differenzierung und Antibiotika-Produktion über folgendes Modell erklärt: Ab einem bestimmten Konzentrationslevel bindet das γ-Butyrolacton an den transkriptionellen Inhibitor ArpA. Dieser verliert dadurch seine Fähigkeit, an die DNA zu binden, sodass das *adpA*-Gen exprimiert werden kann. Das gebildete AdpA-Protein bindet dann wiederum an die Promotorregion des *strR*-Gens und aktiviert so dessen Transkription. Hierdurch wird das für den Streptomycin-

Biosyntheseweg spezifische Regulationsprotein StrR gebildet, welches an verschiedene Promotorregionen im Gencluster bindet und als Transkriptionsaktivator agiert. Hierdurch wird die Streptomycin-Biosynthese „angeschaltet". Neben *strR* induziert der A-Faktor auch die Expression des Resistenzgens *strA*. Dieses codiert für die Streptomycin-6-Phosphotransferase, die dem Stamm Eigenresistenz gegenüber dem produzierten Antibiotikum vermittelt.

8.7.2 Aminoglykosid-Produktion

Der überwiegende Teil der heute bekannten Aminoglykosid-Antibiotika wird von Actinomyceten der Gattung *Streptomyces* oder *Micromonospora* produziert. Per Konvention wurde seinerzeit der Ursprung des Antibiotikums durch die Schreibweise in der Endsilbe des Namens kenntlich gemacht. Aminoglykoside aus Streptomyceten wie die Kanamycine wurden mit „-mycin" bezeichnet, während Vertreter aus *Micromonospora*-Stämmen wie die Gentamicine auf „-micin" endeten (◘ Tab. 8.4). Mittlerweile wurden aber noch weitere bakterielle Amino-glykosid-Produzenten entdeckt, z. B. *Frankia*, *Actinoplanes* und *Bacillus* spec. Aminoglykosid-Antibiotika werden üblicherweise im Submers-verfahren im 50 000- bis 150 000-Liter-Maß-stab hergestellt. Bei den Produzentenstämmen handelt es sich meist um Actinomyceten, die Verzweigungen und Mycelien ausbilden. Zur großtechnischen Produktion werden die Stämme stufenweise in Schüttelkulturen und dann in Sub-mersgefäßen vermehrt. In jeder Stufe wachsen die Kulturen etwa zwei Tage und werden dann in frisches Nährmedium mit etwa zehnfachem Vo-lumen übertragen. Die eigentliche Fermentation verläuft in drei Phasen: Während der zweitägi-gen Wachstumsphase ist der Sauerstoffbedarf sehr hoch und es wird sehr viel Mycel gebildet. In der sich anschließenden ein- bis zweitägi-gen stationären Phase beginnt die verstärkte Aminoglykosid-Produktion, wobei das Mycel-gewicht nahezu konstant bleibt. In der Abster-bephase nimmt die Aminoglykosid-Produktion ab und das Mycel beginnt zu autolysieren. In dieser Phase muss der insgesamt etwa fünf Ta-ge andauernde Fermentationsprozess rechtzeitig abgebrochen werden.

Bei der Aufarbeitung wird das Mycel bei-spielsweise mit Rotationsfiltern vom Kulturfiltrat abgetrennt und entsorgt (z. B. durch Trocknung und anschließende Verbrennung). Zur Isolie-rung der Aminoglykoside wird üblicherweise die relativ starke Basizität der Aminogruppe ausgenutzt und das Kulturfiltrat zunächst über schwach basische Ionenaustauscher aufgearbei-tet. Nach der Erstabtrennung folgen dann noch weitere säulenchromatographische Feinschritte mit schwach basischen Puffersystemen. Meist verzichtet man jedoch auf die aufwendige Isolie-rung eines Einzelstoffes und reinigt stattdessen definierte Gemische auf.

8.8 Ausblick

Sekundärstoffe aus Mikroorganismen sind auch heute die wohl wichtigsten Kandidaten für die Entwicklung von neuen Antibiotika, welche für die Therapie von Infektionserkrankungen dringend benötigt werden. Eine biotechnische Produktion nach Stamm- und Produktionsopti-mierung ist in der Regel möglich und sinnvoll, wenn die Substanz nicht ökonomisch auf synthe-tischem Wege gewonnen werden kann. Dieser Prozess wurde in den vergangenen Jahrzehnten ungerichtet durch klassische Stammoptimie-rung vorangetrieben, wobei man sich wegen der Verwendung von Zufallsmutagenesen auf deren positiven Einfluss auf die Produktivität verlassen musste. Heute sind bedingt durch die Revolution der Sequenzierungsmethoden und die Verfüg-barkeit von molekularbiologischen Ansätzen Mikroorganismen häufig in kurzer Zeit gezielt genetisch manipulierbar. Da die Genomsequen-zen komplett und zu erschwinglichen Kosten aufgeklärt werden können, lassen sich auch die Biosynthese-Gencluster für Sekundärmetaboli-ten recht leicht identifizieren. Basierend darauf ergeben sich neue Möglichkeiten der Stamm- und Produktionsoptimierung mit molekular-biologischen Methoden, die seit einigen Jahren vermehrt eingesetzt werden. So können basie-rend auf Studien der Regulation der Biosynthese negative Regulatoren ausgeschaltet und positive Regulatoren verstärkt exprimiert werden. Vor-stufen und Kofaktoren werden quantitativ in den Produzenten bestimmt, wodurch Engpässe bei der Produktion identifiziert und nachfolgend durch gezielte Modifikation der zugehörigen Stoffwechselwege umgangen werden können. Es ist offensichtlich, dass Produktionsstämme von neuen Wirkstoffen heute und in Zukunft auf diesem Wege optimiert werden. Zudem kann man nun durch vergleichende Genomik die Mu-tationen bestimmen, welche durch klassische Mutagenese aus einem Wildstamm den Hoch-produzenten machten. Solche Daten liegen zum Avermectin bereits vor und die erhaltenen Er-kenntnisse lassen sich nun für die Optimierung weiterer Produkte einsetzen. Inzwischen wer-den gar komplette Antibiotika-Biosynthesewege, die mehr als 100 000 Basenpaare genetischer In-formation umfassen, in heterologe Wirte mit vorteilhaften Eigenschaften transplantiert und dort zur Expression gebracht. Dadurch können Nachteile der Originalproduzenten wie langsames Wachstum oder unzureichende genetische Manipulierbarkeit umgangen werden. Dies ist beispielsweise für das Daptomycin und Derivate davon schon gelungen und weist den Weg in die Zukunft der Wirkstoff-Forschung an mikrobiellen Sekundärstoffen.

📖 Literaturverzeichnis

Baltz RH, Demain AL, Davies JE (2010) Manual of Industrial Microbiology and Biotechnology. 3. ed. ASM Press Washington, DC

Brakhage A (2006) Antibiotika. In: Antranikian G (Hrsg) Angewandte Mikrobiologie. 1. Aufl. Springer Verlag, Berlin, Heidelberg. 410–425

Elander RP (2003) Industrial production of β-lactam antibiotics. Appl Microbiol Biotechnol 61: 385–392

Flatt PM, Mahmud T (2007) Biosynthesis of aminocyclitol-aminoglycoside antibiotics and related compounds. Nat Prod Rep 24: 358–392

Kumar CG, Himabindu M, Jetty A (2008) Microbial biosynthesis and applications of gentamicin: a critical appraisal. Crit Rev Biotechnol 28: 173–212

Minas W (2005) Production of erythromycin with *Saccharopolyspora erythraea*. In: Barredo JL (Hrsg) Methods in Biotechnology: Microbial Processes and Products. Humana Press, New Jersey. 65–91

Petkovic H, Cullum J, Hranueli D, Hunter IS, Peric-Concha N, Pigac J, Thamchaipenet A, Vujaklija D, Long PF (2006) Genetics of *Streptomyces rimosus*, the oxytetracycline producer. Microbiol Mol Biol Rev 70: 704–728

Sanchez S, Demain A (2002) Metabolic regulation of fermentation processes. Enzyme Microbial Technol 31: 895–906

Schäfer B (2007) Naturstoffe der chemischen Industrie. 1. Aufl. Spektrum Akademischer Verlag, Heidelberg

Walsh CT, Fischbach MA (2010) Neue Strategie gegen Superkeime. Spektrum der Wissenschaft 4/10: 46–53

9 Pharmaproteine

Heinrich Decker, Susanne Dilsen und Jan Weber

9.1   Einleitung

9.1.1   Historie

Durch die Arbeiten von Stanley N. Cohen zur Transformation des Darmbakteriums *Escherichia coli* wurde der Grundstein für die Gentechnik und damit die Herstellung von humanen Pharmaproteinen mit Mikroorganismen gelegt. Dadurch war es möglich, gezielt Proteine herzustellen. Das erste menschliche Protein, das in *E. coli* hergestellt wurde, war das Peptidhormon Somatostatin, ein Antiwachstumshormon, das für die Behandlung von Wachstumsstörungen eingesetzt wird. Als erstes rekombinantes Arzneimittel kam das Insulin 1982 auf den Markt, welches ebenfalls mit *E. coli* hergestellt wurde. Mikroorganismen als Wirt zur Herstellung

von Pharmaproteinen zeichnen sich durch hohe Wachstumsraten und eine relativ einfache Handhabung aus. Sie können allerdings nicht für die Produktion von allen Proteinen genutzt werden, da beispielsweise einige posttranslationale Modifikationen wie etwa die Glykosylierung nur sehr bedingt möglich sind. Zur Produktion solcher Proteine werden dann Säugerzelllinien oder transgene Tiere eingesetzt.

Die Herstellung von **Proteinwirkstoffen in rekombinanten Mikroorganismen** war ein wichtiger Meilenstein in der pharmazeutischen Industrie. Bis zu diesem Wendepunkt mussten die entsprechenden Wirkstoffe aus tierischen oder menschlichen Organen extrahiert werden: Insulin aus Pankreas von Schwein und Rind, das menschliche Wachstumshormon aus der Hypophyse oder der Blutgerinnungsfaktor VIII aus humanem Blutplasma. Die kontrollierte Herstellung von Wirkstoffen in Mikroorganismen oder

◻ Tabelle 9.1   Expressionssysteme für die in Deutschland zugelassenen gentechnisch hergestellten Arzneimittel (Stand 2012)

	Expressionssystem	Anzahl zugelassener Arzneimittel
Mikroorganismen	*Escherichia coli*	44
	Saccharomyces cerevisiae	25
	Aspergillus flavus	1
	Vibrio cholerae	1
höhere Zellen	CHO	53
	Maus	13
	human	3
	BHK	3
	Insekten	1
	Verozellen	1
transgene Tiere	Ziege	1
	Kaninchen	1

CHO: *Chinese hamster ovary*-Zelllinie, BHK: *baby hamster kidney*-Zelllinie

◘ Tabelle 9.2 Die wichtigsten mikrobiellen Pharmaproteine und ihre Umsätze im Jahr 2010

Wirkstoffe	Einsatzgebiet	Umsatz (Mrd. US-Dollar)
Insuline	Diabetes	15
Filgrastim und Pegfilgrastim	Chemotherapieinduzierte Leukopenie	5
Somatropine	Kleinwüchsigkeit	3,2
Ranimizumab	altersbezogene Makuladegeneration	2,9
Peginterferon alpha und Interferon alpha	Hepatitis B und C	2,5
Interferon beta-1b	Multiple Sklerose	1,7
Teriparatid	Osteoporose	0,8

auch Zellkulturen stellt die Versorgung der Patienten sicher, da im Gegensatz zur limitierten Verfügbarkeit von Organen oder Blutkonserven die biotechnischen Produktionskapazitäten an den Bedarf angepasst werden können. Außerdem werden Risiken minimiert, die bei der Verwendung von menschlichem und tierischem Gewebe zu berücksichtigen sind. Hierbei stellen z. B. Viren oder auch Prionen eine potenzielle Gefahr dar.

9.1.2 Anwendungsbereiche und wirtschaftliche Bedeutung

In der Bundesrepublik Deutschland waren 2012 insgesamt 147 Arzneimittel zugelassen, deren Wirkstoffe gentechnisch hergestellt werden. Von diesen wird in etwa die Hälfte mit mikrobiellen Expressionssystemen produziert, die andere Hälfte mit höheren Zellen (◘ Tab. 9.1). Ein **Arzneimittel** besteht in der Regel aus einem pharmazeutisch aktiven Inhaltsstoff (dem sogenannten API = *Active Pharmaceutical Ingredient*), das mit weiteren Hilfsstoffen, z. B. zur Konservierung oder besseren Aufnahme und Verteilung des Wirkstoffes im Körper, versetzt ist. Somit

kann ein Wirkstoff in verschiedenen Darreichungsformen als Arzneimittel dem Patienten zur Verfügung gestellt werden. Daraus ergibt sich, dass sich hinter den 147 Arzneimitteln auf dem deutschen Markt 110 verschiedene Wirkstoffe verbergen. So stellt beispielsweise die Firma Lilly den Wirkstoff Insulin-Lispro (ein schnell wirksames Insulin; Abschn. 9.3) in zwei verschiedenen Darreichungsformen unter den Handelsnamen Humalog® bzw. Humalog Mix® zur Verfügung. In den Jahren 2010 und 2011 wurden weltweit insgesamt 19 neue Produkte von den Behörden zugelassen. Bei 14 der 19 Produkte wird der Wirkstoff mit tierischen Zellkulturen hergestellt, zwei mit *E. coli*, einer mit *Saccharomyces cerevisiae*, einer mit Insektenzellen und einer mit transgenen Tieren.

Der weltweite Umsatz mit **gentechnisch hergestellten Arzneimitteln** (z. B. therapeutische Proteine, Antikörper usw.) betrug im Jahr 2009 106 Mrd. US-Dollar. Mit 30 Mrd. US-Dollar liegt der Anteil an gentechnisch hergestellten Proteinwirkstoffen, die mit Mikroorganismen hergestellt werden, bei etwa einem Viertel (◘ Tab. 9.2). Der größere Gesamtumsatz der biotechnischen Produkte wird inzwischen mit Wirkstoffen erwirtschaftet, die aus Zellkulturen gewonnen werden. Bei den sieben weltweit meistverkauften biotechnisch hergestellten Produkten waren die ersten sechs Positionen im Jahr 2010 von Antikörpern belegt, die mithilfe der Zellkulturtechnologie hergestellt werden (Umsatz 2010: 40 Mrd. US-Dollar). Erst an der siebten Stelle taucht das erste rekombinante Protein aus *E. coli* mit einem Umsatzvolumen von 4,8 Mrd. US-Dollar auf (Insulin-Glargin, Lantus®). Betrachtet man die Einsatzgebiete, bei denen mikrobiell hergestellte Pharmaproteine eingesetzt werden, stellt die Herstellung und Vermarktung von Insulin und Insulinanaloga mit einem Umsatz von 15 Mrd. US-Dollar nahezu die Hälfte des Marktanteils dar.

9.2 Industrielle Expressionssysteme, Kultivierung und Proteinisolierung sowie gesetzliche Rahmenbedingungen

9.2.1 Entwicklung von Produktionsstämmen

Viele Forscher nutzten für ihre grundlegenden Arbeiten zur Untersuchung der Physiologie, Regulation und Genetik die Modellorganismen *E. coli* und *Saccharomyces cerevisiae* (Bäckerhefe). So ist es nicht verwunderlich, dass diese Mikroorganismen für die Herstellung der ersten Generation von Pharmaproteinen verwendet wurden, da die entsprechenden Werkzeuge zur gentechnischen Veränderung dieser Stämme in den 1970er- und 1980er-Jahren zur Verfügung standen. Die Ära der Antikörper begann erst nach der Etablierung eines Verfahrens zur Herstellung von monoklonalen Antikörpern.

Die Auswahl eines geeigneten Expressionssystems für ein bestimmtes Protein hängt von verschiedenen Faktoren wie der Struktur und Größe des Proteins, aber auch von dessen Eigenschaften ab. Glykosylierte komplexe Proteine werden meist in Säugerzellen produziert, da *E. coli* über keine Enzyme zur Glykosylierung von Proteinen

verfügt. Zuckerketten werden im endoplasmatischen Retikulum (ER) eukaryotischer Zellen oder im Golgi-Apparat an die Aminosäuren Asparagin (*N*-Glykosylierung) und Threonin sowie Serin (*O*-Glykosylierung) angehängt. Proteine, die in Bäckerhefen produziert werden, zeichnen sich durch ein von Säugerzellen abweichendes Glykosylierungsmuster aus. Die Zuckerketten der Bäckerhefe enthalten einen hohen Anteil an Mannose und die Proteine werden zum Teil hypermannosyliert, während in Säugerzellen komplexere Zuckerseitenketten mit unterschiedlichen Zuckerbausteinen zu finden sind. Diese von Säugerzellen abweichende Glykosylierung kann zu immunologischen Reaktionen gegen das Protein führen und die Pharmakodynamik (z. B. die Bindung an einen Rezeptor, die biologische Wirksamkeit) sowie die Pharmakokinetik (die Halbwertszeit im Körper) eines Wirkstoffes beeinflussen. Sowohl Bäckerhefe als auch *E. coli* können in chemisch definierten Medien oder in einfachen, kostengünstigen Medien mit Zusätzen wie Hefeextrakt oder Pepton wachsen. In industriellen Bioreaktoren können bei Fed-Batch-Fermentationen Zelldichten von über 50 g/l Trockengewicht und damit hohe Raum-Zeit-Ausbeuten erreicht werden. Die Größe der Bioreaktoren kann in der kommerziellen Produktion bis zu 100 m³ betragen.

Bei der mikrobiellen Herstellung von Proteinen gibt es prinzipiell drei Möglichkeiten (◘ Abb. 9.1): (1) die direkte cytoplasmatische Expression, (2) die Expression als Fusionsprotein und (3) die Expression und anschließende Sezernierung. Bei der **cytoplasmatischen Expression** kann das Protein intrazellulär als unlöslicher Einschlusskörper (*inclusion body*) oder als lösliches Protein vorliegen. Einschlusskörper entstehen in Bakterien durch die Akkumulation von falsch gefalteten und aggregierten Proteinen. Dieses Phänomen macht man sich bei der Herstellung von rekombinanten Proteinen durch die Verwendung starker Promotoren zunutze. Die Proteine müssen in diesem Fall zwar noch korrekt gefaltet werden, auf der anderen Seite sind die Proteine im Einschlusskörper vor dem proteolytischen Verdau geschützt. Außerdem lassen

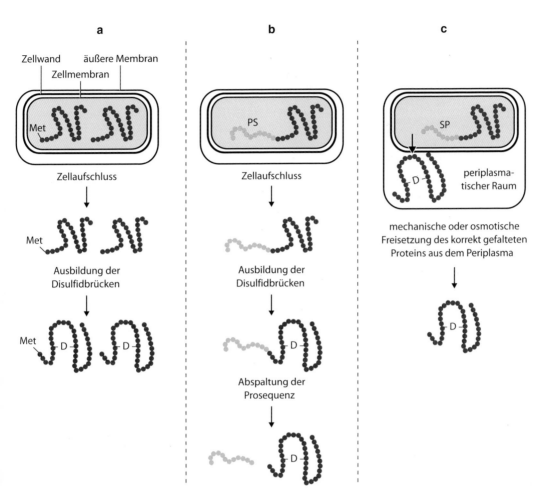

◘ Abb. 9.1 Unterschiedliche Möglichkeiten zur Expression eines Gens in *E. coli*: **a** Direktexpression im Cytoplasma; **b** als Fusionsprotein im Cytoplasma; **c** Sezernierung ins Periplasma. PS: Prosequenz; SP: Signalpeptidsequenz; Met: Methionin; D: Disulfidbrücke

sich auf diesem Wege auch für die Zelle toxische Proteine produzieren. Die im Elektronenmikroskop sichtbaren Partikel können 30 bis 50 % des gesamten Proteingehalts der *E. coli*-Zelle beinhalten (◘ Abb. 9.2). Lösliche, korrekt gefaltete Proteine können im Periplasma von *E. coli* oder – bei Bäckerhefe – durch Sezernierung ins Medium gebildet werden. Die Bildung der Disulfidbrücken ist bei *E. coli* im Periplasma stark begünstigt, da dort ein geeignetes oxidatives Milieu vorliegt, das die Bildung der Disulfidbrücken erlaubt. Bei der Bäckerhefe erfolgen die Bildung der Disulfidbrücken und die Faltung des Prote-

ins in seine native Form im endoplasmatischen Retikulum. Im Cytosol ist die Bildung der Disulfidbrücken erschwert, da dort reduzierende Bedingungen vorherrschen. Bei der Herstellung eines Wirkstoffes in *E. coli* im Periplasma erfolgt die Freisetzung des Proteins in der Regel durch einen osmotischen Schock. Hierbei werden selektiv die Proteine aus dem Periplasma freigesetzt, um die Freisetzung der cytosolischen Proteine zu vermeiden, welche die Aufreinigung des Zielproteins erschweren könnten.

Eine weitere Möglichkeit zur Herstellung von Proteinen ist die **Expression über ein Fusi-**

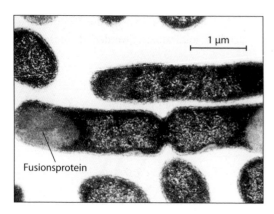

☐ Abb. 9.2 Elektronenmikroskopische Aufnahme einer rekombinanten *E. coli*-K12-Kultur zum Erntezeitpunkt. Die Genexpression wurde nach einer anfänglichen Wachstumsphase induziert, und das Insulinfusionsprotein bildet im Cytoplasma ein deutlich sichtbares unlösliches Proteinaggregat

onsprotein (☐ Abb. 9.1). Hierbei wird das Zielprotein mit einem anderen Protein fusioniert und dieser Fremdproteinanteil im Verlauf der Isolierung des Zielproteins enzymatisch oder chemisch abgespalten. Diese Methode wird angewendet, wenn das Zielprotein selbst instabil ist und durch das Fusionsprotein eine Stabilisierung erreicht werden kann oder die Löslichkeit des Zielproteins erhöht oder erniedrigt werden soll. Außerdem kann mit dieser Methode ein N-terminal homogenes Protein hergestellt werden. Bei der Direktexpression eines Gens in *E. coli* weist das Zielprotein aufgrund des AUG-Startcodons immer ein N-terminales *N*-Formylmethionin oder Methionin auf. Die Entfernung der *N*-Formylgruppe wird in *E. coli* durch das Enzym Peptiddeformylase (*def*) katalysiert. In der Regel ist die Abspaltung des *N*-Formylrestes sehr effizient, bei starker Überexpression eines Proteins kann aber ein gewisser Prozentsatz des Proteins die *N*-Formylgruppe noch enthalten. *E. coli* besitzt auch ein Enzym zur Abspaltung des N-terminalen Methionins (Methionin-Aminopeptidase), die Effizienz der Abspaltung ist aber abhängig von der darauffolgenden Aminosäure in der Position 2 des Proteins: Einige kleinere Aminsäuren, wie z. B. Glycin,

Prolin und Alanin, begünstigen die Abspaltung des Methioninrestes, andere Aminosäuren, wie z. B. Arginin oder Phenylalanin, hemmen die Abspaltung. Infolgedessen erhält man ein Gemisch aus dem authentischen Zielprotein und der um ein Methionin oder *N*-Formylmethionin verlängerten Form (☐ Abb. 9.1).

S. cerevisiae ist in der Lage, Proteine korrekt gefaltet in das Kultivierungsmedium zu szernieren. Da *S. cerevisiae* nur eine begrenzte Zahl von Proteinen ins Medium ausscheidet, erleichtert dies die spätere Reinigung des Zielproteins. Hierbei wird der natürliche Sekretionsmechanismus der Bäckerhefe genutzt, die Proteine mit einer sogenannten N-terminalen Präprosequenz über das endoplasmatische Retikulum, den Golgi-Apparat und die sekretorischen Vesikel korrekt gefaltet und mit ausgebildeten Disulfidbrücken in das Medium ausschleusen zu können. Die sogenannte Signalsequenz vermittelt den Transport des Proteins in das endoplasmatische Retikulum und wird dort durch spezifische Proteasen entfernt. Die Prosequenz dirigiert das Protein anschließend vom endoplasmatischen Retikulum in die sekretorischen Vesikel. Sie wird ebenfalls durch spezifische Proteasen abgespalten. Als enzymatische Spaltstelle dient z. B. die Aminosäureabfolge Lys-Arg.

Wenn die Zielsequenz des heterologen Zielproteins festgelegt ist, erfolgt die Auswahl des Expressionswirtes und die Optimierung der Expressionsrate. Bei der Wahl des Expressionswirtes gibt es eine große Auswahl kommerziell verwendeter Mikroorganismen. Bisher werden aber fast ausschließlich *E. coli*, *S. cerevisiae* und *Pichia pastoris* bei der Herstellung von Pharmaproteinen verwendet, da hier die meiste Erfahrung und ein breites Grundlagenwissen vorliegt. Von diesen Mikroorganismen existieren unterschiedliche Wirtsstämme, die sich in der Expressionsleistung oder anderen Eigenschaften unterscheiden. So kann sich z. B. die Deletion von bestimmten Protease-Genen positiv auf die Produktbildung und deren Stabilität auswirken. Proteolytische Abbauprodukte müssen während der Reinigung aufwendig abgetrennt werden und belasten außerdem die Syntheseleistung der

Zelle, die dann nicht vollständig in die Wertstoffsynthese, sondern auch in die Bildung von Nebenprodukten einfließt. Häufig werden die Stämme *E. coli* K oder *E. coli* B bzw. Derivate dieser Stämme verwendet. *E. coli* BL21 (ein *E. coli*-B-Derivat) ist im Vergleich zu *E. coli* K12 unter anderem bezüglich der beiden Proteasen *lon* und *ompT* defizient, was die Isolierung intakter Proteine erleichtert. Die *lon*-Protease ist eine intrazelluläre Protease, die Proteine abbaut bevor die Zellen lysiert werden. Dahingegen baut die *ompT*-Protease extrazelluläre Proteine ab und kann Proteine im Periplasma oder nach Lyse der Zellen degradieren. Ob weitere Mikroorganismen, die schon heute für die industrielle Anwendung in der Lebensmittelindustrie oder Enzymherstellung eingesetzt werden, in Zukunft auch für die Herstellung von Pharmaproteinen verwendet werden, wie *Bacillus*, *Corynebacterium*, *Aspergillus* oder *Pseudomonas*, bleibt abzuwarten.

Bei der **Optimierung der Expressionsrate** sind die folgenden Faktoren zu beachten:

1. die **Promotorsequenz**: Mit der Wahl eines geeigneten Promotors kann die Expressioner Gene zeitlich gesteuert und das Expressionsniveau festgelegt werden. Man unterscheidet starke und schwache Promotoren sowie induzierbare und konstitutive Promotoren. Induzierbare Promotoren sind nur aktiv, wenn bestimmte Bedingungen erfüllt werden, wie z. B. die Zugabe eines Induktors. Ein häufig verwendeter Promotor zur Genexpression in *E. coli* ist der *lac*-Promotor, der durch die Zugabe von Isopropyl-β-D-1-thiogalactopyranosid (IPTG) oder Lactose angeschaltet wird. Im großtechnischen Maßstab wird auch der Arabinose-Promotor verwendet, der durch Zugabe von L-Arabinose induziert wird. L-Arabinose ist preiswerter als IPTG und auch weniger toxisch. Durch die Variation der L-Arabinosekonzentration im Medium kann das Expressionsniveau sehr fein justiert werden. Weitere Alternativen sind die *PhoA* oder *trp*-Promotoren, die durch Phosphat- bzw. Tryptophanmangel angeschaltet werden. Durch Zugabe von

β-Indolacrylsäure kann der *trp*-Promotor zusätzlich voll induziert werden, da diese Säure das *trp*-Repressorprotein vollständig inaktiviert. Bei der Insulin-Produktion in *S. cerevisiae* kommt der konstitutive Triosephosphat-Isomerase-Promotor zum Einsatz. Dieser sorgt für ein konstantes Expressionsniveau während der kontinuierlichen Prozessführung.

2. die **Initiation und Termination der Translation**: Für die Initiation der Translation sind die Shine-Dalgarno-Sequenz und der korrekte Abstand dieser Sequenz zum Startcodon wichtig. Effiziente Terminatoren verhindern die Bildung überlanger instabiler mRNA-Moleküle und die unerwünschte Transkription benachbarter Gene.

3. die **Kopienzahl des Plasmids**: Die Kopienzahl eines Plasmids pro Zelle, die zwischen wenigen Molekülen (z. B. pBR322 – 15 bis 20 Kopien pro Zelle) und Hunderten Kopien (pBluescript – 300 bis 500 Kopien pro Zelle) variieren kann, bestimmt die Anzahl der Genkopien des Zielproteins pro Zelle. Die Erhöhung dieser sogenannten Gendosis kann einen positiven Einfluss auf die Expressionsrate haben. Bei Genen, die im Chromosom integriert werden, kann die Gendosis z. B. durch eine Mehrfachintegration in das Genom erhöht werden.

4. die **Codonverwendung**: Für einige Aminosäuren stehen verschiedene Codons zur Verfügung, und deren Verwendungshäufigkeit ist spezifisch für einen Organismus. Da selten verwendete Codons die Translation verlangsamen können, empfiehlt es sich, bei der Expression eines menschlichen Proteins in *E. coli* die Gensequenz so anzupassen, dass sie dem Codongebrauch der Wirtszelle weitgehend entspricht, aber natürlich noch für dasselbe Protein codiert.

5. die **Auswahl der Proteinsequenz bei Fusionsproteinen**: Der Fusionspartner eines Proteins kann verschiedene Aufgaben übernehmen: Er kann die Löslichkeit des Zielpartners beeinflussen, das Zielprotein gegen proteolytischen Verdau stabilisieren oder

Motive zur Affinitätsreinigung des Proteins beinhalten, wie z. B. einen His-Tag. Des Weiteren kann er die Expressionsrate verbessern, die Sekretion fördern oder die Lokalisierung eines Proteins in ein bestimmtes Zellkompartiment steuern.

6. die **Auswahl der Signalpeptidsequenzen bei sezernierten Proteinen**: Die Signalsequenz codiert in der Regel für ein kurzes Peptid, das den Bestimmungsort eines Proteins bestimmt, wie z. B. das Periplasma (*E. coli*), Zellkompartimente (z. B. Mitochondrien) oder das Kulturmedium. Für den Transport der Proteine durch die Zellmembranen existieren spezifische Transportsysteme. Spezifische Signalpeptidasen spalten diese C-terminalen Proteinmotive beim Transport durch die Membran ab.

Als **Selektionsmarker** werden Antibiotika-Resistenzen auf dem Plasmid, wie z. B. β-Lactamase (Ampicillin-Resistenz), oder auxotrophe Wirtsstämme (z. B. Leucin-auxotrophe Stämme) eingesetzt. Bei auxotrophen Wirtsstämmen wird die chromosomale Mutation durch das Plasmid komplementiert und somit die Stabilität des Plasmids gewährleistet. Möglich ist auch die Integration der Gensequenz des entsprechenden Proteins in das Chromosom. Wichtig für industrielle Stämme ist die Stabilität des Wirt-Vektor-Systems über mehrere Generationen bei einer Maßstabsvergrößerung in ein industrielles Umfeld und bei kontinuierlicher Prozessführung über einen längeren Zeitraum.

Nach der endgültigen Festlegung des Expressionsplasmids und des Expressionsstamms erfolgt die Herstellung der sogenannten **Masterzellbank**. Hierzu wird aus verschiedenen Einzelklonen, die nach der Transformation des endgültigen Plasmids vorliegen, ein einzelner Klon (initiale Zellbank) ausgewählt, der dann zur Herstellung der Masterzellbank verwendet wird. Die Masterzellbank wird für den gesamten Lebenszyklus des Produktes hergestellt und ist Teil der Zulassungsdokumentation, die bei den Behörden eingereicht wird. Für diese Dokumentation ist eine intensive Charakterisierung der Zellbank notwendig. Unter anderem werden die

Sequenz des Plasmids, die Kopienzahl, die Stabilität des Stamms über mehrere Generationen, die Homogenität und die Stammeigenschaften untersucht. Aus der Masterzellbank, die aus mehreren Hundert Ampullen bestehen kann, werden **Workingzellbänke** hergestellt (Abb. 9.3). Auch die Workingzellbänke bestehen aus mehreren Hundert Ampullen. Der Start des Produktionsprozesses erfolgt mit einer oder mehreren Ampullen der Workingzellbank. Durch diese Maßnahme wird sichergestellt, dass die vorhandene Zellbank für den gesamten Lebenszyklus eines Produktes zur Verfügung steht, da der Wechsel der Zellbank mit einem sehr hohen Aufwand verbunden ist.

9.2.2 Isolierung der Pharmaproteine

Biopharmazeutische Herstellprozesse haben im letzten Jahrzehnt eine rasante Entwicklung hinsichtlich Produktausbeute, Produktivität und Kosteneffizienz erlebt. Durch das wachsende molekularbiologische und zelluläre Verständnis entstanden Expressionssysteme, die in Kombination mit einer immer exakter kontrollierten Prozessführung zu deutlich verbesserten Produkttitern führten. Die Größenordnungen bei mikrobiellen Hochzelldichteverfahren liegen bei bis zu 10 g/l des gewünschten Pharmaproteins im Fermenter. Bei mikrobiellen Herstellprozessen liegen die Kapazitätsengpässe sowie die Hauptkosten in der Aufarbeitung und Reinigung der Pharmaproteine (dem *downstream processing*), insbesondere in den meist mehrstufigen, säulenchromatographischen Schritten.

Nach Zellabtrennung und einem gegebenenfalls notwendigen Zellaufschluss kommen bei der Reinigung eines Proteins unterschiedliche chromatographische Verfahren (z. B. Ionenaustausch-, Größenausschlusschromatographie), Membranverfahren (Ultra- und Diafiltration) sowie physikalische Verfahren wie Fällung und Kristallisation zum Einsatz. Die Reproduzierbarkeit des gesamten Verfahrens wird im Rahmen einer **Prozessvalidierung** gezeigt. Hierbei muss

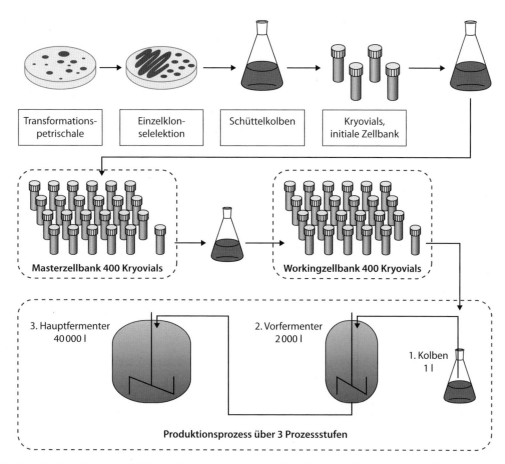

◘ Abb. 9.3 Herstellung einer Workingzellbank über die initiale Zellbank und die Masterzellbank. Die Lagerung der Zellbänke erfolgt bei niedriger Temperatur in Gefrierschränken oder in Flüssigstickstoff. Produktionschargen werden in der Regel mit einer Ampulle der Workingzellbank gestartet. Im vorliegenden Beispiel können mit der Zellbank 160 000 Produktionschargen gestartet werden. Wenn pro Tag eine Charge beimpft wird, reicht die Zellbank für mehr als 400 Jahre

eine hohe Reproduzierbarkeit des gesamten Prozesses innerhalb vorher festgelegter Grenzen belegt werden. Da die meisten Pharmaproteine injiziert werden, müssen die entsprechenden Wirkstoffe in hoher Reinheit dargestellt werden, um mögliche Nebenwirkungen zu vermeiden. Man unterscheidet dabei zwischen Prozessverwandten und Produkt-verwandten Verunreinigungen. Die Prozess-verwandten Verunreinigungen kommen aus dem Verfahren selbst, wie beispielsweise die Wirtszellproteine, Endotoxine bei Verwendung von *E. coli* oder Chemikalien, die bei der Herstellung und Reinigung des Proteins verwendet werden. Die Abreicherung

dieser Stoffe muss kontrolliert und gezeigt werden. Für Endotoxine, Wirtszellproteine und DNA haben die entsprechenden Zulassungsbehörden Grenzwerte vorgegeben. Bei Produktverwandten Verunreinigungen handelt es sich um Derivate des eigentlichen Zielproteins, die unter anderem durch Abbau (z. B. proteolytische Abbauprodukte, Desamidierung von Asparagin oder Glutamin), aus biosynthetischen Vorläufermolekülen (z. B. unvollständige Prozessierung während der Proteinsekretion) oder während des Herstellprozesses selbst entstehen (z. B. Oxidation an Methioninresten). Am Ende eines Herstellprozesses liegt ein hochreines Protein vor, das eine Qualität innerhalb festgelegter Spezifikationsgrenzen aufweist. Die Qualität des Proteins ist das Resultat des im Rahmen der Zulassung festgelegten und reproduzierbaren Herstellverfahrens. Damit wird die Reinheit, Sicherheit und Wirksamkeit des Produktes für die Patienten sichergestellt.

Die **Herstellkosten** für ein Biopharmazeutikum werden in Material- und Fertigungskosten unterteilt. Der Anteil der Fertigungskosten bei den mikrobiellen Verfahren ist deutlich größer als der Materialkostenanteil und kann bis zu 90 % betragen. Innerhalb der Fertigungskosten sind die Kapital- und Personalkosten die größten Positionen. In Hochlohnländern wie Deutschland können die Personalkosten in der Größenordnung von 40 % liegen. Investitionen für den Neubau oder Erweiterungen von Anlagen fließen über die Abschreibungen zurück in die Kapitalkosten und können ähnliche Größenordnungen wie bei den Personalkosten erreichen. In der Praxis bedeutet das, dass eine wachsende Nachfrage nach Biopharmazeutika zunächst durch Optimierung der Herstellprozesse bewerkstelligt wird, bevor zusätzliche kapazitätssteigernde Investitionen getätigt werden.

9.2.3   Behördliche Auflagen für die Herstellung von Pharmaproteinen

Die Herstellung von Arzneimitteln erfolgt nach der **guten Herstellpraxis** (**GMP**, *Good Manufacturing Practice*). Dadurch stellen die Pharma- und Biotechnologie-Firmen sicher, dass deren Produkte spezifische Anforderungen in Bezug auf Identität, Wirksamkeit, Qualität und Reinheit erfüllen.

Die Herstellung selbst beinhaltet die Warenannahme und -freigabe, Produktion, Verpackung, Umverpackung, Kennzeichnung, Umetikettierung, Qualitätskontrolle, Freigabe, Lagerung und den Vertrieb von Wirkstoffen sowie damit verbundener Kontrollen. Von den Behör-

den werden sehr allgemeine Vorgaben gemacht für:
- Qualitätsmanagement
- Personal
- Gebäude und Anlagen
- Prozessausrüstung
- Dokumentation und Aufzeichnungen
- Materialmanagement
- Produktion und Inprozesskontrollen
- Verpackung und Kennzeichnung
- Lagerung und Vertrieb
- Laborkontrollen
- Validierung und Qualifizierung
- Änderungskontrollen
- Zurückweisung und Wiederverwendung von Materialien
- Beanstandungen und Rückrufe
- Lohnhersteller, Vertreter, Makler, Händler

Diese generellen Vorgaben sind von den Herstellern zu interpretieren und intern für die Produkte und Anlagen in detaillierte Vorgaben umzusetzen. Die Behörden kontrollieren diese Umsetzung regelmäßig bei Inspektionen vor Ort.

9.3   Insuline

9.3.1   Anwendung und Strukturen

Gegenwärtig gibt es weltweit 246 Mill. Diabetiker – die Tendenz ist weiter steigend. Die Internationale Diabetes-Föderation prognostiziert für das Jahr 2030 weltweit eine Steigerung um 54 % auf nahezu 440 Mill. Erkrankte.

Es gibt zwei Typen von Diabetes. In beiden Fällen ist eine erhöhte Blutzuckerkonzentration das Hauptsymptom. Bei **Typ-1-Diabetes** degenerieren oft schon in jungen Jahren die Insulin-produzierenden Beta-Zellen der Bauchspeicheldrüse. Als Folge wird das für die Regulation des Blutzuckers notwendige Insulin nicht mehr produziert. Bei **Typ-2-Diabetes** wird Insulin zwar produziert, aber die Körperzellen können das Insulin nicht mehr ausreichend erkennen. Um den Blutzuckerspiegel dennoch niedrig zu halten, reagiert die Bauchspeichel-

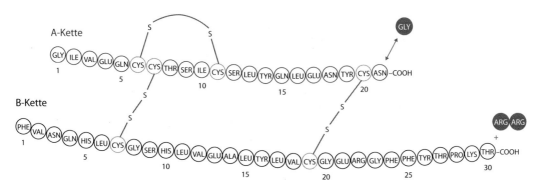

○ **Abb. 9.4**   Struktur des nativen Humaninsulins mit A-Kette (1–21) und B-Kette (1–30). Das Molekül verfügt über drei Disulfidbrücken, wobei zwei Disulfidbrücken die A- und B-Kette miteinander verbinden (Aminosäuren sind im Drei-Buchstabencode angegeben). Das Insulinanalogon Insulin-Glargin (Handelsname Lantus®, Sanofi) unterscheidet sich von Humaninsulin lediglich durch eine verlängerte B-Kette (zwei zusätzliche Aminosäuren Arginin auf den Positionen B31 und B32) sowie einen Aminosäureaustausch auf der A-Kette (Glycin statt Aspargin auf Position A21; siehe rote Markierung)

drüse mit einer noch größeren Produktion von Insulin (Insulin-Resistenz). Die Beta-Zellen der Bauchspeicheldrüse werden dabei so stark belastet, dass sie nach Jahren schließlich erschöpfen. Ein ungesunder Lebenswandel mit zu wenig Bewegung und ungünstiger Ernährung gehören zu den Ursachen von Typ-2-Diabetes. Während Typ-1-Diabetiker in jedem Fall Insulin brauchen, werden Typ-2-Diabetiker zu Beginn der Erkrankung meist mit oralen Antidiabetika behandelt und steigen erst im weiteren Verlauf der Erkrankung auf Insulin um.

Insulin besteht aus zwei Peptidketten (der A-Kette mit 21 Aminosäuren und der B-Kette mit 30 Aminosäuren), die durch zwei Disulfidbrücken verbunden sind (○ Abb. 9.4). Eine dritte Disulfidbrücke verbindet die Aminosäuren 6 und 11 der kürzeren A-Kette miteinander (○ Abb. 9.4). In den Beta-Zellen der Bauchspeicheldrüse wird zunächst das Präproinsulin-Molekül gebildet. Am N-terminalen Ende des Präproinsulins befindet sich eine Signalsequenz, an die sich die B-Kette anschließt, danach ein C-Peptid und schließlich die A-Kette. Durch Bildung der drei Disulfidbrücken wird das bisher gestreckte Molekül gefaltet. Im endoplasmatischen Retikulum bzw. im Golgi-Apparat werden von dem Präproinsulin die Signalsequenz und das C-Peptid enzymatisch abge-

spalten. Das Insulin liegt nun in seiner nativen Struktur vor.

Die industrielle Herstellung von **Insulin** weist eine lange Geschichte auf. Nach der erfolgreichen Extraktion von Insulin durch Frederick G. Banting und Charles H. Best 1921 begann die Produktion und der Vertrieb dieses Insulins durch die Firma Höchst AG schon im Jahr 1923. Insulin wurde hierbei aus dem Pankreas von Schweinen extrahiert und gereinigt. Allerdings unterscheidet sich die Primärsequenz des Schweineinsulins von der menschlichen Sequenz um eine Aminosäure bzw. um drei Aminosäuren beim Rinderinsulin. Dies kann bei einigen Patienten zu Nebenwirkungen wie Allergien führen. Im Jahr 1982 kam das erste hochreine rekombinante Insulin aus *E. coli* auf den Markt, das identisch mit der humanen Sequenz war (Humulin®). Die biotechnische Herstellung dieses Peptidhormons stellte die Versorgungssicherheit für Millionen Patienten in der ganzen Welt sicher. Allein in Deutschland leiden 7 Mill. Patienten an Typ-1- bzw. Typ-2-Diabetes. Die Versorgungssicherheit wird durch hohe Produktionskapazitäten in der ganzen Welt sichergestellt.

Neben Humaninsulin und Insulinen tierischen Ursprungs gibt es mittlerweile eine Vielzahl von gentechnisch veränderten Insulinen,

◼ Abb. 9.5 Verfahrensschema für die Herstellung von Humaninsulin mit *Saccharomyces cerevisiae* und *Escherichia coli*

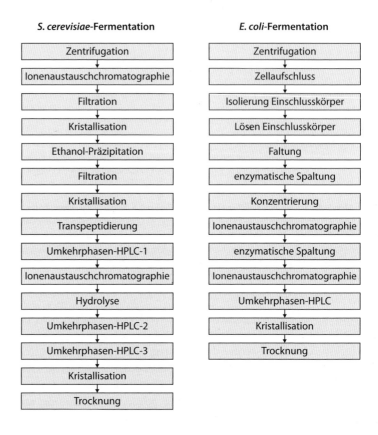

S. cerevisiae-Fermentation

Zentrifugation
Ionenaustauschchromatographie
Filtration
Kristallisation
Ethanol-Präzipitation
Filtration
Kristallisation
Transpeptidierung
Umkehrphasen-HPLC-1
Ionenaustauschchromatographie
Hydrolyse
Umkehrphasen-HPLC-2
Umkehrphasen-HPLC-3
Kristallisation
Trocknung

E. coli-Fermentation

Zentrifugation
Zellaufschluss
Isolierung Einschlusskörper
Lösen Einschlusskörper
Faltung
enzymatische Spaltung
Konzentrierung
Ionenaustauschchromatographie
enzymatische Spaltung
Ionenaustauschchromatographie
Umkehrphasen-HPLC
Kristallisation
Trocknung

die sogenannten **Insulinanaloga**. Bei den Insulinanaloga werden gezielt einzelne Aminosäuren des menschlichen Insulins ausgetauscht und so Moleküle mit weiteren gewünschten Eigenschaften geschaffen. Wirkeintritt und -dauer können damit praktisch „maßgeschneidert" werden. So unterscheidet man Depot-Insuline (z. B. Insulin-Glargin, Handelsname Lantus®, Sanofi), die über einen langen Zeitraum gleichmäßig wirken, von solchen, deren Wirkung sofort einsetzt, aber nicht lange anhält (z. B. Insulin-Glulisin, bekannt unter dem Handelsnamen Apidra®, Sanofi; Insulin-Lispro, Humalog®, Lilly; oder Insulin-Aspart, Novorapid®, Novo Nordisk). Die Unterschiede der Insulinanaloga im Vergleich zu Humaninsulin sind am Beispiel Insulin-Glargin in ◼ Abb. 9.4 dargestellt.

9.3.2 Herstellverfahren

Insulin kann mit unterschiedlichen Herstellverfahren produziert werden. Je nachdem, welchen Mikroorganismus man benutzt, unterscheidet sich die Aufarbeitung und Reinigung des Hormons. Zwei Verfahren sind derzeit gängig: die Produktion eines Fusionsproteins in *E. coli* und die Produktion eines Vorläuferproteins, dem sogenannten Miniproinsulin, mit *Saccharomyces cerevisiae* (◼ Abb. 9.5). Ein weiteres theoretisch mögliches Verfahren, das hier nicht näher beschrieben wird, ist die separate Produktion der A- und B-Ketten. Bei diesem Verfahren werden die beiden Ketten getrennt in zwei unterschiedlichen *E. coli*-Stämmen hergestellt und nach Fermentation und Produktisolierung durch einen chemischen Schritt gekoppelt.

◨ Abb. 9.6 **a** Verlauf der Fermentationsparameter bei der Insulin-Produktion mit *E. coli*. Das Fusionsprotein liegt intrazellulär als unlöslicher Einschlusskörper vor. Nach einer Wachstumsphase im Fed-Batch-Betrieb wird die Insulin-Produktion chemisch induziert. Nach ca. 24 h wird die Zellsuspension geerntet. **b** Verlauf der Fermentationsparameter während der Startphase bei der Insulin-Produktion mit *Saccharomyces cerevisiae*. Nachdem stationäre Bedingungen nach ca. 72 h erreicht werden, wird die Kultursuspension kontinuierlich aus dem Fermenter abgezogen. Die kontinuierliche Betriebsweise dauert ca. drei Wochen

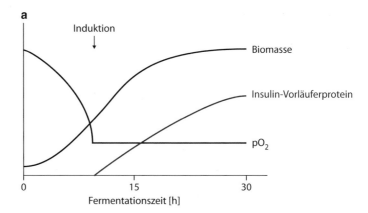

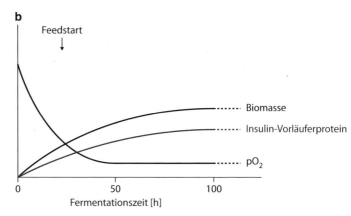

Produktion eines Fusionsproteins in *E. coli*

Das Fusionsprotein liegt intrazellulär als unlöslicher Einschlusskörper vor (◨ Abb. 9.2). Die Kultivierung erfolgt in einem 60-m^3-Bioreaktor mit einem genetisch veränderten *E. coli*-Stamm im Hochzelldichteverfahren. In den *E. coli*-Produktionsstamm ist ein Plasmid eingebracht, das die genetische Sequenz eines Insulinfusionsproteins enthält. Mithilfe eines induzierbaren Promotors wird die Genexpression und damit die Synthese des Fusionsproteins gesteuert. Ab einer bestimmten Zelldichte wird die Proteinproduktion durch Zugabe eines Induktors gestartet (◨ Abb. 9.6a). Neben der Überwachung und Regelung der physikalisch-chemischen Parameter wie pH-Wert, pO_2, Temperatur kommt es auf einen guten Stoff- und Wärmetransport im Bioreaktor an. Hohe Zelldichten erfordern einen hohen Sauerstoffeintrag in den Bioreak-

tor und eine gleichzeitig auf das Zellwachstum bzw. auf die Produktbildung abgestimmte Glucosezufuhr, um Nebenproduktbildung wie Acetat zu vermeiden. Eine gute Durchmischung der Fermentationssuspension verhindert das Auftreten von lokalen Konzentrationsgradienten von Nährstoffen und gewährleistet die Abfuhr der durch die Mikroorganismen erzeugten beträchtlichen Wärmemengen.

Nach Kultivierungsende werden die Mikroorganismen inaktiviert und die Zellsuspension konzentriert (◨ Abb. 9.7). Die Zellen werden mechanisch in einem Hochdruckhomogenisator aufgebrochen und die das Fusionsprotein enthaltenden Einschlusskörper freigesetzt. Nach dem Zellaufschluss werden die Einschlusskörper durch Zentrifugation isoliert. Die Einschlusskörper, die als unlösliche Aggregate vorliegen, werden anschließend in einem denaturierenden Agens gelöst und vollständig reduziert. Zur kor-

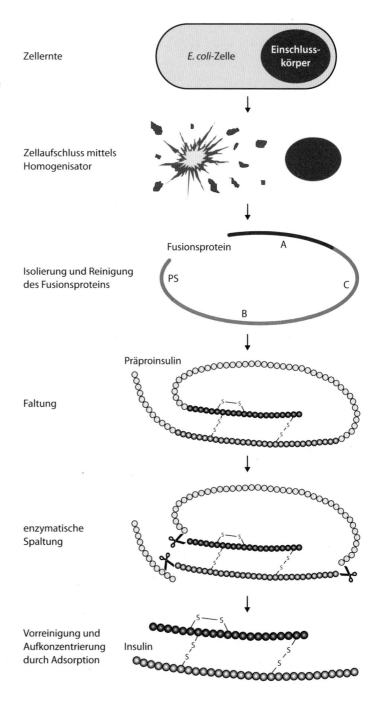

◘ Abb. 9.7   Aufarbeitung von Insulin-Einschlusskörpern. A: A-Kette des Insulins; B: B-Kette des Insulins; C: Peptidbrücke oder *connecting peptide*; PS: Prosequenz; *Scheren* symbolisieren die Schnittstellen für Proteasen

rekten Ausbildung der Disulfidbrücken wird das vollständig denaturierte und reduzierte Protein dann unter oxidativen Bedingungen in die korrekt gefaltete Form überführt. Nach erfolgter Rückfaltung des Fusionsproteins findet die Abspaltung der Präsequenz und des C-Peptids durch proteolytische Prozessierung mit der Serinprotease Trypsin statt. Trypsin spaltet die Proteinkette auf der C-terminalen Seite von Lysin bzw. Arginin. Nach der Spaltung liegt das Insulin in seiner nativen Form vor, allerdings befindet sich am C-Terminus der B-Kette noch eine basische Aminosäure, die im weiteren Verlauf des Verfahrens durch die Metalloprotease Carboxypeptidase B abgespalten werden muss. Dieses Enzym spaltet basische Aminosäuren wie Lysin und Arginin am C-Terminus von Proteinen ab. Die Reinigung des nativen Insulins erfolgt über mehrere chromatographische Reinigungsschritte. Der letzte Aufreinigungsschritt führt zu einem hochreinen Insulin, das unter sauren Bedingungen isoliert, kristallisiert und schließlich lyophilisiert wird (◧ Abb. 9.5).

Herstellung eines Vorläuferproteins, dem Miniproinsulin, mit *Saccharomyces cerevisiae*

Die Verwendung von *Saccharomyces cerevisiae* als Wirtsorganismus für die Insulinherstellung weist zwei grundlegende Unterschiede zum oben beschriebenen Verfahren auf: (1) Die Hefe sekretiert den Insulin-Vorläufer in das Kultivierungsmedium und ersetzt damit den Zellaufschluss. (2) Die Disulfidketten sind im Kultivierungsmedium bereits korrekt geknüpft, was den Verzicht auf den verlustreichen Faltungsschritt ermöglicht. Das in *S. cerevisiae* exprimierte Präproinsulin wird jedoch nicht sehr effizient sekretiert. Stattdessen wird ein dem Präproinsulin ähnliches Molekül, das sogenannte Miniproinsulin, in der Hefe exprimiert. Dieses Miniproinsulin enthält eine Signalsequenz zur Ausschleusung des Proteins, eine enzymatische Spaltstelle zur späteren Abspaltung der Signalsequenz und den Insulin-Vorläufer. In Letzterem ist die B-Kette durch Deletion des Threonins an der Position 30 verkürzt und über ein kurzes Peptid

mit der A-Kette verbunden. Dieses Vorläufermolekül wird korrekt gefaltet und sezerniert, muss allerdings noch enzymatisch prozessiert werden. Hierbei wird die Peptidbrücke zwischen A- und B-Kette zunächst entfernt. Anschließend wird die B-Kette in einer weiteren enzymatischen Reaktion um das fehlende Threonin verlängert (Position 30, ◧ Abb. 9.4).

Die **Kultivierung der Bäckerhefe** erfolgt in einem kontinuierlichen Fermentationsverfahren in einem simplen, Hefeextrakt enthaltenden Medium. Der das Miniproinsulin codierende Plasmidvektor liegt in einer hohen Kopienzahl vor. Die Expression des Zielgens erfolgt mithilfe eines konstitutiven, d. h. immer aktiven Promotors. Somit kann das Insulin-Vorläuferprotein von der Bäckerhefe kontinuierlich produziert und aufgearbeitet werden. Der Produktionsfermenter wird zunächst im Fed-Batch-Verfahren betrieben und nach ca. drei Tagen in den kontinuierlichen Betriebsmodus überführt (◧ Abb. 9.6b). Die Verdünnungsraten sind relativ niedrig im Vergleich zur maximalen spezifischen Wachstumsrate des Produktionsstamms. Optimale Wachstumsbedingungen liegen bei pH 5 und einer Temperatur von 32 °C vor. Da Zellwachstum und Produktbildung eng voneinander abhängen, ist darauf zu achten, dass die Hefe immer im aeroben Stoffwechselzustand bleibt. Zuckerüberschuss und/oder Sauerstoffmangel sind durch genaue Überwachung des respiratorischen Quotienten zu vermeiden. Bei Zuckerüberschuss bildet die Bäckerhefe auch unter aeroben Bedingungen Ethanol („Crabtree-Effekt"), und dieser Zustand ist während der kontinuierlichen Produktion nicht erwünscht.

Die Aufarbeitung beginnt mit der Abtrennung der Hefezellen vom Kultivierungsmedium durch Zentrifugation mit einem Tellerseparator. Zur Vorreinigung und Konzentrierung des Insulin-Vorläuferproteins wird der Überstand auf eine Kationenaustausch-Chromatographiesäule aufgetragen. Das Insulin-Vorläuferprotein wird mithilfe eines pH-Gradienten von der Säule eluiert und filtriert, um letzte Hefezellen zu entfernen. Das Zielprotein wird aus dem Eluat durch Kristallisation isoliert. Weitere Verunreinigungen, werden durch Präzipitation entfernt: Dazu werden die das Zielprotein enthaltenden Kristalle zunächst aufgelöst, der Lösung Ethanol zugegeben und ein schwach alkalischer pH-Wert eingestellt. Unter diesen Bedingungen ist Insulin sehr gut löslich und Verunreinigungen, darunter vor allem Hefeproteine, werden aus der Lösung gefällt. Weitere Filtrations- und Kristallisationsschritte führen zu einem Produkt mit mehr als 90 % Reinheit. Das Insulin-Intermediat enthält aber noch immer Verunreinigungen aus dem Kultivierungsmedium (Hefeproteine und DNA).

Im nächsten Schritt wird der Insulin-Vorläufer enzymatisch, z. B. durch Zugabe von Lysylendopeptidase oder Trypsin, in die A- und B-Kette gespalten. Die Spaltung erfolgt nach Lysinresten, wobei die Spaltung nach Lysin-29 in der B-Kette und nach einem Lysinrest im C-Peptid erfolgt. Die zur natürlichen Aminosäuresequenz des Humaninsulins fehlende Aminosäure Threonin in Position 30 der B-Kette wird durch eine enzymatische Transpeptidierung eingefügt. Hierbei wird Threonin-*t*-Butylester enzymatisch C-terminal an die B-Kette gekoppelt. Der so entstandene Insulinester wird anschließend mithilfe der Umkehrphasen-Chromatographie (*reversed phase*) und Anionenaustausch-Chromatographie weiter aufgereinigt, um vor allem das bei der Transpeptidierung eingesetzte Enzym sowie bei dieser Reaktion entstandene Nebenprodukte zu entfernen. Das native Insulin entsteht, indem in einer Hydrolysereaktion die *t*-Butylestergruppe am Threonin in Position B30 abgespalten wird. Dabei ist insbesondere die Einhaltung der Parameter Temperatur und pH von Bedeutung, um die Disulfidbindungen nicht zu zerstören.

Die finale Reinigung des Insulins erfolgt über die Schritte Umkehrphasen-Chromatographie und Kristallisation. Anschließend wird das Humaninsulin durch Gefriertrocknung in eine stabile Lagerform überführt. Diese Schritte sind prinzipiell vergleichbar mit dem Hochreinigungsverfahren bei Verwendung von *E. coli* als Wirtsorganismus. Am Ende des Prozesses liegt Insulin mit einer Reinheit von mehr als 99 % vor.

9.4 Somatropin

9.4.1 Anwendung

Somatropin ist ein **körpereigener Wachstumsfaktor** (engl. *human growth hormone*, hGH), der in den Alpha-Zellen des Hypophysenvorderlappens insbesondere während des Schlafens gebildet wird. Als Arzneimittel wird Somatropin bei Kindern mit Minderwuchs verabreicht, wenn er auf eine verminderte Sekretion des endogenen Wachstumshormons zurückzuführen ist. Auch bei Erwachsenen, die aufgrund einer Hypophyseninsuffizienz einen Wachstumshormonmangel aufweisen, kann Somatropin zum Einsatz kommen. Das Marktvolumen der größten Hersteller betrug im Jahr 2010 mehr als 3 Mrd. US-Dollar (◘ Tab. 9.2).

9.4.2 Herstellverfahren

Somatropin ist ein 191 Aminosäuren umfassendes Protein, das überwiegend mit rekombinanten *E. coli*-Stämmen hergestellt wird. Die ersten Verfahren zur Herstellung von Somatropin basierten auf der Bildung von Einschlusskörpern, die eine aufwendige Aufarbeitung durch Zellaufschluss, Isolierung und Lösen des Produktes bedeuteten. Heutige Verfahren verwenden Protein-Sekretionstechnologien. Hierbei wird das rekombinante Protein durch Anfügen einer Signalsequenz in das Periplasma des Bakteriums sezerniert und anschließend durch osmotischen Schock freigesetzt. Die einzelnen Herstellschritte zur Herstellung von Somatropin sind in ◘ Abb. 9.8 beschrieben.

Somatropin wird mittlerweile von zahlreichen Herstellern unter anderem als sogenanntes *Biosimilar* („ähnliches biologisches Arzneimittel") produziert. Im Jahr 2006 wurde Somatropin unter dem Handelsnamen Omnitrop® von der Firma Sandoz als erstes *Biosimilar* in der EU zugelassen.

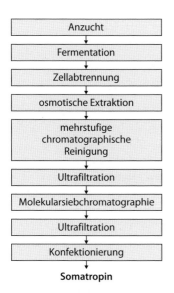

```
┌─────────────────────────────┐
│          Anzucht            │
└─────────────────────────────┘
              ↓
┌─────────────────────────────┐
│        Fermentation         │
└─────────────────────────────┘
              ↓
┌─────────────────────────────┐
│       Zellabtrennung        │
└─────────────────────────────┘
              ↓
┌─────────────────────────────┐
│     osmotische Extraktion   │
└─────────────────────────────┘
              ↓
┌─────────────────────────────┐
│        mehrstufige          │
│     chromatographische      │
│         Reinigung           │
└─────────────────────────────┘
              ↓
┌─────────────────────────────┐
│       Ultrafiltration       │
└─────────────────────────────┘
              ↓
┌─────────────────────────────┐
│  Molekularsiebchromatographie │
└─────────────────────────────┘
              ↓
┌─────────────────────────────┐
│       Ultrafiltration       │
└─────────────────────────────┘
              ↓
┌─────────────────────────────┐
│       Konfektionierung      │
└─────────────────────────────┘
              ↓
          **Somatropin**
```

□ Abb. 9.8 Verfahrensschema für die Produktion von Somatropin mit *E. coli*. Das Produkt wird in das Periplasma sekretiert

Biosimilars sind Nachahmerprodukte von Biopharmazeutika, analog den Generika für chemisch hergestellte Arzneistoffe, die nach Patentablauf des Originalpräparates auf den Markt gebracht werden können. Die Unterschiede zwischen Generika und *Biosimilars* liegen in den deutlich komplexeren Herstellverfahren für biotechnische Produkte im Vergleich zu chemischen Verfahren, weshalb für *Biosimilars* eigene Zulassungsverfahren seitens der Behörden geschaffen wurden.

9.5 Interferone – Anwendung und Herstellung

Interferone sind Proteine, die vor allem von weißen Blutkörperchen gebildet werden und sich durch eine immunstimulierende, antivirale sowie antitumorale Wirkung auszeichnen und damit wichtige Komponenten des unspezifischen Immunsystems darstellen. Kommerziell bedeutend sind Interferon α2a und α2b, die sich nur in einer Position in der Primärsequenz unterscheiden.

Die Umsätze betrugen im Jahr 2010 2,5 Mrd. US-Dollar (□ Tab. 9.2). Beim **Interferon α2a** befindet sich in Position 23 ein Lysinrest, der beim Interferon α2b durch Arginin ersetzt ist. Interferon α2a wurde bereits 1987 zugelassen und gehört damit zu den ersten rekombinanten Proteinen, die sich auch heute noch auf dem Markt befinden. Das reife Interferon-α2a-Protein besteht aus 165 Aminosäuren und weist zwei Disulfidbrücken zwischen den Aminosäuren 1 und 98 sowie 29 und 138 auf. Bei der Direktexpression des Interferons α2a in *E. coli* wird am N-Terminus des Proteins ein Methionin angehängt (□ Abb. 9.1), das nur zum Teil während der Produktion in *E. coli* wieder entfernt wird. Auch wenn der überwiegende Teil des Wirkstoffes hinsichtlich der Aminosäuresequenz mit dem humanen Protein identisch ist, enthält ein kleiner Teil des Wirkstoffes dieses zusätzliche Methionin und hat eine Länge von 166 Aminosäuren. Das rekombinante Interferon α2a unterscheidet sich von der humanen Version durch die fehlende O-Glykosylierung, da in *E. coli* diese Form der Proteinmodifikation nicht existiert.

Interferon α2a wird intrazellulär in *E. coli* produziert. Nach dem Zellaufschluss erfolgen die Bildung der Disulfidbrücken und die anschließende Re6sinigung durch mehrere aufeinanderfolgende Chromatographieschritte. Zur Verlängerung der Wirkdauer dieser beiden Interferone wurden verbesserte, sogenannte **PEGylierte Wirkstoffe** (PEG = Polyethylenglykol) entwickelt und diese im Jahr 2000 (Peginterferon α2b, PEG-IFN α2b) bzw. 2002 (Peginterferon α2a, PEG-IFN α2a) durch die entsprechenden Behörden zugelassen. Diese Wirkstoffe entstehen durch Anknüpfung einer Seitenkette aus einem verzweigten Polyethylenglykol-Polymer. Der zugrunde liegende Reaktionsmechanismus zur PEGylierung von Proteinen ist in der Box „Reaktionsmechanismus zur PEGylierung eines Pharmaproteins" beispielhaft schematisch dargestellt. Die Anknüpfung des 40 kDa großen verzweigten Polyethylenglykol-Polymers erfolgt an der freien ε-Aminogruppe von Lysinresten über eine Amidbindung. Der Substitutionsgrad beträgt dabei ein Mol Polymer pro Mol Protein.

Reaktionsmechanismus zur PEGylierung eines Pharmaproteins

a

Grundstruktur einer PEG-Kette

CH_3—$(OCH_2CH_2)_n$—OH

lineare Monomethoxy-PEG-OH-Kette (m-PEG)

b

Grundstruktur einer aktivierten m-PEG-Kette und Darstellung des Reaktionsmechanismus

Verknüpfung eines m-PEG-Succinimidylcarbonats mit der ε-Aminogruppe eines Lysinrestes eines Proteins. Das Succinimidylcarbonat wird bei der Reaktion abgespalten, wobei N-Hydroxysuccinimid gebildet wird.

c

Struktur des verzweigten aktivierten PEG-Reagens für Pegasys ®

Das aktivierte PEG-Reagens enthält zwei m-PEG-Ketten (Größe jeweils 20 kDa). Die beiden m-PEG-Ketten sind an die α- und ε-Aminogruppe eines Lysins gekoppelt.

Durch diese Modifikation nimmt die Größe des Interferons von ca. 20 auf 60 kDa zu, und man erreicht eine deutlich verlängerte Halbwertszeit, sodass das Medikament weniger häufig verabreicht werden muss.

Interferon β1b wird in *E. coli* K12 produziert. Das rekombinante Protein unterscheidet sich in drei Punkten von der humanen Version. Das Protein ist nicht glykosyliert, das N-terminale Methionin fehlt und die Aminosäure Cystein wurde in Position 17 durch Serin ersetzt. Eine Disulfidbrücke verbindet das Cystein in Position 31 mit dem Cystein in Position 141. Auch hier wird das rekombinante Protein als Einschlusskörper gebildet, der nach Isolierung in die native gefaltete Form überführt werden muss und dann durch chromatographische Verfahren hochrein dargestellt wird. Rekombinantes, in *E. coli* produziertes **Interferon γ1b** enthält 140 Aminosäuren. Das native Protein enthält

◻ Tabelle 9.3 Interferone, die mit *E. coli* produziert werden

Interferone	Modifikation	Verwendung	Aminosäuren pro Protein	Marktzulassung
α2a	–	Krebs	165	1987
α2a	PEGylierung	Hepatitis B/C	165	2002
α2b	–	Krebs, Hepatitis B/C	165	2000
α2b	PEGylierung	Hepatitis C	165	2000
β1b	–	Multiple Sklerose	165	1995
γ1b	–	Immunstimulans	140	1992

keine Disulfidbrücken, liegt aber als Homodimer vor, wobei zwei identische Proteinmoleküle ein nicht kovalent miteinander verbundenes Dimer ausbilden. Eine Übersicht über die verschiedenen Interferone, die mithilfe von *E. coli* hergestellt werden, und deren Verwendung gibt die ◻ Tab. 9.3.

9.6 Humaner Granulocytenkolonie-stimulierender Faktor

9.6.1 Anwendung

Der Granulocytenkolonie-stimulierende Faktor (*granulocyte-colony stimulating factor*, G-CSF) ist ein Peptidhormon, das aus 174 Aminosäuren besteht. Es wird als Cytokin unter anderem bei Entzündungen vom Körper ausgeschüttet und regt die Bildung von neutrophilen Granulocyten an.

Das **humane G-CSF** ist ein Glykoprotein, das an der Position 133 (Threonin) glykosyliert ist. Es besitzt eine Molekülmasse von 19,6 kDa. Dabei macht die Glykosylierung etwa 4 % des Gesamtgewichts aus. Neben der Glykosylierung stellen zwei Disulfidbrücken ein weiteres wesentliches Element der posttranslationalen Modifikation dar.

Als Wirkstoff kann **rekombinantes G-CSF** entweder mit Säugerzellen (CHO-Zellen; Lenograstim) oder mit *E. coli* (Filgrastim) hergestellt werden. Lenograstim ist identisch zum humanen G-CSF in Bezug auf die Aminosäuresequenz und die Glykosylierung an Position 133. Filgrastim hingegen hat in der Aminosäuresequenz am N-Terminus zusätzlich ein Methionin eingebaut und besitzt keine Glykosylierung.

Zusätzlich existiert G-CSF auch in PEGylierter Form (Pegfilgrastim). Dabei wird an das Methionin am N-Terminus von Filgrastim kovalent ein 20-kDa-Monomethoxypolyethylenglykol gebunden. Die Vergrößerung der molaren Masse auf ungefähr 39 kDa führt im Körper zu einer verlängerten Halbwertszeit im Vergleich zu Filgrastim (◻ Tab. 9.4).

Der Wirkstoff bewirkt nach dem heutigen Stand der Forschung, dass sich infektiöse Nebenwirkungen einer Chemotherapie reduzieren lassen (Krebsbehandlung), die Neutropenie (Verminderung der neutrophilen Granulocyten im Blut) durch permanente Substitution der fehlenden Granulocyten therapieren lässt und dass Stammzellen sich bei der Stammzelltransplantation aus dem Knochenmark lösen und ins periphere Blut gelangen. G-CSF kann entweder vorbeugend eingesetzt werden, wenn die

◘ **Tabelle 9.4** Verschiedene Wirkstoffe des Granulocytenkolonie-stimulierenden Faktors (G-CSF) und deren Expressionssysteme

	CHO	E. coli	E. coli
Wirkstoff	Lenograstim	Filgrastim	Pegfilgrastim
Aminosäuren	174	175	175
Modifikation	Glykosylierung an Position 133	keine	PEGylierung am N-Terminus
Molekulare Masse	19,6 kDa	18,8 kDa	39 kDa

◘ **Tabelle 9.5** Der Wirkstoff Filgrastim befindet sich unter verschiedenen Handelsnamen auf dem Markt. Alle Wirkstoffhersteller nutzen E. coli als Expressionssystem

Handelsname	Wirkstoffhersteller
Filgrastim Hexal®	Sandoz
Zarzio®	Sandoz
Biograstim®	SICOR Biotech
Ratiograstim®	SICOR Biotech
Tevagrastim®	SICOR Biotech
Nivestim™	Hospira

Wahrscheinlichkeit sehr hoch ist, dass ein starkes Absinken der neutrophilen Granulocyten eintritt, oder therapeutisch, wenn die Anzahl an neutrophilen Granulocyten bereits niedrig ist.

Neben dem Originalpräparat Neupogen® von Amgen befindet sich der Wirkstoff Filgrastim unter verschiedenen Handelsnamen von unterschiedlichen Herstellern auf dem Markt (◘ Tab. 9.5).

9.6.2 Herstellverfahren

Vergleichbar zur Herstellung von rekombinantem Humaninsulin mit *E. coli* wird ausgehend von einer Zellbank über eine oder mehrere Vor-

kulturstufen in einem Fermentationsverfahren das Filgrastim als Einschlusskörper gebildet. Nach Zellernte und Zellaufschluss werden die Einschlusskörper isoliert. Nach der Faltungsreaktion wird das nativ gefaltete Protein über mehrere Chromatographiestufen isoliert und rein dargestellt.

Im Falle von Pegfilgrastim wird ein 20-kDa-Monomethoxypolyethylenglykol kovalent an den N-Terminus gebunden.

9.7 Impfstoffe

9.7.1 Anwendung

Neben der Herstellung von pharmakologisch aktiven Substanzen gibt es auf dem Markt auch Impfstoffe, die rekombinant mit Mikroorganismen hergestellt werden. ◘ Tabelle 9.6 zeigt eine Übersicht über die zurzeit auf dem Markt befindlichen rekombinanten Impfstoffe aus Mikroorganismen. Als Expressionssystem wird dabei überwiegend mit der Bäckerhefe *S. cerevisiae* gearbeitet. Für die Herstellung von Impfstoffen werden ganz gezielt die immunogenen Teile eines Krankheitserregers mittels gentechnisch veränderter Mikroorganismen produziert. Diese werden anschließend isoliert, bei Bedarf mit entsprechenden Wirkverstärkern, sogenannten **Adjuvantien**, versetzt und zur aktiven Impfung zum Schutz vor Krankheitserregern meistens intramuskulär appliziert. Das Protein (Antigen) wird vom Körper als fremd erkannt. Der Körper reagiert mit einer Immunantwort und der Bildung von Lymphocyten, die dann Antikörper gegen das entsprechende Antigen produzieren. Der Schutz gegen die Antigene bleibt durch die sogenannten Gedächtniszellen lange erhalten, sodass bei einer Infektion und damit Wiederauftreten des Antigens eine Infektion unterbunden werden kann.

9.7.2 Herstellung von Gardasil®

Gebärmutterhalskrebs (Zervixkarzinom) ist die zweithäufigste Krebserkrankung bei Frauen. Verursacht wird diese Krebsform durch Infektion mit humanen Papillomviren (HPV). Die **humanen Papillomviren** zählen zu den unbehüllten, doppelsträngigen DNA-Viren und sind Erreger, die Zellen der Haut bzw. der Schleimhaut infizieren. Einige der bekannten HPV-Typen sind für die Entstehung von gewöhnlichen Hautwarzen (Papillome) verantwortlich. Etwa zehn bis 15 HPV-Typen können allerdings Zellveränderungen im Gebärmutterhals verursachen, die sich über Vorstufen zu einer Krebserkrankung entwickeln können. Die Entdeckung dieser Zusammenhänge ermöglichte die Entwicklung prophylaktischer Impfstoffe gegen eine HPV-Infektion.

Die Entwicklung des Impfstoffes unter dem Handelsnamen Gardasil® begann Anfang der 1990er-Jahre. Nach der Erstzulassung im Jahr 2006 ist die Impfung mit Gardasil® inzwischen weit verbreitet. Gardasil® beinhaltet **Virus-ähnliche Partikel** (VLP = *virus-like particles*) für das Hauptkapsid-L1-Protein humaner Papillomviren. Gardasil® ist ein Vierfach-Impfstoff, der sich gegen die HPV-Typen 6, 11, 16 und 18 richtet.

Das Herstellverfahren umfasst zwei Abschnitte: (1) Die Kultivierung und Ernte einer rekombinanten Hefe *S. cerevisiae* und (2) die Aufreinigung der VLPs inklusive der Bindung der gereinigten VLPs an ein aluminiumhaltiges Adjuvans. Der Fermentationsprozess besteht aus einer Vorfermentation und einer Hauptfermen-

tation. In der Vorfermentation wird für alle vier HPV-Typen dasselbe Medium eingesetzt. Während der Fermentation werden Wachstum und die Glucosekonzentration gemessen. Nach der Hauptfermentation in dem entsprechenden Kultivierungsmedium werden die Zellen mittels Mikrofiltration geerntet. Das Zellkonzentrat wird in Portionen aufgeteilt und eingefroren.

Der Aufreinigungsprozess beginnt mit dem Auftauen des eingefrorenen Zellkonzentrats und der Freisetzung der VLPs durch Zellaufschluss und anschließende Mikrofiltration. Die Zelllysate werden in der Folge inkubiert und die VLPs mittels Querstromfiltration, Chromatographie und Ultrafiltration aufgereinigt. Für alle vier Typen besteht der finale Aufreinigungsschritt in einem Pufferaustausch und einer Sterilfiltration, bei der das finale, in wässriger Phase gelöste Produkt (*final aqueous product*, FAP) hergestellt wird. Das FAP wird für jedes der vier Typen auf amorphes Aluminiumhydroxyphosphatsulfat zur Herstellung der vier monovalent gebundenen Bulkprodukte (*monovalent bulk adsorbed products*, MBAPs) adsorbiert.

Aluminiumhydroxyphosphatsulfat wird als **Adjuvans** eingesetzt. Darunter versteht man einen Stoff, der die Wirkung eines anderen Stoffes verstärkt. Auf den Einsatz von Impfstoffen übertragen bedeutet dies, dass im Falle von Gardasil® die immunogene Wirkung der vier VLPs durch den Zusatz von Aluminiumhydroxyphosphatsulfat unspezifisch verstärkt wird.

9.7.3 Herstellung eines Hepatitis-B-Impfstoffes

Bei Hepatitis B ist die Leber mit dem Hepatitis-B-Virus (HBV) infiziert. Die Infektion verläuft entweder akut (90 %) und die Ausheilung erfolgt innerhalb von vier bis sechs Monaten, gelegentlich auch chronisch, wenn die Hepatitis länger als ein halbes Jahr besteht. Weltweit sind nach Schätzungen der Weltgesundheitsorganisation (WHO, *World Health Organization*) 300 bis 420 Mill. Menschen chronisch mit Hepatitis B

◻ **Tabelle 9.6** Übersicht über die zurzeit auf dem Markt befindlichen Impfstoffe, die rekombinante Antigene enthalten, und deren Hersteller

Erkrankung	Erreger	Handelsname	Hersteller	Expressionssystem
Hepatitis A/B	Hepatitis-A/B-Virus	Ambirix®	GlaxoSmithKline Biologicals	*S. cerevisiae*
		Twinrix®	GlaxoSmithKline Biologicals	*S. cerevisiae*
	Hepatitis-B-Virus	Engerix®-B (Oberflächenprotein)	GlaxoSmithKline Pharma	*S. cerevisiae*
		Fendrix®	GlaxoSmithKline Biologicals	*S. cerevisiae*
		HBVAXPRO®	Sanofi Pasteur MSD	*S. cerevisiae*
Gebärmutterhalskrebs	Humaner Papillomvirus (HPV)	Gardasil®	Sanofi Pasteur MSD	*S. cerevisiae*
Cholera	*Vibrio cholerae*	Dukoral®	Crucell Sweden AB	*Vibrio cholerae*

infiziert, und bis zu einer Million Menschen sterben jährlich an dieser Erkrankung. Bei etwa einem Drittel der Weltbevölkerung (über 2 Mrd.) sind Antikörper als Zeichen einer überstandenen HBV-Infektion nachweisbar. In Folge des chronischen Verlaufs der Krankheit (chronisch-persistierende Hepatitis) besteht das Risiko, an einer Leberzirrhose sowie einem Leberzellkarzinom zu erkranken. Die Therapie einer chronischen Hepatitis B ist schwierig. Aus diesem Grund ist die vorbeugende Impfung die wichtigste Maßnahme zur Vermeidung der Infektion und Verminderung der weltweiten Virusträgerzahlen.

Der **Hepatitis-B-Virus** zählt zu den partiell doppelsträngigen umhüllten DNA-Viren, die fast ausschließlich Leberzellen befallen (◻ Abb. 9.9). Die infektiösen Virionen sind von einer äußeren Lipiddoppelschicht umgeben, in der drei virale Oberflächenmembranproteine (LHBs, MHBs und SHBs) eingelagert sind. Die Lipiddoppelschicht stammt vermutlich aus dem endoplasmatischen Retikulum. Die Oberflächenproteine des Virus werden auch als HBsAg (*hepatitis B surface antigen*) bezeichnet, da diese bei der Immunabwehr des Virus eine Rolle spielen. Wenn

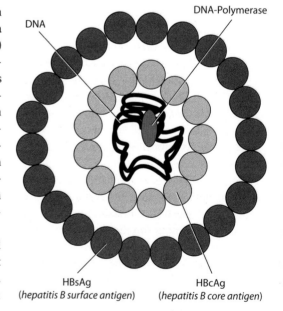

◻ **Abb. 9.9** Schematische Darstellung des Hepatitis-B-Virus mit den HBcAg- und HBsAg-Antigenen

Antikörper gegen die Oberflächenproteine im Blut nachweisbar sind, ist dies ein Zeichen der Ausheilung. Innerhalb der Virushülle befindet sich ein Nukleokapsid, das aus dem HB-Core-

Protein (HBc) aufgebaut ist. Das Nukleokapsid umgibt wiederum das Virusgenom. Das vollständige Zusammensetzen des Hepatitis-B-Virus erfolgt im endoplasmatischen Retikulum und im Golgi-Apparat, und die Ausschleusung aus der Leberzelle geschieht durch Exocytose.

Der rekombinante Hepatitis-B-Impfstoff HBVAXPRO besteht aus einem hoch aufgereinigten Hepatitis-B-Oberflächenantigen HBsAg, das an ein Aluminium-Adjuvans adsorbiert ist. Das eingesetzte Plasmid codiert für ein 24 kDa großes Protein, dem sogenannten SHBs (*small hepatitis B surface antigen*). Das Antigen wird von einem rekombinanten *S. cerevisiae*-Stamm in der Fermentation produziert. Nach dem Zellaufschluss und anschließender Aufreinigung wird das Antigen formuliert und in den finalen Container überführt.

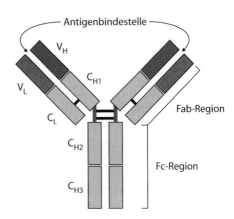

◘ **Abb. 9.10** Schematische Darstellung eines IgG-Antikörpers, mit den einzelnen Regionen, die für die Herstellung von rekombinanten Pharmaproteinen aus Mikroorganismen bereits industriell genutzt werden oder in Zukunft genutzt werden könnten (Abschn. 9.11). V_L: variable Domäne der leichten Kette; V_H: variable Domäne der schweren (*heavy*) Kette; C_L: konstante Domäne der leichten Kette; C_H: konstante Domäne der schweren Kette

9.8 Fragmentantikörper

Die Herstellung von Fragmentantikörpern, den sogenannten **Fabs** (*fragment antigen binding*) in *E. coli* gewinnt in den letzten Jahren an Bedeutung. Ein Fab enthält die Antigen-bindende Domäne eines Antikörpers ohne den sogenannten Fc-Teil eines vollständigen IgG-Antikörpers (◘ Abb. 9.10). Während industriell bisher nur höhere Zellen für die Produktion vollständiger Antikörper eingesetzt werden, sind bereits zwei Fragmentantikörper, die mit *E. coli* hergestellt werden, zugelassen. Dies sind die Fab-Fragmente Ranibizumab (Handelsname Lucentis®, Novartis; ◘ Tab. 9.2) zur Behandlung der Makuladegeneration und Certolizumab (Handelsname Cimzia®, UCB) zur Behandlung von rheumatischer Arthritis. Ranibizumab bindet den vaskulären endothelialen Wachstumsfaktor (VEGF) und verhindert damit die Bildung von Blutgefäßen. Ranibizumab wird bei der altersbezogenen Makuladegeneration, einer Augenerkrankung, eingesetzt und ist seit 2006 in den USA auf dem Markt erhältlich. Das Heterodimer hat eine Größe von 48 kDa und ist nicht glykosyliert. Damit ist es im Vergleich zu einem vollständigen IgG-

Antikörper, der bis zu 150 kDa groß sein kann, relativ klein. Die Expression erfolgt in *E. coli*, wobei die schwere und leichte Kette des Antikörpers in das Periplasma ausgeschieden werden. Im reifen Protein ist die leichte Kette 214 Aminosäuren lang und über eine Disulfidbrücke mit der schweren Kette verbunden, die eine Kettenlänge von 231 Aminosäuren aufweist. Weiterhin besitzt das Molekül vier intramolekulare Disulfidbrücken. Im oxidativen Milieu des Periplasmas erfolgen die korrekte Faltung der zwei Proteinketten und die Bildung des Heterodimers aus leichter und schwerer Kette. Das reife Protein wird dann durch einen osmotischen Schock aus dem Periplasma freigesetzt und über mehrere aufeinanderfolgende Aufreinigungsschritte hochrein dargestellt.

9.9 Enzyme

Enzyme stellen eine weitere wichtige Produktklasse bei den Pharmaproteinen dar. So wird z. B. das Enzym Uratoxidase bei der Behandlung von Nebenwirkungen in der Krebstherapie eingesetzt. Durch die Chemotherapie kann es zu einer erhöhten Bildung von Harnsäure kommen, die wegen ihrer geringen Löslichkeit in der Niere auskristallisiert und zum Ausfall der Nierenfunktion führen kann. **Uratoxidase** katalysiert die Umsetzung von Harnsäure zu Allantoin. Allantoin ist gut wasserlöslich und wird leicht über die Niere ausgeschieden. Da es in Menschen dieses Enzym nicht gibt, wurde das Gen aus einem *Aspergillus*-Stamm isoliert und in *Saccharomyces cerevisiae* kloniert. Bei dem Protein handelt es sich um ein Tetramer aus identischen Untereinheiten mit einer Größe von 34 kDa. Nach der Fermentation wird die Zellmasse aufkonzentriert, die Hefezellen aufgeschlossen und die Uratoxidase über mehrere chromatographische Stufen aufgereinigt.

Ein weiteres Enzym in der medizinischen Anwendung, das in Mikroorganismen produziert wird, ist die **Reteplase**. Die Reteplase leitet sich vom menschlichen Plasminogenaktivator t-PA ab und besteht aus 355 Aminsäuren. Das natürliche t-PA-Molekül ist eine Serinprotease mit einer Kettenlänge von 527 Aminosäuren. Reteplase kommt bei Herzinfarkt-Patienten zum Einsatz und beschleunigt die Auflösung von Blutgerinseln. Die Reteplase wird in *E. coli* K12 als Einschlusskörper gebildet. Das Protein wird nach dessen Faltung durch verschiedene chromatographische Schritte rein dargestellt.

9.10   Peptide

Bei der Herstellung von kleineren Peptiden steht die rekombinante Herstellung in Mikroorganismen in Konkurrenz zur chemischen Synthese. Die Produktion von sehr kleinen Peptiden mit einer Kettenlänge von nur 30 bis 40 Aminosäuren, die meist über keine ausgeprägte Sekundärstruktur und keine Disulfidbrücken verfügen, ist in Mikroorganismen schwierig, da diese intrazellulär durch Proteasen abgebaut werden können. Bei der chemischen Festphasensynthese wird ein Peptid aus aktivierten Aminosäuren an einem Trägerharz schrittweise linear aufgebaut,

anschließend vom Träger abgelöst und mithilfe chromatographischer Verfahren gereinigt. Die Herstellungskosten für die chemische Synthese steigen mit wachsender Kettenlänge. Ab einer Kettenlänge von 30 bis 40 Aminosäuren ist die rekombinante Herstellung der Peptide in der Regel in Mikroorganismen günstiger. Ein Beispiel hierfür ist der Wirkstoff Teriparatid (◨ Tab. 9.2), ein 34 Aminosäuren langes Fragment des menschlichen Parathyroid-Hormons, das die Knochenbildung stimuliert und seit 2003 eine Marktzulassung hat. Der Wirkstoff besteht aus einer Proteinkette mit einer molekularen Masse von 4118 Da. Die dreidimensionale Struktur des Peptids weist eine helikale Region auf. Dieser Wirkstoff wird biotechnisch in *E. coli* produziert.

9.11   Ausblick – zukünftige wirtschaftliche Bedeutung

Im Zeitraum von 2006 bis 2010 wurden insgesamt 58 Biopharmazeutika in den USA und in Europa zugelassen. Nur 25 Biopharmazeutika enthielten einen neuen Wirkstoff (NBE, *new biological entities*), während 33 Biopharmazeutika, z. B. in einer anderen Formulierung, schon einmal zugelassen waren. Von den 58 zugelassenen Produkten basieren 22 (38 %) auf mikrobiellen Expressionssystemen. Die „Arbeitspferde" sind nach wie vor *E. coli* und *S. cerevisiae*. Bemerkenswerte Ausnahme ist die kürzliche Zulassung von Ecallantid (Kalbitor®, Firma Dyax) zur Behandlung des hereditären Angioödems in den USA, das mit der Hefe *Pichia pastoris* hergestellt wird.

Ein weiteres kompetitives Element in der biotechnologischen Industrie nimmt gegenwärtig immer mehr an Fahrt auf: die *Biosimilars* („ähnliche biologische Arzneimittel"). Von den zugelassenen 58 Biopharmazeutika gehören 15 (26 %) zu dieser Klasse. Das weltweite Marktvolumen für *Biosimilars* betrug 2009 3 Mrd. US-Dollar, und es wird erwartet, dass sich das Marktvolumen bis 2020 mehr als verzehnfacht.

In Deutschland sind bisher vier Biopharmazeutika als *Biosimilar* zugelassen: Epoetin (alpha und zeta), hergestellt durch Zellkulturverfahren, und Somatropin und Filgrastim, hergestellt durch mikrobielle Verfahren. In den europäischen und US-Märkten werden in den kommenden Jahren weitere *Biosimilars*, insbesondere im Bereich der Insuline, erwartet.

Für die kommerzielle Herstellung monoklonaler Antikörper werden zurzeit ausschließlich höhere Zellen (vor allem CHO-Zellen) eingesetzt. In der Forschung und Entwicklung zeigt sich allerding ein Trend, nicht mehr den hochmolekularen, komplexen gesamten Antikörper als Wirkstoff in der Therapie einzusetzen. Wie bei den Fab-Antikörperfragmenten liegt das Bestreben darin, die wirksamen Elemente des Antikörpers selektiv für die Therapie einzusetzen. Gerade in der Onkologie gibt es vielfältige Möglichkeiten, Teile oder Fusionen von Antikörperelementen als Wirkstoffe zu verwenden. Für die Produktion der kleinen Fragmente kommen häufig mikrobielle Expressionssysteme zum Einsatz. Gegenwärtig befinden sich mehr als 65 Antikörperfragment-Wirkstoffe in vorklinischen und klinischen Studien. Neben einer Verkleinerung von Antikörpern zu Antikörperfragmenten werden auch mikrobielle Expressionssysteme, die in der Lage sind, Proteine zu glykosylieren, so weiterentwickelt, dass das Glykosylierungsmuster dem eines humanen Antikörpers ähnlich ist.

Eine weitere interessante Entwicklung stellen die **DARPins** und **Anticaline** dar. Es handelt sich bei beiden Molekülklassen um künstliche Proteine, die Antigene erkennen und binden und somit als Antikörpermimetika bezeichnet werden können. DARPins (*Designed Ankyrin Repeat Proteins*) sind von Proteinen abgeleitet, die ein oder mehrere Ankyrin-*repeat*-Motive enthalten. Diese Motive sind in einer großen Zahl natürlicher Proteine nachgewiesen worden. DARPins bestehen aus mehreren dieser meist 33 Aminosäuren langen Motive, von denen sieben variabel sind. Sie weisen je nach Anzahl der Motive eine molekulare Masse von 14 bis 21 kDa auf. DARPin-Bibliotheken entstehen mithilfe molekularbiologischer Methoden durch zufällige Mutagenese. DARPins, die ein Zielprotein binden können, werden beispielsweise durch Phagendisplay selektiert. Anticaline sind ebenfalls künstliche Proteine, die sich von den natürlich vorkommenden Lipocalinen ableiten, einer weitverbreiteten Proteinklasse. Anticaline sind mit einer Molekülmasse von 20 kDa ebenfalls deutlich kleiner als Antikörper. Auch hier erfolgt die Generierung von Molekülbibliotheken durch zufällige Mutagenese. Anticaline können im Gegensatz zu Antikörpern auch niedermolekulare Strukturen erkennen und binden. Die geringe Größe der DARPins und Anticaline im Vergleich zu herkömmlichen Antikörpern erleichtert die Gewebepenetration, und man könnte sich beispielsweise den gezielten Transport von Arzneistoffen als Nutzung vorstellen. Beide Proteinklassen sind außerdem leicht in *E. coli* in hohen Konzentrationen herstellbar und weisen eine hohe Stabilität auf. Inwieweit diese Molekülklassen Antikörper und Fab-Fragmente von ihrer derzeit führenden Rolle in der medizinischen Anwendung verdrängen können, werden die nächsten Jahre zeigen.

Die mikrobiellen Expressionssysteme werden ständig dahingehend weiterentwickelt, die positiven Eigenschaften unterschiedlicher Systeme zusammenzuführen. *E. coli* als Expressionssystem zeichnet sich sowohl durch die sehr einfache Handhabung in der Molekularbiologie als auch durch die robuste Fermentationstechnik aus, die skalierbar bis in den hohen Kubikmeter-Maßstab ist. Die limitierenden Eigenschaften der fehlenden Sekretion in den Kulturüberstand und die fehlende Glykosylierung von Proteinen stehen diesen Eigenschaften gegenüber. Durch moderne molekularbiologische Methoden ist es mittlerweile möglich, *E. coli*-Stämme genetisch so zu verändern, dass eine Glykosylierung von Proteinen oder die Sekretion von Proteinen in den Kulturüberstand möglich ist. Dabei steckt die Glykosylierung von Proteinen mit *E. coli* noch in den Kinderschuhen und die erzielten Titer liegen im Milligramm-pro-Liter-Bereich. Bei der Sekretion mit *E. coli* zeigen Technologien, wie z. B. ESETEC® (*E. coli Secretion Technology*) von Wacker Biotech GmbH (eine 100 %ige Tochter der Wacker Chemie AG), das bereits heute in der Herstellung von biotechnischen Wirkstoffen für klinische Studien eingesetzt wird, extrazelluläre Konzentrationen von bis zu 5 g/l heterologem Protein im Kulturüberstand.

📖 Literaturverzeichnis

Cohen SN, Chang ACY, Boyer HW, Helling RB (1973) Construction of biologically functional bacterial plasmids in vitro. Proc Natl Acad Sci USA 70: 3240–3244

Dingermann T (2008) Recombinant therapeutic proteins: Production platforms and challenges. Biotechnol J 3: 90–97

Dingermann T, Zündorf I (2011) Alfa-Interferone. Gentechnisch hergestellte Virustatika. Pharmazie in unserer Zeit 40: 68–77

Itakura K, Hirose T, Crea R, Riggs AD, Heyneker HL, Bolivar F, Boyer HW (1977) Expression in *Escherichia coli* of a chemically synthesized gene for the hormone somatostatin. Science 198: 1056–1063

Mollerup I (1999) Insulin, Purification. In: Flickinger MC, Drew SW (Hrsg) Encyclopedia of Bioprocess Technology. Wiley, New York

Walsh G (2010) Biopharmaceutical benchmarks. Nat Biotechnol 28: 917–924

Walsh G (2012) New Drug Approvals. BioPharm International June 2012: 33–38

Zhang N, Liu L, Dumitru CD, Cummings NRH, Cukan M, Jiang Y, Yuan Li Y, Fang Li F, Mitchel T, Mallem MR, Ou Y, Pate RNI, Vo K, Wang H, Burnina I, Choi BK, Huber H, Stadheim TA, Zha D (2011) Glycoengineered Pichia produced anti-HER2 is comparable to trastuzumab in preclinical study, mAbs 3:3, 289–298

Zulassungen für gentechnisch hergestellte Arzneimittel in Deutschland: Liste des VFA vom April 2012

10 Enzyme

Karl-Heinz Maurer, Skander Elleuche und Garabed Antranikian

10.1 Anwendungsbereiche und wirtschaftliche Bedeutung

Das spezielle Wissen über Enzyme und die bewusste Anwendung ist der Menschheit erst seit den bahnbrechenden Studien von Payen, Buchner und Fischer zum Ende des 19. Jahrhunderts bekannt. 1833 entdeckte der französische Chemiker Anselme Payen als Erster ein Enzym, das er Diastase (Amylase) nannte. Durch weitere Forschungen konnte Emil Fischer 1894 die Enzymspezifität (**Schlüssel-Schloss-Prinzip** von Enzym und Substrat) postulieren. Nur wenig später, 1897, zeigte Eduard Buchner, dass Enzyme auch unabhängig von Zellen wirken können: Die alkoholische Gärung erfolgt unmittelbar durch Enzyme in einem zellfreien Versuchsansatz ohne lebende Hefezellen. 1901 ließ Joichi Takamine mit der Takadiastase das erste Enzym patentieren – eine Amylase als Medikament zur Verdauungsförderung – und trieb somit die industrielle Enzymforschung voran. Takamine wendete als Erster Mikroorganismen zur Enzymproduktion an. Auch in anderen Bereichen fanden Enzyme Anwendungen: 1907 patentierte Otto Röhm proteolytische Enzyme zur Lederproduktion und 1913 als Waschadditiv, die aus dem Pankreas isoliert wurden und unter dem Markennamen „Burnus" eine weißere Wäsche versprachen. Die Protease Trypsin konnte als Vorwaschmittel den organischen Schmutz anlösen, wurde aber selbst im alkalischen Milieu des Waschvorgangs stark in der Wirkung gehemmt. Das Wäschewaschen war bis dahin ein mühseliger Prozess, der hohe Temperaturen, Kraft und vor allem viel Zeit verlangte. In der Zwischenzeit sind billigere, bessere und andere Enzyme gefunden worden, die einen wesentlichen Teil zur Leistung moderner Wasch- und Maschinengeschirrspülmittel beitragen. Der Energie- und Chemieverbrauch kann durch den Einsatz von Enzymen immer weiter verringert werden. Durch weniger und schonendere Chemikalien und niedrigere Temperaturen werden Wäsche und Umwelt gleichermaßen geschont.

Auch an anderer Stelle werden Enzyme zur Stoffbehandlung verwendet. Die sogenannten stone-washed-Farbeffekte auf Jeans-Stoffen wurden lange Zeit durch eine rüde Behandlung des neuen Baumwollgewebes mit Bimssteinen unter Einsatz von Chemikalien und hohen Temperaturen erreicht. Der Stoff und auch die Umwelt haben darunter sehr gelitten. Heutzutage werden für diese Prozesse der Jeansherstellung verschiedene Enzyme verwendet. Der abrasive Effekt der Bimssteine wird dabei gezielt mit **Cellulasen** erreicht, die den Farbstoff Indigo aus dem Baumwollgewebe lösen und der Jeans so einen *used look* verleihen.

Die **Lebensmittelindustrie** verwendete bereits vor 1900 bewusst Enzyme zur Herstellung und Verarbeitung von Lebensmitteln. 1874 wurde durch die Forschungsarbeit von Christian Hansen die erste Labfabrik in Dänemark eröffnet, die standardisierte Labenzymmischungen für die Käseherstellung produzierte. Zu diesem Zeitpunkt wurden die Enzyme Chymosin und Pepsin noch aus getrockneten und zerkleinerten Kälbermägen gewonnen. Der heutige weltweite Bedarf an Enzymen zur Käseherstellung kann aber nur noch zu 35 % aus natürlichen Quellen gedeckt werden, weshalb biotechnisch erzeugte Labenzyme mit rekombinanten Mikroorganismen genutzt werden.

Die Anwendungsgebiete von Enzymen werden in die Bereiche **Nahrungsmittel**, **Futtermittel** und **technische Anwendungen** aufgeteilt. In Nahrungsmitteln werden sie normalerweise als Prozesshilfsmittel eingesetzt. Nur die Enzyme Invertase für die Frischhaltung von Marzipan und Lysozym als Konservierungsmittel aus Hühnereiern sind als Lebensmitteladditive auch im Endprodukt aktiv. Im Bereich Nahrungsmittel erlauben sie die bessere Nutzung von Rohstoffen, die Sicherung und Steigerung der Qualität und aus weltanschaulichen Gründen die Vermeidung von Enzymprodukten tierischer Herkunft.

In Futtermitteln verbessern Enzyme wie **Phytase** und **Xylanase** die Verwertung und reduzieren die Problematik der Abwässer aus der Intensivtierhaltung, indem sie zur Reduktion des Phosphatgehalts beitragen (Abschn. 10.5). Dies gilt besonders bei der Mast von Geflügel und Schweinen. Ohne solche Hilfsmittel können z. B. Schweine ca. 25 % ihres Futters nicht verwerten.

Im **technischen Bereich** lösen Enzyme Probleme bei verschiedenen Verfahren (z. B. Membranreinigung in der Nahrungsmittelindustrie), sie helfen bei der Entfernung von Schmutz beim Waschen, sie unterstützen die Herstellung von Papier und Textilien und erlauben spezifische Syntheseprozesse in der pharmazeutischen und chemischen Industrie.

Der unmittelbare weltweite Markt für Enzyme ist ziemlich begrenzt, 2010 wurde er auf 2,5 Mrd. Euro geschätzt, wobei die Geschäftsfelder Nahrungsmittel 29 %, Futtermittel 19 %, Waschmittel 23 % und die restlichen technischen Anwendungen (Textil, Bioethanol, Papiertechnik) auf 29 % Marktanteil kommen. Dieser Markt teilt sich auf zwischen einer kleinen Zahl an Unternehmen mit hohem Marktanteil (Novozymes, DuPont, DSM und BASF) und einer großen Zahl an Unternehmen mit kleinem Marktanteil. Trotz der begrenzten Dimension des eigentlichen Enzymmarktes weltweit (◘ Tab. 10.1) ist die wirtschaftliche Dimension dessen, was mithilfe dieser Enzyme produziert und konsumiert wird, extrem hoch. Wie bei der Katalyse selbst, kann man auch hier feststellen, dass mithilfe von wenig Enzym viel erreicht werden kann. Der Markt der durch Enzyme erzeugten Produkte bzw. der enzymhaltigen Produkte kann derzeit auf 200 Mrd. Euro pro Jahr abgeschätzt werden. Der Preis, der für die verschiedenen Enzyme bezogen auf 1 kg aktives Enzymprotein (aep) erzielt wird, ist nicht einheitlich zu beziffern, da zwischen einer nicht aufgearbeiteten, direkt neben dem Fermenter eingesetzten Amylase für Bioethanol, einem granulierten Produkt für Waschmittel und einer hochaufgereinigten Amylase im Bereich Feinchemikalien Preisunterschiede im Bereich vieler Zehnerpotenzen liegen können. Diese liegen dabei nicht so sehr in der Fermentation, sondern im Aufwand der anschließenden Prozessierung und der Dimension der Produktion begründet. Die Preise beziehen sich deshalb auch nie auf den Aktivsubstanzgehalt, sondern auf das Gewicht bzw. die Aktivität und die Spezifikation des jeweiligen Produktes.

◘ **Tabelle 10.1** Abschätzung der globalen Produktion industriell relevanter Enzyme, bezogen auf aktives Enzymprotein (aep)

Enzym	Geschätzte Produktion t (aep)/a
Alkohol-Dehydrogenase	<1
Amylase	1200
Cellulase	40
Lipase	20
Protease	2000
Phytase	50
Xylanase	10

10.2 Gewinnung von Enzymen

10.2.1 Suche nach neuen Enzymen und Optimierung von Enzymen durch Protein Engineering

Die stetig wachsende Nachfrage nach immer neuen Enzymen mit prozessspezifischen Eigenschaften stellt die moderne Biotechnologie vor komplexe Herausforderungen. In vielen Fällen liegt dies darin begründet, dass Enzyme im Laufe der Evolution für eine bestimmte biologische Reaktion im Kontext eines lebenden Organismus bzw. eines bestimmten Stoffwechselweges entwickelt wurden. In der Biotechnologie hingegen werden häufig völlig andere Anforderungen an ein Enzym gestellt als in seiner natürlichen Umgebung. Auf dem Weg zu neuartigen Biokatalysatoren für einen bestimmten industriellen Prozess gibt es zwei grundlegende Vorgehensweisen: Die erste und zugleich traditionelle Vorgehensweise ist die Isolierung bisher unbekannter Enzyme aus **kultivierbaren Mikroorganismen** oder dem **Metagenom** eines bestimmten Habitats. Die zweite Methode ist die

Entwicklung und Optimierung bereits bekannter Enzyme hinsichtlich einer gewünschten Eigenschaft für eine bestimmte Anwendung (Protein Engineering).

Die vielversprechendste Methode zur Identifizierung bisher unbekannter Enzyme aus der Vielzahl im Labor nicht-kultivierbarer Mikroorganismen ist die der **Metagenomik**. Als Metagenom wird dabei die Gesamtheit der genetischen Information aller Mikroorganismen eines Habitats zu einem gegebenen Zeitpunkt definiert. Mithilfe dieser kultivierungsunabhängigen Methode ist es möglich, ein annähernd vollständiges Abbild der genetischen Ausstattung eines Habitats in Form von beispielsweise rekombinanten **Metagenombanken** in *Escherichia coli* zu erfassen. So ist es möglich, Metagenombanken aus Habitaten zu erstellen, die unter menschlichen Gesichtspunkten als schwer besiedelbar angesehen werden. Häufig bieten derartige Lebensräume, wie heiße Quellen oder Gletschereis Platz für Mikroorganismen, die Enzyme (sogenannte **Extremozyme**) aufweisen, die aufgrund ihrer physiko-chemischen Eigenschaften, insbesondere für biotechnische und industrielle Anwendungen, interessant sind. Ein weiterer Vorteil ist, dass Extremozyme aus heißen Habitaten oft besonders stabil im Hinblick auf denaturierende Agenzien, Chelatbildner oder Detergenzien sind.

Obwohl die Natur über Millionen von Jahren der Evolution eine Vielzahl von Enzymen mit den verschiedensten katalytischen Aktivitäten unter den unterschiedlichsten Bedingungen hervorgebracht hat, erfüllen dennoch viele der bis heute isolierten Enzyme nicht die Anforderungen industrieller Prozesse. Zur Umgehung dieses Problems wird daher gezielt versucht, im Labor Enzymvarianten zur Erfüllung dieser teils komplexen Anforderungen zu generieren. Diese als **Protein Engineering** oder **Proteindesign** bezeichnete Technik gewinnt mit dem stetig zunehmenden Erkenntniszuwachs über die Funktion und Struktur funktioneller Proteindomänen mehr und mehr Bedeutung in der Biotechnologie. Gezieltes Protein Engineering ist aufgrund der Komplexität von dreidimensionalen Prote-

instrukturen und deren korrekten Faltung zu enzymatisch aktiven Molekülen daher sehr informationsintensiv. Dies stellt zurzeit die größte Herausforderung bei rationalem Proteindesign dar, da der Struktur-Funktionszusammenhang bei vielen Proteinen nur in geringem Maße verstanden ist. Prinzipiell können unterschiedliche Strategien zur Entwicklung maßgeschneiderter Proteine verfolgt werden. Die erste Strategie ist die der **gerichteten Evolution** (*directed evolution*), und benötigt im Gegensatz zu rationalem Proteindesign keinerlei Kenntnisse über Struktur oder Funktion eines Proteins (◘ Abb. 10.1). Diese Technik beruht auf der Erzeugung von Tausenden Mutanten eines einzelnen Proteins nach dem Prinzip der **Zufallsmutagenese**. Hierbei werden erzeugte Mutanten unter künstlichem Selektionsdruck einer aktivitätsbasierten Durchmusterung unterzogen. Ein künstlicher Selektionsdruck ist z. B. die Variation der Temperatur, des pH-Wertes oder des Substrates. Durch die Erzeugung einer **Mutantenbibliothek** mit hoher DNA-Sequenz-Diversität werden verschiedenste Mutanten eines Enzyms erzeugt. In einem anschließenden **Hochdurchsatz-Screening** wird unter dem angelegten Selektionsdruck (z. B. hohe Temperatur oder extreme pH-Werte) nach verbesserten Mutanten im Vergleich zu dem Wildtyp-Enzym gesucht. Optimierte Mutanten dienen anschließend erneut als Startpunkt für eine zweite Mutageneserunde zur Erzeugung weiterer verbesserter Enzymvarianten. Nachteil dieser Technik ist das oftmals zeitintensive Screening von mehreren Zehntausend nach dem Zufallsprinzip generierten Mutanten nach verbesserten Varianten.

Die zweite Strategie des Protein Engineering ist das **computergestützte Proteindesign**. Dieser Ansatz erfordert im Vergleich zur gerichteten Evolution weitreichende strukturelle Kenntnisse des Proteins sowie enorme Rechenleistung. Bei dem computergestützten Proteindesign werden anhand strukturbasierter Kenntnisse des Proteins Mutanten *in silico* mithilfe aufwendiger Algorithmen generiert. Auf diese Weise kann die Anzahl der zu durchmusternden Mutanten im Labor drastisch reduziert werden. Jedoch wird

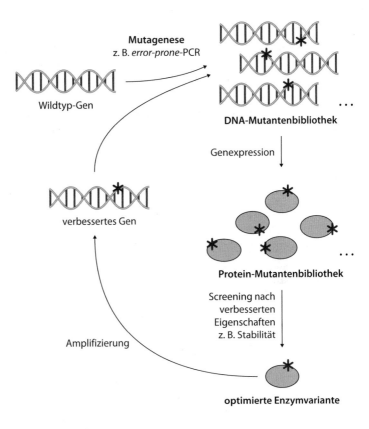

◻ Abb. 10.1 Gerichtete Evolution zur Optimierung von Enzymen. Ein Enzym-codierendes Gen wird mittels einer *error-prone*-PCR zufällig mutagenisiert. Die erstellte Mutantenbibliothek wird anschließend in einen Produktions- und Screeningstamm eingebracht. Die Suche nach verbesserten Eigenschaften kann gezielt für die produzierten Proteine durchgeführt werden

Mutagenese
z. B. *error-prone*-PCR

Wildtyp-Gen

DNA-Mutantenbibliothek

Genexpression

verbessertes Gen

Protein-Mutantenbibliothek

Screening nach verbesserten Eigenschaften z. B. Stabilität

Amplifizierung

optimierte Enzymvariante

10

diese Technik durch die mangelnde Verfügbarkeit dreidimensionaler Strukturen für viele Proteine zum jetzigen Zeitpunkt limitiert. Ein dritter Ansatz des Protein Engineering ist der Einbau von nicht-kanonischen (nicht-proteinogenen) oder **synthetischen Aminosäuren** in Proteinen. Dadurch wird die natürliche Limitierung der Natur auf 20 proteinogene Aminosäuren umgangen und eröffnet somit Möglichkeiten zum Design von Proteinen mit ganz neuen Eigenschaften (**Synthetische Biologie**). Die tatsächliche industrielle Anwendung derart gewonnener Enzyme steht aber noch in weiter Ferne.

10.2.2 Klassische Entwicklung von Produktionsstämmen

Der Verband der Enzym-herstellenden Firmen AMFEP veröffentlichte im Internet eine Liste der Mikroorganismen, die zur Produktion von Enzymen eingesetzt werden (http://www.amfep.

org/list.html). Bei Durchsicht dieser Liste wird deutlich, dass die vorwiegend zur Enzymproduktion verwendeten Mikroorganismen nicht *E. coli*, sondern *Bacillus* spec. und Streptomyceten bei Bakterien und Spezies der Gattung *Aspergillus* und *Trichoderma reesei* bei den Pilzen sind. Alle diese Produktionssysteme zeichnen sich dadurch aus, dass die Mikroorganismen die Enzyme in das Nährmedium sekretieren. Dies erleichtert die anschließende Abtrennung der **Biomasse** für die Aufarbeitung der Enzyme. Die Produktion erfolgt in technischen Anwendungen in der Regel mit rekombinanten Produktionssystemen, während es für die Anwendung in Nahrungsmitteln immer noch klassisch optimierte Produktionsstämme gibt.

Für die meisten industriellen Prozesse werden so große Mengen gereinigter Enzyme benötigt, dass die direkte Gewinnung von Enzymen aus den Ursprungsorganismen in vielen Fällen zu aufwendig ist und eine zu geringe Ausbeute liefert. Allerdings gibt es auch Mikroorganismen, die sich aufgrund ihrer hohen natürlichen Enzymproduktion für die direkte Fermentation zur Enzymgewinnung im industriellen Maßstab eignen. Aufgrund der langen Erfahrung besitzen derart industriell genutzte bakterielle Produktionsstämme häufig den sogenannten GRAS-Status (*Generally Recognized As Safe*). Dies erleichtert die Zulassung z. B. für Nahrungsmittel, da keine für den Verbraucher toxischen Metaboliten oder Zellbestandteile abgetrennt werden müssen. Die Anforderungen in der Enzymaufarbeitung im **Downstream Processing** werden hierdurch ebenfalls erleichtert. Neben der fehlenden Pathogenität zeichnen sich die industriell genutzten Produktionsstämme durch die leichte Kultivierbarkeit und die Fähigkeit zur Sekretion eines umfangreichen Enzymspektrums aus.

Verschiedene Arten der Gattung **Bacillus** (*B. subtilis*, *B. amyloliquefaciens* und *B. licheniformis*) werden beispielsweise genutzt, um Proteasen zu produzieren. Ein Vorteil von *Bacillus* ist dabei die Sekretion bestimmter Zielproteine ins Medium während kurzer Fermentationen. Auch eukaryotische Produktionsorganismen sind in der Lage, z. B. hydrolytische Enzyme auszuschleusen. Industriell genutzt werden neben den **filamentösen Pilzen** *Aspergillus niger*, *Aspergillus oryzae* und *Humicola insolens* insbesondere hemiascomycetische Hefepilze wie die Bäckerhefe *Saccharomyces cerevisiae* oder *Pichia pastoris*. Auch diese eukaryotischen mikrobiellen Expressionswirte bieten den Vorteil der Sekretion, die eine Reinigung der Enzyme vereinfacht. Außerdem können in *E. coli* oder anderen prokaryotischen Expressionswirten Proteine oftmals nicht korrekt gefaltet oder modifiziert werden. Daher lassen sie sich häufig effizienter mit pilzlichen Wirtsorganismen herstellen. Verschiedene eukaryotische Produktionssysteme bedingen unterschiedliche posttranslationale Modifizierungen wie Glykosylierungen und Phosphorylierungen. Diese haben jedoch keine Bedeutung für die Anwendung.

Die Aufarbeitung industriell hergestellter Enzyme erfolgt abhängig von Wirtsorganismus und Enzym; generell werden jedoch folgende Schritte durchgeführt: Da die meisten industriell mit Ursprungsorganismen produzierten Enzyme extrazellulär vorliegen, werden zunächst die mikrobiellen Zellen vom enzymhaltigen Kulturüberstand abgetrennt. Dies kann z. B. durch Zentrifugation oder Mikrofiltration erreicht werden. Anschließend werden die Enzyme durch Dünnschichtverdampfung, Membranfiltration oder Kristallisation des zellfreien Überstands aufkonzentriert. Abhängig vom gewünschten Reinheitsgrad können weitere Schritte wie z. B. chromatographische Reinigung erfolgen. Dieser Schritt ist für viele industrielle Anwendungen allerdings nicht nötig.

Die Verwendung der sogenannten klassischen Wirtsorganismen findet ihre Grenzen dann, wenn Enzyme produziert werden sollen, die der Stamm nicht von Natur aus in guter Ausbeute sekretiert, oder wenn die im Fermenter erzielte Konzentration nicht wirtschaftlich ist.

10.2.3 Gentechnische Entwicklung von Expressionsstämmen

Für Forschung und Industrie stellt die Produktion von Enzymen mithilfe von rekombinanten, mikrobiellen Wirtsorganismen gleichermaßen ein zentrales Verfahren dar. Es erlaubt die schnelle Herstellung größerer Enzymmengen für Struktur- und Funktionsanalysen in der Forschung ebenso wie für den Einsatz in biotechnischen Prozessen in der Industrie. Die Herstellung von Enzymen mit rekombinanten Mikroorganismen hat einige Vorteile:

- Viele Enzyme können nur mit gentechnisch veränderten Stämmen wirtschaftlich hergestellt werden, z. B. Lipasen.
- Da Schätzungen davon ausgehen, dass nur 1 % der existierenden Mikroorganismen kultiviert werden können, ist ein Großteil der natürlich vorkommenden Enzyme nur durch Produktion in rekombinanten Mikroorganismen möglich.
- Im Gegensatz zu vielen Mikroorganismen, die hohe Ansprüche an Medien und Kultivierungsbedingungen stellen, können rekombinante Wirtsorganismen auf preisgünstigen

Nährmedien unter standardisierten Bedingungen kultiviert werden.

– Mithilfe induzierbarer Promotoren kann eine sehr hohe Ausbeute des Zielproteins erreicht werden, sodass hohe Enzymkonzentrationen möglich sind.

10.2.4 Herstellung der Enzyme

Fermentationen im Produktionsmaßstab erfolgen in großen **Fermentern** (30 bis 150 m^3) in Batch- bzw. Fed-Batch-Verfahren. Die Fermentationsdauer reicht von 36 h bei *Bacillus* spec. bis zu 168 h bei *Trichoderma reesei*. Dafür sind die Konzentrationen bei *Bacillus* spec. je nach Enzym im Bereich von 20 bis 25 g/l und bei *Trichoderma reesei* bei bis zu 100 g/l des jeweiligen Zielenzyms. Die Medien enthalten kostengünstige Nährstoffe, die nach Möglichkeit trotzdem eine saisonal stabile Qualität und Versorgungslage garantieren. Neben den Kosten des Fermentermediums machen die Energiekosten für die Rührer, die für die Verteilung der Luft im Fermenter in möglichst kleine Bläschen sorgen, und für die Sterilisation des Mediums einen wesentlichen Teil der Betriebskosten aus. Außerdem benötigen die großen Fermenter eine starke Kühlung, die umso intensiver sein muss, je schneller der Mikroorganismus wächst.

Neben der mikrobiellen Produktion von Enzymen gibt es auch heute noch die Gewinnung von Enzymen aus Pflanzen (Papain aus Papaya, Bromelain aus Ananas) und aus geschlachteten Tieren (Pankreatin aus Schweinepankreas, Esterase aus Schweineleber).

10.3 Stärkespaltende Enzyme

10.3.1 Anwendungsgebiete

Stärkespaltende Enzyme werden als **Backhilfsmittel** eingesetzt. Die klassischen Backenzyme sind die Amylasen, die aus der Stärke des Mehls

Dextrine und Zucker erzeugen, welche dann von den Hefen verstoffwechselt werden. Die Amylasen bewirken ein größeres **Brotvolumen**, eine verbesserte Teigbereitung sowie eine schöne Bräune und Kruste beim Brot. Seit Neuerem werden Amylasen zur Vermeidung das Altbackenschmecken eingesetzt.

Die Herstellung von **Fructose-Glucose-Zuckersirup** (engl.: HFCS, *high fructose corn sirup*) aus Mais spielt eine große Rolle für die Süßung von alkoholfreien Erfrischungsgetränken. Zur Spaltung der Maisstärke in Dextrin und Oligosaccharide werden α-Amylasen von *Bacillus licheniformis* eingesetzt. Die Dextrine werden dann mit Glucoamylase (aus *Aspergillus*) und gegebenenfalls kleinen Mengen **Pullulanase** zu Glucose verzuckert. Im folgenden Schritt erfolgt die teilweise Isomerisierung von Glucose zu Fructose mittels immobilisierter **Glucose-Isomerase**.

α-Amylasen werden in der **Textilindustrie** als Prozesshilfsmittel eingesetzt, um Hilfsmittel wie z. B. Stärke zu entfernen. Um die Stabilität von natürlichen Fasern während des Webens zu steigern, wird das Kettgarn vor dem Weben einer hochkonzentrierten Lösung aus Stärke oder **Dextrinen** (Schlichte) beschichtet. Durch die Schlichte ist das fertige Gewebe jedoch hart und schwer benetzbar, was beim Färben stört. Deshalb ist die Entfernung der Schlichte durch α-Amylasen ein wichtiger Prozessschritt. Der Nutzen der Amylasen ist vor allem in den textilschonenden Bedingungen und im reduzierten Verbrauch von Chemikalien und Energie gegeben.

Die wichtigsten Märkte für die stärkeumsetzenden Enzyme sind Bioethanol, Waschmittel und die Nahrungsmittel-bezogene Anwendung. Im Bereich Nahrungsmittel sind dies die Stärkeverzuckerung zu Glucose- und Fructosesirup sowie die Erzeugung von Dextrinen und Maltodextrinen, die zusammengenommen einen Markt von weltweit etwa 150 Mill. Euro repräsentieren, der sich auf hitzestabile α-Amylasen, Glucoamylasen und Glucose-Isomerasen verteilt. Der Markt für α-Amylasen für Wasch- und Reinigungsmittel hat etwa die gleiche Dimension.

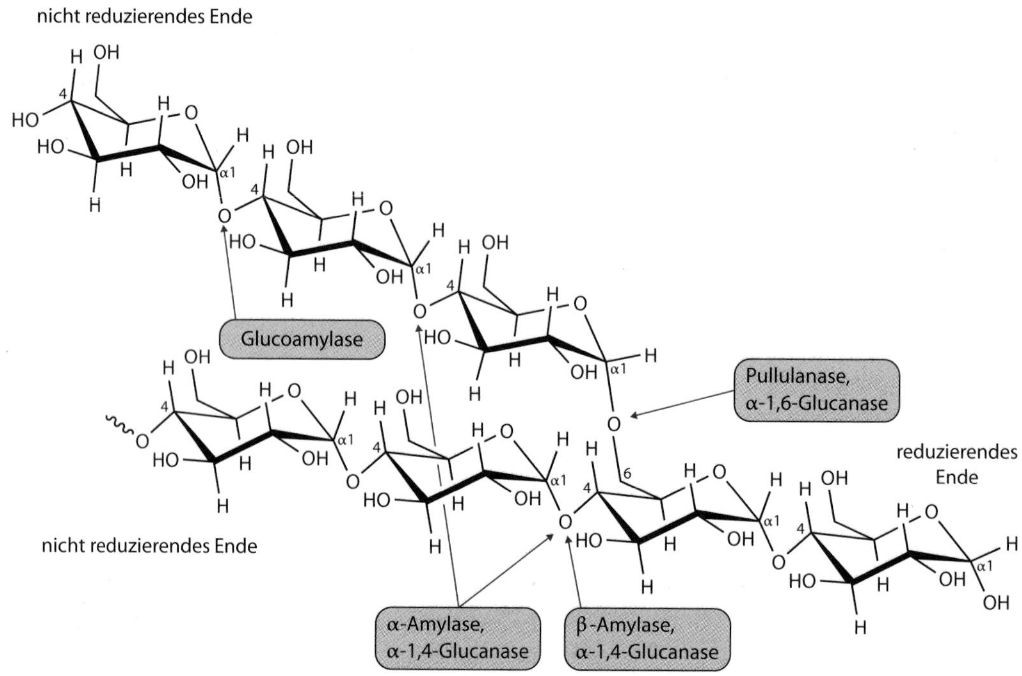

● **Abb. 10.2**   Enzyme, die am Abbau von Stärke beteiligt sind

Die Stärkeverzuckerung zu fermentierbaren Zuckern bei der Bioethanolgewinnung weist in den letzten zehn Jahren das stärkste Wachstum auf: Der Marktwert von temperaturstabilen α-Amylasen und Glucoamylasen für Bioethanol wird derzeit auf 400 Mill. US-Dollar geschätzt.

10.3.2 Spezifität der stärkespaltenden Enzyme

Stärke besteht aus α-1,4-glykosidisch verknüpften Glucosemolekülen, die spiralförmig aufgerollt sind. In diese Kette können α-1,6-glykosidische Verzweigungen eingebaut sein. Aufgrund der Orientierung der Zucker in der Spiralkette, kann man ein nicht reduzierendes Ende (C_6-OH) und ein reduzierendes Ende unterscheiden.

Stärkespaltende Enzyme besitzen eine unterschiedliche Spezifität (● Abb. 10.2, ● Tab. 10.2):

━ α-**Amylasen** hydrolysieren α-1,4-glykosidische Bindungen im Stärkemolekül (Endoen-

zym); dabei entstehen Dextrine und daraus Maltose, Glucose und verzweigte Oligosaccharide.

━ β-**Amylasen** hydrolysieren α-1,4-glykosidische Bindungen derart, dass spezifisch das Disaccharid Maltose vom reduzierenden Ende her abgespalten wird (Exoenzym).

━ **Glucoamylasen** (α-Glucosidasen) hydrolysieren α-1,4-glykosidische Bindungen von Glucoseketten und setzen Glucosemoleküle vom nicht-reduzierenden Ende her frei.

━ **Pullulanasen** hydrolysieren spezifisch α-1,6-glykosidische Bindungen, also die Verzweigungen der Polysaccharidkette.

10.3.3 Produktionsstämme

Die α-Amylasen und Glucoamylasen werden in aller Regel mit rekombinanten *Bacillus*-Produktionsstämmen produziert. Die α-Amylasen für den technischen Einsatz (z. B. die Textil- und Waschmittelindustrie) zeichnen sich durch eine

◘ Tabelle 10.2 Enzyme zur Umsetzung von Stärke und stärkebasierenden Substraten

Enzymtyp	Herkunft	Produktionsstamm	Anwendung
HT-α-Amylase	Bacillus licheniformis, WT, PE	B. licheniformis, B. amyloliquefaciens	HGS, HFS, BE, W, D, T, F
HT-α-Amylase	Bacillus stearothermophilus, WT, PE	B. licheniformis, B. amyloliquefaciens, B. stearothermophilus	BE, F
Glucoamylase	Aspergillus niger, WT, PE	A. oryzae, A. niger	HGS, HFS, BE, F
Glucoamylase	Trichoderma reesei, WT, PE	T. reesei	HGS, HFS, BE, F
Glucose-Isomerase	Streptomyces rubiginosus	Streptomyces spec.	HFS, F
Glucose-Isomerase	Streptomyces olivochromogenes, WT	S. olivochromogenes	HFS, F
Glucose-Isomerase	Streptomyces murinus, WT	S. murinus	HFS, F
Cyclodextrin-glucanotransferase	Thermoanaerobacter spec.	B. licheniformis	F

HGS: Glucosesirup; HFS: Fructosesirup; HT: Hochtemperatur/hitzestabil; BE: Bioethanol 1. Generation (stärkebasiert); W: Waschmittel; D: automatische Geschirrspülmittel; T: Textilherstellung; F: weitere Nahrungsmittelanwendungen; WT: Wildtyp-Molekül; PE: Molekül durch Protein Engineering

hohe spezifische Aktivität und Temperaturstabilität aus. Wesentliche Entwicklungen beruhen auf dem Grundtyp der von Natur aus hitzestabilen Amylasen aus *Bacillus licheniformis* und *Bacillus stearothermophilus*, die durch vielfältige Modifikationen in Leistung und Stabilität gesteigert wurden. Die Produktion erfolgt in *Bacillus amyloliquefaciens*- und *Bacillus licheniformis*-Stämmen. In diesen Wirtsstämmen werden auch α-Amylasen aus *Thermoactinomyces* spec., *Pseudomonas* spec. und weiteren Arten der Gattung *Bacillus* hergestellt. Die Amylase aus *Bacillus stearothermophilus* wird im selben Stamm produziert.

Diese *Bacillus*-Spezies werden in kleineren Fermentern von 30 bis 70 m³ kultiviert. Es werden komplexe Medien verwendet, die neben Glucose preisgünstige Stickstoffquellen aus der Lebensmittelproduktion bzw. den Bioraffinerien verwenden (z. B. Maisquellwasser). *Bacillus* spec. wachsen sehr viel schneller als Pilze, sie benötigen aus diesem Grund viel mehr Sauerstoff und damit höhere Begasungsraten und Rührgeschwindigkeiten. Bei ihnen werden wie bei Pilzen unterschiedliche Feedingstrategien verwendet, um das Arbeitsvolumen eines Fermenters optimal zu nutzen. Die *Bacillus*-Fermentationen werden nach 36 bis 48 h geerntet. Die Enzymkonzentrationen liegen im Bereich von 15 bis 30 g/l.

α-Amylasen aus den Pilzen *Aspergillus niger* und *Aspergillus oryzae* werden in diesen Organismen oder in *Trichoderma reesei* produziert, wobei die Fermenter mit 75 bis 200 m³ deutlich größer sein können und die Fermentationsdauer aber auch länger ist. Die Pilz-Amylasen zeigen eine deutlich geringere Hitzestabilität, dies kann im Einzelfall aber durchaus im Sinne der Anwendung sein.

Die Aufarbeitung der Amylasen erfolgt duch Abtrennung der Biomasse durch Separatoren und Rotationstrommelfilter sowie durch Mikrofiltration. Je nach Anwendung werden die zellfreien Überstände durch Ultrafiltration aufkonzentriert und getrocknet, zu stabilen Flüssigprodukten oder zu Granulaten verarbeitet.

10.4 Waschmittelenzyme

10.4.1 Anwendungsgebiete

Enzyme werden in allen Produkten für die textile Wäsche verwendet, außerdem in Maschinengeschirrspülmitteln. Beim Waschen von Textilien werden **Proteasen**, **Amylasen**, **Cellulasen**, **Lipasen**, **Mannanasen** und **Pectinasen** verwendet (◘ Tab. 10.3). Eine Besonderheit dieser Anwendung der Enzyme ist, dass nicht vorab bekannt ist, ob und welches Substrat für ein Enzym im Prozess (also beim Waschen) vorhanden ist. Aus diesem Grund wird insbesondere in Premium-Produkten eine möglichst breite Palette an Enzymen eingesetzt. Dies bedeutet, dass Enzyme als teure Inhaltsstoffe dazu verwendet werden, eine Differenzierung der Waschmittel in kostengünstige, Standard- und Premium-Produkte vorzunehmen.

Die Dosierung von Enzymen in Waschmitteln reicht von minimal 0,001 % bei Lipasen bis maximal 0,1 % bei Proteasen, bezogen auf aktives Enzymprotein. Tatsächlich werden Waschmittelenzyme in Pulver- und Tabs-Produkten als staubfrei verkapselte Granulate eingesetzt, die zwischen 0,2 und 5 % aktives Enzymprotein enthalten. Hierdurch wird eine ausreichende Genauigkeit bei der Waschmitteldosierung erreicht. Die Granulate enthalten neben den Enzymen Salze, Stärke, Zucker und wachsartiges Polyethylenglykol.

In flüssigen Produkten werden die Enzyme als stabilisierte Flüssigprodukte eingesetzt. Besonders kritisch ist die Stabilisierung der Protease, um zu verhindern, dass während der Lagerung des Flüssigproduktes das Enzym sich selbst oder andere Enzyme angreift. Diese Stabilisierung wird erreicht durch einen optimalen pH-Wert, durch Reduzierung der Wasserkonzentration (d. h. niedrige Wasseraktivität), durch Auswahl der bestgeeigneten Tensidmischung und durch Zusatz von reversiblen Protease-Inhibitoren. Die Inhibitoren, z. B. Borate und Boronsäuren, hemmen die Protease unter den Bedingungen der Lagerung, werden aber durch den Verdünnungsschritt (1:200) beim Einspülen in die Waschmaschine inaktiviert.

In maschinellen Geschirrspülmitteln werden bislang ausschließlich Proteasen und Amylasen eingesetzt. In diesen Produkten finden sich, bedingt durch die geringere Produktmenge pro Spülgang, vergleichsweise hohe Enzymkonzen-

---

◘ **Tabelle 10.3** Enzyme, die in Waschmitteln verwendet werden

Enzym	Relevante Verschmutzung	Anmerkungen
Proteasen	Blut, Milch, Kakao, Gras, Ei	bakterielle Subtilisine (*Bacillus* spec.), zeigen Synergieeffekte mit Amylasen
Amylasen	Saucen, Stärke	bakterielle α-Amylasen (*Bacillus* spec.)
Cellulasen	partikulärer Schmutz: Pigmente, Staub, Kosmetik	β-1,4-Endoglucanasen meist pilzlichen Ursprungs, können außerdem Wirkungen an Baumwollfaser zeigen (Farbauffrischung, Antipilling)
Lipasen	Hautfett (Hemdkragen), fettbasierter Lippenstift	praktisch nur ein Molekültyp im Einsatz
Mannanasen	Guarkernmehl-enthaltende Lebensmittel: Dressing, Eiscreme	*Bacillus*- und *Trichoderma*-basiert
Pectinasen	pectinhaltige Lebensmittel: Konfitüre, Früchte	

trationen von bis zu 0,2 % Proteaseprotein und 0,1 % Amylaseprotein. Bei den Pulver- und Tabs-Produkten in diesem Anwendungsbereich kommen hohe Mengen an Bleiche und Bleichaktivatoren (Percarbonat und TAED) zum Einsatz (TAED = Tetraacetylethylendiamin, liefert mit Wasserstoffperoxid schon bei niedrigen Waschtemperaturen bleichaktive Peressigsäure). Aus diesem Grund hat sich für diese Produkte der Einsatz von Proteasen und Amylasen bewährt, bei denen die oxidationsempfindliche Aminosäure Methionin durch oxidationsstabile Aminosäurereste (z. B. Alanin) ersetzt wurden (Protein Engineering).

Der Markt der Enzyme für Wasch- und Reinigungsmittel wird auf 700 Mill. Euro geschätzt. Hiervon haben die Proteasen (Subtilisine) geschätzte 65 %, die Amylasen 20 % und die übrigen Enzyme 15 %. Bezogen auf Enzymprotein ist das Verhältnis noch eindeutiger, nach den europäischen Zahlen von 2004 werden 900 t aktives Protein Protease, 150 t Amylase und weniger als 20 t Cellulase und Lipasen pro Jahr verbraucht.

Damit werden für Wasch- und Reinigungsmittel primär Subtilisinproteasen verwendet. Aus diesem Grund wird im Folgenden der Schwerpunkt auf diese Proteasen gelegt.

10.4.2 Subtilisin – die Waschmittelprotease

Die Proteasen vom Subtilisin-Typ repräsentieren primär die Waschmittelenzyme. Bereits 1913 wurden die ersten Versuche zur Verwendung von tierischen Proteasen in Waschmitteln oder Vorbehandlungsmitteln unternommen, die jedoch erst mit Entdeckung der Subtilisinproteasen aus *Bacillus* spec. in den 1950er-Jahren zum Erfolg führten. Ende der 1960er-Jahre war die technische Produktion gelöst und mit der staubfreien Granulierung 1972 auch die sicherheitstechnische Hürde genommen, nachdem in der Zwischenzeit das allergische Potenzial von Enzymen anhand des Beispiels von Subtilisinen entdeckt worden war.

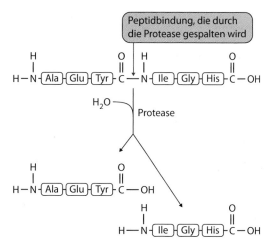

Abb. 10.3 Hydrolyse eines Proteins durch Serinproteasen (z. B. Subtilisine)

Die Hydrolyse von Proteinen innerhalb der Peptidkette erfordert zunächst die Bindung des Proteins an das aktive Zentrum der Protease. An dieser Bindung ist eine Vielzahl von Aminosäuren der Protease beteiligt, sowohl über ihre Seitenkette als auch über den Peptidstrang (*backbone*). Diese Wechselwirkung definiert die Spezifität einer Protease, was die zu spaltende konkrete Peptidbindung betrifft, die hierdurch in die richtige Position zum katalytischen Zentrum gebracht wird. Die eigentliche Hydrolyse läuft über den Zwischenschritt eines kovalent an das aktive Serin gebundenen Acylrestes, in Abb. 10.3 ist dies die Säuregruppe des Tyrosins.

10.4.3 Produktionsstämme

Zunächst wurden Subtilisine mithilfe von *Bacillus subtilis/amyloliquefaciens* und *Bacillus licheniformis* produziert. In den Jahren 1980 bis 1990 wurden zusätzlich *Bacillus clausii, Bacillus stearothermophilus, Bacillus halodurans* und *Bacillus lentus* genutzt. Als rekombinante Wirtsstämme für mannigfach modifizierte Subtilisine werden derzeit *B. amyloliquefaciens, B. licheniformis, B. clausii, B. halodurans/lentus* eingesetzt. Es kann davon ausgegangen werden, dass derzeit

◻ **Tabelle 10.4**   Typische Proteaseprodukte für Wasch- und Reinigungsmittel

Proteaseprodukt	Herkunft	Produktionsstamm	Anwendung
Alcalase®	*Bacillus licheniformis*, WT	*Bacillus licheniformis*	L
BLAP S	*Bacillus lentus*, PE	*Bacillus licheniformis*	P, D
BLAP X	*Bacillus lentus*, PE	*Bacillus licheniformis*	P
KAP	*Bacillus clausii*, PE	*Bacillus clausii*	P
Liquanase®	*Bacillus spec.*, PE	*Bacillus licheniformis*	L
Polarzyme®	*Bacillus spec.*, PE	*Bacillus licheniformis*	L
Properase®	*Bacillus spec.*, PE	*Bacillus subtilis*	D
Purafect™	*Bacillus lentus*, WT	*Bacillus subtilis*	P
Purafect Ox™	*Bacillus lentus*, PE	*Bacillus subtilis*	P
Purafect Prime™	*Bacillus lentus*, PE	*Bacillus subtilis*	L
PUR	*Bacillus lentus*, PE	*Bacillus licheniformis*	L
Savinase®	*Bacillus halodurans*, WT	*Bacillus halodurans*	P

L: Flüssigwaschmittel; P: Pulverwaschmittel; D: automatische Geschirrspülmittel; WT: Wildtyp-Molekül; PE = Molekül durch Protein Engineering

alle Waschmittelproteasen (◻ Tab. 10.4) mit rekombinanten Wirten hergestellt werden. Häufig werden mehrere Kopien der Proteasegene in das Genom integriert.

Die Protease Subtilisin ist mit Sicherheit eines der Moleküle, bei dem das Protein Engineering nahezu erschöpfend und mit jeder Methode angewandt wurde. Dies begann 1984 mit **ortsgerichteter Mutagenese** zur Erzeugung von oxidationsstabilen Varianten, führte über alle Verfahren der Zufallsmutagenese bis zu sämtlichen Varianten des *gene shuffling* und der **gerichteten Evolution**. Demzufolge ist es nicht erstaunlich, dass die Zahl der patentierten Subtilisine in die Tausende geht, trotzdem dürfte sich die Zahl der tatsächlich produzierten Molekülvarianten bei ungefähr 20 bis 25 Molekülen bewegen.

Diese Veränderungen reichen vom Ersatz oxidationslabiler Methionine, über die Veränderung der Substratspezifität und führen zu signifi-

kanten Veränderungen der molekülbezogenen Leistung bei der Entfernung von Schmutz. Weitere Veränderungen wurden durchgeführt, um Proteasen an spezifische Produkte, wie z. B. Flüssigwaschmittel, anzupassen. Ein Flüssigwaschmittel stellt in der Waschflotte einen anderen pH ein, verwendet andere Tensidkombinationen, enthält keine Bleiche und stellt andere Anforderungen an die Stabilität. Aus diesem Grund sind in den vergangenen Jahren spezifisch für Flüssigwaschmittel optimierte Enzyme entwickelt und vermarktet worden (Liquanase, Purafect Prime, PUR; ◻ Tab. 10.4).

10.4.4 Produktionsverfahren

Die zur Proteaseproduktion verwendeten *Bacillus*-Spezies werden wie bei den Amylasen in Fermentern von 30 bis 70 m³ kultiviert. Es werden komplexe Medien verwendet, die neben Glucose preisgünstige Stickstoffquellen enthalten. Die Fermentationen werden nach 36 bis 48 h geerntet. Die Konzentration an Protease beträgt ca. 25 g/l. Die Aufarbeitung der Proteasen für den Einsatz in Wasch- und Reinigungsmittel erfolgt wie für viele Enzyme: quantitative Abtrennung der Biomasse durch Rotationstrommelfilter oder Separatoren, anschließende Mikrofiltration, Ultrafiltration, Konzentrierung und Abtrennung von farbgebenden Komponenten, um den Ansprüchen an die Farbe des Rohstoffs besonders bei flüssigen Produkten zu entsprechen.

Die Waschmittelenzyme müssen für den Einsatz in Pulver- und Tabletten-Produkten staubfrei granuliert und gecoatet werden. Hierzu werden die Enzymkonzentrate mit verschiedenen Technologien verkapselt. Dies erfolgt entweder mittels einer Aufbaugranulierung, einer Granulierung in Mischern oder in Extrudern. Anschließend werden die Granulate zusätzlich mit einer Coatingschicht umhüllt.

10.5 Futtermittelenzyme (Phytasen und Xylanasen)

10.5.1 Anwendungsgebiete

Enzyme sind heute ein fester Bestandteil moderner Futtermittel. Sie werden dem Tierfutter zugesetzt, um die Verdaulichkeit zu erhöhen und gehören ausschließlich zur Enzymklasse der Hydrolasen. Die beiden bedeutendsten Produktkategorien für die Tierfutterindustrie stellen die **Phytasen** sowie Enzyme zum Abbau von **Nicht-Stärke-Polysacchariden** (NSP) dar. Sie müssen bei Temperaturen um 40 °C aktiv sein, aber auch Temperaturen bis 95 °C, die beim **Pelletiervorgang** herrschen, vorübergehend tolerieren, damit keine Denaturierung erfolgt.

Die Substrate in Futtermitteln, die durch die beigefügten Enzyme hydrolysiert werden, lassen sich in drei Gruppen einteilen:

1. Substrate, für die Tiere im Verdauungstrakt selbst die Enzyme synthetisieren (z. B. Stärke, Proteine oder Lipide). Diese Enzyme sind vor allem bei Jungtieren oder unter Stresseinfluss in nicht ausreichenden Mengen vorhanden.
2. Substrate, für die vom tierischen Organismus keine eigenen Enzyme gebildet werden und die deshalb eine sehr niedrige Verdaulichkeit aufweisen (z. B. Phytinsäure, Hemicellulose).
3. Substrate, für die vom tierischen Organismus keine eigenen Enzyme gebildet werden und die darüber hinaus antinutritive Wirkung haben. Diese Substrate lagern Wasser ein und erhöhen die Viskosität, wodurch zum einen die Nährstoffabsorption im Darm verringert wird, zum anderen verbleibt die Nahrung länger im Darm, was zu einer reduzierten Futteraufnahme des Tieres führt.

Bei Phytinsäure handelt es sich um den sechsfach phosphorylierten ringförmigen Polyalkohol Inositol. Die Phytinsäuren repräsentieren eine theoretisch wertvolle Phosphatquelle für die Tiere, da sie und ihre Salze, die Phytate, 50 bis 80 % des Phosphors in pflanzlichen Futtermitteln ausmachen, aber für monogastrische, also nicht-wiederkäuende Tiere, schlecht verdaulich sind. Hinzu kommt, dass die Phosphatgruppen der Phytinsäure verschiedene Kationen wie beispielsweise Ca^{2+}, Mg^{2+}, Fe^{2+} oder Zn^{2+} binden und somit auch deren Verfügbarkeit und Absorption beeinträchtigt wird. Der Einsatz von Phytasen in Tierfutter erhöht nicht nur dessen Verdaulichkeit, er leistet auch einen positiven Beitrag zum Umweltschutz. In Gebieten mit intensiver Tierhaltung ist die Phosphatemission sehr hoch und kann zu Umweltproblemen führen (Eutrophierung). Durch den Zusatz von Phytasen in Tierfuttermitteln kann die Phosphataussscheidung bei Tieren um bis zu 30 % reduziert werden. Die weltweite industrielle Produktion von Phytasen hat ein Marktvolumen von 100 Mill. Euro mittlerweile weit überschritten. Das granulierte Enzympräparat wird dem Tierfutter beim Pelletieren in einer Menge von nur 100 bis 150 g/t zugesetzt.

Xylanasen werden in der Geflügel- und Schweinezucht eingesetzt, um Arabinoxylane

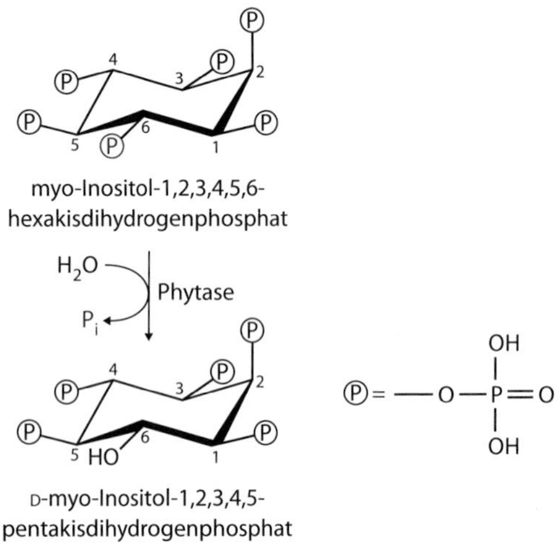

myo-Inositol-1,2,3,4,5,6-
hexakisdihydrogenphosphat

H_2O

Phytase

P_i

D-myo-Inositol-1,2,3,4,5-
pentakisdihydrogenphosphat

$P = — O — P = O$ mit OH oben und OH unten

Abb. 10.4 Phytasen katalysieren die Hydrolyse von Phytinsäure und ihren Salzen zu Inositol und anorganischem Phosphat

zu depolymerisieren und dadurch die Viskosität des Futterbreis im Darm der Tiere zu reduzieren. Sie katalysieren die Hydrolyse von β-1,4-glykosidischen Bindungen zwischen den Xylose-Einheiten im Xylanrückgrat. Der Effekt der Xylanasen ist, dass die Nährstoffaufnahme aus dem Futter und die Darmpassage hierdurch beschleunigt werden.

10.5.2 Enzymwirkung

Durch die stufenweise, enzymatische Hydrolyse von Phytinsäure und Phytat entsteht neben Inositol auch anorganisches Phosphat (◘ Abb. 10.4). Letzteres steht den Tieren bei der Futtermittelverwertung ebenso wie die gebundenen Kationen wieder zur Verfügung. Im Gegensatz zur Phytinsäure ist der Aufbau von Xylan wesentlich komplexer. Die verzweigten Hemicellulosemoleküle sind mit verschiedenen Resten substituiert, für den Abbau werden deshalb verschiedene Enzyme benötigt: Endoxylanasen, α-Glucuronidasen, Acetylxylan-Esterasen, α-Arabinofuranosidasen und β-Xylosidasen (◘ Abb. 10.5). Das Xylanrückgrat besteht aus β-1,4-verknüpften Xylose-

Einheiten. Endoxylanasen spalten Xylanmoleküle durch die Hydrolyse von glykosidischen Bindungen in Xylooligosaccharide. Anschließend wird durch die β-Xylosidase vom nichtreduzierenden Ende der Xylooligosaccharide Xylose abgespalten. Die übrigen Enzyme hydrolysieren spezifisch verschiedene Substituenten vom Xylanrückgrat.

10.5.3 Produktionsstämme

Die in der Futtermittelindustrie verwendeten Phytasen und Xylan-abbauenden Enzyme werden mit rekombinanten Mikroorganismen hergestellt, die in der Lage sind, ein sehr breites Spektrum an hydrolytischen Enzymen zu synthetisieren. Unter den Enzym-produzierenden Mikroorganismen sind die wichtigsten Gattungen *Aspergillus*, *Penicillium*, *Humicola* und *Trichoderma*. Diese Pilze produzieren bereits von Natur aus viele Enzyme für den Abbau von Pflanzenmaterial, z. B. **Cellulasen**, **Pectinasen** und **Xylanasen**. Der einzige Vertreter der Bakterien für die Produktion von Futtermittelenzymen ist die Gattung *Bacillus*.

Klassisch wurden Pilzstämme der Gattungen *Aspergillus*, *Trichoderma* oder *Humicola* durch Mutagenese so verändert, dass sie vermehrt die gewünschten Enzyme produzieren. Das erste kommerziell erhältliche Phytaseprodukt wurde 1991 von Gist Brocades (heute DSM) zur Marktreife gebracht und enthielt eine Phytase aus einem mutierten *Aspergillus niger* var. *ficuum*-Stamm, der eine 50-fach höhere Konzentration an Phytase lieferte. Derzeit werden praktisch alle Futtermittelenzyme rekombinant hergestellt.

Kommerziell erhältliche Xylanasen und Phytasen werden überwiegend mit *Aspergillus niger*-, *Trichoderma reesei*- oder *Schizosaccharomyces pombe*-Expressionsstämmen rekombinant produziert (◘ Tab. 10.5). Außerhalb Europas wird vereinzelt auch *Pichia pastoris* als rekombinanter Wirt verwendet. Die rekombinanten Gene stammen dabei entweder ebenfalls aus filamentösen

a

b

☐ **Abb. 10.5**   Enzyme, die am Abbau von Xylan (**a**) und Xylobiose (**b**) beteiligt sind

Pilzen wie *Aspergillus*-Arten (*A. niger*, *A. oryzae*), *Thermomyces* spec., *Actinomadura* spec. und *Trichoderma reesei* oder seltener aus Bakterien wie *Bacillus* spec. (z. B. *B. amyloliquefaciens*) oder *Escherichia coli*.

10.5.4 Produktionsverfahren

Für die industrielle Produktion von Phytasen und Xylanasen für Futtermittel wurden immer Submersfermentationen genutzt. Die Produktion von Phytasen wird in Wildtyp-Organismen durch Phosphatmangel induziert. Die Produktion der Xylanasen wird induziert durch die Verwendung unlöslicher Kohlenstoffquellen ebenso wie durch Xylan, Xylobiose und Sophorose. Im industriellen Kontext werden Phytasen und Xylanasen bei rekombinanten Produktionsorganismen durch Verwendung z. B. des Cellobiohydrolase-Promotors gesteuert. Die Kultivierung von pilzlichen Produktionssystemen erfolgt im Bereich von 150 bis 200 m^3. Kommerziell erhältliche Phytasen stammen aktuell hauptsächlich von Genen, die ursprünglich aus *Aspergillus*-Spezies und *Escherichia coli* isoliert

wurden. Sie werden z. B. in *Aspergillus*- oder *Trichoderma*-Produktionsstämmen hergestellt (☐ Tab. 10.5). Auch die Produktion einer Phytase aus *E. coli* mit der Hefe *Pichia pastoris* ist beschrieben, wobei ebenfalls wirtschaftliche Ausbeuten erreicht wurden. Hier erfolgt die Induktion der Phytaseproduktion durch Wirkung von Methanol auf den Alkohol-Oxidase-Promotor. Die Expression von Phytasen aus *A. fumigatus* und *A. terreus* ist auch in *H. polymorpha* beschrieben, wobei Ausbeuten von bis zu 13,5 g/l erreicht wurden. Bei allen industriellen Produktionen von Phytasen und Xylanasen werden diese in hoher Konzentration in das Medium sekretiert, wobei von einer Produktivität von über 20 g/l ausgegangen werden kann (☐ Tab. 10.5). Auch hier werden Glucose und komplexe Stickstoffquellen aus landwirtschaftlichen Quellen für die Fermentation verwendet. Die Enzyme werden quantitativ von der Biomasse getrennt, konzentriert und als flüssiges oder granuliertes Produkt mit anderen Futtermitteln pelletiert.

10

◘ Tabelle 10.5 Beispiele für Phytasen und Xylanasen für Futtermittel. (Quelle: Herstellerangaben, EFSA Public Safety Assessment, AMFEP Liste der kommerziellen Enzyme)

Produkt	Produktions-(Wirts)stamm	Donor[a]	Spezifität der Phytasen[b]
Phytasen			
Finase EC®	*Trichoderma reesei*	*E. coli*	6-P
NatuPhos®	*Aspergillus niger*	*A. niger*	3-P
Optiphos®	*Pichia pastoris*	*E. coli*	6-P
Phyzyme XP®	*Schizosaccharomyces pombe*	*E. coli*	6-P
Quantum TR®	*Trichoderma reesei*	*E. coli*	6-P
Quantum XT®	*Pichia pastoris*	*E. coli*	6-P
Ronozyme P/NP®	*Aspergillus oryzae*	*Peniophora lycii*	6-P
Xylanasen			
Danisco-Xylanase	*Bacillus subtilis*	*Bacillus* spec.	
Econase XT	*Trichoderma reesei*	*Actinomadura* spec.	
Porzyme 9302	*Trichoderma longibrachiatum*	*Trichoderma* spec.	
Ronozym WX	*Aspergillus oryzae*	*Thermomyces lanuginosus*	

[a] Die meisten dieser Enzyme wurden inzwischen unabhängig von ihrer Herkunft durch gerichtete Evolution oder vergleichbare Technologien optimiert.
[b] Die Spezifität von Phytasen wird danach unterschieden, an welchem C-Atom des Inositols die Hydrolyse des Phosphats beginnt (s. Abb. 10.4).

10.6 Technische Enzyme für die chemische Industrie (Lipasen und Alkohol-Dehydrogenasen)

10.6.1 Anwendungen

Feinchemikalien werden vermehrt durch Enzyme mit hoher Selektivität hergestellt. Der Einsatz dieser Biokatalysatoren in der chemischen oder pharmazeutischen Industrie führt im Gegensatz zu rein chemischen Prozessen zu enantiomerenreinen Zwischen- oder Endprodukten. Außerdem ist die Reduzierung unerwünschter Nebenprodukte und des Energieverbrauchs

möglich. Heutzutage sind ca. 80 % aller Pharmaka, welche zur endgültigen Marktreife gelangen, enantiomerenrein, da das unerwünschte **Enantiomer** in Arzneimitteln oft gravierende Folgen haben kann.

Ein bekanntes Beispiel für den Einsatz von hochselektiven Lipasen zur Herstellung von enantiomerenreinen Feinchemikalien ist die Produktion von **Ibuprofen**. Bei diesem Stoff handelt es sich um ein schmerzlinderndes und entzündungshemmendes Medikament, welches chemisch als racemisches Gemisch produziert werden kann. Da die Wirkung von (S)-Ibuprofen um ein vielfaches stärker ist als von (R)-Ibuprofen ist eine Trennung beider Isomere von großem industriellem Interesse. Durch den Einsatz von stereoselektiven Lipasen kann die Produkti-

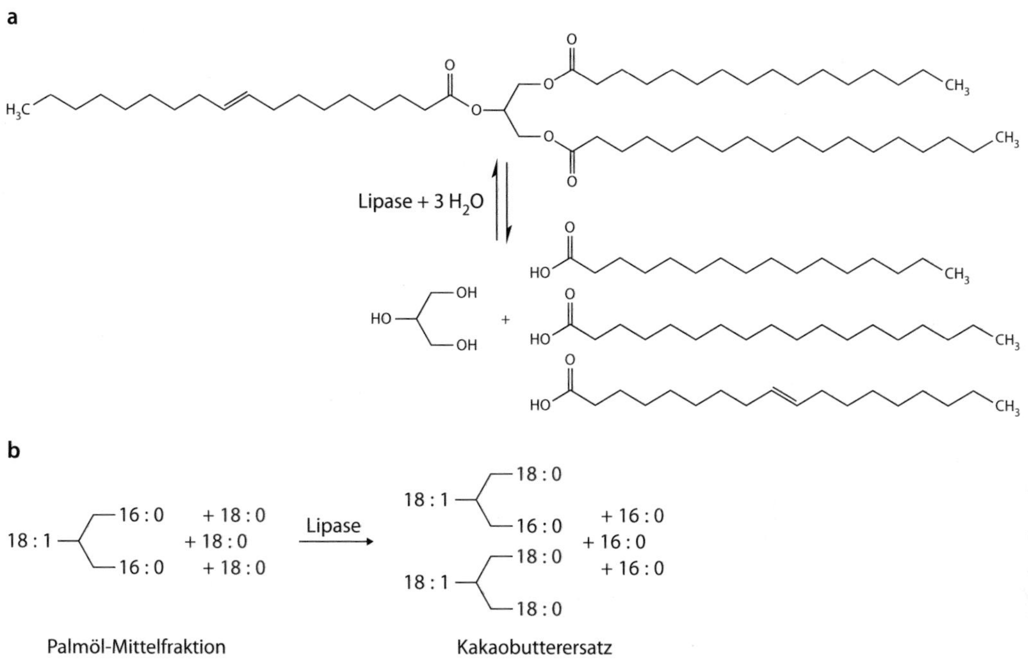

a

Lipase + 3 H₂O

b

Palmöl-Mittelfraktion   Kakaobutterersatz

Abb. 10.6   Lipase-katalysierte Reaktionen. **a** Hydrolyse von Triglyceriden. **b** Herstellung von Kakaobutterersatz mittels Lipase. Eine Lipase aus *Rhizomucor miehei* katalysiert eine Umesterungsreaktion, bei der eine Palmöl-Mittelfraktion als Ausgangsprodukt dient und Stearinsäuremoleküle (18 : 0) an ein vorhandenes Triglycerid gebaut werden. Dabei werden Palmitinsäurereste (16 : 0) abgespalten, während eine zentrale Ölsäure-Einheit (18 : 1) vollkommen unbeeinflusst bleibt

on von (S)-Ibuprofen erzielt werden. **Lipasen** werden deshalb zur Herstellung von enantiomerenreinen Feinchemikalien verstärkt eingesetzt.

Ein weiteres Beispiel für die Herstellung enantiomerenreiner Produkte stellen die **Alkohol-Dehydrogenasen** (ADHs) dar. ADHs weisen häufig ein breites Substratspektrum auf und können somit in der Produktion verschiedener chiraler Alkohole insbesondere für Pharmaprodukte eingesetzt werden.

10.6.2 Enzymwirkung

Lipolytische Enzyme können Esterbindungen synthetisieren oder hydrolysieren. Während Esterasen kurzkettige, wasserlösliche Substrate umsetzen, sind die präferierten Substrate von Lipasen vornehmlich langkettige, wasserunlösliche Substrate. Lipasen sind in der Lage, Fette zu

Glycerin und freien Fettsäuren bzw. zu Mono- und Diglyceriden abzubauen (Abb. 10.6a). Die letztere Reaktion macht Lipasen für die industrielle Anwendung sehr interessant, da sie die gezielte Produktion von spezifischen Lipiden ermöglicht. Der zugrunde liegende Mechanismus besteht aus vier Reaktionsschritten und wurde im Zuge der Evolution bei allen Lipasen und Esterasen konserviert. Zuerst wird das Substrat im Enzym an das katalytische Serin gebunden und bildet einen Übergangszustand, der durch einen Histidin- und einen Asparaginrest sowie interne Wasserstoffbrücken stabilisiert wird. Zusammen bilden diese drei Aminosäuren eine im Zuge der Evolution hochkonservierte katalytische Triade, die zur Klassifizierung dieser Hydrolasen genutzt werden kann. Anschließend führt die Abspaltung des Alkoholrestes zur vorübergehenden Bildung eines Acyl-Enzym-Komplexes. Ein abschließender nukleophiler Angriff eines Wassermoleküls führt dann zur Hydrolyse und

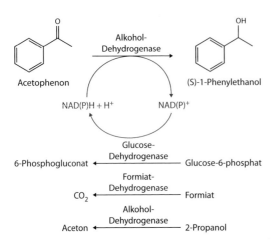

☐ Abb. 10.7 Wirkung von Alkohol-Dehydrogenasen. Diese katalysieren die Reduktion von Ketonen oder Aldehyden zu entiomerenreinen Alkoholen. Hierzu benötigen sie Reduktionsäquivalente in Form von NADH oder NADPH. Dargestellt ist die Umwandlung von Acetophenon zu (S)-1-Phenylethanol. Darunter sind drei mögliche Reaktionswege zur Regenerierung des Kofaktors NADH bzw. NADPH in der Gegenreaktion aufgeführt

separiert das Produkt und das Enzym. Wenn der finale nukleophile Angriff durch einen Ester oder ein weiteres Alkoholmolekül erfolgt, kommt es zum Austausch (Umesterung) von verschiedenen Fettsäuren. Industrielle Anwendung finden Lipase-katalysierte Umesterungen z. B. bei der Herstellung von Muttermilchfettersatz oder bei der Produktion von Kakaobutterersatz. Bei Letzterem wird eine stereospezifische Lipase aus dem Pilz *Rhizomucor miehei* dazu verwendet, Palmitin- (16:0) und Stearinsäurereste (18:0) am Triglycerid umzuestern, während ein einfach ungesättigter Ölsäurerest (18:1) unbeeinflusst bleibt (☐ Abb. 10.6b).

Im Gegensatz zu Lipasen gehören ADHs zur großen Klasse der Oxidoreduktasen und katalysieren Redoxreaktionen. In der Natur sind sie die Schlüsselenzyme bei der Produktion von primären und sekundären Alkoholen, indem diese Enzyme Aldehyde oder Ketone reduzieren. NAD und NADP sind in diesem Zusammenhang die häufigsten Kofaktoren für den Elektronentransport, wobei aber auch z. B. die PQQ-abhängigen Alkohol-Dehydrogenasen eine große Gruppe innerhalb der Oxidoreduktasen bilden. Diese

Kofaktoren werden durch die reaktionsbedingte Reduktion oxidiert und müssen in einem parallelen Reaktionsablauf wieder reduziert werden (☐ Abb. 10.7). Die in der Abbildung dargestellte Umwandlung von Acetophenon ist für die industrielle Anwendung von großem Interesse, da Phenylethanol als Ausgangsstoff für viele Syntheseprozesse dient, z. B. in der Herstellung von verschiedenen Riechstoffen und Aromen.

Die Biokatalyse zur Synthese chiraler Alkohole stellt die Wissenschaft vor eine besondere Herausforderung, da zur Gewährleistung optimaler Aktivität ein zweites Enzym in ausreichender Menge produziert werden muss, welches den benötigten Kofaktor (NADH, NADPH) effektiv regeneriert.

10.6.3 Produktionsstämme

Eine Vielzahl von ADHs und Lipasen mit hoher Selektivität wurde in den vergangenen Jahren isoliert und charakterisiert. Die Identifizierung vielversprechender Lipase-Kandidaten verläuft zumeist über die Anreicherung von Mikroorganismen oder Metagenombanken mit entsprechenden Substraten (Abschn. 10.2). Der klassische Lipase-Assay wird dann auf Agarplatten mit emulgiertem Tributyrin durchgeführt. Die Emulsion führt zu einer deutlichen Trübung des Agars, welche durch aktive Lipasen verschwindet.

Die ersten Lipasen wurden aus Pflanzen und Tieren beschrieben, ehe Mitte des vergangenen Jahrhunderts insbesondere Lipasen aus Pilzen und etwas später auch aus Bakterien isoliert wurden. Diese Lipase-produzierenden Mikroorganismen wurden von Früchten, Milch, Fleischprodukten sowie Bodenproben isoliert. Biotechnologisch relevante Vertreter wie *Aspergillus niger* oder *Candida antarctica* produzieren Lipasen, die industriell vermarktet werden.

Auch ADHs kommen ubiquitär in allen Organismen vor und katalysieren in der Natur z. B. die alkoholische Gärung bei Hefen zur Herstellung von Ethanol.

DNA-Polymerasen und die PCR

Die DNA-Polymerase ist ein Enzym, welches einzelsträngige **DNA-Sequenzen** erkennt und einen Doppelstrang synthetisiert. In lebenden Zellen ist sie an der Replikation beteiligt. Sie wird in nahezu allen Gebieten der Biologie und biologischen Analytik dazu eingesetzt, um selbst kleinste Mengen von DNA zu vervielfältigen. Mit der **Polymerasekettenreaktion** (engl.: *polymerase chain reaction*, PCR) ist es möglich, geringe Mengen DNA in einem automatisierten Verfahren zu vermehren, um sie für eine Analyse oder eine Weiterverarbeitung nutzbar zu machen. Im Jahr 1983 wurde die PCR-Methode von Kary Mullis entwickelt, und schon zehn Jahre später bekam er hierfür den Nobelpreis. Da vor der Verdoppelung die doppelsträngige DNA bei hohen Temperaturen (96 bis 100 °C) aufgeschmolzen werden muss (thermische Denaturierung), musste anfangs vor jedem Extensionsschritt neue DNA-Polymerase zu dem Reaktionsansatz gegeben werden, da die verwendete Polymerase nicht hitzestabil war und während der Denaturierung inaktiviert wurde. Die entscheidende Weiterentwicklung der Methode bestand darin, thermostabile DNA-Polymerasen, z. B. die *Taq*-**Polymerase** aus *Thermus aquaticus*, einzusetzen. Diese Isozyme überstehen die hohen Temperaturen, die für die Trennung des DNA-Doppelstrangs essenziell sind. Wegen der wirtschaftlichen Bedeutung tobte um die Verwendung der *Taq*-Polymerase ein jahrzehntelanger Patent-und Rechtsstreit. Verschiedene DNA-Polymerasen sind inzwischen durch zahlreiche Optimierungsschritte gegangen, in denen ihre Leistung (Fehlerrate) und Stabilität optimiert wurden. Sie sind die Basis für neue PCR-basierte Anwendungen.

In der **Genomforschung** spielt die PCR eine wichtige Rolle, so basierte die Entschlüsselung des menschlichen Genoms auf dieser Technologie. Eine besondere Bedeutung besitzt die PCR für die Biotechnologie, da sie oft den ersten Schritt bei der gentechnischen Veränderung von Mikroorganismen darstellt. Auch die molekulare **Diagnostik** zur Identifizierung von Krankheitserregern basiert auf der PCR-Technologie. Auf diese Weise lassen sich innerhalb weniger Stunden Krankheitserreger nicht nur im Blut nachweisen, sondern in jeder beliebigen Probe, sei es in Körperflüssigkeiten, in Lebensmitteln oder im Leitungswasser.

10.6.4 Produktionsverfahren

Die Anzahl an ADHs und Lipasen, die industriell fermentiert werden, ist im Vergleich zu den bekannten und charakterisierten Enzymvarianten extrem gering. Ein Grund sind die Probleme in der Fermentation von Lipasen, die dadurch entstehen, dass diese Enzyme sich in der Regel an Grenzflächen akkumulieren, wie z. B. an den Oberflächen ungelöster Partikel des Mediums. Verschiedene Fermentationsverfahren wie Batch-, kontinuierliche oder Fed-Batch-Fermentation sind in der wissenschaftlichen Literatur beschrieben, wobei relativ hohe Ausbeuten für Lipasen bei Fed-Batch-Fermentationen mit Hefen wie *Pichia* und *Candida* erreicht werden konnten, wenn diese in kleinen Volumina zwischen 5 und 150 l angezogen wurden.

Industriell produziert werden verschiedene Lipasevarianten aus *Thermomyces insolens* (ehemals *Humicola insolens*), die in hoher Konzentration (über 20 g/l) gewonnen werden. Daneben werden für die industrielle Biokatalyse Lipasen aus *Candida antarctica* und ebenfalls mit Mikroorganismen produzierte Lipasevarianten aus Schweineleber hergestellt. Die Titer für diese Enzyme liegen in einem Bereich von über 10 g/l.

Auch verschiedene ADHs werden industriell produziert, wobei die absoluten Mengen hierbei deutlich geringer sind als bei den anderen erwähnten Enzymen. Bei dieser Gruppe von

Enzymen sind neben den erzielten Ausbeuten insbesondere die spezifischen Aktivitäten von Enzym zu Enzym sehr unterschiedlich. In großer Menge besonders günstig hergestellt und vertrieben wird eine ADH aus Hefe, die aufgrund ihres sehr engen **Substratspektrums** sowie der vergleichbar geringen Stabilität nicht für alle industriellen Prozesse geeignet ist.

10.7 Ausblick

Die Produktion von Enzymen wird auch in Zukunft in hohem Maße auf die bisher eingesetzten Produktionsorganismen aufbauen. Dies ist zum Teil bedingt durch die Fülle an verfahrenstechnischen Erfahrungen, zum anderen durch die gesetzlichen Regelungen, die den Einsatz von gut untersuchten Mikroorganismen mit langer Erfahrung eindeutig bevorzugen.

Diese vorhandenen Produktionssysteme werden derzeit auf Basis von Genominformation und den darauf aufbauenden Proteom- und Metabolom-Daten weiter optimiert. Ziele der gezielten Eingriffe ins bakterielle Genom sind die Steigerung von Produktivität und Qualität. Durch wissensbasierte Eingriffe in die genetische Struktur der Produktionsorganismen in Kombination mit der Simulation von Produktionsprozessen werden bessere Produktionssysteme möglich.

Gleichzeitig gibt es weiterhin einen Bedarf an der Entwicklung ganz neuer Expressions- und Produktionssysteme. Viele Gene aus Metagenomen und nicht kultivierbaren Mikroorganismen können derzeit nicht zufriedenstellend produziert werden. Durch die Möglichkeiten der Sequenzierung der Genome sind die Grundlagen zur gezielten Optimierung deutlich einfacher geworden.

Neue Anwendungsfelder für Enzyme werden als ein entscheidender Faktor für die Ausweitung der Enzymproduktion und der Entwicklung neuer Systeme zu ihrer Produktion gesehen.

📖 Literaturverzeichnis

Aehle W (Hrsg) (2007) Enzymes in Industry: Production and Applications. Wiley-VCH, Weinheim

Antranikian G (2005) Angewandte Mikrobiologie. Springer-Verlag, Berlin, Heidelberg, New York

Cavaco-Paulo A, Gübitz GM (2003) Textile processing with enzymes. Moorhead

Chandel AK, Chandrasekhar G, Borges Silva M, da Silva SS (2012) The realm of cellulases in biorefinery development. Crit Rev Biotechnol, 32: 187–202

Dwivedi HP, Jaykus LA (2011) Detection of pathogens in foods: the current state-of-the-art and future directions. Crit Rev Microbiol 37: 40–63

Gunasekaran V, Das D (2005) Lipase fermentation. Progress and Prospects. Ind J Biotechnol 4: 437–445

Gupta R, Gupta N, Rathi P (2004) Bacterial lipases: an overview of production, purification and biochemical properties. Appl Microbiol Biotechnol 64: 763–781

Haefner S, Knietsch A, Scholten E, Braun J, Lohscheidt M, Zelder O (2005) Biotechnological production and applications of phytases. Appl Microbiol Biotechnol 68: 588–597

Kumar P, Satyanarayana T (2009) Microbial glucoamylases: characteristics and applications. Crit Rev Biotechnol 29: 225–255

Miettinen-Oinonen A (2007) Cellulases in textile industry. In: Polaina J, Mc Cabe AP (Hrsg) Industrial Enzymes. Springer-Verlag, Heidelberg. 51–63

Osterath B, Rao N, Lütz S, Liese A (2007) Technische Anwendung von Enzymen: Weiße Wäsche und Grüne Chemie. Chemie in unserer Zeit 41: 324–333

11 Polysaccharide und Polyhydroxyalkanoate

Alexander Steinbüchel und Matthias Raberg

11.1   Einleitung

Polymere nehmen eine zentrale Rolle im Kohlenstoffkreislauf der Natur ein und werden in ungeheuer großen Mengen synthetisiert. Es wird geschätzt, dass Pflanzen jährlich z. B. ca. 50 bis 100 Gigatonnen Cellulose und in etwa die gleiche Menge Lignin produzieren. Bezogen auf die Masse ist dies ein Vielfaches der jährlichen Erdölförderung (ca. vier Gigatonnen)! Auch Bakterien bestehen überwiegend aus Polymeren. Eine Zelle von *Escherichia coli* wie auch die der meisten anderen Mikroorganismen besteht bezogen auf das Trockengewicht im Durchschnitt zu ca. 95 % aus Polymeren. Polymere werden auch von der chemischen Industrie in großem Umfang produziert. Im Jahr 2010 wurden hier ca. 300 Mill. t Polymere produziert; damit stellen synthetische Polymere das größte Segment an organischen Produkten der chemischen Industrie dar. Biotechnisch unter kontrollierten Bedingungen durch Fermentation hergestellte Polymere nehmen sich dagegen allerdings zurzeit noch recht bescheiden aus.

Synthetische und natürliche Polymere sind daher potenziell und auch real verbreitete Kohlenstoffquellen für Bakterien und stehen am Anfang der aeroben Verwertung organischer Verbindungen bzw. von anaeroben Nahrungsketten in sehr großen Mengen zur Verfügung. Da abgesehen von einigen spezialisierten Zellen das Trockengewicht aller Zellen überwiegend aus Polymeren besteht, kommt Biopolymeren eine zentrale Bedeutung bei der Nutzung nachwachsender Rohstoffe zu.

11.1.1   Vorkommen und biologische Bedeutung

Mikroorganismen sind nicht nur in der Lage, Polymere in großen Mengen zu synthetisieren, sie synthetisieren auch eine große Vielzahl von Polymeren. Es handelt sich dabei um organische Polymere wie Nukleinsäuren, Proteine, Polyamide, Polysaccharide, Polyoxoester, Polythioester, Polyisoprenoide und Polyphenole sowie um das anorganische Polymer Polyphosphat. Bakterien können alle Polymere natürlicherweise synthetisieren; sie sind jedoch bei der Synthese von Polyphenolen Pilzen und Pflanzen deutlich unterlegen und können im Gegensatz zu Pflanzen keine Polyisoprene synthetisieren.

Polymere kommen in allen Kompartimenten von Zellen vor. Sie können als Speicherstoffe im Cytoplasma vorliegen und sind dann meist unlöslich, sie kommen als Bestandteile der Zellwand und aufgelagerter Schichten vor, und sie werden zum Teil auch gezielt aus der Zelle ausgeschieden und kommen dann außerhalb der Zelle vor. Abgesehen von den polymeren Speicherstoffen (Polyester, Cyanophycin, Polyphosphat, Glykogen) sind fast alle anderen vom Organismus synthetisierten Polymere für die Zelle essenziell.

11.1.2   Anwendungsbereiche und wirtschaftliche Bedeutung

Polymere werden seit Jahrtausenden aus der Natur meist aus Pflanzenmaterial isoliert. Cellulose und Seide mögen hier als Paradebeispiele dienen. Die Herstellung von Papier und Fasern für Textilien basiert seit vielen Hundert Jahren auf diesen Polymeren. Seit einigen Jahrzehnten werden bestimmte Polymere wie z. B. die Polysaccharide Dextran und Xanthan oder der Polyester Poly(3-hydroxybuttersäure) auch mit Bakterien produziert. Zunächst erfolgte die Produktion in der Regel durch Fermentation der Wildtypen von Mikroorganismen. Dann wurden einfache Mutanten eingesetzt, und jetzt gewinnen gentechnisch veränderte Mikroorganismen mit maßgeschneidertem Stoffwechsel eine zunehmende Bedeutung. **Polysaccharide** und **Polyester** stehen im Zentrum dieses Kapitels. Diese Biopolymere werden für eine Vielzahl von technischen Anwendungen genutzt, die in sehr unterschiedlichen Bereichen liegen. Die Anwendungen und wichtige Eigenschaften der Polymere werden in den Unterkapiteln beschrieben, in denen die jeweiligen Polymere vorgestellt werden (Abschn. 11.3 bis 11.6).

11.2 Entwicklung von Produktionsstämmen

11.2.1 Mikroorganismen

Während für die Synthese von Polysacchariden wie Dextran und Xanthan bereits seit Jahrzehnten bekannte Mikroorganismen eingesetzt werden, die in der Vergangenheit aus der Natur isoliert worden waren, werden andere technisch interessante Biopolymere wie Polyester und Polyamide mit rekombinanten Mikroorganismen produziert. Dies liegt meist daran, dass Bakterien, welche die gewünschten Polymere natürlicherweise synthetisieren, dies nicht effektiv genug durchführen oder nicht schnell und dicht genug wachsen. So werden z. B. Cyanobakterien als natürliche Produktionsorganismen für viele interessante intrazelluläre Produkte wie Cyanophycin, die sehr preiswert sein sollen, nicht herangezogen. In diesen Fällen muss die Biosynthese dann in anderen Bakterien, die jedoch zunächst mit der entsprechenden genetischen Information ausgestattet werden müssen, durchgeführt werden. Dies hat den Vorteil, dass auf Mikroorganismen zurückgegriffen werden kann, über die meist schon sehr viel mehr bekannt ist als über die natürlichen Produktionsorganismen. Bakterien, wie z. B. *Escherichia coli* oder *Ralstonia eutropha*, sowie Hefen, wie z. B. *Saccharomyces cerevisiae*, bieten sich hierfür an.

11.2.2 Flaschenhälse bei der Überproduktion

Es gibt verschiedene Engpässe bei der Produktion von Polymeren. Dabei ist es ganz aufschlussreich, zunächst die **Lokalisation der Biopolymere** zu betrachten. Die meisten biotechnischen Produkte liegen extrazellulär vor, d. h. sie werden meist in der Zelle synthetisiert und dann ausgeschieden. Dies gilt für fast alle „erfolgreichen" Produkte (◘ Tab. 11.1). Damit steht der gesamte extrazelluläre Raum im Medium bzw. im Bioreaktor zur Ablage einer Verbindung zur Verfügung. Das Produkt kann meist einfach durch Abtrennung zunächst der Zellen und dann der übrigen Medienbestandteile isoliert werden. Die Isolierung kann jedoch zu einem erheblichen Problem werden, wenn das Polymer dem Medium eine sehr hohe Viskosität verleiht, wie dies z. B. bei Dextran und Xanthan der Fall ist (siehe unten).

Nur wenige etablierte biotechnische Produkte liegen intrazellulär vor. In diesen Fällen stehen dann nur das Cytoplasma oder die Membran als Ablage der Verbindung zur Verfügung. Beide Kompartimente bieten nur im begrenzten Umfang Raum. Hier ist deshalb eine hohe Zelldichte erforderlich, um eine hohe Produktkonzentration bzw. -menge zu erreichen. Im Gegensatz zu extrazellulären Produkten ist bei intrazellulären Produkten weiterhin die Notwendigkeit für eine Freisetzung des Produktes aus den Zellen gegeben. Die Freisetzung kann mechanisch durch Zerstörung der Zellwand oder durch Extraktion mit geeigneten Lösungsmitteln erfolgen. Theoretisch ist auch eine kontrollierte biologische Zelllyse möglich. Hierüber wurde bereits sehr viel geforscht; es liegen bisher jedoch noch keine erfolgreichen Beispiele vor, da es nahezu unmöglich ist, die Zelllyse bis zum erwünschten Auftreten unter den bei Produktionsbedingungen vorherrschenden Bedingungen vollständig zu unterbinden.

11.2.3 Überwindung der Flaschenhälse und anderer Engpässe

Eine Überwindung der aufgeführten Flaschenhälse ist nicht immer möglich. So ist es schwierig, die Biosynthese von Polysacchariden heterolog in anderen Mikroorganismen zu etablieren, wenn diese Polymere eine sehr komplexe Struk-

◘ **Tabelle 11.1** Unterschiede bei der Produktion intrazellulärer und extrazellulärer Produkte

	Intrazelluläre Produkte	Extrazelluläre Produkte
Beispiele	Polyhydroxyalkanoate, Cyanophycin, Polyphosphat, Glykogen, Stärke, einige rekombinante Proteine (z. B. Insulin)	Poly(γ-D-Glutamat), mikrobielle Cellulose, Xanthan, Dextran, rekombinante Proteine, Antibiotika, Aminosäuren, andere organische Säuren, Alkohole, Methan
Vorteile	Produkt liegt konzentriert in der Zelle vor	Zellaufschluss oder Extraktion nicht erforderlich, höhere Produktkonzentration ist möglich
Nachteile	Zellaufschluss oder Extraktion erforderlich, Hochzelldichtefermentation ist Voraussetzung für hohe Produktkonzentration	u. U. starke Erhöhung der Viskosität des Mediums

tur besitzen und wenn an der Synthese zahlreiche Enzyme beteiligt sind. Am Beispiel von Xanthan wird die Komplexität noch deutlich werden (Abschn. 11.4). Dagegen ist die Etablierung von Biosynthesewegen für Polyester in anderen Bakterien vergleichsweise einfach und in der Vergangenheit mehrfach gelungen. Paradebeispiel ist hier die Etablierung der Biosynthese von Poly(3-hydroxybuttersäure) in *Escherichia coli* und anderen Bakterien nach Übertragung und heterologer Expression eines aus drei Genen bestehenden Operons aus *Ralstonia eutropha*.

Am vielversprechendsten sind Veränderungen im Synthesestoffwechsel der Polymere. Stoffwechselphysiologisch kann man die Synthese eines Polymers in zwei Abschnitte einteilen. Im ersten Abschnitt wird ausgehend von einem Intermediat des (zentralen) Stoffwechsels der Polymerbaustein synthetisiert. Im zweiten Abschnitt dient dieser einer Polymerase als Substrat. Bei den meisten Polymeren wie Dextran, Cellulose, Stärke, Polylysin, Cyanophycin, Polyglutamat, Polyphosphat, Polyestern usw. ist lediglich ein Enzym an der Polymerisation beteiligt. Komplizierter ist die Situation beim Xanthan, das sich aus fünf verschiedenen Bausteinen zusammensetzt.

Dem ersten Abschnitt kommt dabei meist die größte Bedeutung zu. Zum einen ist es erforderlich, dass die Polymerbausteine in ausreichender Menge und in einer hohen Konzentration nahe oder über dem K_m-Wert zur Verfügung gestellt werden, damit die Polymerase mit ausreichender Geschwindigkeit und lang anhaltend arbeiten kann. Meist ist die Bereitstellung der Polymerbausteine das eigentliche Problem, das nur durch deren gesteigerte Synthese beseitigt werden kann. Da die Synthese der Polymerbausteine in der Regel mehrere enzymatische Schritte umfasst, treten hier fast immer mehrere und im Zuge der Stammoptimierung auch wechselnde Engpässe auf. Hierbei muss systematisch vorgegangen werden, und Metabolom-Analysen können wertvolle Information liefern. Zugleich darf jedoch der mit der Synthese der Polymerbausteine bedingte Entzug von Metaboliten den übrigen Stoffwechsel nicht negativ beeinträchtigen. Selten gibt es bei genauerer Betrachtung Hinweise, dass die Aktivität der Polymerase selbst das Nadelöhr darstellt. Zumindest könnte dieses Problem dann durch eine verstärkte Expression behoben werden.

11.3 Dextran

11.3.1 Vorkommen und biologische Funktion

Der Terminus Dextran wurde erstmalig durch Carl Scheibler im Jahr 1874 verwendet, nachdem er erkannte, dass eine bis dato unerklärliche Viskositätszunahme von Zuckerrohr- und Zucker-

◻ Abb. 11.1 Struktur von Dextran. Die in diesem Fall dargestellte Seitenkette ist α-1,3-glykosidisch verknüpft

rübensäften durch einen Monokohlenhydrat-Baustein mit der Summenformel $C_6H_{10}O_6$ verursacht wurde. Bereits 1861 hatte Louis Pasteur gezeigt, dass dieses schleimbildende Polysaccharid durch mikrobielle Aktivität entsteht. Philippe Édouard Léon Van Tieghem identifizierte schließlich 1878 das verantwortliche Bakterium *Leuconostoc mesenteroides*, welches zu den heterofermentativen Milchsäurebakterien gehört und aufgrund seines im Zellverbund gallertartigen Erscheinungsbildes zudem unter dem Trivialnamen „Froschlaich-Bakterium" bekannt ist.

Dextran ist ein Exopolysaccharid und vermittelt vermutlich neben einem Schutz gegenüber Austrocknung die Anheftung von Zellen an Oberflächen. Dextran ist kein Speicherstoff, da *L. mesenteroides* selbst Dextran nicht wieder abzubauen vermag. Die Fähigkeit zur Dextransynthese wurde für einige wenige weitere Bakterienspezies nachgewiesen, wobei die genaue Konstitution des Polymers variieren kann.

Dextrane sind definiert als Homopolysaccharide aus Glucosemolekülen, die überwiegend durch aufeinanderfolgende α-1,6-glykosidische Bindungen das Rückgrat des Polymers bilden. Diese Hauptkette kann darüber hinaus Seitenketten aus gleichermaßen verknüpften Glucose-Oligomeren unterschiedlichen Polymerisationsgrades tragen. Zwar erfolgt die Anbindung

oftmals α-1,3-glykosidisch (◻ Abb. 11.1), mitunter treten jedoch α-1,4- oder α-1,2-glykosidische Bindungen auf. Polymerisationsgrad und Art der Anknüpfung der Seitenketten sind stammspezifisch und haben maßgeblichen Einfluss auf die Eigenschaften des Polysaccharids.

Von industriellem Interesse ist lediglich das „klassische" Dextran, das von *L. mesenteroides* gebildet wird und einen Anteil von 95 % α-1,6-Bindungen und lediglich ca. 5 % α-1,3-Verzweigungen aufweist. Es wird angenommen, dass etwa 40 % dieser mit dem Hauptstrang α-1,3-verknüpften Seitenketten nur eine und 45 % zwei Untereinheiten lang sind. Die Länge der verbleibenden Seitenketten beträgt mutmaßlicherweise mehr als 30 α-1,6-verbundene Glucose-Untereinheiten. Die Verteilung der verschiedenen Seitenketten erfolgt anscheinend zufällig (◻ Abb. 11.1).

11.3.2 Biosynthese und Regulation

Das zuvor beschriebene Dextran wird von *L. mesenteroides* extrazellulär durch eine sekretierte Hexosyltransferase, die Dextransaccharase, synthetisiert. Das Enzym verwendet exklusiv Saccharose als Substrat und überträgt den Glucoserest auf das wachsende Polysaccharid. Für die Reaktion wird kein ATP benötigt, da das Enzym die Energie der glykosidischen Bindung zwischen Glucose und Fructose nutzt. Mit Glucose als alleiniger Kohlenstoffquelle wird daher kein Dextran synthetisiert. Neben der Bildung des Dextranrückgrats katalysiert die Dextransaccharase außerdem die Anknüpfung der Seitenkettenverzweigungen. Die katalytische Domäne des Enzyms besitzt anscheinend zwei nukleophile Reaktionsstellen. Saccharose wird an einer oder beiden Reaktionsstellen hydrolysiert und die Glykosylreste in Form hochenergetischer Bindungen kovalent an das Enzym gebunden, wobei die der Saccharose entstammende Energie konserviert wird. Die Dextrankette wächst durch sukzessive Glykosyl-Insertionen zwischen dem Enzym und dem reduzierenden Ende des Strangs, der an das Enzym gebunden bleibt. Die für die Synthese von Dextran aus Saccharose freigesetzten Fructosemoleküle werden in die Zellen aufgenommen und als Kohlenstoffquelle zu Milchsäure, Ethanol und CO_2 vergoren. Optimale Katalyse geschieht in leicht saurem Milieu (pH 5 bis 6); neben Ca^{2+}-Ionen werden keine weiteren Kofaktoren zur Dextransynthese benötigt. Während die Expression der Dextransaccharase in Wildtyp-Stämmen von *L. mesenteroides* durch Saccharose induziert und auf Transkriptionsebene reguliert wird, synthetisieren Spezies der Gattung *Streptococcus* das Enzym konstitutiv.

11.3.3 Anwendungen und Produktionsverfahren

Nachdem Dextrane zunächst als Kontaminationen in Lebensmitteln sowie Zuckerraffinerien Beachtung fanden und Dextrane außerdem als Bestandteil von Karies verursachendem Plaque identifiziert wurden, konzentrierten sich schließlich in den 1940er-Jahren intensive Forschungsprogramme auf nutzbare Anwendungen. Inzwischen werden Dextran und abgeleitete Derivate vornehmlich als Spezialchemikalien für Applikationen in der Klinik, Pharmazie, Industrie und

Forschung eingesetzt. Die bekanntesten Anwendungen von Dextranen umfassen den Einsatz als Blutplasma-Ersatzmittel und als Gerüstsubstanz chromatographischer Matrizes zur Auftrennung von Proteinen. Da natürliches Dextran polydispers ist und ein hohes Molekulargewicht zwischen 10^6 und 10^9 Dalton aufweist, wird es durch Behandlung mit Säure zunächst partiell hydrolysiert. Anschließend erfolgt eine Fraktionierung in organischen Lösungsmitteln. Hierzu können Aceton, Ethanol oder Methanol eingesetzt werden. Alternativ kann die Spaltung unter Verwendung von Dextranasen durchgeführt werden. Im klinischen Bereich unter der Bezeichnung Dextran 40 bzw. Dextran 70 verwendete Glucane bestehen aus 40 000- und 70 000-Dalton-Fraktionen.

In Forschung und Industrie hat das Produkt Sephadex® des schwedischen Unternehmens Pharmacia Bekanntheit erlangt, das heutzutage von der Firma GE Healthcare angeboten wird. Hierbei handelt es sich um ein Dextran, das durch chemische Reaktionen quervernetzt wurde und in Form wasserunlöslicher Mikropartikel mit unterschiedlicher Porengröße zur Gelfiltration von Proteinen eingesetzt wird. Durch kovalentes Anknüpfen geladener Verbindungen oder anderer als Liganden dienender funktioneller Gruppen werden Ionenaustauscher oder Medien für die Affinitätschromatographie hergestellt, die ebenfalls häufig zur Proteinreinigung eingesetzt werden.

Aktuell ist Dextran neben Xanthan das bedeutendste technisch genutzte Biopolymer aus Mikroorganismen. Firmen wie Dextran Products Ltd. (Toronto), Pharmachem Corp. (USA) und Pharmacosmos A/S (Dänemark) produzieren pro Jahr weltweit ca. 2000 t Dextran. Zusätzlich werden noch einige Hundert Tonnen chemisch modifizierte Dextrane hergestellt. Der Großhandelspreis liegt bei ungefähr 7 Euro pro kg.

Nach wie vor finden primär einfache Batch-Fermentationen zur Produktion von Dextran Anwendung. Als Produktionsstamm fungiert der Stamm *L. mesenteroides* NRRL B-512F, ein Derivat des 1950 entdeckten Naturisolates B512. Zellfreie Verfahren auf Basis aufgereinigter Dextransaccharase konnten sich bisher nicht durchsetzen, obwohl sie einige Vorteile böten. Neben der Kontrollierbarkeit des Polymerisationsgrades entsteht bei einem solchen Verfahren zusätzlich Fructose als nutzbares Nebenprodukt. Eine hierfür hilfreiche und zur konstitutiven Überexpression von Dextransaccharase befähigte Mutante (Stamm B-512FMC) wurde bereits beschrieben.

11.4   Xanthan

11.4.1 Vorkommen, chemische Struktur und biologische Funktion

Xanthan ist ein mikrobiologisches Biopolymer, das in den 1950er-Jahren als ein wasserlösliches Gummi von wirtschaftlichem Interesse entdeckt wurde. Das Polysaccharid wird biotechnisch mit dem phytopathogenen Gram-negativen Bakterium *Xanthomonas campestris* produziert. Bereits 1960 wurde die industrielle Herstellung von Xanthan initiiert, und im Jahr 1964 war das Produkt erstmals kommerziell erhältlich.

Bei Xanthan handelt es sich um ein Heteropolysaccharid von komplexer Struktur. Das Rückgrat besteht aus Cellulose, also β-1,4-glykosidisch verknüpfter Glucose. Jede zweite Glucoseeinheit ist zudem kovalent mit einem aus D-Mannose, D-Glucuronsäure und D-Mannose bestehenden Trisaccharid verbunden, wobei die beiden Mannosereste wiederum mit Acetat bzw. Pyruvat verknüpft sein können (◘ Abb. 11.2). Während der terminale Mannoserest C_4- und C_6-verknüpftes Pyruvat in Form eines Ketals enthalten kann, kann die interne Mannoseeinheit über C_6 acetyliert vorliegen. In Abhängigkeit des jeweiligen *X. campestris*-Stamms variiert die Menge der an die Seitenketten gebundenen Acetyl- und Pyruvyl-Substituenten. Üblicherweise variiert der Substitutionsgrad für Pyruvat zwischen 30 und 40 % und jener für Acetat zwischen 60 und 70 %.

Das Exopolysaccharid Xanthan wird durch *X. campestris*, einem für Pflanzen der Familie Brassicaceae pathogenen Bakterium, synthetisiert und sekretiert. Xanthan besitzt üblicherweise eine molekulare Masse zwischen 4×10^6 und 12×10^6 g/mol. Das Polymer verhindert durch sein starkes Wasserbindevermögen eine Austrocknung der Zellen von *X. campestris* und schützt darüber hinaus vor UV-Strahlung. Außerdem erschwert dieses Polysaccharid als physikalische Barriere eine Infektion der Bakterienzellen durch Bakteriophagen. Xanthan dient nicht als Speicherstoff, da das Bakterium selbst nicht in der Lage ist, das Polymer wieder abzubauen und zu verstoffwechseln.

11.4.2 Stoffwechselwege und Regulation

Die Biosynthese von Xanthan geschieht in Abhängigkeit der energiereichen **Zuckernukleotide** UDP-Glucose, GDP-Mannose und UDP-Glucuronsäure, wobei Letzteres durch Oxidation von UDP-Glucose entsteht. Essenziell für die Bereitstellung dieser Vorläufermoleküle sind die Gene *xanA* und *xanB*, die für die bifunktionalen Enzyme Phosphoglucomutase/Phosphomannomutase bzw. Mannose-6-phosphat-Isomerase/Mannose-1-phosphat-Guanylyltransferase codieren und phosphorylierte Intermediate des Pentosephosphatweges für die Synthese der Zuckernukleotide umsetzen.

Die Synthese von Xanthan beginnt mit dem Zusammenfügen der sich wiederholenden Pentasaccharid-Einheiten, die dann polymerisiert werden und das Makromolekül bilden (◘ Abb. 11.3). Die Assemblierung dieser Pentasaccharid-Einheiten erfolgt an einem als Akzeptor dienenden membrangebundenen Polyisoprenphosphat und wird katalysiert durch Glykosyltransferasen, die von den *gumDMHKI*-Genen codiert werden.

Im ersten Schritt der Pentasaccharid-Assemblierung wird Glucose-1-phosphat von UDP-Glucose auf eben jenes Polyisoprenphosphat

11

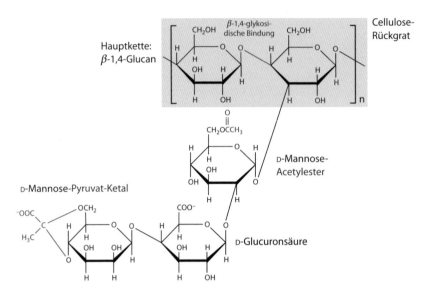

⬛ Abb. 11.2 Chemische Struktur von Xanthan. Das Polymer besteht aus sich wiederholenden zwei β-1,4-glykosidisch verbundenen Glucoseresten, die das Cellulose-Rückgrat des Polymers bilden. Jedes zweite Glucosemolekül trägt ein aus D-Mannose, D-Glucuronsäure und D-Mannose bestehendes kovalent gebundenes Trisaccharid. Die Mannosereste können wiederum mit Acetat bzw. Pyruvat verknüpft sein

übertragen. Der nachfolgende schrittweise Transfer der übrigen Zuckereinheiten D-Mannose und D-Glucuronsäure ausgehend von GDP-Mannose bzw. UDP-Glucuronsäure ergibt die vollständige lipidgebundene Pentasaccharid-Einheit. Nun werden die Acetyl- und Pyruvyleinheiten von den Donatoren Acetyl-CoA und Phosphoenolpyruvat (PEP) hinzugefügt: Die Acetyltransferase I (GumF) acetyliert die innere Mannose, während die Acetyltransferase II (GumG) die endständige Mannose acetylieren kann. Die Pyruvyltransferase GumL fügt eine Pyruvylgruppe an die endständige Mannose an. Die Extension der Xanthanketten erfolgt am reduzierenden Ende. Der präzise Ablauf der terminalen Schritte, sprich die Sekretion von der Cytoplasmamembran, die Passage durch das Periplasma sowie die Exkretion in die extrazelluläre Umgebung, ist bislang nicht abschließend geklärt. Sicher ist, dass der Prozess Energie benötigt und möglicherweise durch ein spezifisches Transportsystem vermittelt wird. Folgende Beteiligung der Proteine GumBCEJ gilt jedoch als wahrscheinlich: GumJ vermittelt den Transfer der Oligosaccharid-Untereinheit durch die Cy-

toplasmamembran in das Periplasma. GumE katalysiert mutmaßlich die Polymerisation von Xanthan, während GumB und GumC anscheinend den Export des Polymers durch die Außenmembran bewerkstelligen.

Die Mehrzahl der an der Biosynthese von Xanthan beteiligten Gene wurde identifiziert und charakterisiert. Sie werden in *X. campestris* von einem einzigen Promotor als Operon transkribiert und scheinen keiner spezifischen Regulation zu unterliegen.

11.4.3 Produktionsverfahren und großtechnische Herstellung

Xanthan wird ausschließlich biotechnisch von *X. campestris* unter oxischen Bedingungen zumeist ausgehend von Glucose hergestellt. Generell fördert ein hohes Verhältnis von Kohlenstoff zu Stickstoff im Medium die Polymer-Produktion. Die Fermentation kann im Batch-Verfahren oder in kontinuierlicher Kultur erfolgen, da Xanthan sowohl während der Wachs-

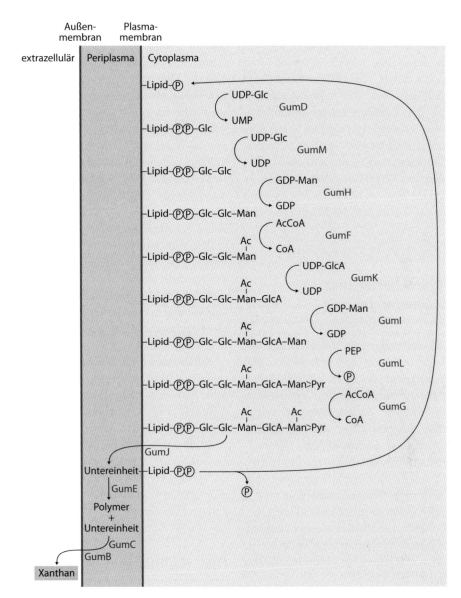

□ Abb. 11.3 Biosyntheseweg von Xanthan. Xanthan synthetisierende Enzyme (rot) werden durch Gene des *gum*-Clusters (*gumBCDEFGHIJKLM*) codiert. Die Assemblierung der sich wiederholenden Pentasaccharid-Einheiten durch Glykosyltransferasen sowie das Anfügen der Acetyl- und Pyruvylgruppen sind im Text detailliert beschrieben

tumsphase als auch während der stationären Phase synthetisiert wird. In der industriellen Produktion werden Batch-Verfahren in belüfteten und gerührten Fermentern bevorzugt. Durch die vom Polymer selbst hervorgerufene starke Viskosität des Mediums müssen die Rührtechnik und die Sauerstoffversorgung an-

gepasst werden. Die optimale Temperatur für das Zellwachstum beträgt 24 bis 27 °C bei einem pH-Wert von 6 bis 7,5, wohingegen maximale Xanthan-Produktion bei 30 bis 33 °C und einem pH-Wert von 7 bis 8 erreicht wird. Die aus der Literatur bekannte maximale volumetrische Produktivität und erreichbare Produktkonzentration liegt bei 0,7 g/l h bzw. 15 bis 30 g/l. Der *downstream*-Prozess umfasst ein Abtrennen der Zellen mittels Filtration oder Zentrifugation sowie ein Pasteurisieren zum Abtöten der Bakterien. Die Aufreinigung und Gewinnung des Xanthans erfolgt durch Ausfällen mittels Ethanol, Isopropanol oder Aceton. Nach der Präzipitation wird das Produkt mechanisch entwässert und getrocknet. Pro Jahr werden ca. 30 000 t Xanthan produziert, was bei einem Preis von ca. 10 bis 14 Euro pro kg einem Umsatz von 500 Mill. Euro entspricht.

11.4.4 Eigenschaften und Anwendungen

Xanthan ist ein äußerst wirksames **Bindemittel** und bildet selbst in Konzentrationen von unter 1 % aufgrund des hohen Molekulargewichts und der Sekundärstruktur hochviskose Lösungen. Wässrige Xanthanlösungen zeigen sich überdies ausgesprochen widerstandsfähig gegenüber Hydrolyse, Temperatur und Elektrolyten. So bleibt die Viskosität selbst bei pH-Werten zwischen 2 und 11 über einen langen Zeitraum erhalten, und sogar Temperaturen über 100 °C vermögen die Viskosität nicht wesentlich zu beeinflussen. Diese Eigenschaften machen Xanthan neben der hohen Wasserbindekapazität zu einem attraktiven Polymer für eine Vielzahl von Anwendungen.

In der Nahrungsmittelindustrie wird Xanthan als Verdicker, Suspensionsmittel, Emulgator, Geliermittel oder Schaumverstärker eingesetzt. Es findet Anwendung als Zusatzstoff für Saucen und Desserts in Trockenmischungen sowie Tiefkühlprodukten; in Dressings eignet sich das Polysaccharid insbesondere zur Suspension von Kräutern und Gewürzen.

Die wichtigste technische Anwendung außerhalb des Nahrungsmittelsektors betrifft die **Erdölförderung**. Dort wird Xanthan der Bohrflüssigkeit aufgrund seiner pseudoplastischen Eigenschaften, der Temperaturstabilität und der Salztoleranz als **Viskositätsregulator** zugesetzt. Pseudoplastizität ist eine verbreitete Eigenschaft von Polymerlösungen und bedeutet, dass die Viskosität einer Flüssigkeit bei steigenden Scherkräften abnimmt. Bei Ölbohrungen wird eine niedrige Viskosität an der Bohrerspitze benötigt, während eine hohe Viskosität um das Bohrgestänge herum notwendig ist, um Bohrgut durch den Schacht an die Oberfläche zu verbringen. Die Pseudoplastizität von Xanthanlösungen erfüllt diese Kriterien, da diese Lösungen bei den am Bohrkopf auftretenden hohen Scherkräften eine niedrige Viskosität ausprägen, jedoch in dem zur Oberfläche führenden Bohrschacht mit niedrigen Scherkräften eine hohe Viskosität ausbilden. Dadurch ermöglichen xanthanhaltige Bohrflüssigkeiten ein rasches Durchdringen des Gesteins am Bohrkopf und gleichzeitig eine effektive Aufschwemmung des Bohrgutes.

Außerdem ist Xanthan Bestandteil einer Vielzahl von Körperpflegemitteln. Andere Einsatzgebiete erstrecken sich auf den Textildruck, Reinigungsmittel sowie Farben und pharmazeutische Anwendungen als Trennmittel.

Während ca. 65 % des produzierten Xanthans für Nahrungs- und Körperpflegemittel verwendet werden, kommen ca. 15 % in der Erdölförderung und 20 % in anderen technischen Anwendungen zum Einsatz.

11.5 Cellulose

11.5.1 Vorkommen, chemische Struktur und biologische Funktion

Cellulose ist neben Lignin das quantitativ bedeutendste in der Natur auftretende Biopolymer, sie macht den größten Anteil an der pflanzlichen Biomasse aus und stellt darüber hinaus ein mikrobielles extrazelluläres Polymer dar. Es handelt sich um ein **unverzweigtes Glucan**, bei dem die Glucosereste β-1,4-glykosidisch verknüpft vorliegen (■ Abb. 11.4). Während bakterielle Cel-

◻ Abb. 11.4 Chemische Struktur von Cellulose. Das Polymer besteht aus ausschließlich β-1,4-glykosidisch verknüpften Glucoseresten, die ein unverzweigtes Glucan bilden

lulose ein spezifisches Produkt des Primärmetabolismus ist und vornehmlich Schutzfunktion vermittelt, besitzt pflanzliche Cellulose eine strukturelle Rolle. Eine der wichtigsten Eigenschaften bakterieller Cellulose ist die chemische Reinheit; im Gegensatz hierzu liegt pflanzliche Cellulose üblicherweise mit Hemicellulose und Lignin assoziiert vor.

Bakterielle Cellulose wird von den Gattungen *Acetobacter*, *Gluconacetobacter*, *Rhizobium*, *Agrobacterium* und *Sarcina* synthetisiert und scheint insbesondere an der Ausbildung von Zellaggregaten beteiligt zu sein. Bei Essigsäurebakterien dient die aus Cellulose bestehende Kahmhaut als Matrix für feste Zellverbände. Der effizienteste Produzent ist das Gram-negative Bakterium *Gluconacetobacter xylinus* (vormals *Acetobacter xylinum*), der in einer nicht gerührten Kultur ein dünnes Häutchen, die Kahmhaut, direkt an der Grenzfläche zwischen Luft und Medium ausbildet und dort wächst. Da diese Bakterien strikt aerob sind, ist so eine optimale Versorgung mit Sauerstoff sichergestellt. Wird das Kulturmedium hingegen geschüttelt, bilden sich kleine Granula, in denen die Zellen durch Cellulose zusammengehalten werden.

Bei der Ausbildung der Zellpakete von *Sarcina ventriculi* und der Zellflocken von *Zoogloea ramigera* ist Cellulose offensichtlich ebenfalls involviert, und einigen anderen Bakterien wie dem phytopathogenen *Rhizobium radiobacter* dient dieses Polysaccharid anscheinend der Anheftung an Pflanzen im ersten Schritt der Infektion.

11.5.2 Biosynthese und Regulation

In Abhängigkeit des physiologischen Zustands der Zelle synthetisiert *G. xylinus* Cellulose als ein Endprodukt des Kohlenstoffmetabolismus. Dies umfasst die jeweils vorhandenen intrazellulären Konzentrationen an Intermediaten des Pentosephosphatweges und des Tricarbonsäurezyklus wie auch der Gluconeogenese. Essigsäurebakterien sind nicht zur Glykolyse befähigt, da das essenzielle Enzym Phosphofructokinase fehlt. *G. xylinus* vermag unterschiedliche Kohlenstoffquellen zu nutzen, unter anderem Hexosen, Glycerin, Dihydroxyaceton, Pyruvat sowie Dicarbonsäuren, und diese mit einer Effizienz von ca. 50 % (wt/wt) zu Cellulose zu konvertieren. Die Intermediate des Tricarbonsäurezyklus werden hierzu über eine Decarboxylierung von Oxalacetat zunächst in Pyruvat überführt und dann via Gluconeogenese – ähnlich wie Glycerin, Dihydroxyaceton und Pentosephosphatweg-Intermediate – in Glucose-6-phosphat, eine Vorstufe der Cellulosesynthese umgewandelt.

Die Synthese bakterieller Cellulose ist ein präzise und spezifisch regulierter mehrstufiger Prozess, der eine Vielzahl von einzelnen Enzymen und Komplexen von katalytischen und regulatorischen Proteinen umfasst. Die Synthese beginnt ausgehend von Glucose-6-phosphat, das durch eine Phosphoglucomutase in Glucose-1-phosphat umgewandelt wird. Der Glucoserest wird nun durch das Enzym Glucose-1-phosphat-Uridylyltransferase mit Uridintriphosphat (UTP) auf Uridindiphosphat (UDP) übertragen, wodurch UDP-Glucose und Pyrophosphat entstehen. Pyrophosphat wird umgehend durch eine Pyrophosphatase in zwei Moleküle Phosphat gespalten und damit das Gleichgewicht auf die Produktseite verschoben. Von UDP-Glucose ausgehend werden dann unter Abspaltung von zwei UDP-Molekülen zwei Glucosereste durch die Cellulose-Synthase kovalent miteinander verbunden. Der Cellulose-Synthase-Komplex ist in der Cytoplasmamembran lokalisiert und bleibt zudem an die neu entstehende Cellulosekette gebunden, die durch die prozessive Tätigkeit der Cellulose-Synthase wächst und durch die Zellmembran nach außen geschleust wird. In der äußeren Membran wiederum besitzt G. *xylinus* eine Vielzahl reihenweise angeordneter Extrusionsporen, durch die die naszierenden Cellulosemoleküle die Zelle verlassen. Die Celluloseketten mehrerer Extrusionsporen aggregieren und bilden Subfibrillen mit einem Durchmesser von ca. 1,5 nm. Damit gehören sie zu den dünnsten natürlich vorkommenden Fasern. Die Subfibrillen kristallisieren zu Mikrofibrillen, diese zu Bündeln und schließlich bilden sich höher geordnete Bänderstrukturen mit einer Dicke von 3 bis 4 nm und einer Breite von 70 bis 80 nm. Im Unterschied dazu sind aus Pflanzen aufgeschlossene Cellulosefasern um zwei Zehnerpotenzen größer. Die makroskopische Morphologie der bakteriellen Cellulose hängt strikt von den Kulturbedingungen ab, insbesondere davon, ob gerührte oder nicht-gerührte Kulturbedingungen gewählt werden.

11.5.3 Biotechnische Produktion

Um die natürliche Cellulosesynthese von G. *xylinus* zu erhöhen, fanden in der Vergangenheit Methoden des **Metabolic Engineering** Anwendung, um beispielsweise zusätzliche preiswerte Kohlenstoffquellen zu erschließen oder Mutanten zu erzeugen, deren veränderter Stoffwechsel vermehrt Vorstufen der Cellulosesynthese bereitstellt. In diesem Kontext wurde eine Saccharose-Phosphorylase (EC 2.4.1.7) aus *Leuconostoc mesenteroides* in *Gluconacetobacter* spec. heterolog exprimiert, was eine Verwertung von Saccharose als Kohlenstoffquelle ermöglichte und die Cellulose-Produktion erhöhte. Außerdem wurden Mutanten von G. *xylinus* isoliert, die nicht mehr in der Lage waren, Glucose via Gluconat zu 2-, 5-Ketogluconat oder 2,5-Diketogluconat zu oxidieren, was höhere Konzentrationen an Vorstufen zur Cellulosesynthese zur Folge hatte. Ein alternativer Ansatz, der die Cellulosesynthese in gerührten Kulturen erhöhen konnte, zielte darauf ab, Mutanten mit inaktiver Glucose-6-phosphat-Dehydrogenase zu erzeugen, um eine Konversion von Glucose zu organischen Säuren zu verhindern. Außerdem wurden Synthesestimulierende Substanzen getestet. So wurde bei Zugabe von Ethanol oder Lactat eine Zunahme der Polymersynthese beobachtet, die auf ein Anheben des zellulären ATP-Spiegels zurückgeführt wurde, was letztlich die Konzentration des Eduktes Glucose-6-phosphat erhöht. ATP aktiviert die Fructokinase und inhibiert die Glucose-6-phosphat-Dehydrogenase, was die unerwünschte Umsetzung von Glucose-6-phosphat zu 6-Phosphogluconat blockiert. Weitere Bemühungen galten der Optimierung der Kulturmedien-Zusammensetzung. Des Weiteren stellte sich heraus, dass eine maximale Cellulosesynthese bei einem pH-Wert von 4 bis 7 und einer Temperatur von 28 bis 30 °C erfolgt.

Zur industriellen Cellulose-Produktion finden sowohl nicht-gerührte als auch gerührte Kulturen in verschiedenen Fermentertypen Verwendung, wobei beide Verfahren Vor- und Nachteile bergen. Die Cellulose-Ausbeute in nicht-gerührter Kultur ist insbesondere abhängig von dem Oberfläche/Volumen-Verhältnis, und das Einstellen optimaler Belüftung ist nicht einfach. Durch die Bildung der Kahmhaut ist die Kontrolle der Fermentation schwierig, außerdem kann die Justierung des pH-Wertes in nicht-gerührter Kultur nicht mit konventionellen Methoden erfolgen. Die Nutzung horizontaler Fermenter versucht diese Probleme zu umgehen.

Submerskulturen in Fermentern mit Rührapparatur und kontinuierlicher Belüftung finden Anwendung zur *large-scale*-Produktion. Solche Ansätze kämpfen mit vorschreitender Kultivierungsdauer jedoch mit ähnlichen Problemen wie Anzuchten von Pilzen oder Streptomyceten, wo Pelletbildung oder filamentöses Wachstum den Rührprozess stören. Entstehenden hohen Scherkräften, die die Produktqualität gefährden, wurde versucht, mit schützenden Agenzien wie Acrylamid entgegenzuwirken. Hierdurch wurde der Schaden durch Scherwirkung deutlich reduziert, jedoch zum Preis einer niedrigen spezifischen Produktivität als Folge verminderten Zellwachstums.

Trotz der großen Menge pflanzlich produzierter Cellulose und der bei Fermentationen von *G. xylinus* recht geringen Konzentration von ca. 4 bis 10 g/l Cellulose, die je nach verwendetem Stamm, Medium und Fermentationsverfahren schwankt, lassen die besonderen physikalischen Eigenschaften bakterieller Cellulose eine biotechnische Produktion mit Mikroorganismen unter wirtschaftlichen Gesichtspunkten zu. Die besonders hohe Kristallinität und Zugfestigkeit bei gleichzeitiger hoher Elastizität und Reinheit lassen dieses Produkt für verschiedene spezielle Anwendungen attraktiv erscheinen.

11.5.4 Anwendungen

Folien aus Cellulose, die ausgehend von nicht-gerührten Kulturen hergestellt werden, werden zu medizinischen Zwecken als Verbandsmaterial eingesetzt. In klinischen Tests zeigten sich positive Effekte bei der Versorgung von Brandwunden, wo bakteriell produzierte Cellulose zur vorübergehenden Abdeckung der zerstörten Haut eingesetzt wurde. Ein Produkt zur feuchten Wundversorgung wird aktuell von dem deutschen Unternehmen Lohmann & Rauscher unter der Bezeichnung Suprasorb® X (Europa) bzw. Prima Cel™ (USA) vertrieben. Die hierfür produzierte Cellulose entstammt Kultivierungen in Fermentern mit Rührapparatur. Zur Produktion der Wundauflage werden jährlich 120 bis 150 t gequollener Rohstoff verarbeitet, was etwa 1 t Trockenmasse reiner Cellulose entspricht. Die hohe Masse des Rohstoffes, der feucht weiterverarbeitet wird und auf den ersten Blick an Gelatine erinnert, liegt in der hohen Wasserbindekapazität mikrobieller Cellulose begründet. Andere kommerzielle Präparationen von *G. xylinus*-Cellulose, wie Nextfil® des brasilianischen Unternehmens Fibrocel, fungieren als Hauttransplantate. Darüber hinaus werden qualitativ hochwertige akustische Kopfhörer angeboten, deren Diaphragma aus einem mittels *G. xylinus* hergestellten Cellulosefilm besteht.

11.6 Polyhydroxyalkanoate

Polyhydroxyalkanoate (PHA) werden von der Industrie fermentativ mit Mikroorganismen produziert. Die derzeitige Verwendung erfolgt vorwiegend im Bereich von biologisch abbaubaren Materialien. Es handelt sich um einen riesigen Markt. Es wird geschätzt, dass von den derzeit jährlich produzierten 300 Mill. t herkömmlicher Kunststoffe, die alle nicht biologisch abbaubar sind, ca. 20 bis 30 % durch biologisch abbaubare Polymere ersetzt werden können. Zurzeit werden jedes Jahr erst ca. 300 000 t biologisch abbaubare Polyester für den genannten Bereich produziert. Dies ist ein noch kleiner, jedoch stetig wachsender Anteil.

11.6.1 Vorkommen und biologische Funktion

PHA kommen als **intrazelluläre Speicherstoffe** für Kohlenstoff und Energie in sehr vielen Bakterien und ausschließlich in Bakterien vor. Lediglich Enterobakterien, Milchsäurebakterien und einige andere obligate Gärer sowie die methanogenen Archaea scheinen von der Fähigkeit, diesen Polyester synthetisieren zu können, ausgenommen zu sein. Bereits 1924 wurden diese Polyester von Maurice Lemoigne am Institut Pasteur in Paris entdeckt. PHA liegen in der Zelle in unlöslicher Form vor und geben sich bei mikroskopischer Betrachtung als Grana zu erkennen.

11.6.2 Chemische Struktur

PHA sind lineare, aus *R*-Hydroxyfettsäuren bestehende Polyester, bei denen die Hydroxylgruppen und die Säuregruppen über Esterbindungen kovalent miteinander verknüpft sind (◻ Abb. 11.5). PHA zeichnen sich durch ihre große Vielfalt aus. Neben Homopolyestern gibt es Copolyester, die aus mindestens zwei verschiedenen Hydroxyfettsäuren zusammengesetzt sind. Insgesamt wurden in PHA mittlerweile ca. 150 verschiedene

11

Abb. 11.5 Chemische Strukturen von Poly(3-hydroxybuttersäure) (Poly(3HB)), dem Copolyester aus 3-Hydroxybutyrat und 3-Hydroxyvalerat (Poly(3HB-*co*-3HV)) und Poly(3-hydroxyoctansäure) (Poly(3HO))

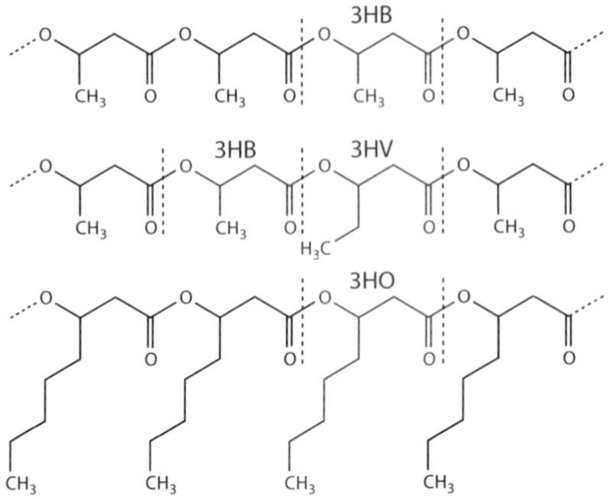

Hydroxyfettsäuren als Bausteine nachgewiesen. Da die Biosynthese Matrizen-unabhängig erfolgt, zeichnen sich PHA wie auch alle anderen in diesem Kapitel besprochenen Polymere grundsätzlich durch ein nicht einheitliches Molekulargewicht aus, d. h. sie sind polydispers.

Die bekannteste und verbreiteteste PHA ist **Poly(3-hydroxybuttersäure)** (Poly(3HB); Abb. 11.5); dieser Polyester wird von den meisten Bakterien akkumuliert. Poly(3-hydroxybuttersäure) ist der Prototyp der Gruppe von Poly(3HA$_{SCL}$), die sich aus kurzkettigen Hydroxyalkanoaten (SCL = *short chain-length*), bestehend aus drei bis fünf Kohlenstoffatomen, zusammensetzen und beispielsweise von *Ralstonia eutropha* und den meisten anderen Bakterien gebildet werden. Wichtig und durch Fermentationen mit Vorstufensubstraten wie z. B. Propionsäure und Valeriansäure herzustellen sind des Weiteren Copolyester, die neben 3-Hydroxybutyrat auch 3-Hydroxyvalerat als Bestandteile enthalten (Poly(3HB-*co*-3HV); Abb. 11.5) und ebenfalls zu den Poly(3HA$_{SCL}$) gehören. Die Molekulargewichte von Poly(3HA$_{SCL}$) können bis zu 3×10^6 Dalton betragen.

Daneben ist auch Poly(3-hydroxyoctansäure) (Poly(3HO); Abb. 11.5) verbreitet, welche von *Pseudomonas putida* synthetisiert wird. Dieser Polyester ist der Prototyp der Poly(3HA$_{MCL}$), die aus Hydroxyalkanoaten mittlerer Kettenlänge (MCL = *medium chain-length*) mit sechs bis 14

Kohlenstoffatomen bestehen und nahezu ausschließlich von Pseudomonaden gebildet werden. Die Molekulargewichte von Poly(3HA$_{MCL}$) liegen meist zwischen 80 000 und 400 000 Dalton.

11.6.3 Eigenschaften und Anwendungen

Neben der Tatsache, dass es sich bei PHA um biologisch abbaubare Polymere handelt, sind besonders deren guten chemischen und physikalischen Eigenschaften wie UV- und Hydrolysebeständigkeit hervorzuheben. Ein hoher Polymerisationsgrad, Wasserunlöslichkeit, thermoplastische Verformbarkeit oder Elastizität, die denen von Polypropylen sehr ähnlich sind, sowie biologische Abbaubarkeit sind weitere wichtige Charakteristika dieser Polyester. Darüber hinaus sind PHA enantiomerenrein, d. h. von den zwei möglichen Stereoisomeren z. B. der 3-Hydroxybuttersäure enthalten Sie nur das *R*-Isomer. Je nach Zusammensetzung sind sie elastisch-gummiartig bis steif und brüchig. Je länger die Seitenketten der Hydroxyalkanoate und je uneinheitlicher ihr Aufbau sind, desto elastischer sind die Polymere. Zahlreiche PHA wurden bereits erfolgreich mit in der Kunststoff verarbeitenden Industrie etablierten Verfahren wie Spritzgießen, Schmelzspinnen, Extrusionsblasen, Spritzblasen oder Filmblasen verarbeitet.

Dies erklärt, warum die chemische Industrie diese Polyester für biologisch abbaubare Verpackungen als Rohstoffe einsetzt. Mittlerweile werden PHA aber auch für andere Anwendungen in der Medizin, Pharmazie, Landwirtschaft und anderen Bereichen untersucht. Interessante neue Entwicklungen sind die Verwendung von Poly(3HB) als Gerüstsubstanz bei der Herstellung von Organen durch **Tissue Engineering**, wie z. B. neuen Herzklappen, oder Wundverschlüssen durch Gewebekulturen sowie von Poly(3HA$_{MCL}$) als Bindemittel für die Herstellung von Latexfarben. Für diese Anwendung wurden Poly(3HA$_{MCL}$) bereits durch Fermentation von *P. putida* mit Leinsamenöl und anderen Pflanzenölen als Kohlenstoffquellen in einer Pilotanlage produziert. Darüber hinaus lassen sich Verbundmaterialien aus PHA und Faserstoffen herstellen.

Der Biosyntheseweg von Poly(3HB) mit den beteiligten Enzymen ist exemplarisch in ◘ Abb. 11.6 gezeigt. Poly(3HB) hat bei den meisten diesen Polyester produzierenden Bakterien ein Molekulargewicht von 700 000 bis zu einigen Millionen Dalton, während Poly(3HA$_{MCL}$) in fast allen Bakterien mittlere Molekulargewichte von lediglich 80 000 bis zu 400 000 Dalton aufweisen. Es handelt sich hierbei offenbar um intrinsische Eigenschaften der **PHA-Synthasen**. Außerdem wurde beobachtet, dass die Konzentration der PHA-Synthase in der Zelle einen gewissen Einfluss auf das mittlere Molekulargewicht besitzt: Je mehr PHA-Synthase-Moleküle in der Zelle vorhanden sind, desto geringer wird das Molekulargewicht. Diese Beobachtung findet eine Erklärung in dem Reaktionsmechanismus der PHA-Synthasen. Während der Synthese ist die wachsende Polyesterkette über einen Cysteinrest kovalent mit dem Enzym verbunden (◘ Abb. 11.6). Sind mehr Enzymmoleküle vorhanden, gibt es eine größere Anzahl sich in der Synthese befindender Polyesterketten, und bei konstanter bzw. dann möglicherweise geringer werdender Substratkonzentration (z. B. 3-Hydroxybutyryl-CoA, 3HB-CoA) kommt es damit früher zu einem Abbruch der Polymerisation und die Ketten werden weniger lang.

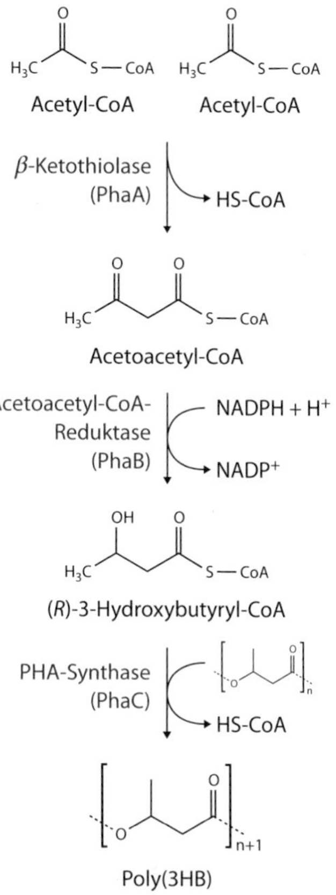

◘ **Abb. 11.6** Biosyntheseweg für Poly(3-hydroxybuttersäure) (Poly(3HB)) ausgehend von Acetyl-CoA mit den beteiligten Enzymen (rot)

11.6.4 Produktionsstämme

Für die Produktion von PHA wurden mehrere Wildtypen oder deren Mutanten in Betracht gezogen. Poly(3HB-*co*-3HV) wurde von dem englischen Chemieunternehmen ICI großtechnisch erstmals mit einer Mutante von *R. eutropha* Stamm H16 produziert, die im Gegensatz zum Wildtyp Glucose als Kohlenstoffquelle verwerten kann, und unter dem Handelsnamen Biopol® vermarkt. Parallel dazu hatte das österreichische Unternehmen Chemie Linz ein Verfahren zur Produktion von Poly(3HB) mit einem Wildtyp-Stamm von *Alcaligenes latus* entwickelt. Forscher in den Niederlanden entwickelten ein Verfahren zur fermentativen Produktion von Poly(3HO) mit *Pseudomonas oleovorans*, der jetzt der Spezies *P. putida* zugerechnet wird.

Die oben geschilderten Verfahren werden derzeit nicht mehr praktiziert. Vielmehr scheinen sich an den wenigen zurzeit aktiven Produktionsstätten gentechnisch veränderte Stämme von *Escherichia coli* etabliert zu haben, welche die Gene für die Biosynthese von Poly(3HB) z. B. aus *R. eutropha* exprimieren. Im Prinzip kann hierfür nahezu jeder Stamm von *E. coli* verwendet werden. Die eingesetzten Stämme exprimieren darüber hinaus noch weitere Gene heterolog, deren Genprodukte für die Umleitung von zentralen Stoffwechselintermediaten in andere Bausteine als 3-Hydroxybutyrat (3HB) verantwortlich sind. So ist es beispielsweise möglich, ausgehend von Succinyl-CoA, einem Intermediat des Citratzyklus, 4-Hydroxybutyryl-CoA (4HB-CoA) zu synthetisieren. Eine zusätzlich vorhandene PHA-Synthase synthetisiert daraus dann 4-Hydroxybutyrat (4HB) enthaltende PHA.

11.6.5 Produktionsverfahren und großtechnische Herstellung

Bis vor ca. 20 Jahren galt das von ICI genutzte Verfahren zur Herstellung von Poly(3HB-*co*-3HV) ausgehend von Glucose und Propionsäure als am weitesten entwickelt und wurde großtechnisch im ca. 100 000-Liter-Maßstab betrieben. Der dabei eingesetzte Stamm von *R. eutropha* (siehe oben) wurde in einem Mineralsalzmedium mit Glucose bis zu hohen Zelldichten unter Phosphatmangelbedingungen in einem Fed-Batch-Prozess kultiviert. Durch den Phosphatmangel wurden Synthese und Akkumulation von Polyphosphat verhindert. Das Auftreten von Polyphosphat-Einschlüssen in den Zellen war unerwünscht, da der hierfür benötigte Platz dann nicht mehr für die Poly(3HB-*co*-3HV)-Einschlüsse zur Verfügung stand. Nach der Zellernte wurde die konzentrierte Zellsuspension mit einem Cocktail aus hydrolytischen Enzymen (Lysozym, Proteasen, Nukleasen, Lipasen usw.) inkubiert, wodurch nicht nur die PHA-

Einschlüsse aus den Zellen freigesetzt wurden, sondern abgesehen vom Polyester auch nahezu alle Makromoleküle abgebaut wurden und Poly(3HB-*co*-3HV) als einziges Polymer übrig blieb. Die Reinheit des so erhaltenen Polyesters reichte für Anwendungen im Verpackungsbereich aus. Es wurden aber lediglich ca. 300 t des Polyesters pro Jahr produziert. Dieses Verfahren wurde danach von den Firmen Monsanto und später von Metabolix übernommen und weiterentwickelt. Parallel zur Verfahrensentwicklung mit Bakterien beschäftigten sich alle drei Firmen unterschiedlich erfolgreich mit der Etablierung der Polyhydroxybuttersäure(PHB)-Biosynthese in Pflanzen.

Bei dem von der Firma Chemie Linz AG entwickelten und kurzzeitig praktizierten Verfahren wurde ebenfalls ein Mineralsalzmedium verwendet. Es gab jedoch mehrere wichtige Unterschiede: (1) Den Eigenschaften des *Alcaligenes latus*-Stamms Rechnung tragend, wurde statt Saccharose bzw. Melasse Glucose als Kohlenstoffquelle verwendet. (2) Es wurde der Poly(3HB)-Homopolyester produziert. (3) Auch der Aufarbeitungsprozess war anders: Hier wurde der Polyester zunächst mit Methylenchlorid aus den Zellen extrahiert und dieses dann durch Zugabe eines Überschusses von Ethanol ausgefällt.

Das brasilianische Unternehmen Copersucar entwickelte einen anderen Prozess zur Produktion von Poly(3HB) mit einem Stamm von *Burkholderia* spec. Da dieses Land bedingt durch seine bedeutende Zuckerindustrie große Mengen Saccharose aus Zuckerrohr produziert, wird Melasse als Kohlenstoffquelle eingesetzt. Auch hier führt ein Fed-Batch-Prozess zu einer hohen Zelldichte (120 bis 150 g Zelltrockenmasse pro l) mit einem Polyestergehalt der Zellen von nahezu 70 %. Der Produktionsumfang soll bei ca. 10 000 Jahrestonnen liegen.

Neben den oben genannten Firmen haben verschiedene Firmen in China mit der Entwicklung von Fermentationsprozessen zur Herstellung von Poly(3HB) und Poly(3HB-*co*-3HV) begonnen und diese zum Teil sehr weit geführt. Bei den meisten Prozessen wurde *R. eutropha* in ähnlicher Weise wie für die westlichen Firmen beschrieben verwendet. Allerdings wurden zumindest für den Pilotmaßstab noch höhere Zelldichten (bis zu 160 g Zelltrockenmasse pro l) und Polyestergehalte (bis zu 80 % Anteil an der Zelltrockenmasse) beschrieben (Chen 2010).

Einen ganz anderen Weg der kommerziellen Produktion von PHA beschritt die Firma Metabolix, welche zusammen mit ADM ein Joint Venture gründete und nun in Clinton (Iowa) eine neue Produktionsstätte errichtet und im Jahr 2010 in Betrieb genommen hat. Diese besitzt eine Kapazität von 50 000 Jahrestonnen Poly(3HB-co-4HB) und vermutlich auch anderer PHA mit ähnlichen Zusammensetzungen. Die Produkte werden unter dem Handelsnamen Mirel® vertrieben. Zur Produktion eingesetzt werden hier rekombinante Stämme von *E. coli* (siehe oben). Details über die Verfahren und die eingesetzten Stämme sind allerdings in der Öffentlichkeit nicht bekannt. Hier wird entweder Glucose als alleinige Kohlenstoffquelle eingesetzt und 4HB-CoA ausgehend von Succinyl-CoA über einen maßgeschneiderten neuen Syntheseweg synthetisiert, oder es wird neben Glucose noch zusätzlich 1,4-Butandiol als zweite Kohlenstoffquelle und Vorstufe für 4HB verwendet.

Procter & Gamble in den USA sowie Kaneka in Japan entwickelten Verfahren zur Produktion von Poly(3HB-co-3HHx), also Copolyestern, die neben 3HB im gleichen Molekül 3-Hydroxyhexansäure enthalten. Der Handelsname ist Nodax®. Diese Copolyester werden natürlicherweise nicht von Bakterien synthetisiert, da die Substratspezifität von PHA-Synthasen entweder 3HA$_{SCL}$-CoA oder 3HA$_{MCL}$-CoA umfasst. Ein Verfahren sieht hierzu die Kultivierung eines rekombinanten Stamms von *R. eutropha* auf Sojaöl vor, in dem eine relativ unspezifische PHA-Synthase aus *Aeromonas caviae* exprimiert wird. Auch der Wildtyp von *Aeromonas hydrophila* und hiervon abgeleitete rekombinante Stämme sind in der Lage, Poly(3HB-co-3HHx) mit unterschiedlichen 3HHx-Anteilen zu synthetisieren.

11.7 Ausblick

Der steigenden Nutzung nachwachsender Rohstoffe sowie der weiteren Verbesserung molekularbiologischer Methoden und des Metabolic Engineering Rechnung tragend, werden zukünftig auch biotechnische Produktionsverfahren für Polymere mit Mikroorganismen oder Enzymen weiter an Bedeutung gewinnen. Außerdem ist zu erwarten, dass biotechnische und chemische Prozesse stärker miteinander verzahnt werden, wie dies bei der Produktion von Polymilchsäure schon praktiziert wird.

Die Produktion von Polymeren könnte darüber hinaus besonders dann erfolgreich sein, wenn diese in zellfreien biologischen Systemen erfolgen würde oder wenn die Polymere nach bzw. während der Synthese von den Zellen ins Medium ausgeschieden werden. Dies wurde bei Polysacchariden und einigen anderen Polymeren bereits weitgehend erreicht; bei Polyestern deuten sich hierfür Möglichkeiten an. Es wurde über Stämme der Gattung *Alcanivorax* berichtet, die PHB ausschleusen sollen. Des Weiteren wird versucht, am Ende des Produktionsprozesses eine biologische Lysis der Zellen zwecks Freisetzung der PHB-Grana zu induzieren.

Neben den bereits bekannten und gut untersuchten Biopolymeren wird die Biosynthese neuer, maßgeschneiderter Polymere aufgezeigt werden. Die Charakterisierungen nicht nur des Schlüsselenzyms für die PHA-Synthese, der PHA-Synthase, sondern auch anderer Polymerasen haben gezeigt, dass diese Enzyme nur eine geringe Substratspezifität aufweisen und dass deren Synthesepotenzial weitaus größer als angenommen ist. Es hängt ganz entscheidend davon ab, welche Metaboliten mit einer dem „natürlichen" Substrat ähnelnden Struktur vom Stoffwechsel der Zelle in welcher Konzentration gebildet werden können, um dann von dem Schlüsselenzym in das Polymer eingebaut zu werden. Diese neuen Biopolymere könnten dann bedingt durch ihre Zusammensetzung unter Umständen maßgeschneiderte Eigenschaften für bestimmte Anwendungen besitzen.

11

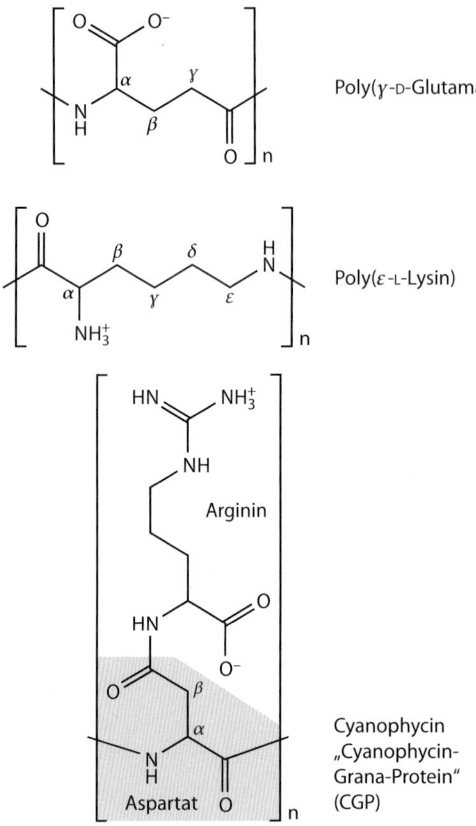

Poly(γ-D-Glutamat)

Poly(ε-L-Lysin)

Arginin

Cyanophycin
„Cyanophycin-
Grana-Protein"
(CGP)

Aspartat

Abb. 11.7 Schematische Darstellung der Strukturen von Poly(γ-D-Glutamat), Poly(ε-L-Lysin) und Cyanophycin. Diese zur Klasse der Polyamide zählenden Polymere bestehen aus Aminosäuren, die über Amidbindungen miteinander verknüpft sind. Die Synthese erfolgt im Gegensatz zu Proteinen Matrizen-unabhängig

Bestimmte Zusammensetzungen reproduzierbar zu erhalten, stellt eine der Herausforderungen dar. Eine zweite Herausforderung ist die reproduzierbare Einstellung des Molekulargewichts der Polymere. Letzteres ist wegen der durch die Matrizen-unabhängige Synthese bedingten Polydispersität der in diesem Kapitel beschriebenen Polymere nicht trivial.

Neben den in diesem Kapitel besprochenen Polysacchariden und Polyestern gibt es noch weitere Polymere, die für technische Anwendungen interessant sind. Hierzu gehören die **Polyamide**. Unter Polyamiden werden hier Polymere verstanden, bei denen Aminosäuren über Amidbindungen miteinander verknüpft sind. Im Gegensatz zu den klassischen Proteinen werden diese Polyamide jedoch nicht an den Ribosomen in einem Matrizen-abhängigen Prozess synthetisiert, sondern die Synthese erfolgt durch lösliche oder membrangebundene Enzyme. Es handelt sich um Cyanophycin, Poly(ε-L-Lysin) und Poly(γ-D-Glutamat), deren Strukturen in ☐ Abb. 11.7 dargestellt sind. Poly(ε-L-Lysin) wird in Japan als Konservierungsmittel für Futtermittel produziert, und Poly(γ-D-Glutamat) ist wichtiger Bestandteil des japanischen Nahrungsmittels Natto. Cyanophycin hat sich noch nicht in der Industrie etabliert; aber aus Cyanophycin mithilfe chemischer oder biochemischer Verfahren hergestellte Derivate sind interessant und könnten von großem Interesse für die Industrie sein.

☐ Literaturverzeichnis

Bielecki S, Krystynowicz A, Turkiewicz M, Kalinowska H (2002) Bacterial Cellulose. In: Vandamme EJ, De Baets S, Steinbüchel A (Hrsg) Biopolymers: Polysaccharides I, Polysaccharides from Prokaryotes. Wiley-VCH, Weinheim

Chen G-Q (2010) Industrial production of PHA. In: Chen G-Q (Hrsg) Plastics from bacteria: natural functions and applications. Microbiology Monographs 14: 121–135

Naessens M, Cerdobbel A, Soetaert W, Vandamme E (2005) *Leuconostoc* dextransucrase and dextran: production, properties and applications. J Chem Technol Biotechnol 80: 845–860

Oppermann-Sanio FB, Steinbüchel A (2002) Occurrence, functions and biosynthesis of polyamides in microorganisms and biotechnological production. Naturwissenschaften 89: 11–22

Rehm BHA (2006) Genetics and biochemistry of polyhydroxyalkanoate granule self-assembly: the key role of polyester synthases. Biotechnol Lett 28: 207–213

Steinbüchel A (2001) Perspectives for biotechnological production and utilization of biopolymers: metabolic engineering of polyhydroxyalkanoate biosynthesis pathways as a successful example. Macromol Biosci 1: 1–24

Vorhölter FJ, Schneiker S, Goesmann A, Krause L, Bekel T, Kaiser O, Linke B, Patschowski T, Rückert C, Schmid J, Sidhu VK, Sieber V, Tauch A, Watt SA, Weisshaar B, Becker A, Niehaus K, Pühler A (2008) The genome of *Xanthomonas campestris* pv. campestris B100 and its use for the reconstruction of metabolic pathways involved in xanthan biosynthesis. J Biotechnol 134: 33–45

11

12 Steroide und Aromastoffe

Andreas Klein (Steroide) und Jens-Michael Hilmer (Aromastoffe)

Mikroorganismen besitzen nicht nur die Fähigkeit, eine große Vielfalt von Substanzen aus einfachen Kohlenstoffquellen zu synthetisieren, sie sind auch in der Lage, viele organische Verbindungen zu modifizieren. Diese mikrobiellen Stoffumwandlungen erfolgen dank der dabei beteiligten Enzyme fast immer stereospezifisch und werden als Biotransformation bezeichnet. Besonders aufregende Erfolge wurden damit bei der Herstellung von Steroiden als Medikamente in der Humanmedizin erzielt (Abschn. 12.1). Aber auch bei der Gewinnung von Aromastoffen spielen verschiedene mikrobielle Biotransformationssysteme (ganze Zellen oder Enzyme) zunehmend eine wichtige Rolle (Abschn. 12.2).

12.1   Herstellung von Steroiden

12.1.1   Anwendungsbereiche und wirtschaftliche Bedeutung

Steroide stellen eine wichtige Substanzklasse in der Medizin dar. Medikamente auf dieser Basis haben sich als wirksam beispielsweise in der Behandlung von Allergien, Entzündungen und Hautkrankheiten (z. B. Glucocorticoide), als Therapeutika bei Nierenerkrankungen oder

Herzinsuffizienz (z. B. Aldosteron-Antagonisten) oder in der Krebstherapie (z. B. Anti-Androgene) erwiesen. Die bekannteste Indikation von Steroiden geht aber auf ihre Funktion als Sexualhormone (z. B. Androgene) oder ihre Verwendung als Verhütungsmittel (z. B. Estrogene und Gestagene) zurück (◘ Tab. 12.1).

Durch den weit verbreiteten Einsatz besitzen Wirkstoffe auf Steroidbasis eine große ökonomische Bedeutung. Das weltweite Marktvolumen dieser Medikamente betrug im Jahr 2010 mehr als 10 Mrd. Euro. Der Jahresmengenbedarf schwankt hierbei zwischen unter 1 t für Ethinylestradiol und mehr als 50 t im Fall von Hydrocortison.

Chemisch betrachtet stellen Steroide eine Gruppe von Naturstoffen dar, die sich auf das Sterangrundgerüst zurückführen lassen. Sie setzen sich dabei aus **drei sechsgliedrigen** und einem **fünfgliedrigen Ring** zusammen, wobei die Ringe alphabetisch und die Kohlenstoffatome mittels Zahlen gekennzeichnet werden (◘ Abb. 12.1).

Steroide unterscheiden sich hierbei in drei grundsätzlichen Strukturelementen voneinander: (1) der Anzahl der Kohlenstoffatome, (2) der Anzahl, dem Typ und der Position von Substituenten (z. B. von Hydroxylgruppen); sowie (3) der Anzahl und der Position von Doppelbindungen (z. B. Δ^1 oder Δ^4).

◘ **Tabelle 12.1**   Einsatz von verschiedenen Biotransformationsreaktionen bei der Herstellung von ausgewählten steroidalen Wirkstoffen

Reaktionstyp	Wirkstoff	Biologisches Wirkprinzip als
Seitenkettenabbau	Ethinylestradiol Drospirenon Testosteron Cyproteronacetat Spironolacton	Estrogen Gestagen Androgen Anti-Androgen Aldosteron-Antagonist
Hydroxylierung	Hydrocortison Gestoden	Glucocorticoid Gestagen
Δ^1-Dehydrogenierung	Prednisolon	Glucocorticoid
17-Ketoreduktase	Testosteron Levonorgestrel	Androgen Gestagen

a

Steran
(Hexadecahydro-cyclopenta[a]phenanthren)

b

Ethinylestradiol	Testosteron	Hydrocortison
(19-Nor-17α-pregna-1,3,5(10)-trien-20-in-3,17-diol)	(4-Androsten-17β-ol-3-on)	(11β,17α,21-Trihydroxy-pregn-4-en-3,20-on)

☐ **Abb. 12.1** Strukturformeln von Steran (**a**) sowie von ausgewählten Steroiden (**b**). Die Ringsysteme der Steroide werden mit den Buchstaben A bis D und die Kohlenstoffatome mit Ziffern gekennzeichnet. Substituenten, die sich im Halbraum oberhalb der Molekülebene befinden, werden als β-ständig (*schwarzer Keil*), diejenigen unterhalb der Molekülebene als α-ständig (*schraffierter Keil*) bezeichnet

In modernen Herstellungsverfahren werden Steroide überwiegend durch eine Kombination aus chemischen und mikrobiologischen Schritten produziert. Diese Herstellungsweise wird als **semi-synthetische Herstellungsweise** bezeichnet. In ☐ Abb. 12.2 ist dieses Zusammenspiel schematisch dargestellt. Als Ausgangsverbindungen für die meisten Steroidsynthesen dienen hierbei preisgünstige und in großen Mengen verfügbare pflanzliche Verbindungen. Von großer ökonomischer Bedeutung sind hierbei Verbindungen aus der Gruppe der **Phytosterine** (z. B. β-Sitosterin oder Stigmasterin), die als Nebenprodukt der Sojaöl- und Vitamin-E-Gewinnung anfallen, sowie das **Diosgenin**, welches als natürlich vorkommendes Alkaloid aus der Wurzel von Pflanzen der Gattung *Dioscorea* extrahiert wird. Diese Ausgangsstoffe werden zunächst mittels chemischer oder mikrobiologisch katalysierter Reaktionen (Biotransformationsreaktionen) in zentrale Syntheseintermediate überführt (☐ Abb. 12.2). Diese Intermediate fungieren dann als Startpunkt für die unterschiedlichsten Wirkstoffsynthesen (Gestagene, Estrogene, Glucocorticoide etc.), wobei erneut sowohl Biotransformationsreaktionen als auch chemisch katalysierte Reaktionen zur Anwendung kommen.

Von großer Wichtigkeit sind in diesem Kontext die **Biotransformationsreaktionen**. Mit ihrer Hilfe erfolgt insbesondere die gezielte Einführung funktioneller Gruppen in das Steroidmolekül, welche dann als Ausgangspunkt für weitere chemische Reaktionen dienen.

In vielen Fällen ermöglicht erst diese semisynthetische Herstellungsweise eine ökonomische Wirkstoffproduktion.

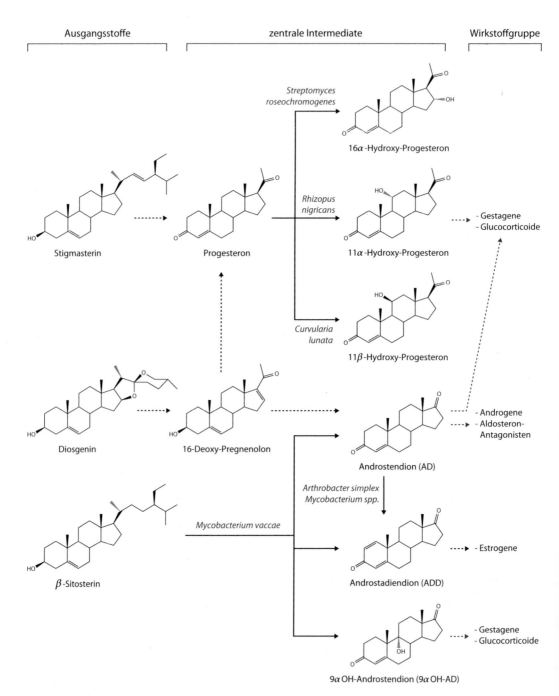

Ausgangsstoffe

zentrale Intermediate

Wirkstoffgruppe

Streptomyces
roseochromogenes

16α-Hydroxy-Progesteron

Stigmasterin

Progesteron

Rhizopus
nigricans

11α-Hydroxy-Progesteron

- Gestagene
- Glucocorticoide

Curvularia
lunata

11β-Hydroxy-Progesteron

Diosgenin

16-Deoxy-Pregnenolon

Androstendion (AD)

- Androgene
- Aldosteron-
  Antagonisten

Arthrobacter simplex
Mycobacterium spp.

Mycobacterium vaccae

β-Sitosterin

Androstadiendion (ADD)

- Estrogene

9α OH-Androstendion (9α OH-AD)

- Gestagene
- Glucocorticoide

◻ Abb. 12.2 Beispiele für das Zusammenspiel von Biotransformationen und chemischen Reaktionen bei der Herstellung von Steroiden. Pflanzliche Rohstoffe (z. B. β-Sitosterin, Stigmasterin oder Diosgenin) werden zunächst durch mikrobiologische oder chemische Reaktionsschritte in zentrale Intermediate überführt. Von diesen Intermediaten leiten sich nachfolgend die weiteren Synthesen einer Vielzahl unterschiedlicher Wirkstoffgruppen ab, bei denen vielfach weitere Biotransformationsreaktionen eingesetzt werden. *Durchgezogener schwarzer Pfeil*: Biotransformationsreaktionen; *gestrichelter schwarzer Pfeil*: chemisch katalysierte Reaktionen; *gestrichelter roter Pfeil*: Kombination aus mikrobiologischen und chemischen Reaktionen

Herstellung von Hydrocortison

Die entzündungshemmende Wirkung von Hydrocortison wurde in den 1940er-Jahren erstmalig beschrieben. Wenige Jahre später erfolgte die rein chemische Darstellung des Steroids in einer 32-stufigen Synthese. Für die Erforschung der Wirkung von Glucocorticoiden war dies ein Meilenstein, hatte aber aufgrund der hohen Herstellungskosten zunächst keine größere medizinische Relevanz.

Die erste ökonomische Herstellung von Hydrocortison gelang vor über 50 Jahren durch den Einsatz von Biotransfor-mationsreaktionen. Durch die erfolgreiche mikrobiologische Hydroxylierung in Position 11α des Steroidmoleküls mittels *Rhizopus nigricans* konnte die Synthese in den 1950er-Jahren auf ca. 20 Reaktionsschritte verkürzt werden. Die Verwendung von Androstendion bzw. 9α-OH-Androstendion als Ausgangsmaterial ermöglichte in den 1980er-Jahren eine weitere Verkürzung der Synthesesequenz auf ca. zehn Stufen. Durch diese Entwicklung sank der Preis für Hydrocortison von über 200 Dollar pro g (1950er-Jahre) auf unter zehn Dollar pro g. Einen aktuellen Ansatz zur weiteren Reduzierung der Herstellkosten stellt die *de novo*-Synthese von Hydrocortison mittels gentechnisch veränderter Hefen dar.

Schematische Darstellung der notwendigen Syntheseschritte zur Herstellung von Hydrocortison (○: chemische Reaktion; ●: mikrobiologische Reaktion):

1940er-Jahre: ○ ○ ○ ○ ○ ○ ○ ○ ○ ○ ○ ○
○ ○ ○ ○ ○ ○ ○ ○ ○ ○ ○ ○ ○ ○ ○ ○ ○ ○ ○ ○
1950er-Jahre: ○ ○ ○ ○ ○ ○ ○ ○ ○ ○ ○
● ○ ○ ○ ○ ○ ○ ○○
1980er-Jahre: ● ○ ○ ○ ○ ○ ○ ○ ○ ●○
2000er-Jahre: ●

12.1.2 Vorteile von Biotransformationsreaktionen bei der Herstellung von Steroiden

Steroide besitzen in der Regel mehrere Stereozentren (Chiralitätszentren). Diese haben einen entscheidenden Einfluss für die physiologische und pharmakologische Wirkung des Moleküls. Beim Steran (◨ Abb. 12.1) bilden z. B. die Kohlenstoffatome 5, 8, 9, 10, 13 und 14 die Stereozentren des Moleküls.

Die stereospezifische Einführung von funktionellen Gruppen mittels chemischer Methoden benötigt sehr aufwendige Reaktionssequenzen. Hingegen sind Mikroorganismen aufgrund ihrer Fähigkeit, Reaktionen auch an nicht aktivierten Kohlenstoffatomen zu katalysieren, oft in der Lage, diese mit hoher Stereo- und Regioselektivität durchzuführen.

Auf diese Weise können komplexe Synthesen signifikant vereinfacht und verkürzt werden. Ein typisches Beispiel hierfür ist die Herstellung von Hydrocortison (Box „Herstellung von Hydrocortison"). Mit der semi-synthetischen Herstellung ist daher oft eine deutliche Erhöhung der Ausbeute bei reduzierten Kosten verbunden. Ein weiterer Vorteil ergibt sich aus dem Umstand, dass die mikrobiologischen Umwandlungen unter milden Temperatur- und Druckverhältnissen erfolgen und in der Regel toxische Reaktanten vermieden werden können. Einen evidenten Nachteil stellt aber die im Vergleich zu chemischen Reaktionen niedrigere Substratkonzentration dar. Biotransformationsreaktionen müssen daher im industriellen Maßstab in sehr großen Fermentern (über 50 m^3 Volumen) durchgeführt werden.

◻ Tabelle 12.2 Biotransformationsreaktionen im industriellen Maßstab und die hierfür eingesetzten Mikroorganismen

Biotransformationsreaktion	Häufig verwendete Mikroorganismen
Seitenkettenabbau von Phytosterinen	*Mycobacterium fortuitum* *Mycobacterium vaccae*
Hydroxylierung:	
11α-OH-Hydroxylierung	*Rhizopus nigricans* *Aspergillus ochraceus*
11β-OH-Hydroxylierung	*Curvularia lunata*
15α-OH-Hydroxylierung	*Penicillium raistrikii*
16α-OH-Hydroxylierung	*Streptomyces roseochromogenes*
Δ^1-Dehydrogenierung	*Arthrobacter simplex* *Bacillus subtilis* *Comamonas testosteroni*
Ketosteroid-Reduktion/Hydroxysteroid-Oxidation	*Saccharomyces cerevisiae* *Mycobacterium* ssp.
Isomerisierung	*Flavobacterium dehydrogenans* *Mycobacterium* ssp.

12.1.3 Entwicklung von Produktionsstämmen und Produktionsverfahren

Stammselektion

Die Fähigkeit, Biotransformationsreaktionen an Steroiden durchzuführen, ist in der Natur ubiquitär verbreitet, d. h. man findet diese Aktivität sowohl bei Archaeen und Bakterien als auch bei allen Eukaryoten, also bei Pflanzen, Pilzen und Tieren. So sind in den vergangenen Jahrzehnten mehrere Hundert Mikroorganismen in wissenschaftlichen Publikationen diesbezüglich charakterisiert worden. Von dieser sehr hohen Anzahl besitzen allerdings nur wenige Organismen eine größere biotechnische und ökonomische Relevanz. Einige dieser Mikroorganismen sind in ◻ Tab. 12.2 beispielhaft aufgeführt.

Unter den bekannten Mikroorganismen befinden sich viele Vertreter aus der Gruppe der Gram-positiven Bakterien (z. B. *Mycobacterium* oder *Arthrobacter*) sowie filamentöse Pilze. Während mit Bakterien und Hefen überwiegend der mikrobielle Seitenkettenabbau und Dehydrogenierungsreaktionen durchgeführt werden, ist die Hydroxylierung von Steroiden die Domäne der filamentösen Pilze.

Der physiologische Nutzen von Biotransformationsreaktionen für die jeweiligen Mikroorganismen ist sehr unterschiedlich und vielfach noch nicht abschließend geklärt. Bei einigen Mikroorganismen dienen die Biotransformationsreaktionen der Erschließung und Bereitstellung von Kohlenstoffquellen für den Energie- und Baustoffwechsel. Das Paradebeispiel für diesen Typus ist der mikrobielle Seitenkettenabbau von Phytosterinen. Bei anderen Biotransformationsreaktionen dienen die Steroide hingegen als Elektronenakzeptoren bzw.

-donatoren. Als Beispiele hierfür sind die Δ^1-Dehydrogenase- oder die 17β-Hydroxysteroid-Dehydrogenase-Reaktion zu nennen. Während bei den vorgenannten Reaktionen zumindest prinzipiell Energie gewonnen werden kann, sind Hydroxylierungsreaktionen energieverbrauchende Reaktionen. Insofern ist der Vorteil für den Mikroorganismus in diesem Fall nicht so offenkundig. In einigen Fällen geht man primär von unspezifischen Entgiftungsreaktionen oder von Ko-Metabolismus aus. Allgemein gilt, dass Mikroorganismen, die mit Steroiden als einziger Kohlenstoffquelle wachsen können, in der Natur nur selten zu finden sind.

Die Entwicklung eines Biotransformationsverfahrens startet mit einem umfangreichen **Stamm-Screening**. Dies ist notwendig, da *a priori* nicht vorhergesagt werden kann, welcher Mikroorganismus die gewünschte Reaktion an dem Zielmolekül katalysieren kann. Daher wird in standardisierten Tests eine große Anzahl von Mikroorganismen auf ihre Eignung hin untersucht. Der Vorteil in der Selektion des am besten geeigneten Stamms in Bezug auf die Selektivität der Reaktion und einer möglichst geringen Nebenproduktbildung ist für das spätere Herstellungsverfahren evident und erleichtert eine nachfolgende Verfahrensoptimierung erheblich. Auch die Robustheit des ausgewählten Mikroorganismus ist von wesentlicher Bedeutung (z. B. hohe Wachstumsraten in Gegenwart von Steroiden und gegebenenfalls eine erhöhte Lösemitteltoleranz, Unempfindlichkeit gegen schwankende Sauerstoffpartialdrücke oder hohe Scherkräfte während der Fermentation, geringe Nährstoffansprüche etc.).

Stamm- und Verfahrensoptimierung

Primäres Ziel der Stammoptimierung ist die Verbesserung der Biotransformationseigenschaften des eingesetzten Stamms durch Mutations- und Selektionsstrategien. Die Paradebeispiele für diese Vorgehensweise stellen verschiedene Mykobakterien-Stämme dar, die beim mikrobiologischen Seitenkettenabbau zum Einsatz kommen. Bei diesen Mikroorganismen ist der ursprüngliche Abbauweg von Phytosterinen durch chemisch-induzierte Mutationen unterbunden worden. Die Deletion von Schlüsselenzymen ermöglicht nun die Akkumulation von relevanten Intermediaten (wie 4-Androsten-3,17-dion (AD) oder 1,4-Androstadien-3,17-dion (ADD); ◘ Abb. 12.2, ◘ Abb. 12.5). In anderen Fällen ist es gelungen, unerwünschte Abbau- oder Nebenreaktionen zu unterbinden und hierdurch die Gesamtausbeute des Herstellungsschrittes deutlich zu steigern. In Einzelfällen werden auch molekularbiologische Optimierungsansätze verfolgt (Abschn. 12.1.9).

Ungeachtet der vielen Erfolgsbeispiele für Stammoptimierungen ist immer eine kritische Kosten-Nutzen-Abwägung notwendig. Stammoptimierungsprogramme sind in der Regel langwierige Arbeiten und mit einem hohen Personal- und Kostenaufwand verbunden. Aus diesem Grund werden bei vielen Biotransformationsreaktionen weiterhin Wildtyp-Stämme eingesetzt. In diesen Fällen liegt der Schwerpunkt auf der Verfahrensoptimierung, d. h. dem Auffinden optimaler Fermentationsparameter, der Nährmedienoptimierung oder der Optimierung der Substratapplikation.

Nährmedien

Die Verwendung von adäquaten, für die industrielle Nutzung geeigneten Nährmedien ist ähnlich bedeutsam wie die Auswahl eines geeigneten Stamms oder die Verbesserung seiner Biotransformationsfähigkeiten. Unabhängig davon wie produktiv der Mikroorganismus ist, kann sein volles Potenzial nur dann genutzt werden, wenn das Nährmedium optimal an seine speziellen Bedürfnisse angepasst ist. Für Steroid-Biotransformationsreaktionen gilt dies in besonderer Weise, da die notwendigen Enzyme nicht ins Medium sekretiert werden (**Ganzzellkatalyse**) und eine hohe Biomassekonzentration für eine ausreichende Transformationsaktivität erforderlich ist. Typischerweise werden hierbei Biomassekonzentrationen von 50 bis 100 g Feuchtzellen pro l angestrebt. Die Nährmedien müssen daher die Bedürfnisse der Organismen in Bezug auf Makroelemente, Spurenelemente und Vitamine abdecken.

Bei Fermentationen im industriellen Maßstab ist der Einsatz von chemisch gut definierten Medien aufgrund wirtschaftlicher Erwägungen nur in Ausnahmefällen möglich. Dies erschwert die Nährmedienoptimierung erheblich und zeigt den Spannungsbogen zwischen wirtschaftlichen Erwägungen und den biologischen Notwendigkeiten auf. Abgesehen von Glucose als Kohlenstoffquelle für den Energie- und Baustoffwechsel sowie anorganischen Salzen kommen daher überwiegend komplexe Nährmedienkomponenten, wie z. B. Maisquellwasser, Sojamehl, Baumwollsaatmehl oder Hefeextrakt zum Einsatz. Durch diese Einsatzstoffe müssen den Mikroorganismen alle notwendigen Nährstoffkomponenten zur Verfügung gestellt werden. Bei den komplexen Nährmedien handelt es sich ausschließlich um pflanzliche oder durch Fermentation gewonnene Rohstoffe. Aus Gründen des vorbeugenden Gesundheitsschutzes kommen bei heutigen Produktionsverfahren keine Nährmedienbestandteile aus tierischer Herkunft mehr zum Einsatz, weil eine Übertragung von Prionen (Auslöser der Bovinen spongiformen Enzephalopathie [BSE, umgangssprachlich „Rinderwahnsinn"]) oder Viren ausgeschlossen werden muss.

Steroide als Substrate für enzymatische Reaktionen

Biotransformationen am Steroidmolekül beruhen auf enzymatischen Reaktionen und unterliegen daher den Gesetzmäßigkeiten der Reaktionskinetik hinsichtlich K_m und V_{max}.

Dieser Umstand führt im Falle von Steroid-Biotransformationen zu sehr spezifischen Problemen, die in der ausgesprochen **niedrigen Wasserlöslichkeit der Steroide** ($< 100\,\mu mol/l!$) begründet sind. In der Regel liegt dieser Wert weit unterhalb der K_m-Werte der beteiligten Enzyme.

Darüber hinaus unterliegen die Gene vieler Enzyme einer Induktion, d. h. sie werden erst mit einer zeitlichen Verzögerung nach Substratzugabe gebildet.

Sowohl die Induktion als auch die Produktbildungsrate hängen somit wesentlich von der **Konzentration der gelösten Steroide** ab. Nur der Anteil des Steroids, welcher die Cytoplasmamembran passiert und in die Zelle gelangt, kann dort zum Zielprodukt umgesetzt werden (◘ Abb. 12.3). Obwohl die Substrataufnahme in die Zelle für den Biotransformationsprozess von zentraler Bedeutung ist, sind bislang nur wenige einschlägige Untersuchungen dazu durchgeführt worden.

Demnach gibt es für die Steroidaufnahme mehrere prinzipielle Möglichkeiten:

- **Aktiver Transport:** Im Fall der Verstoffwechselung von Phytosterinen in Mykobakterien konnte gezeigt werden, dass diese aktiv über ein Transportersystem (**ABC-Transporter**) in die Zelle aufgenommen werden. Da Mykobakterien auf Phytosterinen als alleiniger Kohlenstoffquelle wachsen können, ist der physiologische Nutzen eines solchen Transportsystems offensichtlich.
  In anderen Fällen gilt ein aktiver, energieverbrauchender Transport von Steroiden in den Mikroorganismus jedoch als unwahrscheinlich, da in vielen Fällen mit der eigentlichen Biotransformationsreaktion kein positiver Energieertrag für die Zelle verbunden ist.
- **Erleichterte Diffusion** über Permeasen aufgrund eines vorhandenen Gefälles zwischen extra- und intrazellulärer Steroidkonzentration.
- **Freie Diffusion durch die Cytoplasmamembran:** Zumindest in Modellberechnungen konnte gezeigt werden, dass prinzipiell auch eine freie Diffusion von Steroiden durch biologische Membranen möglich ist. Treibende Kraft für diesen Prozess ist der unterschiedliche Verteilungskoeffizient von Steroiden in der Lipidschicht der Cytoplasmamembran und dem umgebenden Medium bzw. dem Zellinneren. Ob eine freie Diffusion von Steroiden *in vivo* eine nennenswerte Rolle bei Biotransformationsreaktionen spielt, ist jedoch noch nicht abschließend geklärt.

Ungeachtet des konkreten Aufnahmeweges in die Zelle ist für eine hohe Biotransformationsaktivität eine hohe extrazelluläre Konzentration des Steroids im Medium vorteilhaft. Zur Über-

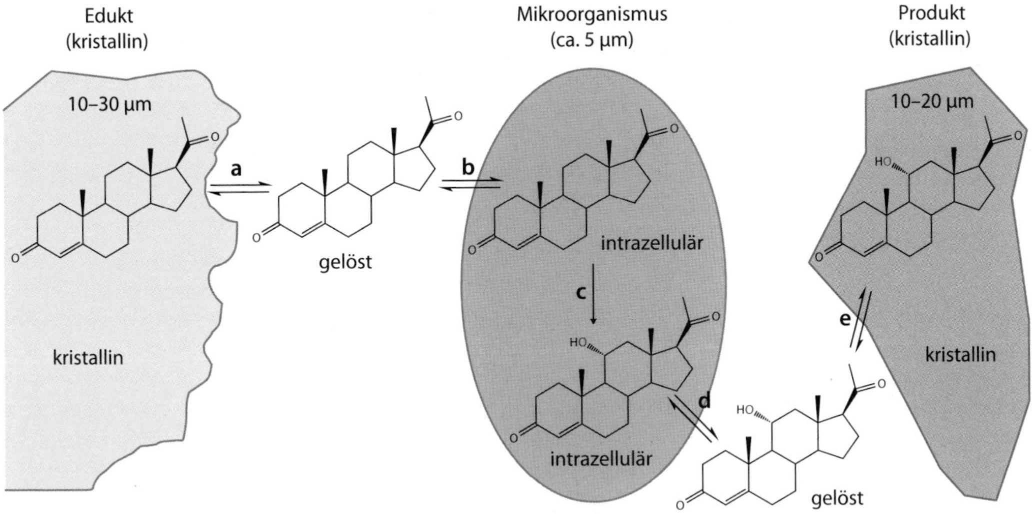

◘ Abb. 12.3 Schematische Darstellung der Phasenübergänge im Verlauf einer Biotransformation, während der das Steroidmolekül mehrere Phasenübergange durchläuft. **a** Steroidmoleküle lösen sich von der kristallinen Oberfläche ins Medium; **b** Aufnahme des Steroids in die Zelle; **c** Transformation in der Zelle; **d** Ausschleusen des Produktes in das umgebende Medium; **e** Auskristallisation des Produktes im Medium bei Überschreitung der Löslichkeit

windung der niedrigen Löslichkeit von Steroiden und zur Beschleunigung der Phasenübergänge (◘ Abb. 12.3) wurden daher mehrere unterschiedliche Lösungsansätze erarbeitet. Hierdurch werden effektivere Umsetzungen und gesteigerte Raum-Zeit-Ausbeuten ermöglicht:

- Die Substrate werden in einem **organischen Lösungsmittel** (wie z. B. Methanol, Dimethylformamid oder Aceton) gelöst und ins Fermentationsmedium zudosiert. Bei Kontakt mit Wasser fallen die gelösten Steroide als feine Kristalle aus. Größe und Form dieser Kristalle bestimmen hierbei wesentlich die Geschwindigkeit des Lösevorgangs. Neben der Toxizität der verwendeten Lösungsmittel auf die Mikroorganismen ist ferner die Emission von organischen Lösungsmitteln durch die Belüftung des Fermenters zu beachten. Zusätzliche technische Anlagen zur Emissionsvermeidung sind daher notwendig.
- Um inhibierende Effekte von organischen Lösungsmitteln zu vermeiden, können Steroide auch als **feines Pulver** dem Fermentationsmedium zugesetzt werden. Durch diese Vorgehensweise sind oft höhere Sub-

stratkonzentrationen möglich. Allerdings ist diese Zugabe verfahrenstechnisch nur sehr aufwendig zu realisieren, da eine homogene Verteilung im Fermentationsmedium zu gewährleisten und ein Ausklumpen oder Aggregieren der Steroide wirksam zu vermeiden ist.

- Eine weitere Option zur Steigerung der Löslichkeit liegt im Einsatz von **Cyclodextrinen**. Bei Cyclodextrinen handelt es sich um cyclische Oligosaccharide, die einen hydrophoben Kern (Durchmesser: ca. 6–8 Å) und eine hydrophile Außenfläche besitzen. Hierdurch sind Cyclodextrine in der Lage, Einschlussverbindungen mit vielen Steroiden zu bilden. Die hydrophile Außenfläche der Cyclodextrine bewirkt hierbei eine hohe Löslichkeit des Cyclodextrin-Steroid-Komplexes. Im Vergleich zu Steroidpartikeln entsteht durch die Komplexierung eine sehr große Oberfläche, sodass der Übergang von Steroidmolekülen in das wässrige Medium als geschwindigkeitslimitierender Schritt der Biotransformationsreaktion umgangen werden kann. Aus Kostengründen werden Cyclodextrine für

◘ **Abb. 12.4** Verlauf der mikrobiologischen Hydroxylierung von
Progesteron zu 11α-OH-Progesteron
durch *Rhizopus nigricans*. 12 h nach
Fermentationsbeginn erfolgt die Zugabe von Progesteron. Neben dem
Zielprodukt (11α-OH-Progesteron)
werden weitere, mehrfach hydroxy-
lierte Nebenprodukte (NP) gebildet

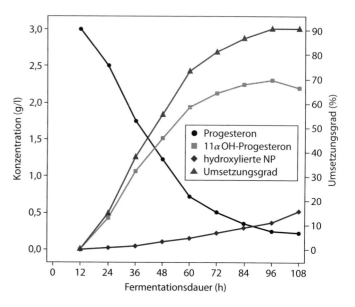

Biotransformationsreaktionen aber nur bei sehr hochpreisigen Produkten eingesetzt.

Ökonomische Aspekte

Für einen ökonomisch tragfähigen Biotransformationsprozess werden in der Regel Raum-Zeit-Ausbeuten von 0,5 bis 5 g Produkt pro Liter und Tag benötigt. Bei durchschnittlichen Fermentationszeiten von 48 bis 96 h ergeben sich hieraus typische Produktkonzentrationen von 2 bis 10 g/l. In Einzelfällen werden aber auch deutlich höhere Konzentrationen erreicht. Neben der eingesetzten Substratkonzentration und der Raum-Zeit-Ausbeute stellen der Umsetzungsgrad des Eduktes sowie die Bildungskinetik von Verunreinigungen wichtige ökonomische Kenngrößen eines Fermentationsprozesses dar.

Hieraus lässt sich als Regel ableiten, dass bei preisgünstigen Edukten (wie z. B. Phytosterinen) die Raum-Zeit-Ausbeute den maßgeblichen Einflussfaktor darstellt, während bei Biotransformationen im späteren Verlauf einer Synthesesequenz (und damit mit deutlich teureren Edukten) oft ein möglichst hoher Umsetzungsgrad des eingesetzten Steroids bzw. ein geringes Niveau an störenden Verunreinigungen das vorrangige Ziel einer Verfahrensoptimierung ist. In ◘ Abb. 12.4 ist ein solcher Umsetzungsverlauf beispielhaft dargestellt.

12.1.4 Wichtige Biotransformationsreaktionen

Mikroorganismen sind in der Lage, eine große Vielzahl unterschiedlicher Reaktionstypen zu katalysieren (◘ Tab. 12.2). Zu den am häufigsten industriell genutzten Biotransformationsreaktionen zählen:

- Seitenkettenabbau von Phytosterinen
- Oxidationen: Hydroxylierungen, Oxidation von primären Alkoholen, Einführung von Doppelbindungen, Epoxidierungen
- Reduktionen: Ketone zu Alkoholen, Aldehyde zu Alkoholen, Sättigung von Doppelbindungen
- Isomerisierungen: Δ^5-3-Ketone zu Δ^4-3-Ketonen
- Hydrolysen: Hydrolyse von Estern.

In den nachfolgenden Abschnitten werden einige Reaktionstypen sowie häufig verwendete Mikroorganismen aus der industriellen Praxis beispielhaft vorgestellt.

12.1.5 Seitenkettenabbau von Phytosterinen mit *Mycobacterium* zur Gewinnung wichtiger Steroidintermediate

Bei der Herstellung von Steroiden spielen die Intermediate 4-Androsten-3,17-dion (AD), 1,4-Androstadien-3,17-dion (ADD) und 9α-Hydroxy-4-androsten-3,17-dion (9αOH-AD) eine wichtige Rolle (❏ Abb. 12.2). Pro Jahr werden weltweit mehrere Hundert Tonnen dieser Substanzen produziert. Die Herstellung stellt mengenmäßig die größte Biotransformationsreaktion dar. Als Ausgangsverbindung für diesen Prozess werden Phytosterine, eine in Pflanzen vorkommende und dem tierischen Cholesterol verwandte Substanzklasse, eingesetzt. Bei diesem biotechnischen Prozess kommen überwiegend Mikroorganismen der Gattung *Mycobacterium*, insbesondere *Mycobacterium fortuitum* und *M. vaccae*, zum Einsatz.

Die biochemischen Grundlagen des Seitenkettenabbaus sind in den vergangenen 30 Jahren intensiv untersucht und weitgehend aufgeklärt worden. Der physiologische Nutzen für den Mikroorganismus liegt in der Verwertung von Phytosterinen als Kohlenstoffquelle für den Energie- und Baustoffwechsel. Die Verstoffwechselung der aliphatischen Seitenkette erfolgt hierbei analog zur β-**Oxidation** der Fettsäuren.

Der Abbauprozess beginnt mit der Isomerisierung der Δ^5- zur Δ^4-Doppelbindung bei gleichzeitiger Oxidation der 3-OH-Gruppe. Parallel hierzu erfolgt in mehreren enzymatischen Reaktionsschritten die Oxidation des endständigen Kohlenstoffatoms bis zur Carbonsäure. Das auf diese Weise aktivierte Molekül kondensiert in einem weiteren Schritt mit Koenzym A (HS-CoA). Nach dieser einleitenden Reaktionssequenz erfolgt sukzessive die Abspaltung von C_2- und C_3-Einheiten. Aufgrund der verzweigten Seitenkette sind jedoch noch zusätzliche Reaktionsschritte notwendig, auf die an dieser Stelle nicht weiter eingegangen werden kann. Am Ende dieses Prozesses entsteht 4-Androsten-3,17-dion (AD). Im Wildtyp-Stamm wird der weitere Molekülabbau durch die Hydroxylierung in Position 9α und die Einführung einer Doppelbindung am C_1-Atom eingeleitet. Die hieraus entstandene Struktur (9αOH-ADD) ist instabil und zerfällt in Gegenwart von Wasser unter Öffnung des B-Rings.

Durch das Inaktivieren der beteiligten Schlüsselenzyme (nämlich der 9α-OH-Hydroxylase bzw. der Δ^1-Dehydrogenase) kann dieser Abbau jedoch gezielt unterbunden werden. Es entstehen die Intermediate 1,4-Androstadien-3,17-dion (ADD) und 9α-OH-4-Androsten-3,17-dion (9αOH-AD). Werden beide Enzyme inaktiviert, stoppt der Abbauprozess auf der Stufe 4-Androsten-3,17-dion (AD) (❏ Abb. 12.5). Die gebildeten Endprodukte werden anschließend aus der Zelle in das umgebende Medium ausgeschleust und kristallisieren dort aus.

Bis in die 1970er-Jahre hinein basierte die überwiegende Mehrzahl der Steroidsynthesen auf der pflanzlichen Ausgangsverbindung „Diosgenin", welche aus Wurzeln von in Urwäldern endemisch vorkommen Pflanzen (z. B. *Dioscorea villosa* oder *D. mexicana*) gewonnen wurde. Infolge der stark steigenden Verwendung von Steroiden und der damit verbundenen zunehmenden Rohstoffverknappung war die pharmazeutische Industrie jedoch gezwungen, sich nach alternativen Ausgangsmaterialen umzuschauen. Mit der Entwicklung und der großtechnischen Etablierung des mikrobiellen Seitenkettenabbaus als Lieferant für zentrale Syntheseintermediate, wie z. B. AD, ADD, 9αOH-AD, ist dieses eindrucksvoll gelungen.

12.1.6 11α-Hydroxylierung mit *Rhizopus* bei der Synthese von Hydrocortison

Hydroxylierungen von Steroiden stellen die zahlenmäßig häufigste Biotransformationsreaktion dar und werden bei der überwiegenden Mehrzahl der Steroidsynthesen verwendet. Im großtechnischen Maßstab kommen hierbei überwiegend filamentöse Pilze zum Einsatz.

◻ Abb. 12.5 Schematische Darstellung des Abbaus von β-Sitosterin durch *Mycobacterium*. Der aus Pflanzen gewinnbare Naturstoff β-Sitosterin wird intrazellulär zunächst isomerisiert, oxidiert (Δ^5-KS-Iso: Δ^5-3-Ketosteroid-Isomerase, 3HsDH: 3β-Hydroxysteroid-Dehydrogenase) und am terminalen Kohlenstoffatom bis zur Carbonsäure oxidiert. Nach Kondensation mit Koenzym A (HS-CoA) erfolgt der Seitenkettenabbau durch sukzessive Abspaltung von C_2- und C_3-Einheiten. Hierbei entsteht 4-Androsten-3,17-dion (AD) als primäres Reaktionsintermediat. Durch eine nachfolgende Hydroxylierung (SHy: 9α-Hydroxylase) oder Dehydrierung (Δ^1-DH: Δ^1-Dehydrogenase) entstehen die Intermediate 9α-Hydroxy-4-androsten-3,17-dion (9αOH-AD) oder 1,4-Androstadien-3,17-dion (ADD). Erfolgen beide enzymatischen Reaktionen entsteht 9α-Hydroxy-1,4-androstadien-3,17-dion (9αOH-ADD), welches in weiteren Reaktionen durch *Mycobacterium* vollständig mineralisiert werden kann

Das bekannteste Beispiel für diese Biotransformationsreaktion stellt sicherlich die 11α-Hydroxylierung von Progesteron dar, durch die eine wirtschaftliche Synthese von Hydrocortison erstmalig möglich wurde (Box „Herstellung von Hydrocortison"). Insofern stellt diese Reaktion einen Meilenstein auf dem Gebiet der Steroid-Biotransformation dar, wenn auch *Rhizopus* in aktuellen Hydrocortison-Synthesen kaum mehr eingesetzt wird.

Durch umfangreiche Stamm-Screening-Aktivitäten ist es heutzutage möglich, Hydroxylierungsreaktionen an fast allen Positionen des Steroidgrundgerüstes durchzuführen. Von ökonomischer Bedeutung sind hierbei insbesondere Hydroxylierungen in den Positionen 7α, 9α, 11α, 11β, 15α und 16α. Das zugrunde liegende Funktionsprinzip ist jedoch unverändert: Durch die enzymatisch katalysierte Reaktion erfolgt die regio- und stereoselektive Einführung einer Hydroxylgruppe, welche dann als funktionelle Gruppe für nachfolgende chemische Reaktionsschritte dient.

Aufgrund der zurzeit noch begrenzten molekulargenetischen Zugänglichkeit vieler filamentöser Pilze wird im industriellen Umfeld überwiegend mit Wildtyp-Stämmen gearbeitet.

Steroid-Hydroxylierungsreaktionen werden durch **Cytochrom-P450-Enzymkomplexe** katalysiert. Es handelt sich hierbei um eine Klasse von Enzymen mit breitem Substratspektrum und einem Häm-Molekül als prosthetische Gruppe. Cytochrom-P450-Enzymkomplexe katalysieren **Monooxygenase-Reaktionen** nach folgendem Schema:

$$RH + O_2 + NAD(P)H + H^+$$
$$\rightarrow ROH + H_2O + NAD(P)^+$$

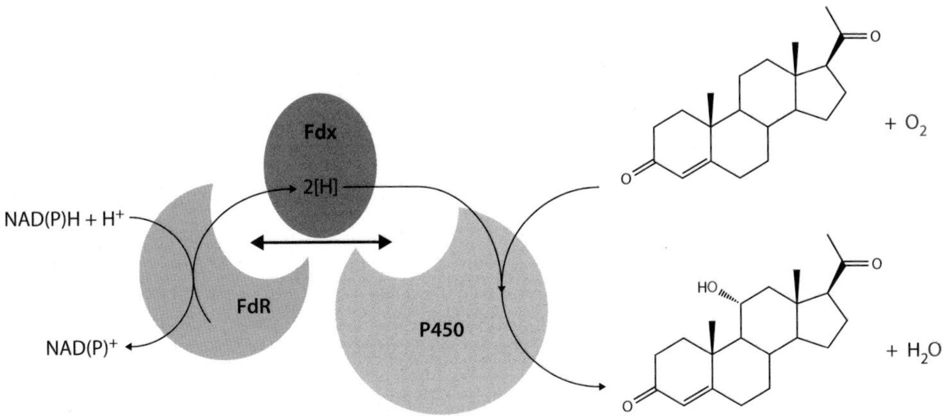

◘ Abb. 12.6 Schematische Darstellung der durch den Cytochrom-P450-Enzymkomplex katalysierten 11α-Hydroxylierung von Progesteron. FdR: Ferredoxin-Reduktase; Fdx: Ferredoxin; P450: Cytochrom P450

Grundsätzlich besitzen alle Cytochrom-P450-Enzymkomplexe eine FAD-abhängige Reduktase (FdR, Ferredoxin-Reduktase), mit der die Reduktionsäquivalente von NAD(P)H auf ein zweites Protein – ein Ferredoxin (Fdx) – übertragen werden. Dieses Ferredoxin reduziert wiederum das Cytochrom P450, durch welches die eigentliche Hydroxylierungsreaktion katalysiert wird (◘ Abb. 12.6).

12.1.7 Δ^1-Dehydrogenierung mit *Arthrobacter* zur Herstellung von Prednisolon

Die Einführung einer Doppelbindung am A-Ring erhöht die Affinität von Corticoiden für den Glucocorticoid-Rezeptor und steigert die therapeutische Potenz des Moleküls erheblich. Erstmalig wurde dieser Zusammenhang in den 1950er-Jahren entdeckt. Seit dieser Zeit ist die Δ^1-Dehydrogenierung von großer Bedeutung für die Synthese hochwirksamer Glucocorticoide.

Das bekannteste Beispiel für die großtechnische Anwendung dieses Reaktionstyps ist die Synthese von Prednisolon. Die überwiegende Menge des vermarkteten Prednisolons und abgeleiteter Verbindungen (wie z. B. Methylprednisolon) werden hierbei mittels Biotransforma-

tion aus Hydrocortison hergestellt (◘ Abb. 12.7). Hierfür werden im großtechnischen Maßstab Bakterien, wie z. B. *Arthrobacter simplex*, verwendet.

Die Δ^1-Dehydrogenierungen werden durch Flavin-Adenin-Dinukleotid(FAD)-abhängige Enzyme katalysiert und stellen typische Gleichgewichtsreaktionen dar. Bei einigen der untersuchten Mikroorganismen gibt es Hinweise auf eine Membranassoziierung der Δ^1-Dehydrogenase. Durch die Wahl geeigneter Fermentationsbedingungen kann das Reaktionsgleichgewicht gezielt beeinflusst werden. So werden bei Nährstoffmangel und einem hohen Sauerstoffpartialdruck im Medium die Reduktionsäquivalente unter Energiegewinnung in die Atmungskette eingeschleust (mit Sauerstoff als terminalem Elektronenakzeptor). Dies geht mit der Oxidation des Substrates einher. Im Gegensatz dazu führt ein hohes Nährstoffangebot bei fehlendem Sauerstoff dazu, dass gegebenenfalls bereits gebildetes Produkt – statt des Sauerstoffs – als Elektronenakzeptor fungiert und so die Rückreaktion erfolgt.

Aufgrund ihrer Einfachheit und des gut verstandenen Reaktionsprinzips dient die Δ^1-Dehydrogenase-Reaktion vielfach als Modellreaktion für das Testen alternativer Fermentationskonzepte (z. B. kontinuierliche Fermentationen etc.). In verschiedenen wissenschaftlichen Publikationen

☐ Abb. 12.7 Reversible Umwandlung von Hydrocortison zu Prednisolon mittels *Arthrobacter simplex*. Unter aeroben Fermentationsbedingungen ist die Oxidation von Hydrocortison thermodynamisch begünstigt und es entsteht Prednisolon. Die Reduktionsäquivalente werden hierbei auf FAD übertragen. Die Rückreaktion wird unter anaeroben Bedingungen katalysiert

konnte beispielhaft gezeigt werden, dass auch eine Immobilisierung von *Arthrobacter simplex*-Zellen an Trägermaterialien ohne Beeinträchtigung der Umsetzungseigenschaften möglich ist. Selbst nach wiederholter Verwendung dieser Zellen war kein signifikanter Aktivitätsrückgang zu beobachten. Bei einer kontinuierlichen Reaktionsführung wäre es somit theoretisch möglich, bereits aus 1 kg bakterieller Biomasse bis zu 50 kg Prednisolon pro Jahr herzustellen.

12.1.8 17-Ketoreduktion mit *Saccharomyces* zur Herstellung von Testosteron

Ausgehend von 4-Androsten-3,17-dion (AD) kann Testosteron entweder direkt durch eine Biotransformationsreaktion (☐ Abb. 12.8) oder durch eine mehrstufige chemische Reaktionssequenz dargestellt werden. Von entscheidender Bedeutung ist hierbei die stereospezifische Reduktion der 17-Ketogruppe zur 17β-OH-Gruppe. Der Umstand, dass Mikroorganismen in der Lage sind diese Reaktion zu katalysieren, wurde bereits in den 1940er-Jahren am Beispiel der Bäckerhefe *Saccharomyces cerevisiae* erstmalig beschrieben. Auch in heutigen Produktionsprozessen wird auf das katalytische Potenzial von *S. cerevisiae* zurückgegriffen.

Das in Arzneimitteln verwendete Testosteron wird derzeit etwa zu gleichen Teilen mittels

Biotransformation und chemischer Synthese hergestellt. Dieses Beispiel belegt sehr deutlich, dass ausgereifte biologische Verfahren durchaus konkurrenzfähig zu chemischen Prozessen sein können.

Wie bei vielen Biotransformationsreaktionen ist der physiologische Nutzen für den Mikroorganismus noch nicht abschließend geklärt. Bei einigen Mikroorganismen wurde jedoch nachgewiesen, dass die Umsetzung zu den 17β-OH-Verbindungen als Teil einer Entgiftungsreaktion erfolgt. So konnte am Beispiel von *Saccharomyces cerevisiae* gezeigt werden, dass 4-Androsten-3,17-dion (AD) die Glucoseaufnahme und das Wachstum negativ beeinflusst, während 4-Androsten-17β-ol-3-on (Testosteron) diese Wirkung nicht aufweist. Dieser Umstand erklärt auch, warum durch *Saccharomyces*, trotz Gegenwart von ausreichenden Mengen an Sauerstoff im Fermentationsmedium, die Reduktion von AD bevorzugt katalysiert wird, statt die Reduktionsäquivalente des NAD(P)H unter Energiegewinnung in die Atmungskette einzuschleusen.

Eine synonyme Bezeichnung für die 17-Ketoreduktase lautet 17β-Hydroxysteroid-Dehydrogenase. In diesem Fall ist die Rückreaktion die maßgebliche und damit namensgebende Reaktion. Ein Beispiel für eine solche Hydroxysteroid-Dehydrogenase-Reaktion wäre die Umsetzung von Testosteron zu AD (die Rückreaktion in ☐ Abb. 12.8). Eine vergleichbare Reaktion – allerdings katalysiert durch

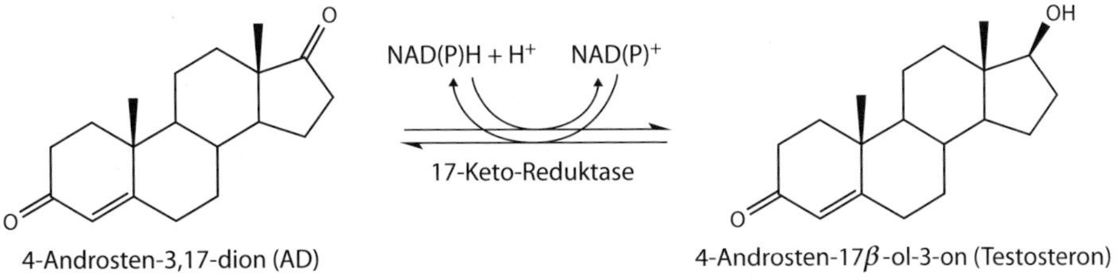

Abb. 12.8 Reversible Umwandlung von 4-Androsten-3,17-dion (AD) zu 4-Androsten-17β-ol-3-on (Testosteron) mittels *Saccharomyces cerevisiae*. Aufgrund des niedrigen Standard-Redoxpotenzials von NAD(P)H ist die Reduktion von AD thermodynamisch begünstigt. Die Rückreaktion findet daher nur dann statt, wenn das entstehende Produkt durch eine Folgereaktion aus dem Reaktionsgleichgewicht entfernt wird

die 3β-Hydroxysteroid-Dehydrogenase – stellt beispielsweise die einleitende Oxidation der 3-OH-Gruppe im mikrobiologischen Seitenkettenabbau dar (Abb. 12.5).

Während die Fähigkeit zur 17β-Reduktion mittlerweile in einer Vielzahl von Mikroorganismen nachgewiesen wurde, ist die Bildung von 17α-OH-Verbindungen bislang nur in wenigen Fällen beschrieben worden.

12.1.9 Ausblick

Seit den ersten Beschreibungen von Biotransformationsreaktionen in den 1940er-Jahren und der ersten semi-synthetischen Herstellung eines Steroids in den 1950er-Jahren hat es eine Vielzahl bedeutender Fortschritte auf diesem Gebiet gegeben. Erst hierdurch wurde die Synthese vieler heute gebräuchlicher Medikamente möglich.

Wie in vielen Bereichen der Biologie findet derzeit auf dem Gebiet der Biotransformationsreaktionen ein Paradigmenwechsel weg von der klassischen Mikrobiologie und hin zu den sogenannten „Omik"-Technologien (Genomik, Transkriptomik, Proteomik und Metabolomik) statt. Während in den vergangenen Jahrzehnten der Fokus primär auf der Auffindung neuer Mikroorganismen, der Etablierung und Kommerzialisierung neuer Reaktionstypen sowie der Klärung grundlegender biochemischer Fra-

gestellungen lag, ergeben sich zu Beginn des 21. Jahrhunderts nun gänzlich neue Möglichkeiten. Insbesondere Strategien zur Konstruktion und gezielten Modifizierung von Mikroorganismen (Metabolic Engineering) mit definierten Eigenschaften können nun erstmalig Erfolg versprechend durchgeführt werden.

Ein Beispiel für diesen neuen Ansatz stellt die *de novo*-**Synthese von Hydrocortison** in *Saccharomyces cerevisiae*-Zellen dar. Während der Hefe die notwendigen Enzyme zur Synthese komplexer Steroide (wie z. B. Hydrocortison) fehlen, ist sie jedoch in der Lage, Ergosterol, welches eine wichtige Funktion für die Aufrechterhaltung der Struktur und Funktion der Cytoplasmamembran erfüllt, zu produzieren. Durch die Einbringung mehrerer Fremdgene wurde der ursprüngliche Stoffwechselweg so verändert, dass nun nennenswerte Mengen an Hydrocortison synthetisiert werden. Auch wenn eine kommerzielle Umsetzung dieses Verfahrens noch aussteht, stellt diese Arbeit doch einen Durchbruch auf dem Gebiet der Entwicklung neuer Syntheserouten für die Herstellung von Steroiden dar. Sie belegt, dass auch mehr als 50 Jahre nach der ersten semi-synthetischen Herstellung von Hydrocortison das volle biotechnologische Potenzial von Biotransformationsreaktionen noch nicht erschlossen ist.

12

12.2 Aromastoffe

12.2.1 Geschichtliches und wirtschaftliche Bedeutung

Aromen, Aromastoffe und Duftstoffe werden schon seit vielen Jahrtausenden verwendet, zunächst ohne das genaue Wissen darüber, was die eigentliche geruchliche oder geschmackliche Wahrnehmung hervorruft. Schon in der Frühzeit wurden aromatische Bestandteile von Pflanzen eingesetzt, um Wohlgerüche zu erzeugen und Speisen schmackhafter zu machen, vor allem in Form von Kräutern und Gewürzen. Schon bald wurden dafür auch mikrobiologische und enzymatische Aktivitäten bei der Herstellung von Lebensmitteln und damit auch zur Aromabildung in diesen Lebensmitteln genutzt, wie beispielsweise beim Brotbacken, beim Bierbrauen, bei der Weinherstellung, zur Produktion von Joghurt und Käse usw.

Als die eigentliche Geburtsstunde der modernen Aromenindustrie kann die Erfindung der Vanillinsynthese durch F. Tiemann und W. Haarmann 1874 angesehen werden. Das war die erste gezielte Synthese eines einzelnen Aromastoffes, damals hergestellt aus einem reichlich vorhandenen Naturstoff, dem Kambialsaft von Nadelhölzern. Bis dahin war man auf die biologische Herstellung direkt aus Vanilleschoten angewiesen, und diese war sehr teuer und nur wenig verfügbar. Somit ist der Beginn der modernen Aromen- und Duftstoffindustrie auch ein Beitrag zur Verbreitung von angenehm wirkenden Lebensmitteln und Düften, die vormals nur einer kleinen Schicht Wohlhabender vorbehalten war.

Die biotechnische Herstellung von Einzelsubstanzen oder auch Gemischen mithilfe von Mikroorganismen und Enzymen erfolgt vor allem mit der Zielsetzung der Herstellung von **natürlichen** Aromastoffen und Aromen. Wenn es sich dabei um Einzelstoffe handelt, dann spricht man von den sogenannten „natürlichen Aromakomponenten" (*natural aroma components*, NAC). Die Entwicklung und Produktion dieser NAC

begann in den 1970er-Jahren und hat sich seitdem zu einem bedeutenden Wirtschaftszweig entwickelt.

Die Aromen- und Parfümerie-Rohstoffindustrie ist eine global agierende Wirtschaft mit jährlichen Umsätzen in der Größenordnung von 22 Mrd. US-Dollar. Biotechnische Verfahren im Aromen- und Parfümeriebereich sind sehr vielfältig und gewinnen zunehmend an Bedeutung. Relevante Anwendungsbeispiele finden sich in ◘ Tab. 12.3; sie zeigt eine Zusammenstellung von Aromastoffen, die biotechnisch gewonnen werden können. Diese umfasst ein breites Spektrum von Verbindungen, von Carbonsäuren über sogenannte Grünkörper (C_6-Verbindungen, die in Pflanzenzellen vorkommen) bis hin zu Spezialitäten wie Ethyldecadienoat. Diese Verbindungen werden in den folgenden Abschnitten näher erläutert.

Die Herstellung von Aromastoffen mithilfe biotechnischer Methoden ist aus zwei Gründen von großer Bedeutung:

1. **Natürlichkeit**: Gemäß der aktuellen Aromenverordnung (1334/2008 EG) sind „natürliche Aromastoffe" solche Aromastoffe, die durch „geeignete physikalische, **enzymatische oder mikrobiologische Verfahren** aus pflanzlichen, tierischen oder mikrobiologischen Ausgangsstoffen gewonnen" werden.
2. **Produzierbarkeit und Nachhaltigkeit**: Vor allem Substanzen sind interessant, die mit chemischen Methoden entweder nur sehr aufwendig und kostenintensiv hergestellt werden können, oder für die traditionell Rohstoffe eingesetzt werden, die nur begrenzt verfügbar sind oder eine bedeutende Reduzierung des Bestandes bedeuten würden.

Koscher und Halal

Ein weiterer wirtschaftlich relevanter Aspekt, der auch die biotechnischen Herstellverfahren betrifft, ist die Betrachtung von Rohstoffen, Produkten und Herstellprozessen gemäß religiöser Normen. Dazu gehört vor allem die Herstellung nach den Regeln der jüdischen (**koscher**) und islamischen (**halal**) Speisegesetze. Dies ist auch für Konsumenten relevant, die nicht diesen

◘ Tabelle 12.3 Wirtschaftlich bedeutende Aromastoffe aus biotechnischer Produktion

Rohstoffe	Biokatalysatoren	Aromastoff	Marktpreise (Größenordnung)
Ferulasäure	*Amycolatopsis* spec. (Abschn. 12.2.2)	Vanillin	<1000 Euro/kg
Alkohole (fallen z. B. bei der Ethanolfermentation an, sog. Fuselalkohole)	*Gluconobacter* spec. *Acetobacter* spec. (◘ Tab. 12.4)	Carbonsäuren, z. B. Essigsäure, Propionsäure, Buttersäure, Isobuttersäure, 2-Methylbuttersäure, 3-Methylbuttersäure	<100 Euro/kg
Carbonsäure + Alkohol oder Ester + Alkohol oder Ester + Carbonsäure	Lipasen, z. B. aus *Candida antarctica*	Carbonsäureester, z. B. Ethyl-2-methylbutyrat, Ethylbutyrat	<100 Euro/kg
Ricinolsäure, Rizinusöl	*Yarrowia lipolytica*	γ-Decalacton	<1000 Euro/kg
Ethylcaprylat	*Mucor circinelloides*	γ-Octalacton	<1000 Euro/kg
Fettsäuren	Fermentierung von Fettsäuren mit *Penicillium roqueforti*-Kulturen	Ketone, z. B. Methylketone (2-Ketone), wie 2-Pentanon, 2-Nonanon	<100 Euro/kg
Leinsaatöl, Pflanzenöl	Lipoxygenase Hydroperoxid-Lyase	*trans*-2-Hexenal, *cis*-3-Hexenol	<1000 Euro/kg
Milch, Molke	Fermentation mit *Streptococcus diacetilactis*, *Streptococcus lactis*	Acetoin (3-Hydroxy-2-butanon), Diacetyl (2,3-Butandion)	<100 Euro/kg
Phenylalanin	*Saccharomyces cerevisiae*	Phenylethanol	<1000 Euro/kg
Pflanzenöl	Lipasen, z. B. aus *Candida antarctica*	*trans*-2-*cis*-4-Ethyldecadienoat	>1000 Euro/kg
Melasse; Pyrazine entstehen bei der Alkoholfermentation aus Aminosäuren	*Saccharomyces cerevisiae*	Pyrazine (diverse)	>1000 Euro/kg
Menthylbenzoat	Lipase (racemische Spaltung)	Menthol	<100 Euro/kg
Valencen	*Pleurotus sapidus*	Nootkaton	>1000 Euro/kg

12

Glaubensrichtungen angehören, die Koscher-bzw. Halal-Produkte als qualitativ hochwertiger einschätzen.

Es sind demnach ausschließlich solche Rohstoffe und Produktionsprozesse zulässig, die nach Prüfung durch entsprechende sachverständige Organisationen als „erlaubt" eingestuft werden und auf einer Positivliste erscheinen. Zu den streng verbotenen Rohstoffen zählen vor allem Produkte, die aus unrein geltenden Tieren hergestellt wurden, insbesondere dem Schwein.

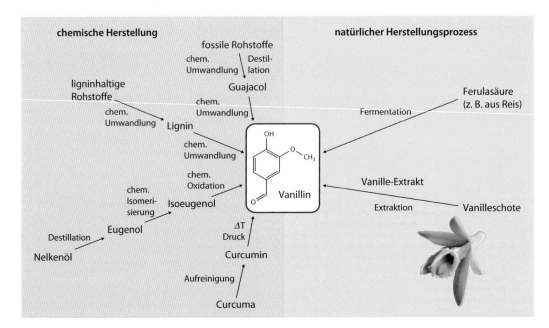

◘ Abb. 12.9 Wirtschaftlich relevante Herstellverfahren für Vanillin. Fermentation und Extraktion gelten als natürliche Produktionsverfahren

12.2.2 Produktion von Vanillin

Vanillin gehört neben Menthol nicht nur zu den bekanntesten, sondern auch zu den bedeutendsten und am meisten eingesetzten Aromastoffen. Vanillin wird im Lebensmittelbereich ausgesprochen vielfältig verwendet, angefangen von der Aromatisierung von Produkten mit Vanillegeschmack wie Eiscreme, Joghurt und Pudding über Schokolade und Getränke bis hin zur allgemeinen geschmacklichen Abrundung.

Der jährliche Bedarf liegt bei etwa 15 000 t (Menthol: ca. 19 000 t). Der größte Anteil des Vanillins wird zwar synthetisch hergestellt (über 95 %), aber der Bedarf an natürlichem Vanillin steigt stetig mit dem Verbraucherwunsch nach natürlichen Lebensmitteln. Neben der Herstellung von Vanillin aus Vanilleschoten spielt die biotechnische Produktion dabei eine bedeutende Rolle (◘ Abb. 12.9).

Das meistverbreitete mikrobielle Verfahren zur Herstellung von Vanillin besteht in der Biotransformation von **Ferulasäure** zu Vanillin (z. B. EP 0761817). Die dafür eingesetzte Ferulasäure wird zumeist aus Reisspelzen gewonnen, die bei der Reisverarbeitung anfallen.

Eine weitere Möglichkeit zur Gewinnung der Ferulasäure ist deren mikrobielle Produktion ausgehend von Eugenol, das beispielsweise durch Destillation aus Nelkenblätteröl gewonnen werden kann. Besonders hohe Konzentrationen im zweistelligen Gramm-pro-Liter-Bereich lassen sich mit Bakterien der Gattung *Pseudomonas* darstellen. Das ist insofern bemerkenswert, da Eugenol antibakterielle und aseptische Eigenschaften aufweist.

Ausgehend vom Eugenol erfolgt eine Hydroxylierung endständig an der Seitenkette zum Coniferylalkohol durch die Eugenol-Hydroxylase. Die Coniferylalkohol-Dehydrogenase (calA) oxidiert den Alkohol dann zum Coniferylaldehyd. Im nachfolgenden Oxidationsschritt entsteht daraus die Ferulasäure unter Katalyse der Coniferylaldehyd-Dehydrogenase. Diese Reaktionskaskade läuft in sehr guten Ausbeuten in *Pseudomonas* spec. ab (◘ Abb. 12.10).

Die Biotransformation von Ferulasäure zu Vanillin gelingt in besonders hohen Ausbeuten (über 12 g/l) mit Bakterien der Gattung *Amy-*

◻ Abb. 12.10   Umsetzung von Eugenol zu Ferulasäure mit *Pseudomonas* spec. HR 199

◻ Abb. 12.11 Umsetzung
von Ferulasäure zu Vanillin
mit *Amycolatopsis* spec.
HR 197

colatopsis, die zu den Actinomyceten zählen. Die Fermentation wird bei 37 °C im Fed-Batch-Verfahren durchgeführt, wobei zunächst die Mikroorganismen zu einer ausreichenden Zelldichte heranwachsen und danach das Feeding der Ferulasäure beginnt (z. B. EP 761817).

Für die Reaktion ausgehend von Ferulasäure zum Vanillin werden zwei Enzyme benötigt; zunächst die Feruloyl-CoA-Synthetase, die aus der Ferulasäure den Thioester mit dem Koenzym A bildet. Im folgenden Schritt katalysiert die Enoyl-CoA-Hydratase/Aldolase die Oxidation unter Abspaltung von Acetyl-CoA zum Vanillin (◻ Abb. 12.11). Diese Schritte erfolgen in Analogie zur β-Oxidation der Fettsäuren, bei der ebenfalls unter Bildung von Acetyl-CoA eine um zwei Kohlenstoffatome verkürzte Fettsäure gebildet wird.

Der kommerzielle Einsatz von biotechnisch produziertem Vanillin begann Mitte der 1990er-Jahre mit der Entwicklung des oben genannten Verfahrens zur Marktreife.

12.2.3 Produktion aliphatischer Carbonsäuren

Natürliche aliphatische Carbonsäuren stellen eine bedeutende Verbindungsklasse für viele Fruchtaromen dar, entweder als Säure oder in veresterter Form. Der Bedarf liegt im drei- bis vierstelligen Tonnenbereich. Neben der Essigsäure sind vor allem folgende Verbindungen von wirtschaftlichem Interesse: Propionsäure, Buttersäure, Isobuttersäure, 2-Methylbuttersäure, 3-Methylbuttersäure (Isovaleriansäure) (◻ Tab. 12.4).

Analog zu der mikrobiellen Oxidation von Ethanol zu Essigsäure können viele lineare als auch verzweigte aliphatische Carbonsäuren aus den entsprechenden Alkoholen hergestellt werden. Die Alkohole fallen in natürlicher Form als Nebenprodukte bei der Vergärung von glucosehaltigen Rohstoffen zu Ethanol in Form der sogenannten Fuselalkohole an: Propanol, Butanol,

◘ Tabelle 12.4 Bildung von natürlichen Carbonsäuren durch Biotransformationen (modifiziert nach Schrader et al. 2004)

Carbonsäure	Geruch/Geschmack	Biokatalysator	Produkt-konzentration	Biotrans-formationszeit
Propionsäure	scharf, sauer, erinnert an Sauermilch, Käse bzw. Butter	*Gluconobacter oxydans*, *Acetobacter pasteurianus*, *Propionibacterium*	94 g/l 60 g/l 20–30 g/l	92 h 90 h 7–14 Tage
Buttersäure	durchdringend, diffus sauer, erinnert an ranzige Butter	*Gluconobacter oxydans*, *Acetobacter pasteurianus*	95 g/l 60 g/l	72 h 90 h
Isobuttersäure	diffus sauer, in Verdünnung angenehm und fruchtig	*Gluconobacter oxydans*	92 g/l	74 h
2-Methyl-buttersäure	scharf, erinnert an Roquefort-Käse, in Verdünnung angenehm und fruchtig-sauer	*Gluconobacter oxydans*, *Acetobacter pasteurianus*	80 g/l 44 g/l	72 h 90 h
Isobuttersäure (Isovaleriansäure)	diffus, in Verdünnung käsig, unangenehm, in sehr starker Verdünnung krautig, trocken	*Gluconobacter oxydans*, *Acetobacter pasteurianus*	82 g/l 45 g/l	72 h 90 h

Isobutanol, 2-Methylbutanol, 3-Methylbutanol (Isoamylalkohol).

Bei der mikrobiellen Produktion der natürlichen Carbonsäuren werden dabei vielfach *Gluconobacter* spec. sowie *Acetobacter* spec. verwendet. Diese Bakterien können hohe Produktkonzentrationen extrazellulär akkumulieren, sodass diese Biotransformationen ausgehend von den Alkoholen zu Konzentrationen im oberen zweistelligen Bereich (g/l) führen (◘ Tab. 12.4).

Die Biotransformationen werden bei 30 °C und pH 6,2 in einem Hefeextrakt-haltigen Medium durchgeführt. Darin werden zunächst die Bakterien angezogen, bevor mit dem Alkohol-Feeding im Fed-Batch-Verfahren begonnen wird. Die Biotransformationen weisen einen hohen Sauerstoffbedarf auf; dies äußert sich beispielsweise darin, dass mithilfe der Rührergeschwindigkeit die Produktbildungsrate deutlich beeinflusst wird. Wie in ◘ Abb. 12.12 zu erkennen ist, steigt bei der Biotransformation von 2-Methylbutanol zu 2-Methylbuttersäure durch

Gluconobacter spec. mit zunehmender Rührergeschwindigkeit die Produktbildungsrate von ca. 0,32 g/l h (150 rpm) über ca. 1,43 g/l h (200 rpm) auf ca. 2,86 g/l h (300 rpm).

12.2.4 Produktion von Carbonsäureestern

Kurzkettige Ester der zuvor genannten Carbonsäuren stellen bedeutende Aromastoffe dar. Beispielsweise sind Ethylester wie Ethyl-2-methylbutyrat und Ethylbutyrat Bestandteile von Fruchtaromen wie Apfelaromen, Rotfruchtaromen oder Zitrusaromen. Die einzelnen Ester werden im zwei bis dreistelligen Tonnenbereich jährlich hergestellt.

Zu den bekanntesten enzymatischen Reaktionen gehören hierbei die Veresterungen oder Umesterungen. Sie können mit einer großen Vielfalt an kommerziell erhältlichen Lipasen oder Es-

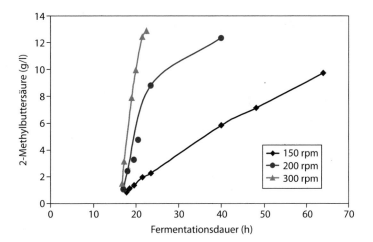

◨ Abb. 12.12 Einfluss der Rührgeschwindigkeit (rpm) bei der Biotransformation von 2-Methylbutanol zu 2-Methylbuttersäure mit *Gluconobacter* spec

terasen erfolgen. Diese Umsetzungen gelingen in hohen Konzentrationen nahezu quantitativ, wobei gegebenenfalls eines der Edukte im Überschuss als Lösemittel eingesetzt werden kann. Beispielhaft seien die **Veresterung** von 3-Methylbutanol (Isoamylalkohol) mit Essigsäure zu Isoamylacetat (◨ Abb. 12.13a) sowie die **Umesterung** von *trans*-2-*cis*-4-Decadiensäure (liegt in veresterter Form in Stillingiaöl vor) mit Ethanol zu *trans*-2-*cis*-4-Ethyldecadienoat genannt (◨ Abb. 12.13b).

Trans-2-*cis*-4-Ethyldecadienoat riecht und schmeckt ganz typisch nach Birne und wird daher auch als „Birnenester" bezeichnet. Für die Herstellung wird von Stillingiaöl ausgegangen, das neben C_{18}-Fettsäuren (davon ca. 40 % Linolensäure) und Palmitinsäure (ca. 7 %) zu etwa 5 % *trans*-2-*cis*-4-Decadiensäure in gebundener Form als Glyceride enthält. Die Umesterung der Decadiensäure erfolgt durch immobilisierte Lipase aus *Candida antarctica* mit Ethanol zum Ethyldecadienoat. Dabei wird Stillingiaöl vorgelegt, mit Ethanol vermischt und nach Zugabe von Lipase B aus *Candida antarctica* bei 45 °C kontinuierlich für zwei bis drei Tage gerührt (US 5753473). Anschließend wird das Reaktionsgemisch vom Enzym abgetrennt und das Produkt destillativ aufgereinigt.

a
Veresterung

3-Methylbutanol   +   Essigsäure   Lipase/Esterase   Isoamylacetat   + H_2O

b
Umesterung

Decadiensäureester   +   Ethanol   Lipase *C. antarctica*   *trans*-2-*cis*-4-Ethyldecadienoat   + R–OH

◨ Abb. 12.13 **a** Enzymatische Veresterung von 3-Methylbutanol (Isoamylalkohol) mit Essigsäure zu Isoamylacetat. **b** Umesterung von Decadiensäure-haltigem Stillingiaöl mit Ethanol zu *trans*-2-*cis*-4-Ethyldecadienoat

Nootkaton

Nootkaton ist ein Aroma- und Duftstoff, der in der Grapefruit vorkommt und dieser den charakteristischen Geruch verleiht. Neben der Isolierung aus Grapefruit kann Nootkaton durch Oxidation von Valencen gewonnen werden. Dieses kann zum einen chemisch erfolgen oder auch enzymatisch mithilfe einer Ganzzellbiotransformation. Der Ausgangsstoff Valencen ist zwar preiswert verfügbar, allerdings ist das chemische Verfahren recht aufwendig und die Regioselektivität der Oxidation nicht sehr hoch. Aus diesem Grund bieten sich mikrobielle Verfahren mit einer hinreichenden Selektivität an. Bei den dafür eingesetzten oxidativ wirkenden Enzymen handelt es sich um Laccasen, Lipoxygenasen oder P450-Monooxygenasen bzw. die entsprechenden Enzyme enthaltenden Mikroorganismen.

|Valencen| → (Lipoxygenase, O_2) → |Nootkaton|

In jüngster Zeit wurde beispielsweise ein Prozess auf Basis von Enzymaktivitäten aus Basidiomyceten entwickelt; diese stellen als hoch entwickelte Pilze eine vielfältige Quelle von Enzymen dar. Im aktuellen Beispiel wurde mit dem Speisepilz *Pleurotus sapidus* ein Verfahren entwickelt (WO/2011/147453). Für diese Umsetzung wird zunächst Biofeuchtmasse von *Pleurotus sapidus* hergestellt, anschließend aufgeschlossen und im Fed-Batch-Verfahren Valencen zudosiert. Nach 50 h werden 600 mg/l Nootkaton gebildet.

12.2.5 Produktion von γ-Decalacton

γ-Decalacton (Decan-4-olid) ist ein angenehm nach Pfirsich duftender Rohstoff, der wie Vanillin sowohl im Aromen- als auch im Parfümeriebereich vielfältig verwendet wird. Sein fruchtiger Charakter verleiht vielen Aromen wie Aprikose- und Erdbeeraromen die passende Note. Neben Vanillin und den Carbonsäuren ist γ-Decalacton eines derjenigen Produkte, die in größerer Menge mikrobiell mit weit über 20 t pro Jahr zu Preisen im unteren dreistelligen Euro-pro-Kilogramm-Bereich produziert werden.

Ausgehend von Rizinusöl (enthält zu ca. 80 % Ricinolsäure, eine ungesättigte C_{18}-Hydroxyfettsäure) oder Ricinolsäuremethylester setzt die Hefe **Yarrowia lipolytica** dieses Substrat im Fed-Batch-Verfahren mit hohen Konzentrationen zur 4-Hydroxydecansäure um. Dabei wird zunächst die Ricinolsäure durch zelleigene Lipasen aus dem Rizinusöl gebildet (○ Abb. 12.14). Es folgen drei sukzessive β-Oxidationsschritte, wodurch die aliphatische Kohlenstoffkette um jeweils zwei C-Atome verkürzt wird (von C_{18} auf C_{12}). Auf die nachfolgende Reduktion der Doppelbindung folgt eine weitere β-Oxidation (von C_{12} zu C_{10}) zur 4-Hydroxydecansäure, die leicht zum Lacton (= γ-Decalacton) cyclisiert.

Die Biotransformation wird bei einer Temperatur von 27 °C bei pH 7 und einer Belüftung von 0,25 vvm durchgeführt. Nach etwa 16 h Zellwachstum wird das Feeding mit Rizinusöl begonnen; nach einer Gesamtzeit von ca. 65 h werden bis zu 12 g/l γ-Decalacton erreicht (EP 997533).

Es ist wichtig, bei maximaler Produktkonzentration die Biotransformation zu beenden, da es

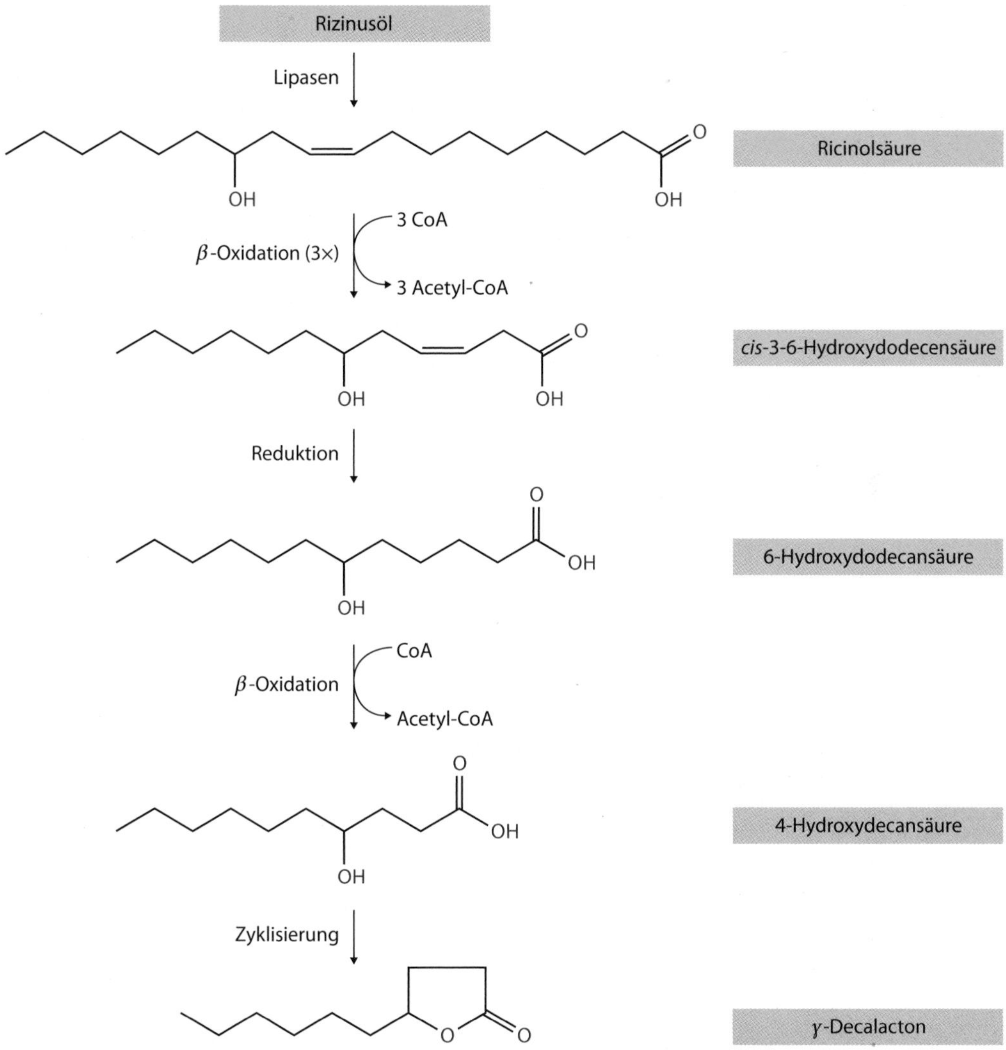

Abb. 12.14 Schema zur Bildung von γ-Decalacton mit *Yarrowia lipolytica*, ausgehend von Rizinusöl

durch weitere Oxidationsschritte sonst zu einer Verstoffwechselung der 4-Hydroxydecansäure kommen kann.

Ein weiteres Verfahren geht von Ethyldecanoat (Ethylcaprinat) als umzusetzendes Substrat aus. Diese Biotransformation wird als selektive Hydroxylierung von dem Pilz *Mucor circinelloides* umgesetzt unter ähnlichen Verfahrensparametern (28 °C, pH 7,5).

Wird *Mucor circinelloides* Ethylcaprylat (Ethyloctanoat) als Substrat zur Verfügung gestellt, dann setzt er dieses zum analogen γ-Octalacton um. Auf diese Weise lässt sich im industriellen Maßstab γ-Octalacton mit über 11 g/l produzieren.

12.2.6 Produktion von Methylketonen (2-Ketonen)

Eine bedeutende Aromastoffklasse für Käsearomen, insbesondere blauschimmelartige Aromen, stellen die 2-Ketone kurzkettiger Fettsäuren dar,

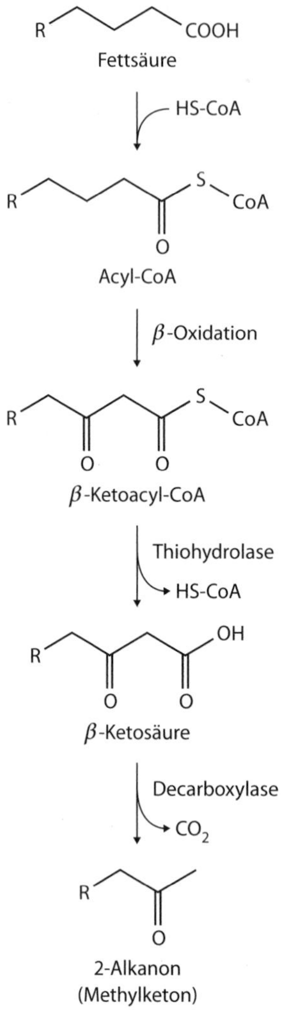

R⌒⌒COOH
Fettsäure

| HS-CoA

R⌒⌒C(=O)–S–CoA
Acyl-CoA

| β-Oxidation

R⌒C(=O)⌒C(=O)–S–CoA
β-Ketoacyl-CoA

| Thiohydrolase
↳ HS-CoA

R⌒C(=O)⌒C(=O)–OH
β-Ketosäure

| Decarboxylase
↳ CO_2

R⌒C(=O)⌒
**2-Alkanon
(Methylketon)**

◘ Abb. 12.15 Bildung von Methylketonen aus Fettsäuren (R = Rest)

die Methylketone. Dazu gehören 2-Pentanon, 2-Heptanon und 2-Nonanon. Diese Methylketone werden beispielsweise im Blauschimmelkäse (z. B. Roquefort) durch **Penicillium roqueforti**-Kulturen gebildet. Analog der Vorgänge im Käse können diese auch als Aromakomponenten gezielt mikrobiologisch mit *Penicillium roqueforti*-Kulturen hergestellt werden.

Dabei werden Milchfette mit *Penicillium roqueforti*-Kulturen angeimpft und mehrere Tage inkubiert. Bei dieser Biotransformation wer-

den nach der lipolytischen Spaltung der Fette in die entsprechenden Fettsäuren diese zunächst in die Acetyl-CoA-Form überführt. Durch β-Oxidation werden sie anschließend in die β-Carbonylform (β-Ketosäure) und dann unter CO_2-Abspaltung in das Methylketon umgewandelt (◘ Abb. 12.15). Wie zu erkennen ist, wird auf diese Weise aus einer kurzkettigen Fettsäure das um ein Kohlenstoffatom verkürzte 2-Keton gebildet.

12.2.7 Produktion von Acetoin und Diacetyl

Acetoin (3-Hydroxy-2-butanon) und Diacetyl (2,3-Butandion) sind Vertreter für butterartig riechende Verbindungen. Sie kommen in Butter und anderen Milchprodukten vor und werden für entsprechende Aromatisierungen von beispielsweise Milchprodukten eingesetzt.

Natürliches Diacetyl wird üblicherweise hergestellt durch Anreicherung (mittels Destillation) aus sogenanntem Starterdestillat, in dem es als Hauptbestandteil vorkommt und zu ca. 1000 ppm enthalten ist. Starterdestillat wiederum wird hergestellt durch Fermentation von entrahmter Milch mit Bakterien der Spezies *Streptococcus lactis*, *S. cremoris*, *S. lactis* ssp. *diacetylactis*, *Leuconostoc citrovorum* oder *L. dextranicum*. Geregelt ist dies beispielsweise im US Code of Federal Regulations (CFR, Title 21 – Regulation 184.1848). Weitere Mikroorganismen, die Diacetyl und Acetoin bilden können, sind *Pediococcus pentosaceus* und *Lactobacillus acidophilus*. Die jährliche Produktion an Acetoin bzw. Diacetyl liegt im zwei- bis dreistelligen Tonnenbereich.

In der Milch sind ca. 45 g/l Milchzucker und 2 g/l Citronensäure enthalten, die beide über Pyruvat zu Acetoin bzw. Diacetyl verstoffwechselt werden (◘ Abb. 12.16). Eine Zugabe von Citronensäure oder Milchzucker zur Milch steigert die Produktkonzentration.

Für die Produktion wird die pasteurisierte und homogenisierte Milch auf 21 °C eingestellt

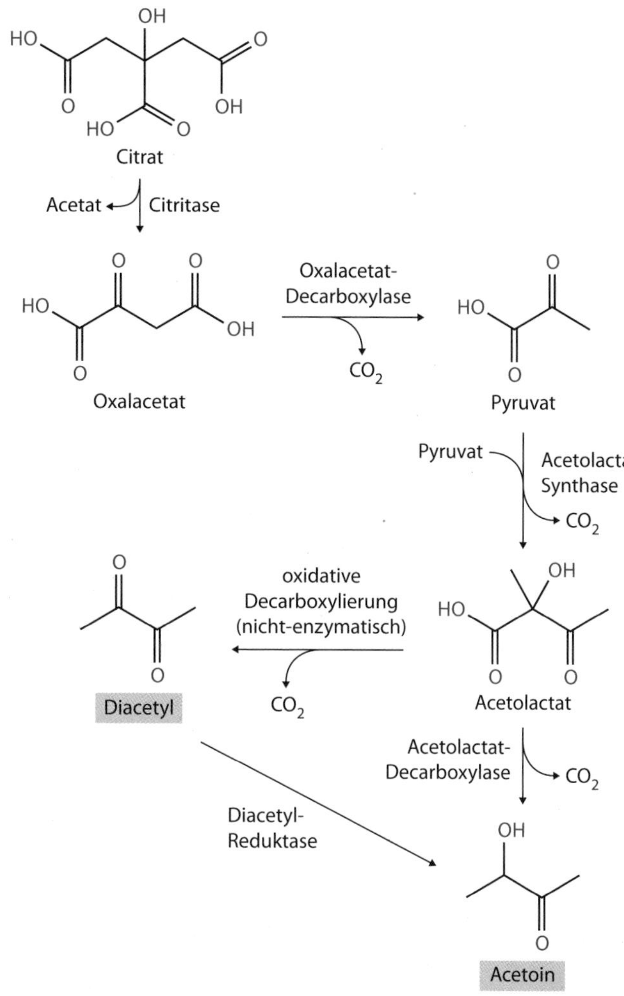

◻ Abb. 12.16 Bildung von Acetoin und Diacetyl aus Citrat

und mit den entsprechenden Mikroorganismen angeimpft. Zunächst erniedrigt die gebildete Milchsäure den pH-Wert auf unter pH 6, dann erfolgt die Verstoffwechselung der Citronensäure zum Diacetyl, bis der pH-Wert auf unter pH 4,6 abfällt. Dann wird auf 7 °C gekühlt, damit das gebildete Diacetyl nicht weiter verstoffwechselt wird. Durch Decarboxylierung aus der Acetomilchsäure wird Acetoin gebildet. Dabei wird Acetoin in deutlich höheren Konzentrationen gebildet (zehn- bis 50-fache Konzentration im Vergleich zu Diacetyl).

12.2.8 Ausblick

Die biotechnische Herstellung von Aromastoffen und Parfümerie-Rohstoffen gewinnt zunehmend an Bedeutung. Das liegt zum einen an den stetig wachsenden Synthesemöglichkeiten der Weißen Biotechnologie und andererseits am beständig wachsenden Verbraucherwunsch nach natürlichen Produkten, die aus nachwachsenden Rohstoffen gewonnen werden. Das ist besonders dann relevant, wenn die biotechnische Herstellung Alternativen aufzeigt zu Einsatzstoffen, die in ihrer Verfügbarkeit erheblich limitiert sind.

Zunehmende Kenntnisse im Bereich der pflanzlichen Stoffwechselwege beispielsweise über Metabolomik-Studien erlauben es auch, die komplexeren Synthesewege des Pflanzenstoffwechsels in Mikroorganismen zu etablieren. Die Aufgabenstellung besteht dabei darin, die relevanten Gene aus dem Pflanzenstoffwechsel zu identifizieren, in Mikroorganismen funktionell zu exprimieren und die Biosynthese aus Substraten mit wirtschaftlich relevanten Ausbeuten zu etablieren. Derzeit wird auf dem Gebiet der Terpen-Biosynthese und deren Derivaten viel Forschungsaufwand betrieben, da sich auf diesem Wege eine Vielzahl an recht komplexen Strukturen generieren lässt.

So steht die Möglichkeit der Produktion von Terpenen bzw. Sesquiterpenen (z. B. Farnesen, Linalool, Damascenon) mithilfe der Synthetischen Biologie in Hefen am Beginn der industriellen Umsetzung.

Auch werden pflanzliche Sekundärmetaboliten zukünftig nicht nur aus pflanzlichen, sondern auch aus mikrobiellen Umsetzungen wirtschaftlich zu gewinnen sein. Weiterhin werden Verbesserungen bestehender Verfahren für wichtige Aroma- und Parfümerie-Rohstoffe, wie beispielsweise Menthol, zielgerichteter möglich werden.

📖 Literaturverzeichnis

Abschnitt 12.1

Bernhardt R (2006) Cytochromes P450 as versatile biocatalysts. J Biotechnology 124: 128–145

Donova MV, Egorova OV, Nikolayeva VM (2005) Steroid 17β-reduction by microorganisms – a review. Process Biochem 40: 2253–2262

Fernandes P, Cruz A, Angelova B (2003) Microbial conversion of steroid compounds: recent developments. Enzyme Microb Technol 32: 688–705

Kelly D, Kelly S (2003) Rewiring yeast for drug synthesis. Nat Biotechnol 21: 133–134

Mahato SB, Garai S (1997) Advances in microbial steroid biotransformation. Steroids 62: 332–345

Malaviya A, Gomes J (2008) Androstenedione production by biotransformation of phytosterols. Bioresour Technol 99: 6725–6737

Sedlaczek L (1988) Biotransformation of steroids. Crit Rev Biotechnol 7: 187–236

Szczebara FM, Chandelier C, Villeret C et al. (2003) Total biosynthesis of hydrocortisone from a simple carbon source in yeast. Nat Biotechnol 21: 143–149

Abschnitt 12.2

Berger RG (Hrsg) (2007) Flavours and Fragrances. Chemistry, Bioprocessing and Sustainability. Springer-Verlag, Berlin, Heidelberg

Gatfield I (1999) Biotechnological Production of natural Flavor materials. In: Teranishi R, Wick E, Hornstein I (Hrsg) Flavor Chemistry: Thirty Years of progress. ACS Symposium Proceedings, Kluwer Publishers, New York

Longo MA, Sanromán MA (2006) Production of food aroma compounds. Food Technol Biotechnol 44: 335–353

Salzer U-J, Siewek F (Hrsg) (2009) Handbuch Aromen und Gewürze. Behr's Verlag, Hamburg (aktualisierte Loseblattsammlung)

Schrader J, Etschmann MMW, Sell D, Hilmer J-M, Rabenhorst J (2004) Applied biocatalysis for the synthesis of natural flavour compounds – current industrial processes and future prospects. Biotechnol Lett 26: 463–472

Surburg H, Panten J (2006) Common Fragrance and Flavor Materials. 5. Aufl. Wiley-VCH-Verlag, Weinheim

13 Verfahren der Abwasserreinigung

Claudia Gallert und Josef Winter

13.1 Einleitung

13.1.1 Historische Entwicklung

Die Begriffe Abwasser und Abwasserreinigung gehen auf die zweite Hälfte des 19. Jahrhunderts zurück. Ausgangspunkt war die Erkenntnis, dass der Kontakt mit Abfällen und Fäkalwässern Cholera, Tuberkulose und Typhus-Epidemien verursachen kann. Erste Hygienemaßnahmen haben „nur" den Bau von zunächst offenen Abwasserkanälen zum Abtransport der Abwässer und Abfälle in das nächste Oberflächengewässer vorgesehen. Mit zunehmender Abwassermenge und -verschmutzung wurde die Selbstreinigungskraft der Oberflächengewässer schnell überschritten und erforderte den Bau von Kläranlagen.

Ab 1842 wurde in Hamburg das erste Kanalnetz installiert und etwas später folgten weitere Städte dem Hamburger Beispiel. Heute werden mehr als 95 % aller Abwässer in unterirdischen Kanälen zur Abwasserreinigung abgeleitet.

Die ersten Kläranlagen bestanden lediglich aus Absetzbecken, in denen Schwebstoffe des häuslichen Abwassers (ca. 30 % der organischen Verschmutzung mit einem Großteil der Abwasserbakterien) durch Sedimentation abgetrennt wurden. Bis in die 1950er-Jahre hatten kleinere Kläranlagen lediglich Sedimentationsbecken zur Klärung des Abwassers. Neue mikrobiologische Erkenntnisse zum aeroben und anaeroben Abbau von Schmutzstoffen führten zur Entwicklung von kombinierten mechanisch-biologischen Reinigungsverfahren, wie z. B. dem Imhoff-Tank oder Emscherbrunnen, in dem gleichzeitig eine aerobe Abwasserreinigung und anaerobe Bodenschlammstabilisierung stattfand. Zur vollständigen Elimination von Partikeln und gelösten Kohlenstoffverbindungen aus dem Abwasser wurden schließlich Tropfkörper bzw. Belebungsbecken mit Vor- und/oder Nachklärbecken kombiniert. Für die inzwischen erforderliche weitergehende Abwasserreinigung müssen Nährstoffe wie z. B. Stickstoff durch Nitrifikation und Denitrifikation biologisch und Phosphat durch Fällung mit Eisen- oder Aluminiumchlorid chemisch oder durch Phosphat-akkumulierende Bakterien biologisch entfernt werden. Zukünftig werden auch noch xenobiotische Spurenstoffe (z. B. Antibiotikarückstände) und Restkeimbelastungen aus dem gereinigten Abwasser entfernt werden müssen.

13.1.2 Abwasser als Ressource

Zur Versorgung der Weltbevölkerung mit **Trinkwasser** ist sauberes Süßwasser nötig. Wasserknappheit liegt vor, wenn die natürlichen Wasserreserven pro Person und Jahr 1000 m^3 unterschreiten. In vielen Ländern des Nahen Ostens und in Afrika herrscht daher Wassermangel. Beim Millenniumsgipfel in New York wurde unter anderem „die Halbierung des Anteils der Menschen ohne dauerhaft gesicherten Zugang zu hygienisch einwandfreiem Trinkwasser von 65 % auf 32 % bis 2015" gefordert. In Industrieländern sollte der sparsame Umgang mit sauberem Wasser prioritäres Ziel aller Nutzer sein.

Abwasser ist Wasser mit geänderten physikalischen, chemischen oder biologischen Eigenschaften. Ein Großteil des Trinkwassers wird z. B. als Transportmittel für menschliche Ausscheidungen und Küchenabfälle in Abwasserkanälen zu Abwasser. Der Abwasseranfall könnte durch Wiederverwendung von gereinigtem und hygienisiertem Dusch- oder Waschwasser als Brauchwasser für Toilettenspülung oder zur Bewässerung reduziert werden. Eine Abwasseraufbereitung zu Trinkwasser wäre zwar grundsätzlich möglich, wird aber aufgrund der hohen Kosten nicht durchgeführt. Die direkte Verwendung von hygienisierten Fäkalien und Urin als Düngemittel wäre in dünn besiedelten Regionen nachhaltiger und wirtschaftlicher als die Reinigung in einer kommunalen Kläranlage ohne Nährstoffnutzung. Sie könnte zur Ressourcenschonung, insbesondere des Phosphats, beitragen.

13.1.3 Abwasser- und Regenwasserableitung sowie Kosten für die Reinigung

Die Abwasserableitung erfolgt entweder in einer Mischkanalisation oder in einer Trennkanalisation. In der Mischkanalisation wird häusliches Abwasser und Regenwasser gemeinsam zur Kläranlage transportiert. In einer Trennkanalisation wird häusliches Abwasser in kleineren Schmutzwasserkanälen zur Kläranlage und Regenwasser in größeren Regenwasserkanälen zur Regenwasseraufbereitung, z. B. durch Schwebstoffsedimentation, geleitet. Unabhängig vom Kanalsystem ist der Zulauf von kommunalem Abwasser in eine Kläranlage nicht gleichmäßig, sondern folgt einer „Tagesganglinie" mit Maxima am Morgen und um die Mittagszeit.

Die Deutsche Vereinigung für Wasserwirtschaft, Abwasser und Abfall (DWA) hat für Deutschland eine Abwassermenge von 9108 Mill. m^3 pro Jahr mit einem spezifischen Abwasseranfall pro Einwohner und Jahr von 82 m^3 ermittelt. Bei einem Trinkwasserverbrauch von 120 l pro Einwohner und Tag errechnen sich nur 44 m^3 pro Einwohner und Jahr, sodass 38 m^3 pro Jahr aus anderen Quellen, z. B. oberflächlich abfließendes Regenwasser und Fremdwasserinfiltration (Sickerwasser oder Grundwasser) in undichte Kanäle, stammen müssen. Gebühren für die Reinigung kommunaler Abwässer werden entweder nach dem „Frischwassermaßstab" aus dem Trinkwasserverbrauch plus einer Kostenpauschale für Sammlung und Behandlung von Niederschlagswasser oder nach dem „gesplitteten Gebührenmaßstab" anhand des verbrauchten Trinkwassers plus einer Niederschlagsgebühr, die sich an den versiegelten Flächen orientiert, erhoben. 2009 betrugen die Abwasserbehandlungskosten nach dem Frischwassermaßstab 2,46 € pro m^3 verbrauchtem Trinkwasser, nach dem gesplitteten Gebührenmaßstab 1,95 € pro m^3 Schmutzwasser (= Trinkwasserverbrauch) und 0,89 € pro m^3 abfließendem Niederschlagswasser.

13.1.4 Abwassercharakterisierung und Verfahrensschritte zur Reinigung

Die Verschmutzung von kommunalem Abwasser wird mit **Summenparametern** gemäß „Deutschen Einheitsverfahren (DEV) zur Wasser-, Abwasser- und Schlammuntersuchung" angegeben. Dazu muss der Trockensubstanzgehalt (TS), der organische Trockensubstanzgehalt (oTS), der Aschegehalt sowie der biochemische Sauerstoffbedarf in fünf Tagen (BSB$_5$), der chemische Sauerstoffbedarf (CSB), der Gesamt-Stickstoffgehalt nach Kjeldahl (TKN), der organische Stickstoffgehalt (N$_{org}$) und der Phosphorgehalt bestimmt werden. In ◻ Tab. 13.1 sind einige typische Werte für kommunales Abwasser sowie die Reinigungsziele nach Anhang 1 der Abwasserverordnung (AbwV, 2004) genannt. Die auf eine Person bezogene spezifische Schmutzfracht ist ein **Einwohnerwert** (EW) und beträgt 60 g BSB$_5$ pro Einwohner und Tag, d. h. für die täglich anfallende, aerob bakteriell abbaubare Schmutzstofffraktion eines Einwohners werden 60 g Sauerstoff in fünf Tagen benötigt. Die Schmutzfracht von Industrieabwässern wird, da diese häufig in kommunalen Kläranlagen mit behandelt werden, für die Gebührenerhebung ebenfalls in Einwohnerwerte umgerechnet. Die Gesamtheit der organischen Verschmutzung, einschließlich des nicht biologisch abbaubaren Anteils, wird als CSB durch Oxidation der organischen Komponenten mit z. B. Kaliumdichromat in Schwefelsäure bei 148 °C für 2 h bestimmt. Mit dem CSB werden auch die schwer oder gar nicht abbaubaren Xenobiotika im Abwasser erfasst. Die Messgröße EW dient zur Ermittlung der biologisch abbaubaren Schmutzfracht in gewerblichen und industriellen Abwässern. EW-Werte sind unabhängig vom Wasserverbrauch und werden zusammen mit der Abwassermenge für die Auslegung einer Kläranlage und die Festlegung von Behandlungsgebühren benötigt. Die in der ◻ Tab. 13.1 angegebenen durchschnittlichen Konzentrationen der Summenparameter beziehen sich auf einen täglichen

13

□ Tabelle 13.1   Zusammensetzung von kommunalem Abwasser und Reinigungsziele

Summenparameter	Spezifische Schmutzfracht	Konzentration im Rohabwasser	Reinigungsziele[b] (KA der GK 5)	Elimination
	(g/E d)	(mg/l)[a]	(mg/l)	(%)
BSB_5	60	500	≤ 15	≥ 97
CSB	120	1000	≤ 75	≥ 92,5
TKN	11	92		
NH_4^+-N			≤ 10	
N_{gesamt}			≤ 13	≥ 85,9[c]
P_{gesamt}	2,5	21	≤ 1	≥ 95,2

E = Einwohner; KA = Kläranlage; GK 5 = Größenklasse 5, d. h. > 6000 kg BSB_5 pro Tag
[a] bezogen auf einen Wasserverbrauch von 120 l pro Tag
[b] Reinigungsziele gemäß Abwasserverordnung (AbwV) vom 17. Juni 2004 (BGBl. I, S. 1106): Die Anforderungen gelten für Ammonium-N und Gesamt-N bei einer Abwassertemperatur von ≥ 12 °C im Ablauf der Kläranlage. An Stelle von ≥ 12 °C kann auch die zeitliche Begrenzung vom 1. Mai bis 31. Oktober treten.
[c] bezogen auf TKN im Zulauf

Pro-Kopf-Verbrauch von 120 l Wasser. Während der Abwasserreinigung werden Schwebstoffe mechanisch, Kohlenstoff- und Stickstoffverbindungen durch biologischen Abbau und das gelöste Phosphat durch Fällung bzw. Polyphosphatakkumulation in Bakterien entfernt. Die Grenzwerte für gereinigtes Abwasser richten sich nach den in der AbwV festgelegten Kläranlagengrößen. In einer Kläranlage der Größenklasse 5 (BSB_5-Fracht > 6000 kg pro Tag; > 100 000 EW) müssen demnach 97 % des BSB_5, 92,5 % des CSB, 85,9 % des TKN und 95,2 % des P_{gesamt} aus dem Abwasser entfernt werden (□ Tab. 13.1).

Unter Abwasserreinigung wird häufig nur die Behandlung von Abwasser in einer Kläranlage verstanden. Die anaerobe Behandlung von Vorklärschlamm und Überschussschlamm (überschüssiger Nachklärschlamm; Abschn. 13.3.6) wird in der Regel nicht zur Abwasserreinigung gezählt. Für eine landwirtschaftliche Nutzung dieser Schlämme nach Stabilisierung, Hygienisierung und Entwässerung gelten die Grenzwerte der Klärschlammverordnung (AbfKlärV) bzw. die der Düngemittelverordnung (DüMV)

(□ Tab. 13.2). Die DüMV enthält weitere hygienische Vorgaben, die in der AbfKlärV nicht enthalten sind.

13.1.5 Belebtschlamm und Biofilme als Biokatalysatoren

In Belebtschlammbecken aggregieren filamentöse und extrazelluläre polymere Substanzen (EPS) bildende Bakterien der Gattungen *Achromobacter*, *Aerobacter*, *Alcaligenes*, *Bacillus*, *Citromonas*, *Escherichia*, *Pseudomonas* oder *Zoogloea* zu Schlammflocken bzw. zu Granula. Belebtschlamm enthält Mischbiozönosen für den Abbau organischer Stoffe, die Nitrifikation und die Denitrifikation. Ein kleiner Schlammvolumenindex (SVI ≤ 80 bis 120 ml/g TS nach 30 min Absetzdauer) ist ein Indiz für kompakte Anordnung und gute Absetzeigenschaften. Sind die Werte des SVI größer, dann spricht man von Blähschlamm, Schwimmschlamm oder Schaum (Box „Monitoring der Mikrobiologie in Kläran-

◻ Tabelle 13.2 Grenzwerte für das Ausbringen von Klärschlamm auf gärtnerisch oder landwirtschaftlich genutzten Flächen gemäß Klärschlammverordnung (AbfKlärV)[a] und Düngemittelverordnung (DüMV)[b]

Parameter	Grenzwert nach AbfKlärV	Grenzwert nach DüMV
Schwermetalle (mg/kg TS)		
Blei	900	150
Cadmium	10/5[c]	1,5
Chrom	900	2 (als Cr^{VI})
Kupfer	800	–
Nickel	200	80
Quecksilber	8	1
Arsen[d]		40
Thallium[d]		1
Zink	2500/2000[c]	–
AOX[e] (mg/kg TS)	500	
persistente organische Schadstoffe		
PCB[f] (mg/kg TS)	je 0,2 für 6 Kongenere	
PCDD/PCDF[g]	100 ng Toxizitätsäquivalente	

[a] AbfKlärV = Klärschlammverordnung vom 15. April 1992 (BGBl. I, S. 912), zuletzt geändert durch Artikel 9 der Verordnung vom 9. November 2010 (BGBl. Nr. 56, S. 1 504)
[b] DüMV = Düngemittelverordnung vom 16. Dezember 2008 (BGBl. I, S. 2524), zuletzt geändert durch Artikel 1 der Verordnung vom 14. Dezember 2009 (BGBl. I, S. 3905)
[c] in Böden, die bei der Bodenschätzung als leichte Böden eingestuft wurden und deren Tongehalt unter 5 % liegt oder deren pH-Wert zwischen 5 und 6 liegt
[d] Ungeachtet der geplanten Novellierung der AbfKlärV gelten nach einer Übergangsfrist bis zum 31.12.2016 zukünftig für Schwermetalle die Grenzwerte der DÜMV.
[e] AOX = Summe der an Aktivkohle adsorbierbaren Halogen-organischen Verbindungen
[f] PCB = polychlorierte Biphenyle
[g] PCDD/PCDF = polychlorierte Dibenzodioxine/Dibenzofurane

lagen"). Tenside, Fette oder Öle und viele andere Faktoren verschlechtern das Absetzverhalten (Gerardi 2006).

In Fest- oder Fließbettreaktoren werden geschüttete oder strukturierte inerte Trägermaterialien (z. B. poröses Lavagestein oder Kunststoff-Füllkörper) für den Aufwuchs von Abwasserbakterien als Biofilm auf mineralischen oder organischen Oberflächen eingebracht. Klassische Beispiele für aerobe Festbettreaktoren sind

Tropfkörper in Kläranlagen. Die Mikroorganismen haften sich elektrostatisch und mit EPS an der Oberfläche und in den Poren des Trägermaterials dauerhaft an. Gelöste Schmutzstoffe des von oben durch den Tropfkörper sickernden, mechanisch geklärten Abwassers werden von den EPS absorbiert und von den Mikroorganismen des Biofilms abgebaut (Abschn. 13.3.2). Ein ausgewogenes „Abweiden" der Aufwuchsflächen durch bakterienfressende Protozoen und Makro-

Monitoring der Mikrobiologie in Kläranlagen

Die biologischen Abwasserreinigungsanlagen reagieren sensitiv auf verschiedenste Umwelteinflüsse. Da die Kläranlagen einen wesentlichen Beitrag zur Umweltschonung leisten, ist es wichtig, dass die Funktionsfähigkeit der Biokatalysatoren auf einem hohen Niveau gewährleistet wird. Eine Kontrolle der Abundanz und Aktivität der jeweiligen spezifischen Mikroorganismen ist daher unerlässlich. Im Gegensatz zur Qualitätskontrolle bei Wasser- oder Lebensmittel-Untersuchungen, wo kulturabhängige Verfahren dominieren, ist es bei Kläranlagen wichtig, das Vorhandensein spezifischer Bakterien, die sich schlecht oder gar nicht kultivieren lassen, regelmäßig zu kontrollieren. Beispiel hierfür ist das Monitoring von Nitrifikanten oder schwimmschlamm- oder schaumbildenden Organismen, die große Probleme bei der Abwasserreinigung durch Verhinderung der Schlammsedimentation und durch Schlammabtrieb hervorrufen. Diese Mikroorganismen können mithilfe der Fluoreszenzmikroskopie detektiert und identifiziert werden. Hierbei macht man sich das Prinzip der Fluoreszenz-*in situ*-Hybridisierung (FISH) zunutze. Spezielle Oligonukleotidsonden, bestehend aus ca. 25 Nukleotiden, die mit einem Farbstoff markiert sind, binden nach Vorbehandlung der Organismen an für diese jeweils komplementären Bereiche der 16S-rRNA. Nicht gebundene Sonden werden in einem Waschschritt eliminiert. Diese Art der Färbung erlaubt die Detektion und Quantifizierung von lebenden und metabolisch aktiven Organismen. Für die Kläranlage gibt es spezielle, vorgefertigte Schnellnachweissysteme. Die zu untersuchenden Schlamm- oder Abwasser-Proben werden direkt verwendet, und die Ergebnisse können nach wenigen Stunden mithilfe eines Fluoreszenzmikroskops ausgewertet werden.

invertebraten sorgt zusammen mit regelmäßigen Spülungen des Tropfkörpers dafür, dass es zu keinen Verstopfungen kommt. In ◼ Tab. 13.3 sind Wechselbeziehungen von Mikroorganismen bei der Abwasserreinigung und Schlammbehandlung zusammengestellt. Wird die Interaktion gestört, leidet die Effizienz der Abwasserreinigung.

13.2 Biologische Grundlagen der C-, N- und P-Elimination

Bei der kommunalen Abwasserreinigung muss die Verschmutzung bis zu den in ◼ Tab. 13.1 aufgeführten Grenzwerte (Reinigungsziele) eliminiert werden. Das Abwasser darf nicht toxisch sein, und die Verschmutzung muss in einer für die Bakterien zugänglichen Form, also überwiegend gelöst oder lösbar (hydrolysierbar) vorliegen. Die Abbauraten hängen unter anderem von der Substrat- und Bakterienkonzentration sowie von Temperatur, pH-Wert und Salzgehalt ab.

13.2.1 Aerober und anaerober Abbau von Kohlenstoffverbindungen

Für den aeroben Abbau organischer Stoffe im Abwasser ist Sauerstoff erforderlich, für den anaeroben Abbau muss Sauerstoff ausgeschlossen werden. Der aerobe Abbau wird über die BSB_5-Abnahme, der anaerobe Abbau über die Abnahme des CSB, der oTS (organische Trockensubstanz), des TOC (*total organic carbon*) bzw. des DOC (*dissolved organic carbon*) bestimmt. Aerobe und anaerobe Bakterien unterscheiden sich grundlegend voneinander. Wesentliche Unterscheidungsmerkmale sind in ◼ Tab. 13.4 zusammengestellt.

Der aerobe Abbau (**Mineralisation**) liefert über Glykolyse und/oder Citratzyklus CO_2 und

◻ Tabelle 13.3 Interaktionen von Mikroorganismen im Abwasser und Bedeutung für die Abwasserreinigung und Schlammbehandlung

Bezeichnung	Definition	Prozess	Rolle
mutualistische Symbiose	für beide Partner vorteilhafte Lebensgemeinschaft	Nitrifikation	AOB produzieren Nitrit für die NOB. NOB oxidieren das für AOB schädliche Nitrit zu Nitrat
Syntrophie	gegenseitige Abhängigkeit mit beiderseitigem Nutzen	Interspezies-H_2-Transfer bei der Methanogenese, z. B. im Faulbehälter	Der H_2-Produzent kann nur H_2 freisetzen, wenn der H_2-Konsument H_2 regelmäßig verbraucht ($\ll$ pH$_2$)
Konkurrenz	Wettbewerb zwischen Arten um eine begrenzte Ressource	C-Abbau und Nitrifikation in der Belebtschlammflocke	Wettbewerb von heterotrophen und nitrifizierenden Bakterien um gelösten O_2
Nahrungskette, Nahrungsnetz	stoffliche oder energetische Beziehungen, wobei die gebildeten Produkte die Substrate der nächsten Ebene darstellen	anaerober Abbau im Faulbehälter	Die von acidogenen Bakterien produzierten Fettsäuren müssen in Syntrophie von acetogenen und methanogenen Bakterien zu Biogas umgesetzt werden
Räuber-Beute-Beziehung	Nahrungskette, wobei die jeweiligen Organismen und nicht deren Produkte als Nahrung dienen	Fraßorganismen	Protozoen, Ciliaten im Tropfkörper, die sich von Bakterien ernähren

AOB = Ammonium-oxidierende Bakterien, NOB = Nitrit-oxidierende Bakterien, pH$_2$ = Wasserstoffpartialdruck

Reduktionsäquivalente, die in der Atmungskette mit O_2 zu Wasser umgesetzt werden. Fast zwei Drittel der Energie eines Substrates werden durch Atmungskettenphosphorylierung in ATP für den Erhaltungs- und Baustoffwechsel konserviert, ca. ein Drittel geht als Wärme verloren. Aerobe Bakterien benötigen eine CSB:N:P-Versorgung von 100:5:1. Ist überschüssiges Substrat vorhanden, wie z. B. in einer **Hochlast-Belebung**, dann werden bis zu 50 % des BSB$_5$ für Bakterienwachstum verwendet, ist dagegen Substrat nur in umsatzlimitierender Menge vorhanden, wie in einer **Schwachlast-Belebung**, so werden bis zu 75 % des Substrates veratmet. Von der in ATP konservierten Energie muss dann proportional mehr zur Aufrechterhaltung der Lebensvorgänge in einzelnen Zellen verwendet werden, und es werden nur ca. 25 % des BSB$_5$ für Biomassevermehrung genutzt (siehe auch Kap. 2). Verfahren zur anaeroben Behandlung von Abwässern haben sich nur für die Abwasserreinigung von konzentriertem Industrieabwasser, nicht aber für das vergleichsweise „dünne" kommunale Abwasser durchgesetzt. Im kommunalen Bereich werden Klärschlämme meist anaerob behandelt.

Beim anaeroben Abbau von organischen Schmutzstoffen in Klärschlämmen (**Methangärung**) entsteht Faul- oder Biogas. Da anaerobe Bakterien keine sauerstoffabhängige Elektronentransportphosphorylierung wie die aeroben Bakterien vornehmen können, steht wenig Energie für Wachstum und Vermehrung zur Verfügung. Es können nur maximal bis zu 10 % des abgebauten CSB für die Überschussschlammbildung investiert werden, d. h. es wird im Verhältnis zum C-Bedarf weniger N und P gebraucht. Das ideale CSB:N:P-Verhältnis beträgt 800:5:1. Die Energie der Klärschlammkomponenten wird zum großen Teil im Methan konserviert. Die geringe Wärmefreisetzung beim Wachstum anaerober Bakterien reicht nicht aus, um eine optimale

◘ **Tabelle 13.4** Unterschied zwischen aerobem und anaerobem Abbau komplexer Biopolymere

Parameter	Aerobe Bakterien	Anaerobe Bakterien
Lebensweise	aerob, fakultativ anaerob	obligat/strikt anaerob
Vorkommen	gut durchlüftete Standorte, ubiquitär verbreitet	Sedimente von Süß-/Salzwasser, Pansen, Reisfelder, Faulbehälter
Oxidation	Substratrespiration mit O_2 zu $CO_2 + H_2O$ über Glykolyse, Citratzyklus (TCC), Atmungskette (Mineralisation)	vollständige/teilweise Oxidation von Glykolyseprodukten zu CO_2 (z. B. Sulfatreduktion) oder Disproportionierung zu $CO_2 + CH_4$ (z. B. Methangärung)
terminale Elektronenakzeptoren	O_2, NO_3^-, NO_2^-	SO_4^{2-}, CO_2, Fe^{3+}, Mn^{4+}, Cr^{6+}, Se^{6+}, As^{5+}, U^{6+}
Energieertrag	hoch max. 38 Mol ATP pro Mol Glucose	gering max. 4 Mol ATP pro Mol Glucose
Biomasseproduktion	viel 50 % des abgebauten BSB bei Überlastung (Hochlastbelebung), 25 % des abgebauten BSB bei Substratmangel (Schwachlastbelebung)	wenig 10 % des abgebauten CSB bei Überlastung (Hochlastbelebung), 5 % des abgebauten CSB bei Substratmangel (Schwachlastbelebung)
Stoffdurchsatz bei überschüssiger C-Versorgung	hoher Stoffdurchsatz bei hoher Teilungsrate der Mikroorganismen	hoher Stoffdurchsatz bei geringer Teilungsrate der Mikroorganismen
Nährstoffbedarf CSB:N:P	100 : 5 : 0,5–1	800 : 5 : 1
Biokatalysatoren	einzelne Arten von Bakterien können die gesamte Reaktion katalysieren	sequenzielle Nahrungskette von verschiedenen Bakterien, mutualistische Vergesellschaftung nötig

Prozesstemperatur ohne Heizung zu gewährleisten.

Der **aerobe Abbau** von Biopolymeren zu CO_2 und Wasser (◘ Abb. 13.1)) kann durch eine einzige Bakterienart erfolgen, während für den **anaeroben Abbau** zu Biogas (◘ Abb. 13.2)) fermentative und methanogene (◘ Abb. 13.2a) oder fermentative, acetogene und methanogene Bakterien (◘ Abb. 13.2b) in syntropher Vergesellschaftung nötig sind. Die Hydrolyse von Biopolymeren und der glykolytische Abbau verlaufen unter aeroben und anaeroben Bedingungen ähnlich. Aerobe Bakterien haben jedoch den Citratzyklus zur Oxidation von Acetat aus Glykolyse und Pyruvatdecarboxylation, der den anaero-

ben Bakterien fehlt. Die fermentativen Bakterien können Polysaccharide und Fette nur dann zu Acetat, CO_2 und H_2 abbauen, wenn Methanbakterien den Wasserstoffpartialdruck (pH_2) durch Methanbildung kleiner als 0,1 Pa ($< 10^{-4}$ bar) halten (◘ Abb. 13.2a). Bei Substratüberschuss oder toxischen Einflüssen verbrauchen die Methanbakterien den Wasserstoff nicht schnell genug, der pH_2 steigt an und die fermentativen Bakterien müssen ihre H_2-übertragenden Koenzyme über die Bildung von Buttersäure, Propionsäure, Milchsäure oder Alkoholen re-oxidieren (◘ Abb. 13.2b). Fettsäurebildung führt zum Absinken des pH-Wertes und schließlich zum Erliegen der Methanogenese. Sobald Propionat, Butyrat

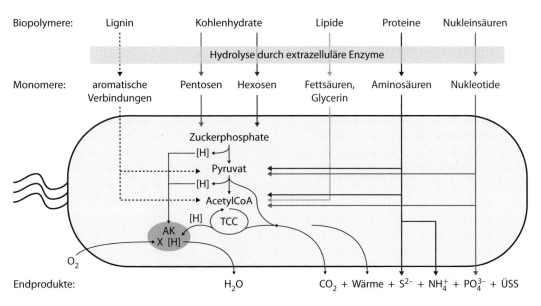

Abb. 13.1 Schema des aeroben Abbaus von Biopolymeren (AK: Atmungskette mit Elektronenüberträgern X, TCC: Tricarbonsäurezyklus, ÜSS: Überschussschlamm)

und Alkohole entstanden sind, werden acetogene Bakterien gebraucht. Die Fettsäuren und Alkohole werden von den acetogenen Bakterien zu Acetat, CO_2 und H_2 abgebaut, wenn die methanogenen Bakterien den pH_2 auf unter 0,1 Pa absenken. Für Propionat ist dies in Gl. 13.1 beispielhaft dargestellt:

$$pH_2 < 0,1\,Pa$$

$$CH_3-CH_2-COO^- + 2H_2O$$

$$\rightarrow CH_3-COO^- + CO_2 + 3H_2 \qquad (13.1)$$

$$\Delta G^{o'} = +71,6\,kJ/mol$$

Die Propionatoxidation (Gl. 13.1) ist ein endergoner Prozess und kann aus thermodynamischen Gründen nur unter Mithilfe eines H_2-verbrauchenden Partners katalysiert werden. Diese **syntrophe Beziehung** zwischen Wasserstoff-Produzenten und Wasserstoff-Konsumenten (**Tab. 13.3**) wird als **Interspezies-H_2-Transfer** bezeichnet und gewährleistet den vollständigen Abbau unter anaeroben Bedingungen. Der pH_2, bei dem die syntrophe Propionatoxida-

tion unter Methanogenese möglich ist, wird als **thermodynamisches Fenster** bezeichnet.

Alternativ könnten Sulfatreduzierer als syntrophe Partner den niedrigen pH_2 einstellen. In schwefelarmem Milieu dominieren Methanbakterien, in sulfathaltigem Milieu dagegen Sulfatreduzierer. Wasserstoff bzw. der pH_2 hat eine zentrale Regelfunktion beim anaeroben Abbau organischer Substanzen zu Biogas.

Massen- und Energiebilanz

Organische C-Quellen in Abwässern oder Schlämmen dienen den Abwasserbakterien für Energie- und Baustoffwechsel. Aerobe Bakterien verwenden bis zu 50 %, anaerobe Bakterien bis zu 10 % der C-Quellen für das Zellwachstum.

Für die vollständige Oxidation von einem Mol Glucose (= 180 g = 1,07 mol BSB_5, Modellsubstanz für Kohlenhydrate) werden stöchiometrisch sechs Mol Sauerstoff (192 g) verbraucht (Gl. 13.2). Kohlenhydrate und andere C-Quellen in Abwässern werden aber nur dann vollständig veratmet, wenn die Energiekonservierung und damit das Bakterienwachstum künstlich unterbunden werden: In einer

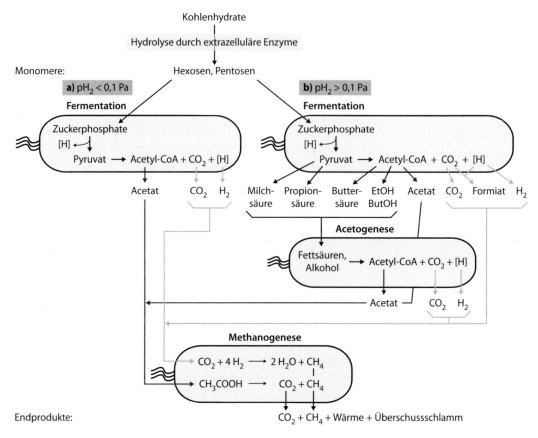

Kohlenhydrate

Hydrolyse durch extrazelluläre Enzyme

Monomere: Hexosen, Pentosen

a) $pH_2 < 0{,}1\ Pa$ **b)** $pH_2 > 0{,}1\ Pa$
Fermentation   **Fermentation**

Zuckerphosphate   Zuckerphosphate
[H] ↰   [H] ↰
Pyruvat → Acetyl-CoA + CO_2 + [H]   Pyruvat → Acetyl-CoA + CO_2 + [H]

Acetat CO_2 H_2 Milch- Propion- Butter- EtOH Acetat CO_2 Formiat H_2
                          säure   säure   säure   ButOH

Acetogenese

Fettsäuren, → Acetyl-CoA + CO_2 + [H]
Alkohol

Acetat — CO_2 H_2

Methanogenese

$CO_2 + 4\,H_2$ → $2\,H_2O + CH_4$
CH_3COOH → $CO_2 + CH_4$

Endprodukte: $CO_2 + CH_4$ + Wärme + Überschussschlamm

◻ Abb. 13.2   Schema des anaeroben Abbaus von Biopolymeren mit Wasserstoff-Syntrophie unter Substratlimitierung bei niedrigem Wasserstoffpartialdruck (pH_2) (**a**) und mit überschüssigem Substrat bei hohem pH_2 (**b**)

Hochlast-Belebungsanlage werden bis zu 50 % der Intermediate aus Glykolyse und Citratzyklus für die Zellvermehrung abgezweigt, sodass nur drei Mol Sauerstoff für die Veratmung des Restes zu CO_2 und H_2O nötig sind (Gl. 13.3). In einer **Schwachlast-Belebungsanlage** muss dagegen mehr Energie für den Erhaltungsstoffwechsel bei wachstumslimitierender Substratversorgung aufgewendet werden. Es muss ein höherer Anteil der Glucose mit Sauerstoff veratmet werden,

und es können nur deutlich weniger als 50 % (minimal ca. 25 %) der C-Intermediate aus dem Abbau der Glucose für die Biomassevermehrung investiert werden (Gl. 13.4).

CO_2 und Wasser als Endprodukte des aeroben Abbaus enthalten keine Energie, während beim anaeroben Abbau (Gl. 13.5) die Energie der Ausgangssubstrate weitgehend im Methan konserviert wird. Daher entsteht in Anaerobreaktoren nur wenig Überschussschlamm.

Aerober, künstlich wachstumsentkoppelter Abbau von Glucose:

$$
\begin{array}{lccccl}
\text{Stöchiometrie:} & C_6H_{12}O_6 & + 6\,O_2 & \rightarrow & 6\,CO_2 & + 6\,H_2O & + \text{Wärme} \\
\text{Energiebilanz:} & 2870\,kJ & & \rightarrow & 0\,kJ & + 0\,kJ & + 2870\,kJ \\
\text{Massenbilanz:} & 180\,g & + 192\,g & \rightarrow & 264\,g & + 108\,g
\end{array}
\tag{13.2}
$$

Aerober Abbau von Glucose in einer Hochlast-Belebung – Substratüberschuss, maximales Wachstum:

$$
\begin{array}{llllllll}
\text{Stöchiometrie:} & C_6H_{12}O_6 & +3\,O_2 & \to & 3\,CO_2 & +3\,H_2O & + \text{Biomasse} & + \text{Wärme} \\
\text{Energiebilanz:} & 2870\,\text{kJ} & +0\,\text{kJ} & \to & 0\,\text{kJ} & +0\,\text{kJ} & +1980\,\text{kJ} & +890\,\text{kJ} \\
& 100\,\% & +0\,\% & \to & 0\,\% & +0\,\% & +69\,\% & +31\,\% \\
\text{Massenbilanz:} & 180\,\text{g} & +96\,\text{g} & \to & 132\,\text{g} & +54\,\text{g} & +90\,\text{g} &
\end{array}
\tag{13.3}
$$

(Energiegehalt von Biomasse: 22 kJ/g TS)

Aerober Abbau von Glucose unter Schwachlast-Bedingungen – Substratlimitation, stark eingeschränktes Wachstum:

$$
\begin{array}{llllllll}
\text{Stöchiometrie:} & C_6H_{12}O_6 & +4,5\,O_2 & \to & 4,5\,CO_2 & +4,5\,H_2O & + \text{Biomasse} & + \text{Wärme} \\
\text{Energiebilanz:} & 2870\,\text{kJ} & +0\,\text{kJ} & \to & 0\,\text{kJ} & +0\,\text{kJ} & +990\,\text{kJ} & +1880\,\text{kJ} \\
& 100\,\% & +0\,\% & \to & 0\,\% & +0\,\% & +34,5\,\% & +65,5\,\% \\
\text{Massenbilanz:} & 180\,\text{g} & +144\,\text{g} & \to & 198\,\text{g} & +81\,\text{g} & +45\,\text{g} &
\end{array}
\tag{13.4}
$$

Anaerober Abbau von Glucose zu Biogas mit 5 % Bakterienwachstum:

$$
\begin{array}{lllllll}
\text{Stöchiometrie:} & C_6H_{12}O_6 & \to & 2,85\,CO_2 & +2,85\,CH_4 & + \text{Biomasse} & + \text{Wärme} \\
\text{Energiebilanz:} & 2870\,\text{kJ} & \to & 0\,\text{kJ} & +2541\,\text{kJ} & +198\,\text{kJ} & +131\,\text{kJ} \\
& 100\,\% & \to & 0\,\% & +88,5\,\% & +6,9\,\% & +4,6\,\% \\
\text{Massenbilanz:} & 180\,\text{g} & \to & 125,4\,\text{g} & +45,6\,\text{g} & +9\,\text{g} &
\end{array}
\tag{13.5}
$$

Die beim aeroben Abbau frei werdende Reaktionswärme wird mit der Abluft ausgetragen, sodass es nicht wie bei der Kompostierung zur Selbsterwärmung kommt. Die technische Umsetzung der hier dargestellten biologischen Abbauvorgänge wird in Abschn. 13.3 beschrieben.

Bei der anaeroben Abwasserreinigung bzw. Schlammfaulung reicht die nutzbare Energie aus dem CSB-Abbau nur für die Bildung von 5 bis 10 % Überschussschlamm. Gut 90 % der Energie bleiben im Methan konserviert, und nur wenig Energie geht als Wärme verloren. Zur Quantifizierung der Energiekonservierung werden die Biogasmenge und die Zusammensetzung benötigt. Nach Gl. 13.5 entstehen aus einem Mol Glucose 5,7 Mol Biogas mit einer theoretischen Zusammensetzung von 50 % CO_2 und 50 % CH_4. Für ein molares Gasvolumen von 22,4 l_N (Standardbedingungen) entstehen aus 180 g Glucose 127,7 l Biogas bzw. 63,8 l Methan, wenn 5 % für Bakterienwachstum berücksichtigt

werden. Da Abwässer komplexe Substanzlösungen bzw. -gemische sind, können die theoretische Gasmenge und Gasqualität nach Elementaranalyse über die Buswell-Gleichung (Gl. 13.6; Buswell und Mueller 1952), erweitert um N- und S-haltige Komponenten (Boyle 1976), ermittelt werden. Die tatsächliche Gasmenge hängt vom Abbaugrad des Substrates, vom pH-Wert sowie vom Substratanteil für das Bakterienwachstum ab.

Buswell-Gleichung (bei 100 %igem Stoffumsatz ohne Berücksichtigung der Biomasseneubildung):

$$
\begin{aligned}
C_cH_hO_oN_nS_s &+ \tfrac{1}{4}(4c - h - 2o + 3n + 2s)H_2O \\
&\to \tfrac{1}{8}(4c - h + 2o + 3n + 2s)CO_2 \\
&+ \tfrac{1}{8}(4c + h - 2o - 3n - 2s)CH_4 \\
&+ nNH_3 + sH_2S
\end{aligned}
\tag{13.6}
$$

13.2.2 Biologische Grundlagen der Nitrifikation

Im kommunalen Abwasser kommt Stickstoff als Harnstoff, Aminostickstoff oder heterocyclischer Stickstoff vor. Die N-Elimination erfolgt über Ammonifikation, Nitrifikation und Denitrifikation. Harnstoff wird bereits im Kanal von Urease-bildenden Bakterien ammonifiziert:

$$NH_2-CO-NH_2 + H_2O \rightarrow 2\,NH_3 + CO_2 \quad (13.7)$$

Weiterer Ammoniumstickstoff ($NH_3 \leftrightarrow NH_4^+$) entsteht durch Eiweißabbau und Desaminierung von Aminosäuren:

Eiweiß → Peptide/Oligopeptide

→ Aminosäuren → Fettsäuren + NH_3 (13.8)

Ammoniumstickstoff ist fischgiftig, zehrt Sauerstoff bei der Nitrifikation in Gewässern und muss deshalb aus dem Abwasser durch Nitrifikation/Denitrifikation entfernt werden. Die Nitrifikation verläuft über Nitritation und Nitratation und benötigt zwei Bakteriengruppen: **Ammonium-oxidierende Bakterien (AOB)**, die Ammonium (NH_4^+) mit Sauerstoff zu Nitrit (NO_2^-) oxidieren (Gl. 13.9a), und **Nitrit-oxidierende Bakterien (NOB)**, die Nitrit mit Sauerstoff zu Nitrat (NO_3^-) oxidieren (Gl. 13.9b).

$$NH_4^+ + 1{,}5\,O_2 \rightarrow NO_2^- + 2\,H^+ + H_2O \quad (13.9a)$$

$$NO_2^- + 0{,}5\,O_2 \rightarrow NO_3^- \quad (13.9b)$$

Der Energieertrag für die Nitritation beträgt $-274{,}7$ kJ/mol, der für die Nitratation nur $-74{,}1$ kJ/mol (◨ Tab. 13.5). Da Nitrifikanten autotroph mit CO_2 wachsen, sind die Wachstumsraten und Zellausbeuten gegenüber heterotrophen Abwasserbakterien sehr viel kleiner und die Generationszeiten sehr viel länger ($\geq$ sechs Tage im Vergleich zu wenigen Stunden bei heterotrophen Abwasserbakterien).

Die Nitrifikation ist umso mehr gehemmt, je mehr der pH-Wert von 7,2 nach oben oder unten abweicht. Undissoziierter Ammoniak (NH_3; pH $\gg$ 7,2) hemmt die Nitratation, während undissoziierte salpetrige Säure (HNO_2; pH $\ll$ 7,3) die Nitritation hemmt (◨ Tab. 13.5). Die Wachstumsraten der NOB sind für typische Abwassertemperaturen deutlich höher als die der AOB. Erst bei 30 °C wachsen NOB und AOB etwa gleich schnell. In Kläranlagen sollte es daher nicht zur Anreicherung des stark giftigen Nitrits kommen.

Die Nitrifikation von einem Mol Ammoniumstickstoff benötigt zwei Mol Sauerstoff. Für die Oxidation von einem Gramm NH_4^+-N werden daher 4,57 g O_2 oder 3,2 l O_2 oder ca. 16 l Luft benötigt, wenn O_2 zu 100 % ins Abwasser übergehen würde. Da Belüftungssysteme nicht so effizient arbeiten, sind hohe Belüftungsraten nötig, um O_2-Mangel zu verhindern. Aufgrund des höheren C- als N-Gehaltes von kommunalen Abwässern und der sehr viel höheren Wachstumsraten von C-abbauenden Bakterien gegenüber den autotrophen Nitrifikanten kommt es in Belebtschlammflocken zu einer Zonierung. In den oberflächennahen Schichten sind fast ausschließlich schnell wachsende heterotrophe Bakterien anzutreffen, die, solange organische Schmutzstoffe im Abwasser vorliegen, den gesamten gelösten Sauerstoff (c_{max} = 9,6 mg O_2/l) verbrauchen. Für die langsam wachsenden Nitrifizierer in den darunterliegenden Schichten ist O_2 daher nur dann verfügbar, wenn er von den heterotrophen Bakterien aufgrund von Substratmangel nicht mehr verbraucht wird. Für die vollständige Oxidation von 500 mg/l BSB_5 im kommunalen Abwasser müssen daher mindestens 500 mg O_2/l Abwasser, für die Nitrifikation von 92 mg/l TKN (◨ Tab. 13.1) 420 mg O_2/l Abwasser eingetragen werden. Die technische Umsetzung des Kohlenstoffabbaus und der Nitrifikation in einer Belebungsanlage oder in Tropfkörpern wird in den Abschn. 13.3.2 und 13.3.3 erläutert.

▢ Tabelle 13.5 Nitrifikation – Vergleich zwischen Nitritation und Nitratation

Parameter	Nitritation durch AOB	Nitratation durch NOB
Beschreibung	Oxidation von Ammonium zu Nitrit	Oxidation von Nitrit zu Nitrat
Reaktion	$NH_4^+ + 1{,}5\,O_2 \rightarrow NO_2^- + 2\,H^+ + H_2O$	$NO_2^- + 0{,}5\,O_2 \rightarrow NO_3^-$
freie Energie $\Delta G^{0\prime}$	$-274{,}7\,kJ/mol$	$-74{,}1\,kJ/mol$
Sauerstoffbedarf	$3{,}43\,g\,O_2$ pro g N	$1{,}14\,g\,O_2$ pro g N
Gattungen	**Nitroso**monas, Nitrosococcus, Nitrosospira, Nitrosolobus, Nitrosovibrio	**Nitro**bacter, Nitrococcus, Nitrospina, Nitrospira
Wachstumsrate μ^a		
10 °C	0,29	0,58
20 °C	0,76	1,04
30 °C	1,97	1,87
Halbsättigungskonzentration (mg N/l)[b]	2,8	2,3
Hemmung durch NH_3^c (mg/l)	10–150	0,1–10
Hemmung durch HNO_2^d (mg/l)	$0{,}15 \times 10^{-3}$	0,6
optimaler pH	7,2–8,8	7,2–9,0

AOB = Ammonium-oxidierende Bakterien, NOB = Nitrit-oxidierende Bakterien
[a] Mudrack und Kunst 1991
[b] Werte für Nitrifikation im Tropfkörper nach Siegrist und Gujer 1987
[c] Anthonisen et al. 1976
[d] Bergeron 1978

13

13.2.3 Nitratentfernung durch Denitrifikation

Denitrifikanten können Nitrat oder Nitrit in Abwesenheit von Sauerstoff für die Veratmung von organischen Substanzen verwenden. Die Energieausbeute bei der Nitratatmung ist geringfügig niedriger als bei der Sauerstoffatmung. Für die Denitrifikation werden organische C-Quellen, wie z. B. Methanol oder Acetat als Elektronendonatoren gebraucht. Die C-Substrate werden oxidiert (Gl. 13.10a) und die Elektronen für den Nitratumsatz zu N_2 verwendet (Gl. 13.10b). Während für die Denitrifikation von einem

Mol Nitrat fünf Elektronen benötigt werden (Gl. 13.10b), sind für die Denitrifikation von einem Mol Nitrit nur drei Elektronen nötig (Gl. 13.10c). Die Stöchiometrien für die Denitratation bzw. Denitritation mit Acetat zeigen die Gl. 13.10d und 13.10e. Nitratreste im Abwasser verschlechtern bei langen Absetzzeiten im Nachklärbecken über N_2-Bildung die Schlammabtrennung.

Denitrifikation mit Acetat als Elektronendonor (Teil- und Summenreaktionen):

$$5\,CH_3\text{–}COOH + 10\,H_2O$$
$$\rightarrow 10\,CO_2 + 40\,H^+ + 40\,e^- \qquad (13.10a)$$

$$8\,HNO_3 + 40\,H^+ + 40\,e^-$$
$$\rightarrow 4\,N_2 + 24\,H_2O \qquad (13.10b)$$

$$8\,HNO_2 + 24\,H^+ + 24\,e^-$$
$$\rightarrow 4\,N_2 + 16\,H_2O \qquad (13.10c)$$

$$5\,CH_3–COOH + 8\,HNO_3$$
$$\rightarrow 10\,CO_2 + 4\,N_2 + 14\,H_2O \qquad (13.10d)$$

$$3\,CH_3–COOH + 8\,HNO_2$$
$$\rightarrow 6\,CO_2 + 4\,N_2 + 10\,H_2O \qquad (13.10e)$$

Könnte die Nitrifikation beim Nitrit unterbrochen werden, so würden nur 1,5 statt zwei Mol Sauerstoff benötigt und ca. 25 % der Belüftungskosten eingespart. Die Denitritation würde zudem weniger C-Quelle benötigen und zu weiterer Kostenersparnis führen. Die Betriebssicherheit von N-Eliminierungsverfahren über Nitritation/Denitritation (*short cut*-Verfahren) für die kommunale Abwasserreinigung muss noch nachgewiesen werden. Auch die Stickstoffentfernung durch Disproportionierung von Nitrit mit Ammonium durch **an**aerobe **Amm**onium**ox**idation mit „**Anammox**-Bakterien" ist möglich. Anammox-Bakterien (Planctomyceten) wurden isoliert, wachsen aber extrem langsam mit Verdopplungszeiten von elf Tagen. Sie lassen sich in Kläranlagen nur nach Monaten und mit Biomasserückhalt ansiedeln, wenn Nitrit und Ammonium vorhanden ist. Die Verfahren CANON (*completely autotrophic nitrogen removal over nitrite*), SHARON (*single reactor system for high activity ammonium removal over nitrite*) und OLAND (*oxygen-limited ammonia nitrification and denitrification*) sind alternative N-Eliminierungsverfahren, die aber noch nicht betriebssicher einsetzbar sind.

13.2.4 Biologische P-Elimination

Trotz Ersatz von phosphathaltigen Waschmitteln befinden sich immer noch ca. 20 mg/l Phosphor im kommunalen Abwasser (◘ Tab. 13.1), die auf unter 1 mg/l reduziert werden müssen. Bei der klassischen Abwasserreinigung wird das Phosphat mit Eisen- oder Aluminiumsalzen ausgefällt

und zusammen mit mikrobiell gebundenem Phosphat (Abwasserbakterien bestehen zu 1 % aus Phosphat) mit dem Überschussschlamm abgetrennt.

Eine biologische Phosphorentfernung aus dem Abwasser kann mit Polyphosphat-akkumulierenden Mikroorganismen (PAO, z. B. *Acinetobacter* spp., *Microlunatus phosphovorus*, *Lampropedia* spp.) durch wechselweise anaerobe/aerobe Verfahrensführung erreicht werden (◘ Abb. 13.3).). Dafür haben die obligat aeroben PAO drei Reservestoffspeicher: Polyphosphat (PP_n), Poly-β-hydroxybutyrat (PHB) und Glykogen. Vereinfacht betrachtet hydrolysieren die PAO unter anaeroben Bedingungen einen geringen Teil des PP_n und geben anorganisches Phosphat (P_i) ab, während sie bei anschließender aerober Inkubation deutlich mehr P_i aufnehmen und als PP_{n+x} festlegen (*luxury uptake*).

Unter anaeroben Bedingungen nutzen die aeroben PAO den Glykogenspeicher als C-Quelle und Elektronenquelle sowie den PP_n-Speicher als Energiequelle für den Erhaltungsstoffwechsel und die PHB-Synthese (◘ Abb. 13.3a). Die Synthese von β-Hydroxybuttersäure geschieht mit Acetat aus dem Rohabwasser und den beim Glykogenabbau frei werdenden Reduktionsäquivalenten. β-Hydroxybuttersäure polymerisiert dann zu PHB. Die beim Abbau des PP_n-Speichers abgespaltenen Phosphatreste werden ins Abwasser ausgeschieden (Phosphatrücklösung).

Folgt dann eine aerobe Inkubation der PAO, wird intrazellulär Glykogen als Kohlenhydratspeicher und PP_n als Energiespeicher wieder angelegt. Die dafür nötige Energie stammt aus der Veratmung von BSB_5 des Abwassers und von β-Hydroxybuttersäure aus dem Abbau des PHB-Speichers. Da die PAO im Belebungsbecken mit den Abwasserbakterien um BSB_5 konkurrieren müssen, nutzen sie überwiegend ihren PHB-Speicher für den Bau- und Energiestoffwechsel. Die Energie aus der Oxidation von β-Hydroxybuttersäure wird für die Zellvermehrung und den Aufbau des Glykogen- und Polyphosphatspeichers verwendet (◘ Abb. 13.3b). Es wird mehr Phosphat aus dem Abwasser aufgenommen als vorher unter anaeroben Bedin-

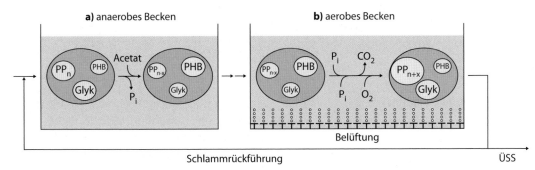

a) anaerobes Becken   **b)** aerobes Becken

Belüftung

Schlammrückführung   ÜSS

- P_i-Rücklösung aus Polyphosphat
- PHB-Synthese
- Glykogenabbau

- *luxury uptake* von P_i zur Polyphosphatbildung
- aerober PHB-Abbau
- Glykogenbildung

◘ **Abb. 13.3**   Phosphat-Elimination durch Polyphosphatbildung (PP_n) in Phosphat-akkumulierenden Bakterien durch abwechselnd anaerobe (**a**) und aerobe (**b**) Inkubation. (PHB: Poly-β-hydroxybutyrat; Glyk: Glykogen, ÜSS: Überschussschlamm)

gungen durch Hydrolyse von Polyphosphat ins Abwasser abgegeben („rückgelöst") wurde. Dieses als *luxury uptake* bezeichnete Phänomen ist die Grundlage für die biologische Phosphor-Elimination aus Abwasser. PAO aus dem Schlamm des Nachklärbeckens müssen dafür in ein der Belebung vorgeschaltetes anaerobes Becken zurückgeführt und mit Rohabwasser vermischt werden. Die verfahrenstechnische Realisierung wird in Abschn. 13.3.5 erläutert.

Weil die Phosphorvorräte auf der Erde zur Neige gehen und Klärschlamm viel mit Eisen- oder Aluminiumsalzen ausgefälltes und in der Biomasse fixiertes Phosphat enthält, werden derzeit verstärkt Verfahren zur P-Rückgewinnung aus Klärschlämmen entwickelt.

13.3 Abwasserreinigung

13.3.1 Typische Verfahrenssequenz in kommunalen Kläranlagen

Die im kommunalen Abwasser enthaltenen organischen und anorganischen Verschmutzungen werden durch mechanische, chemische und biologische Reinigungsprozesse eliminiert.

In ◘ Abb. 13.4 ist dies beispielhaft dargestellt: In einer kommunalen Kläranlage wird das gesamte Abwasser in einem Einlaufbauwerk (1) gesammelt. Durch **mechanische Reinigung** werden aus dem Abwasser nicht gelöste Stoffe mit Grob- und Feinrechen oder Sieben (2), durch Sedimentation/Flotation in Sand-/Fettfängen (3) und durch Sedimentation vor oder nach biologischen Behandlungsschritten (5, 8, 9) abgetrennt. Die Rückstände aus der Klärschlammfaulung werden durch Zentrifugation (11) und weitere Entwässerung in Filterpressen (12) vom Schlammwasser getrennt. Zur Entfernung von Phosphor werden **chemische Verfahren** zur Fällung und Flockung mit Eisen- oder Aluminiumsalzen (4) oder biologische Verfahren mit Polyphosphat-akkumulierenden Bakterien (Verfahrensmodifikation siehe ◘ Abb. 13.3) eingesetzt.

Die C- und N-Fracht des Abwassers wird ausschließlich mit **biologischen Verfahren** eliminiert. Dazu wird in Anlagen mit vorgeschalteter Denitrifikation (◘ Abb. 13.4) nitrathaltiges Abwasser aus dem Belebungsbecken und Überschussschlamm zurückgeführt, mit mechanisch vorgeklärtem Rohabwasser vermischt und unter Ausschluss von Sauerstoff denitrifiziert (6). Alternativ zur vorgeschalteten Denitrifikation kann eine nachgeschaltete Denitrifikation im Anschluss an die Belebung erfolgen. Dazu muss der BSB_5 des Abwassers in der Belebung ebenfalls

13

a) Abwasserreinigung

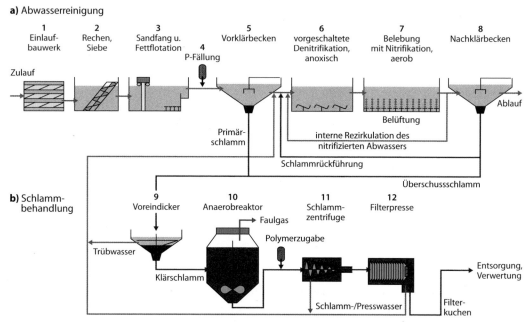

☐ **Abb. 13.4** Verfahrensschema der Abwasserreinigung mit vorgeschalteter Denitrifikation (**a**) und anaerober Schlammbehandlung (**b**). In Kläranlagen mit nachgeschalteter Denitrifikation ist das Denitrifikationsbecken nach Belebung und Nitrifikation angeordnet. Für die C-Versorgung dienen entweder externe C-Quellen (Methanol, Acetat) oder geklärtes Rohabwasser aus dem Ablauf des Vorklärbeckens, das im Bypass in entsprechender Menge zugegeben werden muss. Das Foto *oben* zeigt die Kläranlage Regensburg (© Herbert Stolz)

komplett abgebaut und Ammonium vollständig zu Nitrat oxidiert werden. Für die nachgeschaltete Denitrifikation muss dem nitrathaltigen Abwasser eine externe C-Quelle, z. B. Methanol oder Acetat, im stöchiometrischen Verhältnis zum Nitrat bzw. geklärtes Rohabwasser im Bypass zudosiert werden.

Kohlenstoff- und Stickstoffverbindungen werden bei der aeroben und anoxischen Abwasser-

behandlung zu H_2O, CO_2 und N_2 umgesetzt und dienen dem Wachstum der beteiligten Mikroorganismen. Es entsteht Überschussschlamm, der im Nachklärbecken (8) abgetrennt und zusammen mit dem Primärschlamm aus dem Vorklärbecken (5) stabilisiert werden muss. Da der Trockensubstanzgehalt von Vorklär- und insbesondere von Überschussschlamm aus der Nachklärung bei unter 4 % liegt, wird eine Voreindickung (9) auf über 6 % vorgenommen. Der eingedickte Schlamm wird in einem Faulbehälter (10) unter Biogasbildung stabilisiert. Die nicht zu Biogas abbaubaren Feststoffe im Ablauf des Anaerobreaktors (ca. 50 %) müssen vom Schlammwasser zunächst durch Zentrifugation (11) abgetrennt und mit Filterpressen (12) oder Scheibentrocknern weiter entwässert werden. Die anfallenden Wasserfraktionen sind organisch und mit Ammonium hoch belastet und werden in die Belebungsanlage zurückgeleitet.

13.3.2 Belebtschlammverfahren

Die biologische Reinigung mechanisch vorgeklärter kommunaler Abwässer erfolgt überwiegend in Belebungsbecken. Die gelöste C- bzw. N-Fracht wird von den Belebtschlammbakterien mit Sauerstoff veratmet bzw. nitrifiziert. Die Belüftung dient außer zur Sauerstoffversorgung und Durchmischung auch dem Austrag von gasförmigen Abbauprodukten (z. B. CO_2) und von Reaktionswärme. Damit eine hydraulische Aufenthaltszeit (HRT) des Abwassers von 16 h für die Reinigung in Belebungsbecken ausreicht, muss eine Schlammkonzentration von 4,5 kg/m^3 durch Schlammrückführung aus dem Nachklärbecken (NKB) aufrechterhalten werden. Bei 16 h HRT erfolgt ein C-Abbau mit Nitrifikation nur, wenn das Schlammalter (durchschnittliche Aufenthaltszeit im Belebungsbecken) durch Schlammrückführung mehr als sechs Tage beträgt und eine geringe Schlammbelastung B_{TS} mit BSB_5 (z. B. 0,15 kg BSB_5/kg TS d) vorliegt. Die Schlammkonzentration sollte 4,5 kg TS/m^3 nicht übersteigen, weil sonst eine ausreichende O_2-Versorgung nicht mehr gewährleistet ist.

In **Hochlast-Belebungsanlagen** (Selektoren) fallen bei einem B_{TS} von 0,3 bis 2 kg BSB_5/kg TS d bis zu 50 % des BSB_5 als Überschussschlamm an (Gl. 13.3). Der BSB_5 wird nur unvollständig abgebaut, und es findet keine Nitrifikation statt. Hochlastverfahren können nur als erste Reinigungsstufe (◘ Abb. 13.5a, Selektor) eingesetzt werden. Der Ablauf erreicht nicht die geforderten Grenzwerte für C und N und muss in einem Schwachlast-Belebungsverfahren für den vollständigen C-Abbau und die Nitrifikation weiter behandelt werden (◘ Abb. 13.5a, Schwachlast-Belebungsbecken).

In **Schwachlast-Belebungsanlagen** wird bei einem geringen B_{TS} von 0,15 bis 0,3 kg BSB_5/kg TS d der BSB_5 vollständig in nur einem Belebungsbecken abgebaut (◘ Abb. 13.5b) und es fällt viel weniger Überschussschlamm (minimal 25 %) an (Gl. 13.4). Je niedriger die BSB_5-Schlammbelastung ist, desto früher beginnt die Nitrifikation im Belebungsbecken. Sie wird notfalls in einem Tropfkörper (Abschn. 13.3.3) abgeschlossen. Die Wachstumsraten von Nitrifikanten sind verglichen mit denen von heterotrophen Abwasserbakterien deutlich kleiner und zeigen eine starke Temperaturabhängigkeit (◘ Tab. 13.5). Bei 10 °C Abwassertemperatur wachsen die AOB etwa doppelt so schnell wie die NOB, sodass es selbst im Winter zu keiner Nitritanreicherung kommt.

13.3.3 Tropfkörper

Tropfkörper werden zur C-Elimination und häufig zur vollständigen Nitrifikation von Ammonium im Abwasser nach der C-Elimination eingesetzt. Die Abwasserbakterien wachsen als Biofilm auf geschüttetem Lavagestein oder geordneten Plastikfüllkörpern. Mechanisch oder biologisch vorgereinigtes Abwasser wird auf den Tropfkörper gepumpt und mit einem Drehsprenkler gleichmäßig über dem Festbett verrieselt (◘ Abb. 13.6). Die biologischen Umsetzungen laufen im Biofilm des Festbettmaterials (**Rieselfilter**) ab. Überschüssiger Biofilm wird von Fraßorganismen „abgeweidet".

Während in Belebungsbecken der Sauerstoff über Oberflächenbelüfter oder über Belüftungsdüsen am Beckenboden eingetragen wird, erfolgt die Versorgung des Biofilms in Tropfkörpern passiv mit Luft von den unteren Auslassöffnungen des Tropfkörpers. Die beim aeroben Abbau des BSB_5 oder bei der Nitrifikation frei werden-

a

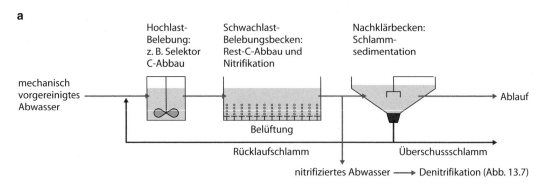

b

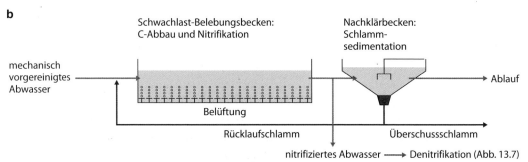

■ **Abb. 13.5   a** Zweistufiges Belebtschlammverfahren mit vorgeschaltetem Selektor (Hochlast-Belebung) und nachfolgender Schwachlast-Belebung. **b** Einstufiges Belebtschlammverfahren mit C-Abbau und Nitrifikation in einer Schwachlast-Belebung

■ **Abb. 13.6** Tropfkörperverfahren für C-Abbau und/oder Nitrifikation

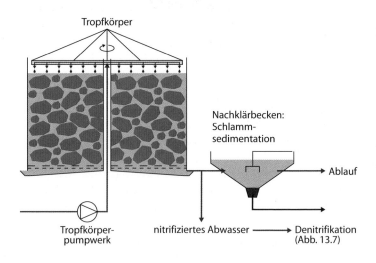

de Wärme verursacht einen **Kamineffekt**, der Frischluft von unten nachzieht.

Für die Dimensionierung eines Tropfkörpers wird die **Raumbelastung** B_R (kg BSB_5/m^3 d) oder die **Flächenbelastung** B_A (kg BSB_5/m^2 d) verwendet. Je größer die Raumbelastung B_R ist, desto größer ist die Biofilmdicke auf den Trägermaterialien. Um Verstopfungen („*bio-clogging*") zu vermeiden, muss regelmäßig gespült und/oder die Belastung niedrig gehalten werden.

Eine vollständige Nitrifikation von mechanisch vorgereinigtem Abwasser ist mit einem hoch belasteten und einem schwach belasteten Tropfkörper in Folge zu erzielen. Bei einer Raumbelastung B_R von über 0,75 kg BSB_5/m^3 d findet in Tropfkörpern keine Nitrifikation statt, bei einer B_R von 0,2 bis 0,45 kg BSB_5/m^3 d findet Nitrifikation teilweise statt, und bei einer B_R von unter 0,2 kg BSB_5/m^3 d sollte eine vollständige Nitrifikation stattfinden.

13.3.4 Denitrifikationsverfahren

Nitrat im Abwasser muss durch Denitrifikation beseitigt werden. Die häufigsten Verfahren sind vor- oder nachgeschaltete Denitrifikation:

Bei der **vorgeschalteten Denitrifikation** (◘ Abb. 13.4, Verfahrensstufe 6) wird der BSB_5 des Rohabwassers als Elektronendonator genutzt. Dazu wird nitrifiziertes Abwasser in ein der Belebung vorgeschaltetes anoxisches Denitrifikationsbecken zurückgeführt und mit frischem Abwasser vermischt. Zur Verbesserung der Umsatzleistung wird Impfschlamm aus dem NKB bis zu einer Schlammkonzentration von ca. 4,5 kg/m^3 zurückgeführt. Um die Ablaufgrenzwerte von $N_{ges} \leq 13$ mg/l (◘ Tab. 13.1) einzuhalten, muss eine mindestens viermalige Abwasserrückführung in das Denitrifikationsbecken erfolgen. Vorteilhaft bei dieser Verfahrensführung ist die Einsparung einer externen C-Quelle, nachteilig sind die hohen Energiekosten für die Abwasser- und Schlammrezirkulation.

Bei der **nachgeschalteten Denitrifikation** wird das nitrifizierte Abwasser aus dem Belebungsbecken in ein anoxisches Denitrifikationsbecken weitergeleitet. Es muss ein externer Elektronendonator, z. B. Methanol, Essigsäure oder Rohabwasser, (über einen Bypass) in stöchiometrischer Menge zum Nitrat (für Acetat siehe Gl. 13.10d,e) zugegeben werden. Vorteilhaft hierbei ist der schnellere Nitratumsatz und der Wegfall der Rückführung des nitrifizierten Abwassers, nachteilig wirken sich die zusätzlichen Kosten für die C-Quelle und/oder der erhöh-

te Steuerungsaufwand für *on-line*-Messungen von Nitrat und die Zugabe der C-Quelle aus. Ungünstig wirkt sich auch der Sauerstoffgehalt im nitrifizierten Abwasser aus, der zuerst mit Acetat oder Methanol veratmet wird, bevor die Denitrifikation einsetzt (überstöchiometrische C-Dosierung).

Alternativen zur vorgeschalteten oder nachgeschalteten Denitrifikation sind Verfahren, bei denen C-Abbau, Nitrifikation und Denitrifikation im gleichen Becken durch abwechselnde aerobe, anoxische und anaerobe Phasen erfolgt. In den Phasen mit Belüftung wird BSB_5 abgebaut und nitrifiziert, in Phasen ohne Belüftung wird Nitrat mit Rest-BSB_5 denitrifiziert. In Kläranlagen werden mindestens zwei Becken benötigt. Während der Reaktionszeiten im ersten Becken wird das zweite Becken gefüllt und umgekehrt. Eine simultane C- und N-Eliminierung kann auch in Umlaufbecken stattfinden, in denen das Abwasser mit Mammut-Rotoren belüftet und in Umlauf gebracht wird. Bei mehrfachem Umlauf finden zeitgleich in den sauerstoffhaltigen Zonen unmittelbar nach dem Rotor BSB_5-Abbau und Nitrifikation und in den folgenden anoxischen Zonen weiterer BSB-Abbau und Denitrifikation statt. Eine interessante Verfahrensalternative zur Denitrifikation in anoxischen Becken ist die Modifikation eines Tropfkörpers in einen allseits geschlossenen anoxischen Festbettreaktor. Alternativ können Tropfkörper zu diesem Zweck nach Umbau „eingestaut" werden.

13.3.5 Bio-P-Elimination

Die biologische P-Elimination erfolgt durch aerobe Bakterien, die im Belebungsbecken mehr Phosphat aus dem Abwasser aufnehmen und als Polyphosphat speichern, als vorher während einer anaeroben Inkubation abgegeben wurde (Abschn. 13.2.4). Im sogenannten Hauptstromverfahren (◘ Abb. 13.7) erfolgt die Phosphat-Elimination mit der Überschussschlammentnahme. In einem vor dem Denitrifikations-

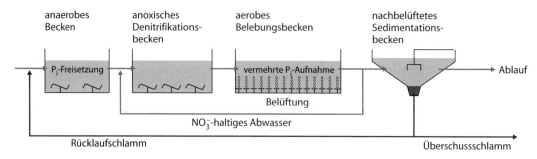

anaerobes   anoxisches   aerobes   nachbelüftetes
Becken   Denitrifikations-   Belebungsbecken   Sedimentations-
              becken   becken

P_i-Freisetzung   vermehrte P_i-Aufnahme   Ablauf

Belüftung

NO_3^--haltiges Abwasser

Rücklaufschlamm   Überschussschlamm

◘ **Abb. 13.7** Biologische P-Elimination im Hauptstromverfahren

becken angeordneten anaeroben Becken wird PAO enthaltender Rücklaufschlamm mit Rohabwasser vermischt. Dort bauen die PAO ihren PHB-Speicher mit Acetat aus Rohabwasser und Reduktionsäquivalenten aus dem Abbau des Glykogenspeichers auf. Die Energie dafür und für das Überleben unter anaeroben Bedingungen stammt aus dem Abbau des Polyphosphatspeichers. Anschließend passieren die PAO das vorgeschaltete Denitrifikationsbecken, in dem Denitrifikanten Acetat und andere Fettsäuren des Abwassers für die Denitrifikation aufbrauchen. Die denitrifizierenden Bakterien wären damit direkte Konkurrenten zu den PAO um organische Substrate, wenn das nitrifizierte Abwasser des Rücklaufs direkt in das Anaerobbecken geleitet würde. Im Belebungsbecken haben die PAO dann wieder Sauerstoff für die Veratmung von BSB_5 und Hydroxybuttersäure aus dem PHB-Speicher verfügbar. Sie wachsen und füllen den Glykogen- und Polyphosphatspeicher auf. Durch *luxury uptake* wird deutlich mehr Phosphat inkorporiert als im Anaerobbecken freigesetzt wurde. Damit die PAO bei der Schlammabtrennung im NKB Phosphat nicht wieder abgeben, müssen anaerobe Phasen durch kurze Schlammentnahmezyklen vermieden werden. Wie alle biologischen Prozesse ist auch die Bio-P-Elimination stark temperaturabhängig. Deswegen muss in Bio-P-Anlagen bei Kälte eine Möglichkeit zur Fällmittelzugabe für die Einhaltung des P-Grenzwertes (◘ Tab. 13.1) vorgesehen werden.

13.3.6 Schlammbehandlung

Die bei der Abwasserreinigung anfallenden Schlämme aus Vorklärung, Fällungs- und Flockungsreaktionen sowie der Nachklärung müssen für die weitere Behandlung durch Kompostierung oder Methangärung statisch, durch Zentrifugation oder Filtration eingedickt werden. Der im Vorklärbecken anfallende Primärschlamm trägt mit 40 g TS pro Einwohner und Tag deutlich zum Schlammaufkommen bei. Nach der biologischen Abwasserbehandlung fallen nochmals 30 bis 45 g TS pro Einwohner und Tag als Überschussschlamm an. Der bei der P-Fällung entstandene Fällschlamm macht 3 bis 7 g TS pro Einwohner und Tag aus.

Aerobe oder anaerobe Schlammstabilisierung

Die Schlammstabilisierung kann aerob oder anaerob erfolgen. Bei der **aeroben Schlammstabilisierung** finden die gleichen biologischen Prozesse statt wie bei der Abwasserreinigung im Belebungsbecken (◘ Abb. 13.1). Es werden vorwiegend partikulär vorliegende Biopolymere durch Hydrolyse mit Exoenzymen zu löslichen Monomeren umgesetzt. Diese werden von aeroben Bakterien aufgenommen und mit O_2 zu CO_2 und H_2O veratmet und zum Wachstum genutzt. Die Mikroorganismen befinden sich in der Wasserphase bzw. im Wasserfilm um die Schlammpartikel. Bei niedrigen Belüftungsraten

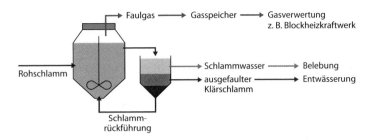

◘ Abb. 13.8 Schlammfaulung in einem Rührkessel mit Schlammrückführung (Kontaktverfahren)

mit „Rein-Sauerstoff" kann es zur Selbsterhitzung kommen, weil die Wärme aus dem aeroben Abbau nicht ausreichend mit dem Abgas ausgetragen wird. Der stabilisierte Schlamm enthält die biologisch nicht abbaubaren Schlammanteile und die aeroben Bakterien, die nach guter Schlammstabilisierung ausgezehrt, d. h. weitgehend „mineralisiert" sind.

Bei der **anaeroben Schlammstabilisierung** oder **Schlammfaulung** darf kein Sauerstoff vorhanden sein. Hydrolyse, Fermentation, Acetogenese und Methanogenese (◘ Abb. 13.2) benötigen ein stark negatives Redoxpotenzial. Endprodukt ist Faulgas, das aufgrund seines hohen Methangehalts zur Strom- und Wärmeerzeugung genutzt wird. Der anaerobe Abbau findet in geschlossenen Reaktoren statt, wobei der Schlamm entweder mechanisch mit Rührern, hydraulisch durch Schlammzirkulation (in Verbindung mit Temperierung) oder pneumatisch durch Faulgas-Einpressen durchmischt wird (◘ Abb. 13.8). Für die Klärschlammfaulung werden voll durchmischte Reaktoren bei einer HRT von zehn bis 20 Tagen mit Klärschlamm beschickt. Eine längere HRT von Klärschlamm in Faultürmen wurde früher hauptsächlich zur Abtötung von Wurmeiern vorgesehen, um wenigstens eine Teilhygienisierung zu erreichen. Zur Erhöhung der Umsatzleistung kann, ähnlich wie beim Belebtschlammverfahren, der vom Auslauf in einer Schlammzentrifuge abgetrennte Schlamm als Impfschlamm dem Zulauf beigemengt werden. Ist dies der Fall, liegt ein sogenanntes Kontaktverfahren vor (◘ Abb. 13.8). Für die **mesophile** Faulung wird der Reaktorinhalt auf ±37 °C, für eine **thermophile** Faulung auf ±55 °C erwärmt. Die Schlammstabilisierung erfolgt entweder einstufig in einem Faulbehälter oder parallelen Faulbehältern mit gleicher Raumbelastung oder zweistufig in sequenziellen Reaktoren mit unterschiedlicher Belastung, wobei der erste Reaktor häufig eine höhere Raumbelastung aufweist. Günstig ist eine Kombination von mesophiler und thermophiler Behandlung, weil die thermophile Schlammbehandlung mit einer Hygienisierung einhergeht.

Während bei der kommunalen Abwasserreinigung eine BSB$_5$-Eliminierung von 97 % durch Abbau und Zellinkorporation erreicht wird (◘ Tab. 13.1), liegt die oTS-Eliminierung bei der Klärschlammfaulung mit einem Gemisch aus primärem und sekundärem Absetzschlamm nach einer HRT von mindestens zehn Tagen im Faulbehälter nur bei 50 bis 60 %. Damit ist die **technische Faulgrenze** erreicht, weil selbst eine stark verlängerte HRT zu keinem weiteren Abbau führen würde. Die spezifische Faulgasproduktion von Klärschlamm beträgt etwa 740 l_N/kg abgebauter oTS.

Die Umsatzraten in mesophilen und thermophilen Faulbehältern sind nicht signifikant unterschiedlich, d. h. die Reaktionstemperatur hat nur einen geringen Einfluss auf die Umsatzgeschwindigkeit. Die thermophile Faulung bei Temperaturen über 55 °C wird zunehmend instabiler, und die Schlammabtrennung wird schwieriger. Die bei der Entwässerung von mesophil oder thermophil stabilisierten Klärschlämmen anfallenden Trübwässer haben einen hohen CSB- und Ammoniumgehalt und müssen in die Kläranlage zurückgeführt werden.

Hygienisierung und Qualitätssicherung von Schlämmen

Um den direkten Kontakt mit Krankheitserregern zu vermeiden, ist die Aufbringung von nicht hygienisiertem Klärschlamm auf Grün- und Weideland sowie auf Flächen zum Futteranbau verboten. Das Infektionsrisiko muss durch eine Entseuchung von Klärschlamm ausgeschaltet werden. Zur Hygienisierung von schadstofffreien Klärschlämmen oder festen Rückständen aus Methanreaktoren muss eine Abtötung von Krankheitserregern durch Kompostieren, Erhitzen oder Kalkung erfolgen. Die Gesellschaft „Qualitätssicherung Landbauliche Abfallverwertung" hat die Anforderungen dafür festgelegt. Danach müssen entseuchte Schlämme mit „hohem Standard" eine Reduktion von *Salmonella senftenbergii* W775 um mindestens fünf Zehnerpotenzen aufweisen, erreichbar durch thermophile aerobe Stabilisierung (≥ 20 Tage bei $\geq 55\,°C$), thermophile anaerobe Faulung (≥ 20 Tage bei $\geq 53\,°C$) oder Kalkkonditionierung (Zugabe von Kalk bis zum Erreichen von pH > 12 und dann mindestens 24 h Inkubation). Als **seuchenhygienisch unbedenklich** gelten Klärschlämme, wenn sie nach „höherem Standard" behandelt wurden und dabei *Salmonella senftenbergii* W775 um mindestens fünf Zehnerpotenzen reduziert und die Embryonisierungsrate von exponierten *Ascaris*-Eiern um 99,9 % gesenkt wurde. Dies kann z. B. durch eine thermophile aerobe Stabilisierung ($\geq 20\,h$ bei $\geq 55\,°C$ im Chargenbetrieb), eine thermophile anaerobe Faulung ($\geq 20\,h$ bei $\geq 53\,°C$ im Chargenbetrieb), Pasteurisierung von Flüssigschlamm bei $70\,°C$ für mindestens 30 min bei einer Partikelgröße von ≤ 5 mm mit anschließender mesophiler Faulung bei $\geq 35\,°C$ für $\geq$ zwölf Tage oder Zugabe von Brandkalk bis pH > 12 und Aufrechterhaltung der Selbsterhitzung auf $\geq 55\,°C$ für 2 h erfolgen.

Zur Qualitätssicherung sind in der Klärschlammverordnung (AbfKlärV) bis dato lediglich Grenzwerte für Schwermetallgehalte und organische Stoffe wie AOX, PCB und PCDD/PCDF festgelegt (Tab. 13.2). Schadstoffhaltige Klärschlämme sollten durch Klärschlammverbrennung beseitigt werden. Eine Deponierung auf Hausmülldeponien ist wegen des hohen oTS-Gehalts nicht mehr erlaubt.

13.4 Weitergehende Abwasserreinigung

Die mikrobielle Stickstoff- und Phosphor-Elimination aus Abwässern gehört inzwischen wie die C-Elimination zu den „allgemein anerkannten Regeln der Technik" (a. a. R. d. T.). Die etablierten Verfahren gewährleisten die Einhaltung der Grenzwerte nach der AbwV (Tab. 13.1). Liegen verschärfte Grenzwerte wie z. B. für Phosphor bei Abwassereinleitung in den Bodensee ($< 0,3$ mg/l) vor, können diese nur durch zusätzliche Maßnahmen wie z. B. Flockungsfiltration oder Einsatz von Membranverfahren erreicht werden.

In der Zukunft muss die Abwasserreinigung durch Entfernung von **Mikroverunreinigungen** und pathogenen Keimen weiter verbessert werden. Zu den Mikroverunreinigungen (Konzentration unter 1 mg/l) durch Xenobiotika zählen Human- und Tierpharmaka, endokrin wirkende Substanzen, Desinfektionsmittel, Körperpflegemittel (Moschusduftstoffe), Tenside, Pestizide und Insektizide sowie Industriechemikalien (z. B. Flammschutzmittel). Einige haben eine toxische Wirkung auf die Wasserfauna, sind persistent und reichern sich in der Nahrungskette an. Im *outpacient-care*-Bereich erfolgt inzwischen ca. zwei Drittel der Medikation zu Hause – mit der Konsequenz, dass Pharmaka-Rückstände vermehrt in Kläranlagen und von dort in Gewässer gelangen. Auch Fäkalbakterien gelangen in Gewässer, weil selbst bei einer Elimination von 99,99 % (vier log-Stufen) im gereinigten Abwasser bei einer Ausgangskonzentration von 10^7 Keimen pro ml immer noch 10^3 Keime pro ml in die Vorflut gelangen.

13.4.1 Elimination von Mikroverunreinigungen

Die Elimination von Spurenstoffen aus Abwässern erfolgt beispielsweise durch Adsorption an

Keimreduktion durch UV-Desinfektion

Viele Oberflächengewässer eignen sich aufgrund von bakteriologischen Kriterien nicht als Badegewässer. Hauptverursacher sind punktuelle Einleitungen von Kläranlagenabläufen, Mischwasserüberläufen oder Regenwassereinleitungen. Daneben spielen diffuse Einträge wie Abschwemmungen von landwirtschaftlichen Nutzflächen, besonders nach Düngung mit Gülle eine weitere Rolle. Durch eine Abwasserdesinfektion von Kläranlagenabläufen können zumindest punktuelle Einträge von möglicherweise pathogenen Bakterien vermindert werden. Zur Keimelimination werden mechanisch und biologisch gereinigte Kläranlagenabläufe in Langsamsandfiltern oder Schönungsteichen weiter behandelt. Zur Abwasserdesinfektion kommen Membrananlagen oder UV-Desinfektion in Kombination mit Ozon oder Wasserstoffperoxid zum Einsatz. Die biologische Wirkung von UV-Strahlen der Wellenlänge 245 bis 260 nm beruht auf der Veränderung der DNA, da Nukleinsäuren die Strahlung absorbieren (siehe Absorptionskurve).

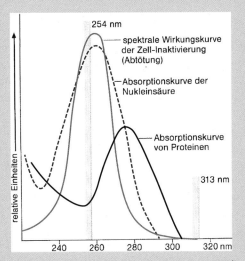

Absorptionskurve von Nukleinsäuren und spektrale Wirkungskurve einer Hg-Niederdrucklampe zur Zellinaktivierung (Schlegel 1992, *Allgemeine Mikrobiologie*)

Charakteristische UV-Schäden sind kovalente Verknüpfung von zwei Thyminresten oder Verknüpfung von zwei Pyrimidinen zu einem Pyrimidin-Pyrimidon-Reaktionsprodukt. Dadurch wird die DNA-Struktur verändert, und es kommt zur Verhinderung der DNA-Replikation. Bakterien haben zwar ausgeklügelte Reparaturmechanismen gegenüber diesen UV-Schäden entwickelt, aber bei dauerhafter Bestrahlung kommt es zum Absterben. Die UV-Dosis ist das Integral der Bestrahlungsintensität entlang der Fließstrecke über die Bestrahlungszeit und drückt die Intensität an UV-Strahlung aus, die auf die Mikroorganismen einwirkt. Dabei ist unter idealen Bedingungen die dezimale Reduktion der Keime proportional zur UV-Dosis. In der Praxis mindern Partikel die Effektivität der Bestrahlung. Unterschiedliche UV-Resistenz oder Reparaturmechanismen, Erregerart, Schutzmechanismen durch Agglomeration oder Biofilmbildung sowie die Schwierigkeit einer gleichförmigen Bestrahlung sind weitere Kriterien der Effizienzminderung. Eine UV-Bestrahlungsdosis bei $\lambda = 254$ nm von 350 bis 500 J/m^2 wird üblicherweise angewendet. Je nach Menge des zu desinfizierenden Abwassers kommen Hg-Niederdruckentladungsstrahler oder Hg-Mitteldruckentladungsstrahler zum Einsatz.

Eine regelmäßige Reinigung von Verschmutzungen an den Strahlern muss beim Betrieb von UV-Desinfektionsanlagen erfolgen. Ein gut dokumentiertes Beispiel für die Nachrüstung von Kläranlagen mit UV-Desinfektionsanlagen zur

Einhaltung der Badegewässerqualität in der oberen und mittleren Isar ist dem folgenden Link zu entnehmen: http://www.lfu.bayern.de/analytik_stoffe/biol_analytik_mikrobielle_oekologie/abtoetung_krankheitserreger/index.htm.

Aktivkohle, die als „Pulverkohle" z. B. in die Belebung oder den Ablauf des Nachklärbeckens zugegeben wird. Alternativ werden Spurenstoffe aus gereinigtem Abwasser mit Aktivkohlefiltern entfernt. Mit Pulverkohle ist ein besseres Absetzverhalten des Schlamms und eine geringere Trübung im Klarwasser zu beobachten. Zur Keim- und Spurenstoffverminderung kommen Filtrationsverfahren zum Einsatz. In Sandfiltern beruht das Rückhaltevermögen hauptsächlich auf Adsorptionsprozessen, bei Membranfiltern auf Rückhalt. Durch Nanofiltration oder Umkehrosmose können Mikroverunreinigungen wirkungsvoll zurückgehalten werden. Da aber das gesamte Abwasser die Membranen passieren muss, entstehen hohe Investitions- und Betriebskosten.

Bei Oxidationsverfahren als Endreinigungsstufe wird Ozon oder Wasserstoffperoxid (H_2O_2) zur Zerstörung von Restverunreinigungen und von Keimen dem gereinigten Abwasser zugesetzt. Die Oxidation kann durch UV-Strahlung unterstützt werden.

13.4.2 Abwasserdesinfektion

Abwasserdesinfektion zur Reduktion von Keimen (Box „Keimreduktion durch UV-Desinfektion") sollte sich an den Zielvorgaben der Badegewässerrichtlinie (EG-Badegewässerrichtlinie 2006/7/EG vom 15.02.2006) orientieren. Dort werden Badegewässer nach der Keimbelastung in die Kategorien „mangelhaft", „ausreichend",

„gut" und „ausgezeichnet" eingeteilt. Bis zum Abschluss der Badesaison 2015 müssen Badegewässer mindestens die Kategorie „ausreichend" erreichen. Außerdem müssen Maßnahmen ergriffen werden, die zur Erhöhung der Zahl der als „ausgezeichnet" oder als „gut" eingestuften Badegewässer führen. Als mikrobiologische Parameter werden in der Richtlinie nur noch die **intestinalen Enterokokken** (IE) und *E. coli* als *colony forming units* (cfu) pro 100 ml aufgeführt. Für eine ausgezeichnete Qualität eines Badegewässers darf die Anzahl der cfu für IE bzw. für *E. coli* einen Wert von 200 bzw. 500 (bei 95 Perzentil-Bewertung) nicht überschreiten. Zur Desinfektion von Abwasser kommen thermische Behandlung, UV-Bestrahlung, Filtration, Ozonierung, Chlorung oder Kombinationsverfahren zum Einsatz.

13.5 Ausblick

Die Verfügbarkeit von 100 bis 150 l hygienisch einwandfreiem Trinkwasser pro Person und Tag, des Weiteren von sauberen, wenig Abwasserbelasteten See- oder Flusswässern als Badegewässer sowie in zunehmender Menge als schadstofffreies Bewässerungswasser zur Sicherstellung der Ernährung in Industrieländern stellt die Abwasserreinigung vor immer höhere Anforderungen. In Entwicklungsländern wird Abwasser zum Teil gar nicht gereinigt und gelangt bei steigendem Wasserverbrauch stark keimbelastet in den Nutzwasserkreislauf mit schlimmen

Folgen für die Gesundheit. Bei fortschreitendem Klimawandel und steigenden Wasserpreisen wird man langfristig um die Verwendung von gereinigtem Abwasser als Brauchwasser für Produktionsprozesse und im Haushalt auch in Industrieländern nicht herumkommen. Dazu muss eine Abkehr von den *end of pipe*-Lösungen hin zu angepassten Reinigungsverfahren für unterschiedlich belastete Teilströme, wie sie bei der Industrieabwasserreinigung teilweise schon verwirklicht sind, erfolgen. Für Verfahrensoptimierungen fehlen vielfach exakte Kenntnisse zu den mikrobiellen Grundlagen und Wachstumsansprüchen. Ob sich Spezialkulturen oder gentechnisch veränderte Mikroorganismen bei der kommunalen Abwasserreinigung gegenüber der natürlich vorkommenden Flora durchsetzen können, ist wegen der hohen Anfangskeimdichte und der Komplexität des Abwassers fraglich. In der Zukunft müssen vor allem die neuen, mikrobiologischen Erkenntnisse zur N- und P-Eliminierung in für die Abwasserreinigung betriebssicher zu handhabende technische Prozesse überführt werden.

📖 Literaturverzeichnis

Anthonisen AC, Loehr RC, Prakasam TBS, Srinath EG (1976) Inhibition of nitrification by ammonia and nitrous acid. J Water Poll Contr Fed 48: 835–852

Bergeron P (1978) Untersuchungen zur Kinetik der Nitrifikation. Karlsruher Berichte zur Ingenieurbiologie 12

Boyle WC (1976) Energy recovery from sanitary landfills – a review. A seminar held in Göttingen 1976. In: Schlegel HG, Barnea S (Hrsg) Microbial Energy Conversion. Oxford Pergamon Press, 119–138

Buswell AM, Mueller HF (1952) Mechanism of methane fermentation. Ind Eng Chem 44: 550–552

Gerardi MH (2006) Wastewater bacteria. Wastewater Microbiology Series, John Wiley & Sons, Inc., Hoboken, New Yersey

Gujer W (1999) Siedlungswasserwirtschaft. Springer Verlag, Berlin, Heidelberg, New York

Imhoff K, Imhoff KR (2007) Taschenbuch der Stadtentwässerung. 30. Aufl. Oldenbourg Industrieverlag, München

Jördening H-J, Winter J (2005) Environmental Biotechnology – Concepts and Applications. Wiley-VCH Verlag, Weinheim

Mudrack K, Kunst S (1991) Biologie der Abwasserreinigung. 3. Aufl. Gustav Fischer Verlag, Stuttgart

Schlegel (1992) Allgemeine Mikrobiologie. Georg Thieme Verlag, Stuttgart, New York

Siegrist H, Gujer W (1987) Demonstration of mass transfer and pH effects in a nitrifying biofilm. Wat Res 21: 1481–1487

Thauer RK, Jungermann K, Decker K (1977) Energy conservation in chemotrophic anaerobic bacteria. Bacteriol Rev 41: 100–180

Weiterbildendes Studium Wasser und Umwelt (Hrsg) (2009) Abwasserbehandlung. 3. Aufl. Universitätsverlag Weimar

13

Sach- und Namensverzeichnis

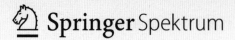
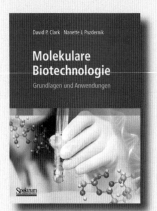